国家林业和草原局普通高等教育“十三五”规划教材

测 量 学

刘惠明　主编

中国林业出版社

内 容 提 要

全书共分13章，第1章~第5章主要介绍测量学的基本原理和方法，包括水准测量、角度测量、距离测量及测量误差的基础知识；第6章介绍控制测量；第7章介绍地形图的基本知识；第8章介绍大比例尺数字地形图测绘；第9章介绍地形图的应用；第10章介绍测设的基本工作；第11章介绍工业与民用建筑测量；第12章介绍道路施工测量；第13章介绍建筑物变形监测及竣工图编绘。

本书可供普通高等学校土木工程、地理信息、城乡规划、土地资源管理、农林、水利等专业的测量学教材，也可作为电大、函授等各级各类专业学校测量学教学用书及测绘工程技术人员参考。

图书在版编目(CIP)数据

测量学 / 刘惠明主编. —北京：中国林业出版社，2021.5
国家林业和草原局普通高等教育“十三五”规划教材
ISBN 978-7-5219-1202-9

Ⅰ.①测… Ⅱ.①刘… Ⅲ.①测量学-高等学校-教材 Ⅳ.①P2

中国版本图书馆CIP数据核字(2021)第108730号

中国林业出版社教育分社

策划编辑：肖基浒　　**责任编辑**：肖基浒　田夏青
电话：(010)83143555　　**传真**：(010)83143516

出版发行　中国林业出版社(100009　北京市西城区刘海胡同7号)
E-mail:jaocaipublic@163.com　电话:(010)83143500
http://www.forestry.gov.cn/lycb.html
印　　刷　北京中科印刷有限公司
版　　次　2021年5月第1版
印　　次　2021年5月第1次印刷
开　　本　850mm×1168mm　1/16
印　　张　17.25
字　　数　409千字
定　　价　50.00元

《测量学》编写名单

主　编

刘惠明　华南农业大学

副主编

刘建滨　华南农业大学

林观土　华南农业大学

编　委（以姓氏拼音为序）：

李红伟　华南农业大学

林观土　华南农业大学

刘惠明　华南农业大学

刘建滨　华南农业大学

姚朝龙　华南农业大学

于红波　华南农业大学

张　瑞　华南农业大学

前　言

本书编写依据高等院校土木工程、农学、林学、土地资源管理、城市规划、地理信息系统等专业教学大纲的要求，结合多年教学、测绘生产实践经验和当前测绘领域的先进科学技术精心编写而成。编写时，在保持本学科系统性的基础上，加强对基本理论、基本方法的论述，力求反映不同专业的特色，以满足生产、科研对测量学课程的不同需求。对近年来已实际应用的测绘新技术、新仪器做了重点介绍，以满足学生将来工作的需要。

在教材编写过程中注重教学与工程实际相结合，传统理论与现代理论相结合。同时，为了有利于学生能力培养和知识面拓展，本书努力做到先进性、通用性和实用性相结合。在介绍测量仪器及其使用过程中，既兼顾工程建设的仪器现状，也考虑学校的实验设备条件，将光学仪器和现代测绘仪器均纳入介绍。在讲述测量方法时，传统方法与现代测量方法并重以供选用。教师可根据学生的专业特点和本校的测量仪器情况，并结合应用领域选择相关的测量内容进行教学。在每章都附有思考练习题，以培养学生分析问题、解决问题的能力。

全书共分 13 章，具体编写分工如下：第 1 章、第 2 章、第 11 章由林观土编写；第 3 章、第 7 章由刘建滨编写；第 4 章、第 10 章由姚朝龙编写；第 5 章由李红伟编写；第 6 章由张瑞编写；第 8 章、第 9 章由刘惠明编写；第 12 章、第 13 章由于红波编写。最后由刘惠明负责统稿并任主编。

在本书编写过程中，作者参阅了大量文献，引用了同类书刊中的相关资料和案例(这里不一一枚举)，在此一并向有关作者表示衷心的感谢！同时在编写过程中得到了陈俊林老师、万欢老师及南方数码集团等的大力支持和帮助，在此亦表示衷心的感谢。

由于编者水平有限，书中难免不少缺点和错漏之处，恳请广大读者批评指正。

编　者

2020 年 9 月

前言

目　录

第1章　绪　论

1.1　测量学的发展历史、任务及作用

测量学是研究地球的形状和大小以及确定地面(包括空中、地下和海底)点位的科学，是对地球整体及其表面和外层空间的各种自然和人造物体上与地理空间分布有关的信息进行采集、处理、管理、更新和利用的一门学科。

1.1.1　测量学的分类

测量学按照其研究范围、对象及技术手段的不同，可细分为诸多学科。

(1)大地测量学

研究和测定地球的形状、大小、重力场和地面点的几何位置及其变化的理论和技术的学科。它是整个测量科学的基础理论。当测区范围较小时，可不顾及地球曲率的影响，把地球局部表面当作平面看待，则属于普通测量学的范畴。

(2)摄影测量与遥感学

研究利用摄影或遥感的手段获取目标物的影像数据，从中提取几何的或物理的信息，并用图形、图像和数字形式表达的学科。

(3)工程测量学

研究工程建设和自然资源开发中各个阶段进行控制测量、地形测绘、施工放样和变形监测等的理论和技术的学科。

(4)地图制图学

研究模拟和数字地图的基础理论、设计、编绘、复制的技术方法及应用的学科。

(5)海洋测绘学

以海洋水体和海底为对象所进行的测量和海图编制的理论和方法的学科。

1.1.2　测量学的发展概况

测量学有着悠久的历史，它的起源和土地界线的划定紧密联系着。古埃及尼罗河每年河水泛滥会把土地的界线冲刷掉，为了恢复土地的界线，古埃及很早就采用了测量技术。中国两千多年前的夏商时代，为了治水开始了水利工程测量工作，司马迁在《史记·夏本纪》中叙述了禹受命治理洪水的情况："左准绳，右规矩，载四时，以开九州、通九道、陂九泽、度九山。"中国四大发明之一的指南针，从司南、指南鱼算起，也有2000多年的历

史，对矿山测量和其他工程勘测有很大的贡献。

测量学获取观测成果的工具是测量仪器，它的形成和发展依赖于测量方法和仪器的创造和变革。17 世纪之前，人们使用简单的工具(例如中国的绳尺等)进行测量，这些测量工具以量测距离为主。1617 年，荷兰的斯涅耳(W. Snell)为了进行弧度测量而首创三角测量法，以代替在地面上直接测量弧长，从此测量工作不仅测量距离，而且开始了角度测量。从 16 世纪中叶起，欧美两洲间的航海问题变得特别重要。为了保证航行安全和可靠，许多国家相继研究在海上测定经纬度的方法，以定船舰位置。经纬度的测定，尤其是经度测定方法，直到 18 世纪发明时钟之后才得到圆满解决，从此开始了大地天文学的系统研究。

19 世纪初，随着测量方法和仪器的不断改进，测量数据的精度也不断提高，精确的测量计算就成为研究的中心问题，此时数学的进展开始对测量学产生重大影响。1806 年和 1809 年法国的勒让德(A. M. Legendre)和德国的高斯(C. F. Gauss)分别发表了最小二乘准则，这为测量平差计算奠定了科学基础。

从 20 世纪 50 年代起，测量技术又朝电子化和自动化方向发展。首先是测距仪器的变革。1948 年后陆续发展起来的各种电磁波测距仪，由于可用来直接精密测量远达几十千米的距离，使得大地测量定位方法除了采用三角测量外，还可采用精密导线测量和三边测量。与此同时，计算机的出现，并很快应用到测量学中。这不仅加快了测量计算的速度，而且还改变了测量仪器和方法，使测量工作变得更为简便和精确。例如，具有电子设备和用计算机控制的摄影测量仪器的出现，促进了解析测图技术的发展。其次，20 世纪 60 年代又出现了计算机控制的自动绘图机，可用以实现地图制图的自动化。自从 1957 年第一颗人造地球卫星发射成功后，测量工作有了新的飞跃，在测量学中开辟了卫星大地测量学这一新领域，通过观测人造地球卫星，用以研究地球形状和重力场，并测定地面点的地心坐标，建立全球统一的大地坐标系统。同时，利用卫星可从空间对地面进行遥感(称为航天摄影)，可将遥感的图像信息用于编制大区域内的小比例尺影像地图和专题地图。自 20 世纪 50 年代以来，测量仪器的电子化和自动化以及许多空间技术的出现，不仅实现了测绘作业的自动化，提高了测绘成果的质量，而且使传统的测量学理论和技术发生了巨大的变革，测量的对象也由地球扩展到月球和其他星球。

1.1.3 测量学的任务

测量学的主要任务有三个方面：

(1)测定

使用测量仪器和工具，通过测量、计算将地物和地貌的位置按一定比例尺、规定符号缩小绘制成地形图。

(2)测设

将图纸上设计的工程建(构)筑物的平面位置和高程按设计要求，以一定的精度在实地标定出来，作为工程施工的依据，亦称放样。

(3)变形监测

对工程建(筑)筑物、机器设备以及其他与工程建设有关的自然或人工对象进行定期测量以确定其空间位置随时间的变化特征。

测量学的应用范围很广。在国民经济发展的相关领域中，通过相应的测绘工作，可制成各种地图和建立相应的地理信息系统，供规划、设计、施工、管理和决策使用。在国防建设中，除了为军事行动提供军用地图外，还要为保证火炮射击的迅速定位及导弹等武器发射的准确性，提供精确的地心坐标和精确的地球重力场数据。在科学研究中，测定地球动态变化是研究地壳运动及其机制的重要手段，同时还可用于探索某些自然规律，研究地球内部构造、环境变化、资源勘探、灾害预测和防治等。

1.2　地球的形状和大小

人类对地球形状的科学认识，是从公元前 6 世纪古希腊的毕达哥拉斯(Pytha-goras)最早提出地球是球形的概念开始的，经历了球—椭球—大地水准面三个认识阶段。随着对地球形状和大小的认识和测定的更加精确，测绘工作中精密计算地面点的平面坐标和高程逐步有了可靠的科学依据，同时也不断丰富了测量学的理论。

从人造卫星对地观测的实际结果看出，地球形状像一个倒放的梨体，南北极稍扁，赤道稍长。地球自然表面很不规则，有高山、丘陵、平原、盆地、湖泊、河流、海洋等，海洋面积占地球自然表面的 71%，陆地面积只有 29%，其中，地球最高点为珠穆朗玛峰，2020 年 12 月 8 日，中国同尼泊尔共同宣布其海拔为 8848.86 m；地球最低点为马里亚纳海沟，深度为 -10911 m，两者相差约 20 km，但这样高低起伏形态变化相对地球平均半径 6371 km 来说还是很小的，因此人们把地球总的形状看作被海水包围的球体。

由于地球的自转运动，地球上任一点都受到离心力和万有引力的双重作用，这两个力的合力称为重力，重力的方向线称为铅垂线，如图 1-1 所示。静止不动的水面延伸穿过陆地包围整个地球，形成的封闭曲面，称作水准面。水准面是受地球表面重力场影响而形成的，处处与铅垂线垂直的连续封闭曲面，并且是一个重力等位面。实际上，海水并不是静止的，有波浪和潮汐，海水面有高有低，所以水准面有无数个，其中与静止的平均海水面相重合、并延伸通过陆地而形成的封闭曲面称为大地水准面。大地水准面是唯一的，其包围的形体称为大地体。

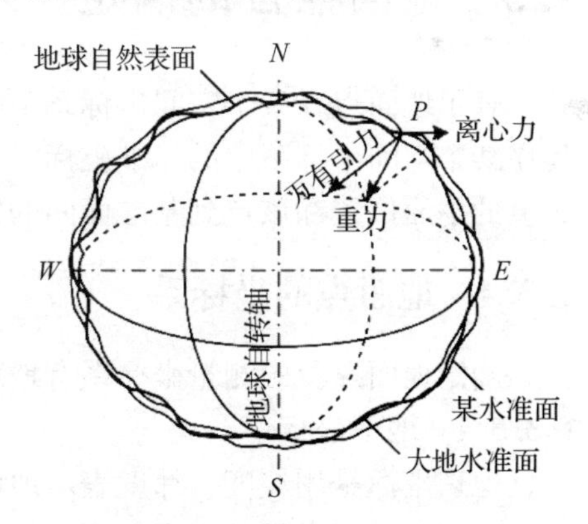

图 1-1　大地水准面示意

大地水准面的形状反映了地球内部物质结构、密度和分布等信息，对海洋学、地震学、地球物理学、地质勘探、石油勘探等相关地球科学领域研究和应用具有重要作用。

由于大地水准面是不规则曲面，无法准确描述和计算，也难以在其面上处理测量成果。因此，用一个与大地水准面非常接近、能用数学方程表示的椭球面作为投影基准面。如图 1-2 所示，它由椭圆 NESW 绕其短轴 NS 旋转而成的旋转椭球，称为参考椭球，其表面称为参考椭球面。地表任一点向参考椭球面作垂线称作法线。参考椭球面与大地水准面相切的点称作大地原点。在大地原点处，铅垂线与法线重合。我国以陕西省泾阳县永乐镇石际寺村(概略地理坐标为东经 108°55′，北纬 34°32′，海拔 417. 20 m)某处作为大地原点建立 1980 西安坐标系(该点大地经纬度与天文经纬度一致)，进行参考椭球的定位。

决定参考椭球大小和形状的元素为椭圆的长半轴 a 和扁率 f，简称参考椭球元素。表 1-1 是我国常用的几种坐标系的地球椭球元素值。

在普通测量学中认为该参考椭球的扁率很小，地球可当作半径为 6371 km 的圆球体看待。当测区面积很小时，也可用水平面代替水准面，作为局部地区的测量基准面。

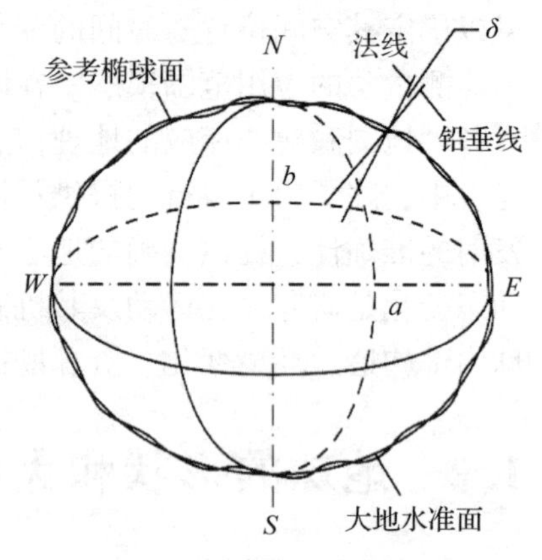

图 1-2 参考椭球面示意

表 1-1 参考椭球元素值

序号	参考椭球名称	坐标系名称	a/m	f
1	克拉索夫斯基椭球	1954 北京坐标系	6378245	1/298. 3
2	IUGG1975 椭球	1980 西安坐标系	6378140	1/298. 257
3	IUGG1979 椭球	WGS-84 坐标系	6378137	1/298. 257223563
4	CGCS2000 椭球	2000 国家大地坐标系	6378137	1/298. 257222101

1.3 地面点位的确定

表示地面点在某个空间坐标系中的位置需要三个参数，确定地面点位的实质就是确定其在某个空间坐标系中的三维坐标。由于地表高低起伏不平，通常用地面某点投影到基准面上的平面位置和该点到基准面间的铅垂距离来表示该点的位置，即用坐标和高程表示。

1.3.1 地面点的坐标系

确定地面点位的测量坐标系有地理坐标系、直角坐标系和地心坐标系。

1.3.3.1 地理坐标

地理坐标是用经度、纬度表示地面点位置的球面坐标。地理坐标系以地轴为极轴，通过地球南北极的平面称为子午面。地理坐标系又可分为天文地理坐标系和大地地理坐标系两种。

(1)天文地理坐标系

天文地理坐标又称天文坐标，表示地面点在大地水准面上的位置；基准是铅垂线和大地水准面；用天文经度 λ 和天文纬度 φ 两个参数来表示地面点在球面上的位置。如图 1-3 所示，过地面上任一点 P 的铅垂线与地球旋转轴 NS 所组成的平面称为该点的天文子午面；天文子午面与大地水准面的交线称为天文子午线，也称经线；过英国格林尼治天文台 G 的天文子午面称为首子午面。

P 点天文经度 λ 定义：过 P 点天文子午面与首子午面的两面角，从首子午面向东或向西计算，取值范围是 0°～180°，在首子午线以东为东经，以西为西经。

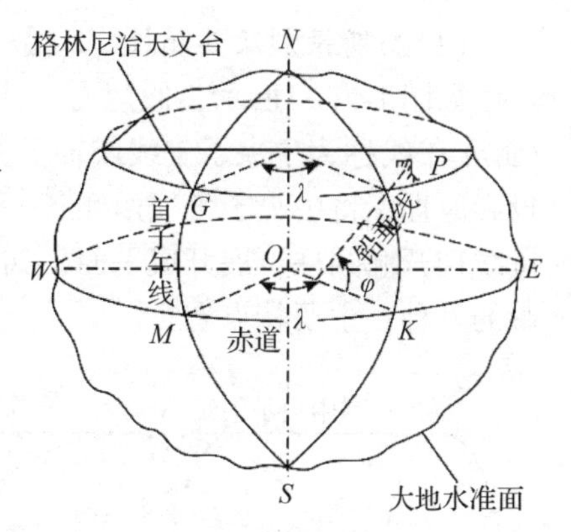

图 1-3 天文地理坐标

P 点天文纬度 φ 定义：P 点铅垂线与赤道面的夹角，自赤道起向南或向北计算，取值范围为 0°～90°。在赤道以北为北纬，以南为南纬。

可以应用天文测量方法测定地面点的天文经度和天文纬度。例如，经过测量，广州地区内某处的概略天文地理坐标为东经 113°18′，北纬 23°07′。

(2) 大地地理坐标系

大地地理坐标又称大地坐标，表示地面点在参考椭球面上的位置。基准是参考椭球面和法线，用大地经度 L 和大地纬度 B 表示。P 点大地经度 L 是过 P 点的大地子午面和首子午面所夹的两面角；P 点大地纬度 B 是过 P 点的法线与赤道面的夹角。

P 点的大地经度、纬度可用天文测量方法测得 P 点的天文经度 λ 和天文纬度 φ，再利用 P 点的法线和铅垂线的相对关系(称为垂线偏差)改算为大地经度 L 和大地纬度 B。

1.3.1.2 独立平面直角坐标系

当测区的范围较小时(圆半径小于 10 km 的区域内)，可把该部分的球面视为水平面，将地面点直接沿铅垂线方向投影于水平面上。如图 1-4 所示，以相互垂直的纵横轴建立平面直角坐标系：纵坐标轴为 x 轴，并规定向北(向上)为正方向；横坐标轴为 y 轴，并规定向东(向右)为正方向；两轴的交点为坐标原点 O；角度从纵坐标轴(x 轴)的正向开始按顺时针方向量取，象限也按顺时针编号。如坐标原点 O 是任意假定的，则为独立的平面直角坐标系，其与数学笛卡尔坐标系的差异有：

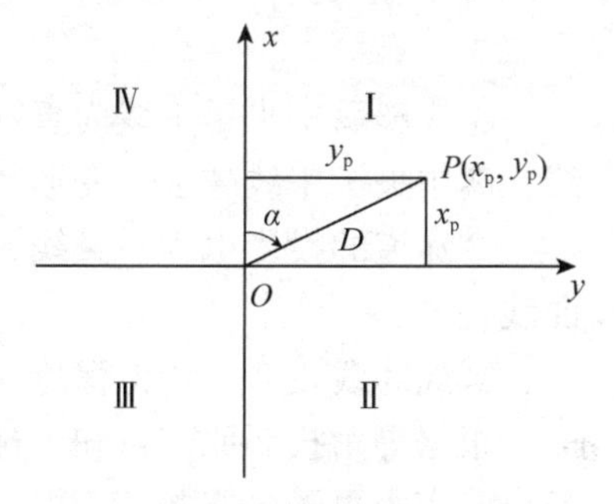

图 1-4 独立平面直角坐标系

①x 轴与 y 轴互换了位置；

②象限按顺时针方向编号。

作这样的变换是为了保证各类三角函数公式可直接在平面直角坐标系中进行计算而不需转换。

在平面直角坐标系里，P 点的坐标可通过平距 D、方位角 α 及原点的坐标来计算；反过来，如果已知两点坐标值，可以计算其水平距离和方位角，具体计算方式参见本书第 6 章。

1.3.1.3 高斯平面直角坐标系

地理坐标对局部测量不方便，工程测量一般在平面直角坐标系进行。而地球是一个不可展的曲面，当测区范围较大时，由于地球曲率的影响，将地球表面物体投影到平面坐标系上一定存在变形。把地球上的点位换算到平面上，称为地图投影。地图投影的方法有很多，目前我国采用的是高斯—克吕格投影，简称高斯投影。它是由德国数学家高斯提出的，由克吕格改进的一种分带投影方法。它成功解决了将椭球面转换为平面的问题。

(1)高斯投影及其属性

如图1-5(a)所示，假想有一个椭圆柱面横套在地球椭球体外面，并与某一条子午线(此子午线称为中央子午线或轴子午线)相切，椭圆柱的中心轴通过球体中心，然后按等角投影原理，将中央子午线两侧各一定经差范围内的区域投影到椭圆柱面上，沿过南北极的母线切开椭圆柱，展开成平面，如图1-5(b)所示，此投影为高斯投影。高斯投影是正形投影的一种，主要特点有：

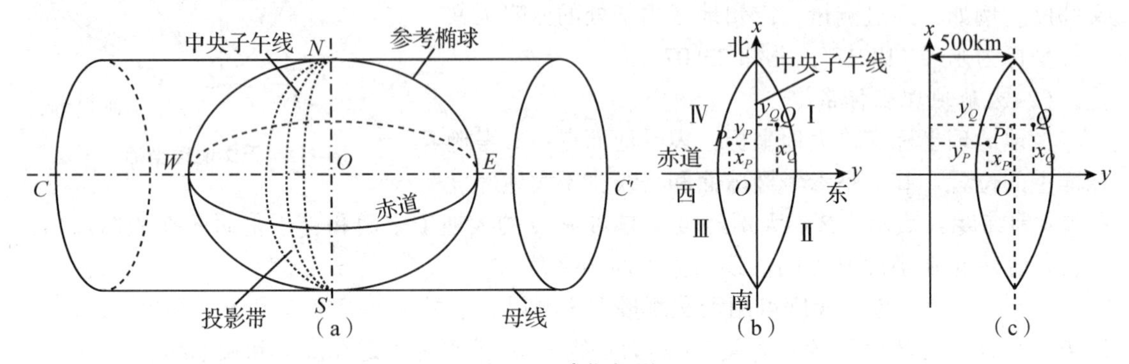

图1-5 高斯投影

①投影后中央子午线为直线，长度不变形，其余经线投影对称并且凹向于中央子午线，离中央子午线越远，变形越大；

②赤道的投影也为一直线，并与中央子午线正交，其余的纬线投影为凸向赤道的对称曲线；

③经纬线投影后仍然保持相互垂直的关系，投影后角度无变形。

根据等角投影原理可知，球面上的角度投影到横椭圆柱面上后保持不变，而距离将变长——离中央子午线越远，长度变形越大，减小长度变形方法就是缩小投影带宽(经度差)。

(2)高斯投影的分带方法

①统一6°带高斯投影　首子午线起，每隔经差6°划分一带，自西向东将地球划分为60个带，带号N从首子午线开始，用阿拉伯数字表示，第一个6°带中央子午线的经度为3°，如图1-6所示。带号N与中央子午线经度L_0^6的关系：

$$L_0^6 = 6N - 3 \tag{1-1}$$

如果已知某地经度L，计算其所在6°带带号公式：

$$N = \mathrm{Int}\left(\frac{L+3}{6} + 0.5\right) \tag{1-2}$$

例如，广州市某处的概略天文地理坐标为东经113°18′，北纬23°07′，按照式(1-1)和式(1-2)可以计算出其所在的带号为：$N=\mathrm{Int}[(113.3+3)\div 6+0.5]=19$(带)。而其所在的中央子午线经度是$L_0^6=6N-3=6\times 19-3=111$(°)。

②统一3°带高斯投影　3°带是在6°带的基础上划分的，如图1-6所示。每3°为一带，从东经1°30′开始，共120带，其中央子午线在奇数带时与6°带的中央子午线重合。

带号n与中央子午线经度L_0^3的关系：

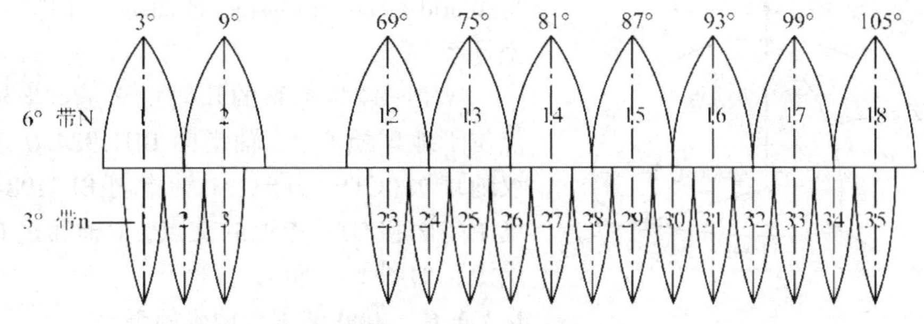

图 1-6 高斯投影分带

$$L_0^3 = 3n \tag{1-3}$$

如果已知经度 L，计算所在 3°带带号公式：

$$n = \mathrm{Int}(\frac{L}{3} + 0.5) \tag{1-4}$$

据式(1-3)和式(1-4)，同样可以计算出上述广州某处所在的 3°带的带号为 38，其所在的中央子午线经度是 114°。

(3)高斯平面直角坐标系的建立

在投影面上，中央子午线和赤道的投影都是相互垂直的直线，因此以中央子午线的投影为纵坐标轴 x，以赤道的投影为横坐标轴 y，并且以中央子午线和赤道的交点 O 作为坐标原点，这样便形成了高斯平面直角坐标系，如图 1-5(b)。

我国位于北半球，x 坐标值恒为正，y 坐标值则有正有负，最大的 y 坐标负值约为-334 km。为保证 y 坐标恒为正，我国统一规定将每带的坐标原点向西移 500 km，即给每个点的 y 坐标值加 500 km，如图 1-5(c)。为确定投影带的位置，还在 y 坐标前冠以带号。这样的坐标称为国家统一坐标。如图 1-5(b)中 P 点位于 19 带内，其横坐标为 $y_P = -264\ 739$ m，则有 $Y_P = 19\ 235\ 261$ m。

我国大陆地区所处的经度范围是东经 73°27′~135°09′，根据统一 6°带投影与统一 3°带投影的带号计算方法，其范围分别为 13~23，25~45。两种投影带的带号不重复，因此，根据横坐标 y 前的带号可以判断属于何种投影带。

1.3.1.4 空间直角坐标系

空间直角坐标系的坐标原点可位于参考椭球的中心或地球质心，Z 轴指向参考椭球的北极或地球参考极，N 轴指向起始子午面与赤道的交点，E 轴位于赤道面上与 N 轴正交的方向上，构成右手规则直角坐标系 $O-NEZ$。某目标点的坐标通常用该点在此坐标系的各个坐标轴上的投影来表示，如图 1-7 所示。

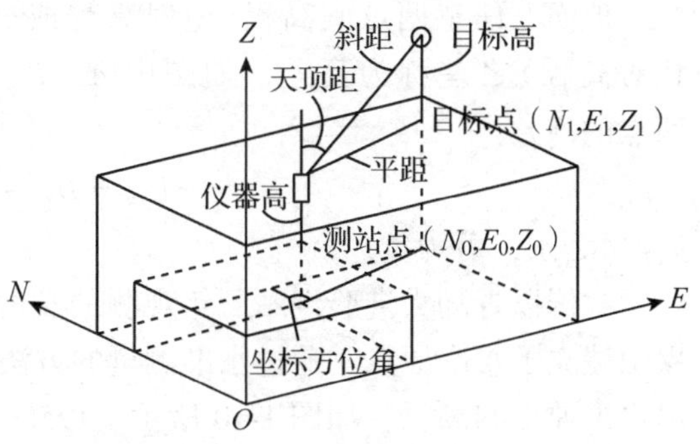

图 1-7 空间直角坐标系

1.3.1.5 WGS-84 坐标系

美国国防部为进行 GPS 导航定位于 1984 年建立了地心坐标系—WGS-84 坐标系(WGS

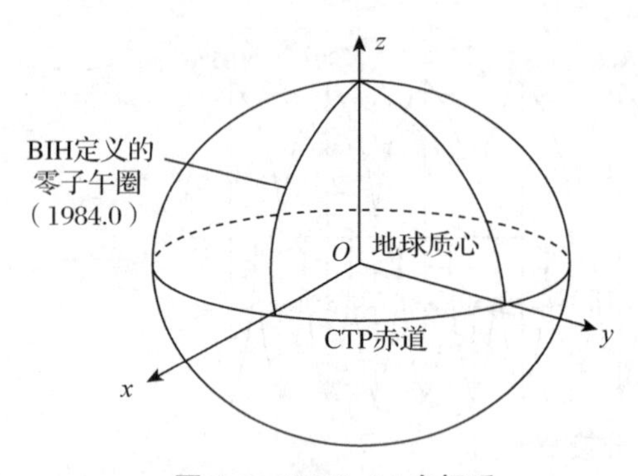

图 1-8 WGS-84 坐标系

是 World Geodetic System 的简称，译作“世界大地坐标系”）。

WGS-84 坐标系的几何意义是：坐标系的原点位于地球质心，z 轴指向 BIH1984.0 定义的协议地球极（CTP）方向，x 轴指向 BIH1984.0 的零度子午面和 CTP 赤道的交点，y 轴通过右手规则确定，如图 1-8 所示。

1.3.1.6 2000 国家大地坐标系

自 2008 年 7 月 1 日起，我国启用 2000 国家大地坐标系。2000 国家大地坐标系，是我国当前最新的国家大地坐标系，英文名称为 China Geodetic Coordinate System 2000，英文缩写为 CGCS2000。

2000 国家大地坐标系的原点为包括海洋和大气的整个地球的质量中心；Z 轴由原点指向历元 2000.0 的地球参考极的方向，该历元的指向由国际时间局给定的历元为 1984.0 的初始指向推算，定向的时间演化保证相对于地壳不产生残余的全球旋转，X 轴由原点指向格林尼治参考子午线与地球赤道面(历元 2000.0)的交点，Y 轴与 Z 轴、X 轴构成右手正交坐标系。采用广义相对论意义下的尺度。

空间直角坐标系之间相互转换方法之一是在测区内，利用至少 3 个以上公共点的两套坐标列出坐标变换方程，采用最小二乘原理解算出 7 个转换参数(3 个平移参数、3 个旋转参数和 1 个尺度参数)得到转换方程。一般通过计算机编程自动解算。

1.3.2 高程和国家高程基准

地面点沿铅垂线到大地水准面的距离称该点的绝对高程或海拔，如图 1-9 中 A、B 两点的绝对高程分别为 H_A、H_B。

地面点到某一假定水准面的铅垂距离，称为该点的假定高程，也称为相对高程，如图 1-9 中 A、B 两点的相对高程分别为 H'_A、H'_B。

地面上任意两点间高程(绝对高程或相对高程)之差称为高差，如图中 A、B 两点的高差：

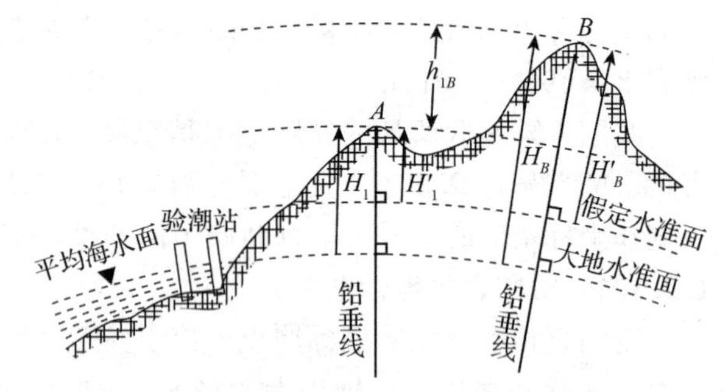

图 1-9 高程与高差关系示意

$$h_{AB} = H_B - H_A = H'_B - H'_A \tag{1-5}$$

h_{AB} 可为正，可为负。

我国以青岛大港验潮站历年观测的黄海平均海水面为基准面，于 1954 年在青岛市观象山建立了水准原点，通过水准测量的方法将验潮站确定的高程零点引测到水准原点，求出水准原点的高程，如图 1-10 所示。1956 年我国采用青岛大港验潮站 1950—1956 年 7 年的潮汐记录资料推算出的大地水准面为基准引测出水准原点的高程为 72.289 m，以这个大地水准面为高程基准建立的高程系称为“1956 年黄海高程系”，简称“56 黄海系”。

20 世纪 80 年代，我国又采用青岛验潮站 1953—1979 年间的潮汐记录资料重新推算出的大地水准面为基准引测出水准原点的高程为 72.260 m。以这个大地水准面为高程基准建立的高程系称为“1985 国家高程基准”，简称“85 高程基准”。在水准原点，85 高程基准使用的大地水准面比 56 黄海系使用的大地水准面高出 0.029 m。

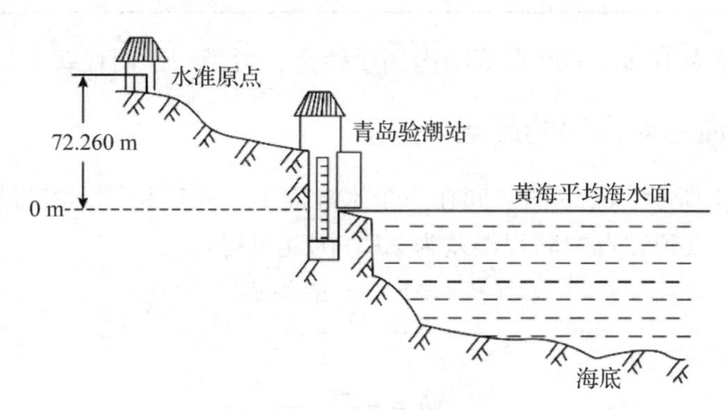

图 1-10 水准原点构建示意

1.4 水平面代替水准面的限度

当测区范围较小时，可以将大地水准面近似当作水平面看待，以便简化计算和绘图工作。现讨论将大地水准面近似当作水平面看待时，对水平距离和高程的影响。

1.4.1 水准面曲率对水平距离的影响

如图 1-11 所示，设地面点 C 为测区中心点，P 为测区内任一点，两点沿铅垂线投影到水准面的点为 c 和 p，弧长为 D，所对的圆心角为 θ。过 c 点作水准面的切平面，P 点在切平面的投影长度设为 D'。若将切于 c 点的水平面替代水准面，则在距离上将产生误差 ΔD：

$$\Delta D = cp' - \overset{\frown}{cp} = D' - D = R(\tan\theta - \theta) \tag{1-6}$$

式中 R——地球半径，取值 6371 km。

将 $\tan\theta = \theta + \frac{1}{3}\theta^3 + \cdots$ 代入上式，得：

$$\Delta D = \frac{D^3}{3R^2},\quad \frac{\Delta D}{D} = \frac{D^2}{3R^2} \tag{1-7}$$

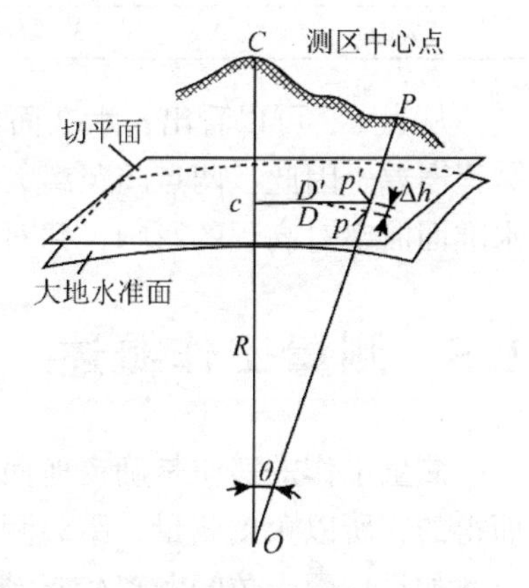

图 1-11 用水平面代替水准面的限度

根据式(1-7)，可以算出不同距离情况下，水准面曲率对水平距离的影响，见表 1-2。

表 1-2　切平面代替大地水准面的距离误差及其相对误差

距离 D/km	距离误差 ΔD/cm	距离相对误差 $\Delta D/D$
10	0.8	1/120 万
25	12.8	1/20 万
50	102.7	1/4.9 万
100	821.2	1/1.2 万

可见，在半径为 10 km 的圆形范围内测量距离，可用切平面代替大地水准面。

1.4.2　水准面曲率对高程的影响

同样如图 1-11 所示，c、p 两点同在一个水准面上，高程相等，若将切于 c 点的水平面替代水准面，则 p 点到 p' 点的高程误差为 Δh。因此可得：

$$(R+\Delta h)^2 = R^2 + D'^2 \tag{1-8}$$

则

$$\Delta h = \frac{D'^2}{2R+\Delta h} \tag{1-9}$$

由于 D 和 D' 相差很小，故可用 D 替代 D'，同时略去分母中的 Δh，则式(1-9)可写为：

$$\Delta h = \frac{D^2}{2R} \tag{1-10}$$

式中　R——地球半径，取值 6371 km。

用不同的距离 D 代入式(1-10)可得表 1-3。

表 1-3　切平面代替大地水准面的高程误差

距离 D/km	0.1	0.2	0.3	0.4	0.5	1	2	5	10
Δh/mm	0.8	3	7	13	20	80	310	1960	7850

从表 1-3 可以看出，水准面曲率对高程的影响是很大的。距离为 200 m 时就有 3 mm 高程误差。因此，两点间距离大于 200 m 时，高程的起算面不能用切平面代替，需要考虑水准面曲率对高程的影响，并对高程测量结果加以改正。

1.5　测量工作概述

测量工作的实质是确定地面点的位置，而空间点位主要是由角度、距离和高差等推算而得的，所以角度测量、距离测量、高差测量是地面点定位测量的三大基本工作。

如果地面点位间距离较远或者测量精度要求较高，其几何位置往往不能直接测量出来，需要按一定的测量工作程序。首先是在整个测区范围内选择一些有代表性的点位作为控制点，如图 1-12 中 A、B、C、D、E 和 F 等点，用精密的仪器、严密的测量方法确定其点位位置，然后在控制测量基础上，再确定碎部点的具体位置，如房角点、道路交点或者地形变化点等。从测量工作程序上说是先控制后碎部，而从范围的角度上理解则是从整体到局部。

图 1-12 地物和地貌示意

同样，如图 1-13 所示，设计新建房屋 *P* 栋、*Q* 栋和 *R* 栋等，需要将其测设到实地，也需要从控制点开始利用仪器和工具进行一系列的测量，才能够确定其具体点位。从精度上说则是由高级向低级，分级布设。

因此，测量工作应遵循的程序和原则是“从整体到局部，先控制后碎部，从高级到低级”，这样可以减少测量误差的传递和积累。由于建立了统一的控制网，又可以分区分组同步作业，加快测量工作的速度。同时，测量工作还必须遵守“步步有检核”的原则；测绘工作的每项成果必须检核，保证无误后才能进行下一步工作。

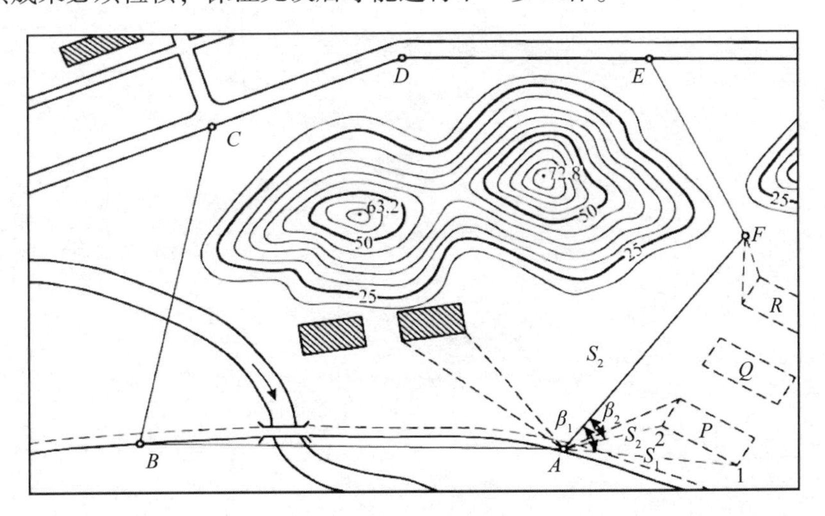

图 1-13 地形图

近年来随着 GNSS 技术的发展，在小范围内开展测量工作，或者测量项目精度要求不太高的情况下，可以不再开展控制测量工作，可直接进行碎部测量。如采用 RTK 测量技术时，由于测站至碎部点间不需通视，大大减少了误差的积累，还可以大幅度提高工作效率。另外，计算机辅助绘图技术如 CAD 技术的应用，打破了传统的测量方式，甚至进行翻转测量，即先碎部测量后控制测量，这给测量工作带来了新思路和新挑战。

思考题与习题

1. 名词解释

铅垂线 水准面 大地水准面 绝对高程 参考椭球面

2. 测量中所使用的高斯平面坐标系与数学上使用的笛卡尔坐标系有何区别?

3. 广州市内某建筑物中心点的地理坐标为 $L=113°21'35''$，$B=23°09'29''$，试计算其位于统一 3°带的带号及中央子午线经度。

4. 已知某点位于高斯投影 6°带第 20 带，该点在该投影带高斯平面直角坐标系中的横坐标 $y=-209583.46$ m，试计算出该点不包含负值且能区分投影带号的横坐标 y 及该带的中央子午线经度 L_0。

5. 为什么在半径为 10 km 的圆范围内可用水平面代替水准面，而在很短的距离内进行高程测量，也需考虑地球曲率的影响?

6. 测量工作的基本原则是什么? 为什么要遵循这些基本原则?

第 2 章　水准测量

测定地面点高程的工作，称为高程测量。确定地面点位的高程可为土地平整、设置坡度、建筑物沉降观测及土方量计算等提供依据。按照使用的仪器和施测方法的不同，高程测量分为水准测量、三角高程测量、GNSS 高程测量和气压高程测量等。其中，水准测量是目前精度较高的一种高程测量方法。

2.1　水准测量原理

水准测量的原理是利用水准仪提供的水平视线，读取竖立于两个点上的水准尺读数测定两点间的高差，再根据已知点高程计算待定点高程。

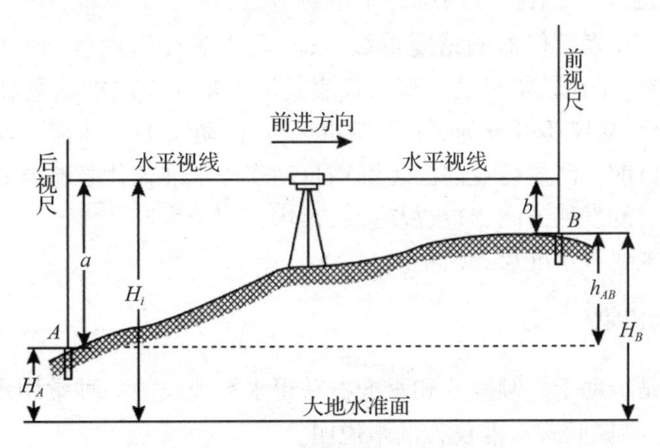

图 2-1　水准测量原理示意

如图 2-1 所示，欲测定 A、B 两点间的高差，可在 A、B 两点分别竖立水准尺，在 A、B 之间安置水准仪，利用水准仪提供的水平视线，分别读取尺上的读数 a、b，如果 A、B 之间距离较小(通常小于 200 m)，可用水平面替代大地水准面，则 A、B 间的高差为：

$$h_{AB} = a - b \tag{2-1}$$

式中　a——后视读数；

　　　b——前视读数。

则 B 点高程为：

$$H_B = H_A + h_{AB} = H_A + a - b \tag{2-2}$$

这种计算方法称为高差法。当安置一次仪器，需测量多个前视点时，可以用视线高法计算高程。

式(2-2)中令：

$$H_i = H_A + a$$

则有：

$$H_B = H_i - b \tag{2-3}$$

式中 H_i——视线高程。

线路工程或者土地平整工程项目中有时会用到视线高法测量高程。如图 2-2 所示。在场地合适的位置安置水准仪，瞄准后视尺 A，得读数 a，计算视线高程 H_i，接着瞄准各前视尺 1，2，3，…，就可以根据式(2-3)计算其高程 H_1，H_2，H_3，…，此举可以提高测量效率。

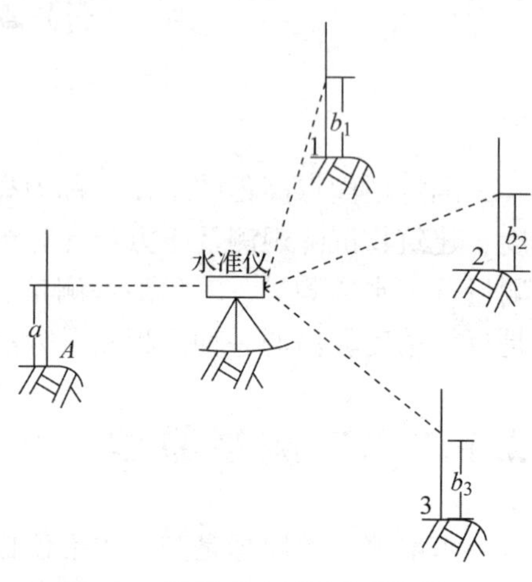

图 2-2 视线高法测量高程示意

2.2 水准仪和工具

水准仪的种类很多，如按精度划分可分为：DS_{05}、DS_1、DS_3 和 DS_{10} 四级，其中 D、S 分别代表“大地测量”和“水准仪”汉语拼音的第一个字母，数字下标 05、1、3 和 10 表示仪器的精度等级，即“每千米往返测量高差中数的中误差(单位：mm)”，其中 DS_3 是比较常见的类型，代表其每千米往返水准测量高差的精度可达±3 mm；如按性能划分水准仪还可分为微倾式水准仪、自动安平水准仪、精密水准仪和电子水准仪 4 种类型。目前，测量行业内已逐渐用自动安平水准仪代替微倾式水准仪，同时电子水准仪作为水准仪的发展方向，也逐步投放市场，用于生产。

水准测量工具主要有水准尺和尺垫。

2.2.1 微倾式水准仪

微倾式水准仪是借助于微倾螺旋和水准器获得水平视线的一种常用水准仪，外形如图 2-3 所示。现以 DS_3 型微倾式水准仪为例来说明。

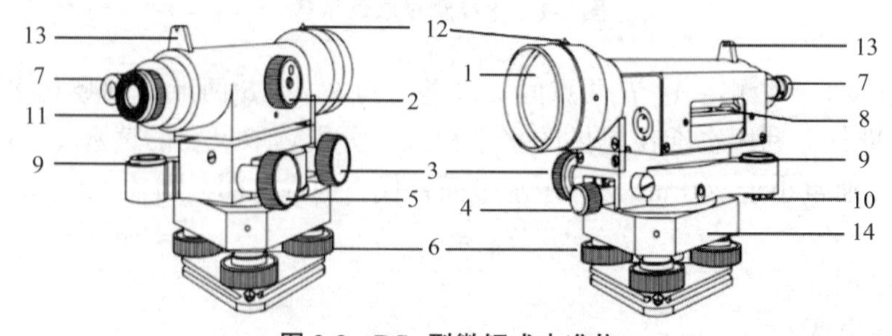

图 2-3 DS_3 型微倾式水准仪

1. 物镜 2. 物镜对光螺旋 3. 微动螺旋 4. 制动螺旋 5. 微倾螺旋 6. 脚螺旋 7. 气泡观察窗口 8. 管水准器 9. 圆水准器 10. 圆水准器校正螺丝 11. 目镜 12. 准星 13. 瞄准器 14. 基座

2.2.1.1 微倾式水准仪的构造

微倾式水准仪主要由望远镜、水准器和基座共三部分组成。

(1)望远镜(内对光型)

望远镜的作用是提供一条清晰的视线，以便于瞄准和读数。望远镜可分为正像望远镜和倒像望远镜。图 2-4(a)是 DS_3 型水准仪望远镜的构造图，主要由物镜、镜筒、调焦透镜、十字丝分划板、目镜等部件构成。物镜、调焦透镜和目镜多采用复合透镜组。物镜固定在物镜筒前端，调焦透镜通过调焦螺旋可沿光轴在镜筒内前后移动。十字丝分划板是安装在物镜与目镜之间的一块平板玻璃，上面刻有两条相互垂直的细线，称为十字丝。竖的一条是竖丝，中间横的一条称为中丝(或横丝)，是为了瞄准目标和读数用的。在中丝的上下方还对称地刻有两条与中丝平行的短横线，是用来测量距离的，称为视距丝，如图 2-4(b)所示。十字丝分划板安装在分划板座上，板座又安装在目镜筒内，目镜筒套入望远镜筒后再用固定螺丝固紧。

物镜光心与十字丝交点的连线 CC 称为视准轴或视准线，如图 2-4(a)所示。视准轴是水准测量中用来读数的视线。水准测量是在视准轴水平时，用十字丝的中丝截取水准尺上的读数。

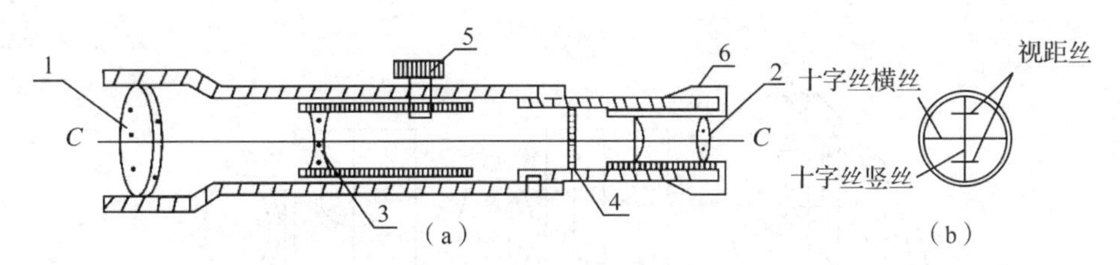

图 2-4 望远镜构造示意

1. 物镜 2. 目镜 3. 物镜调焦透镜 4. 十字丝分划板 5. 物镜调焦螺旋 6. 目镜调焦螺旋

倒像望远镜的成像原理如图 2-5 所示，目标 AB 经过物镜后，形成一倒立缩小的实像 ab。移动调焦透镜可使不同距离的目标均能成像在十字丝平面上，再通过目镜的作用，可看清同时放大了的十字丝和目标影像 $a'b'$。通过望远镜所看到的目标影像的视角 β 与肉眼直接观察该目标的视角 α 之比，称为望远镜的放大率。

$$\nu = \frac{\beta}{\alpha} \tag{2-4}$$

普通 DS_3 级水准仪的望远镜放大率为 24 倍。

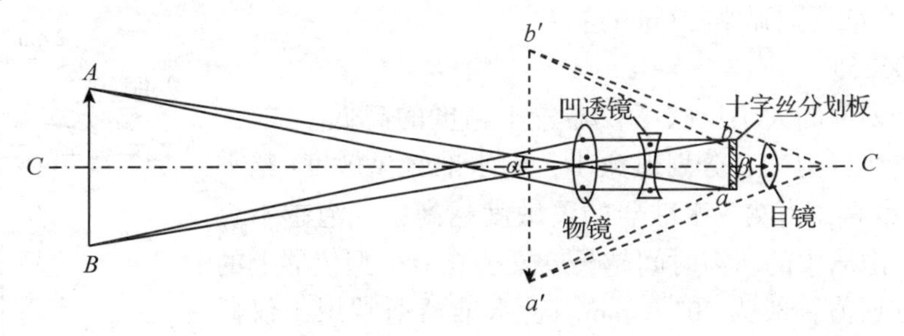

图 2-5 望远镜的成像原理

(2) 水准器

水准器是用来判别视准轴是否水平或仪器竖轴是否竖直的装置。水准器有管水准器和圆水准器两种。管水准器用来判别视准轴是否水平；圆水准器用来判别竖轴是否竖直。

①管水准器 又称水准管，是把纵向内壁凿磨成圆弧形的玻璃管，外壁刻有 2 mm 间隔的分划线，如图 2-6 所示。在高温环境下，往试管内注入乙醇和乙醚混合液体，密封后冷却，试管内会形成一个水准气泡。由于气泡很轻，故恒处于管内最高位置。水准管内壁圆弧线的中心点(图中 O 点)称作水准管零点。过零点与内壁圆弧相切的直线 LL，称为水准管轴。当水准管气泡中心与零点重合时，称气泡居中，这时水准管轴处于水平位置。

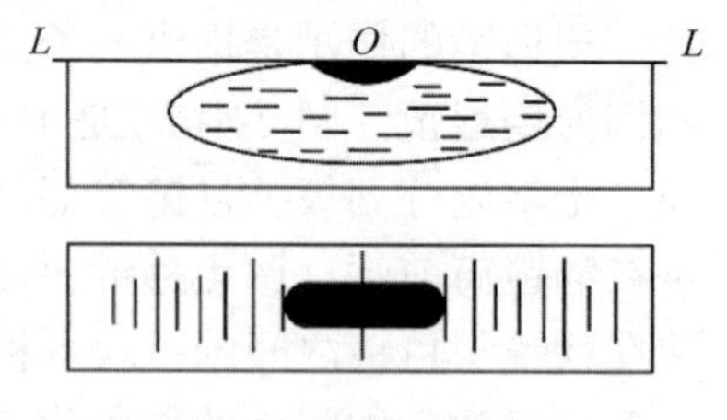

图 2-6 管状水准器

为了提高管状水准器的居中精度，通常在其上方安装符合棱镜，如图 2-7(a)所示。借助棱镜组的折光原理，将水准气泡两端的影像传递到望远镜目镜旁边的小窗中，观测者可以精准、方便地看到气泡两端影像的吻合情况。当气泡两端影像错开时说明气泡不居中，如图 2-7(b)所示，可通过调节微倾螺旋至其完全吻合，如图 2-7(c)所示，使气泡严格地居中。

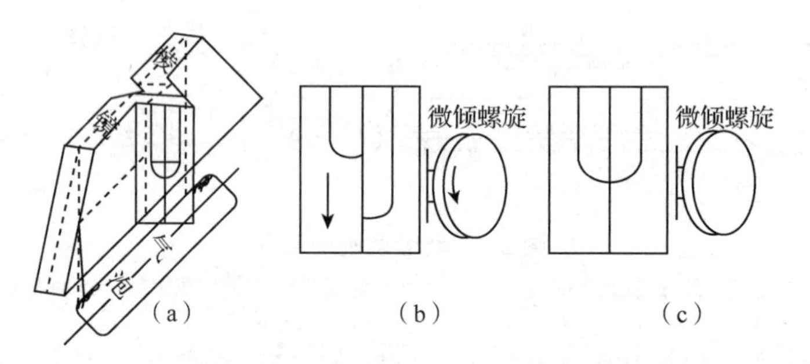

图 2-7 符合棱镜及水准气泡居中示意

水准管 2 mm 的弧长所对圆心角 τ 称为水准管分划值，如图 2-8 所示，即气泡每移动一格时，水准管轴所倾斜的角值。该值为：

$$\tau = \frac{2}{R} \cdot \rho'' \tag{2-5}$$

式中 τ——水准管分划值($''$)；

R——水准管圆弧半径(mm)；

$\rho'' = 206265''$。

水准管分划值的大小反映了仪器置平精度的高低。式(2-5)说明水准管半径愈大，分划值愈小，则水准管灵敏度(整平仪器的精度)愈高，当然，水准器的灵敏度越高，气泡越不容易稳定，使气泡居中的所需时间越长。安装在 DS_3 型仪器上的水准管，其分划值一般为 $20''/2$ mm。管水准器通常用于仪器的精确整平。

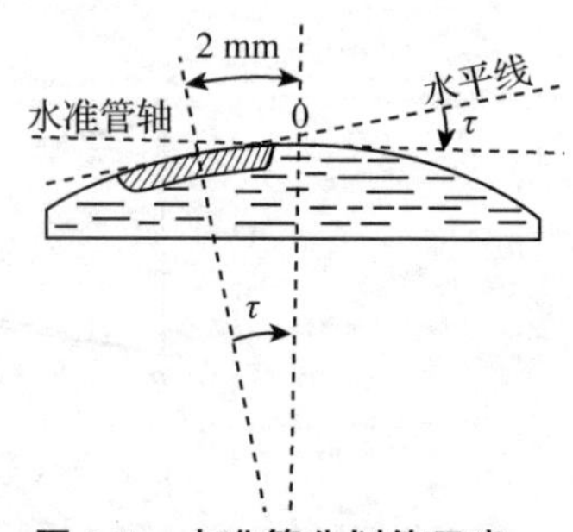

图 2-8 水准管分划值示意

②圆水准器　如图 2-9 所示，圆水准器顶面的内壁是一个球面，球面中央有圆分划圈，圆圈的中心称为水准器零点。通过零点的球面法线，称为圆水准器轴，当圆水准器气泡居中时，圆水准器轴处于竖直位置。圆水准器的分划值是指通过零点的任意一个纵断面上，气泡中心偏离 2 mm 的弧长所对圆心角的大小。DS_3 水准仪圆水准器分划值一般为 8′~10′/2 mm。由于它的精度较低，故只用于仪器的粗略整平。

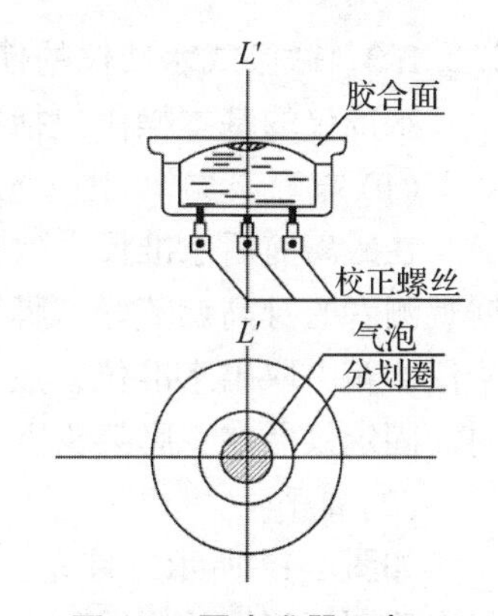

图 2-9　圆水准器示意

(3) 基座和三脚架

基座的作用是支撑仪器的上部并与三脚架连接。基座主要由轴座、脚螺旋和连接板构成。仪器上部通过竖轴插入轴座内，由基座托承。

三脚架用木材或者铝合金材料制成，可伸缩以调整仪器高度。

2.2.1.2　工具

水准尺和尺垫是水准测量的主要工具，在作业时与水准仪配合使用。

(1) 水准尺

普通水准尺是利用伸缩性小、不易弯曲、质轻且坚硬的木材或铝合金制成，其构造式样有直尺、折尺和塔尺，如图 2-10 所示。直尺长为 2 m 或 3 m，折尺长为 4 m，塔尺长为 3~5 m。近年来，利用铝合金制成的塔尺在水准测量精度要求不高的情况下普遍被使用。直尺通常双面(黑红面)刻画，最小分划刻度为 1 cm，每分米作注记。黑白相间的一面称为黑面尺，尺底从 0.000 m 开始刻划；红白相间的一面称为红面尺，尺底从 4.687 m 或者 4.787 m 开始刻划。双面尺一般成对使用，利用黑红面尺零点差可对水准测量读数进行检核。为了使水准尺能够竖直，一般在水准尺侧面安装圆水准器，当圆水准器的气泡居中时，则表示水准尺处于铅垂状态。

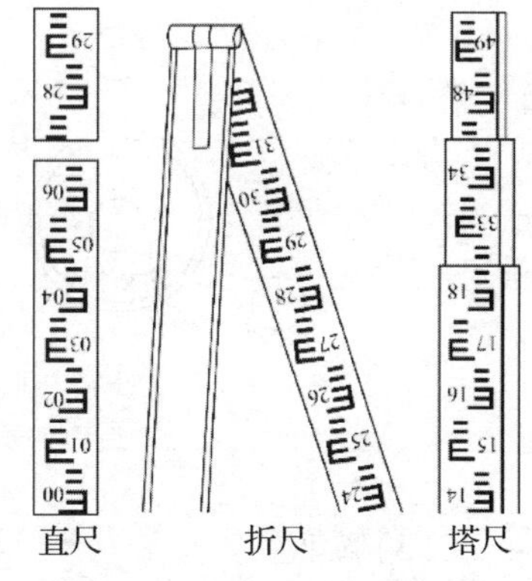

图 2-10　水准尺的种类

(2) 尺垫

尺垫是用铁质材料做成的，其形式有圆形、三角形等，如图 2-11 所示。上部中央有突起的半球。测量时将尺垫踏实，以防下沉，把水准尺立于突起的半球顶部。在土质松软地方测量时可避免水准尺下沉，保证测量数据的稳定可靠。

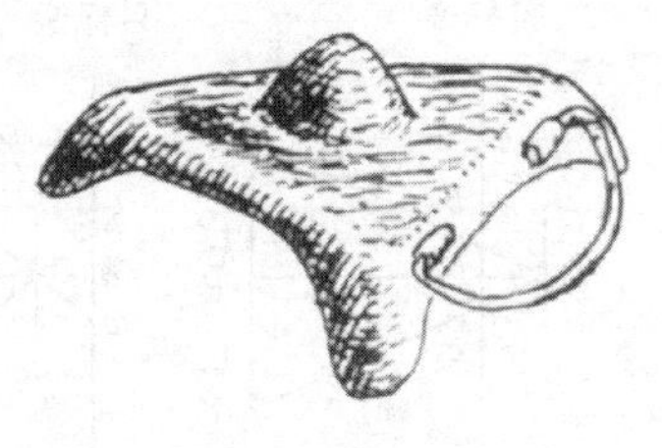

图 2-11　尺垫

2.2.1.3　微倾式水准仪的使用

水准仪的基本操作包括安置、粗平、瞄准、精平和读数。

(1)安置

在距离前后水准尺大致相等、视线水平时能先后看到两尺的地方安置水准仪脚架。根据观测者的身高调节好三脚架的高度，使三脚架的架头面大致水平，并使脚架稳定。然后从仪器箱内取出水准仪，放在三脚架的架头面，并立即用连接螺旋旋入仪器基座的螺孔内，固定仪器在三脚架头上。

(2)粗平

如图 2-12 所示，首先，以相反方向同时旋转两个脚螺旋(如 1、2 号)，使圆水准器的气泡移到两脚螺旋连线的中间位置(如从 m 移动到 n 处)，气泡移动的方向与左手大拇指转动方向一致，右手则相反；接着转动第 3 个脚螺旋(如 3 号)，使气泡从 n 处移动到水准器零点位置即可。在整平过程中，有时需按上述方法反复调整脚螺旋，才能使气泡完全居中。

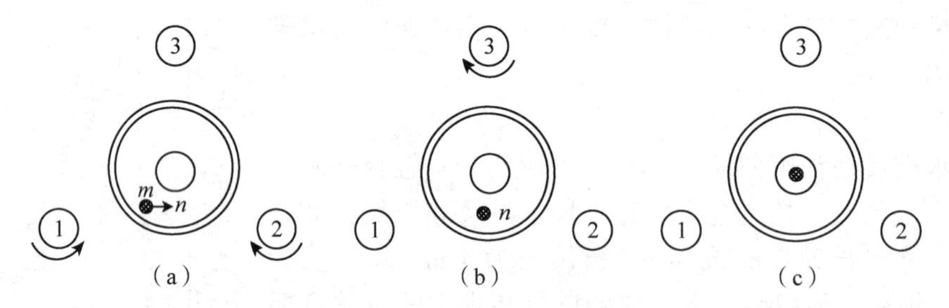

图 2-12　粗平过程示意

(3)瞄准

先将望远镜对准明亮的背景，旋转目镜调焦螺旋，使十字丝清晰；其次松开制动螺旋，转动望远镜，用望远镜上的准星和照门瞄准水准尺，拧紧制动螺旋；最后从望远镜中观察目标，旋转物镜调焦螺旋，使目标清晰，旋转微动螺旋，使竖丝平分水准尺影像。

在物镜调焦后，当眼睛在目镜端上下作少量移动时，有时会出现十字丝与目标有相对运动的现象，通常称为视差。视差产生的原因是物象与十字丝分划板不重合，如图 2-13(a)、(b)所示，视差的存在会影响观测结果的准确性，必须加以消除。消除视差方法是重新调节目镜调焦螺旋和物镜调焦螺旋，直到眼睛上下移动，读数不变时为止，如图 2-13(c)所示。此时，从目镜端见到十字丝与目标的像都十分清晰。

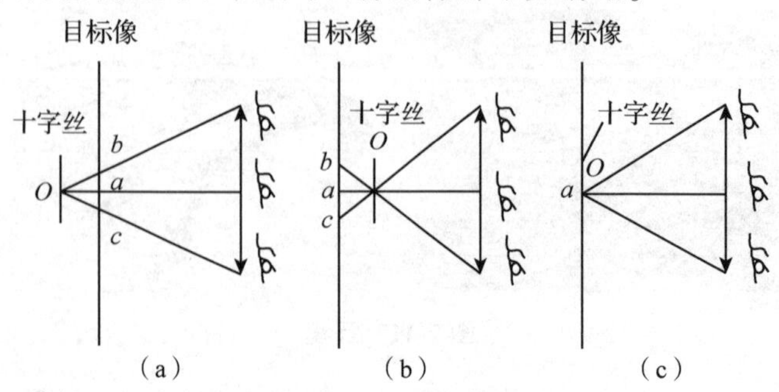

图 2-13　视差示意

(4)精平

从望远镜的一侧观察管水准气泡偏离零点的方向，旋转微倾螺旋，使气泡大致居中，这时再从目镜左侧的附合气泡观察窗中察看两个气泡影像是否吻合，如不吻合，再慢慢旋转微倾螺旋直至其完全吻合为止，如图 2-7(b)、(c)所示。

(5)读数

符合水准器气泡居中后，即可读取十字丝中丝截在水准尺上的读数，直接读出米、分米和厘米，估读出毫米。从望远镜里读取水准尺读数时应从小往大读，如图 2-14(a)中望远镜视场的黑面尺中丝读数为 1. 608 m；而图 2-14(b)红面尺中丝读数为 6. 295 m。

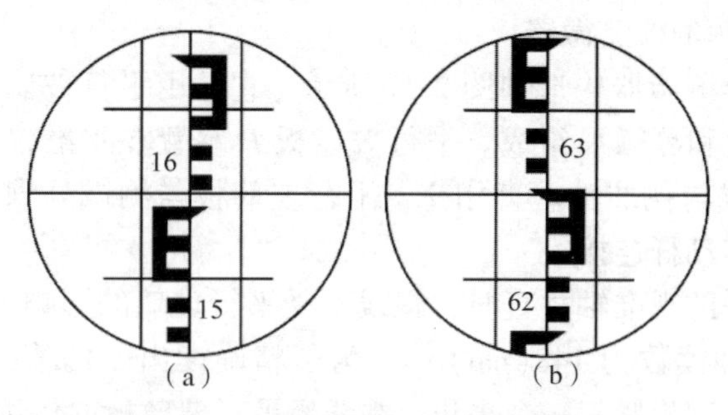

图 2-14 望远镜视场里的水准尺影像

2. 2. 2 精密水准仪

每千米测量中误差小于±0. 5 mm 或±1 mm 的水准仪通常称作精密水准仪，主要用于国家一、二等水准测量和高精度的工程测量中，例如，建(构)筑物的沉降观测，大型桥梁工程的施工测量和大型精密设备安装的水平基准测量等。

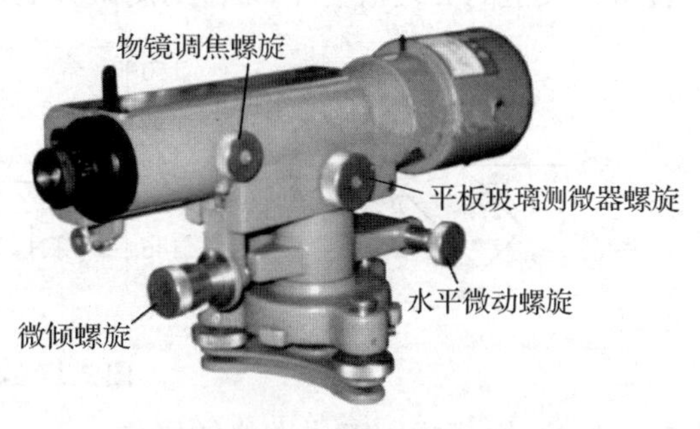

图 2-15 精密水准仪

2. 2. 2. 1 微倾式精密水准仪特点

精密水准仪的构造与 DS_3 水准仪基本相同，也是由望远镜、水准器和基座三部分构成，但其还有以下普通微倾式水准仪没有的特点：

①望远镜的放大倍数大，分辨率高，如规范要求 DS_1 不小于 38 倍，DS_{05} 不小于 40 倍；

②管水准器分划值为 10″/2 mm，精平精度高；

③望远镜的物镜有效孔径大，亮度好；

④望远镜外表材料一般采用受温度变化小的铟瓦合金钢，以减小环境温度变化的影响；

⑤采用平板玻璃测微器读数，读数误差小；

⑥配备精密水准尺。

2. 2. 2. 2 精密水准尺

与精密水准仪配合使用的是精密水准尺。这种水准尺是在木质标尺的中间槽内，装有一 3 m 长的铟瓦合金带，其下端固定在木标尺底部，上端连一弹簧，固定在木标尺顶部。铟瓦带上刻有左右两排相互错开的刻划，数字注记在木尺上，如图 2-16 所示。精密水准尺的分划值有 1 cm 和 0.5 cm 两种，而数字注记因生产厂家不同有很多形式。Wild N3 水准仪的精密水准尺分划值为 1 cm，全长约 3.2 m，右边一排数字注记自 0~300 cm，称为基本分划；左边一排数字注记自 300~600 cm，称辅助分划。基本分划与辅助分划相差一常数 K，称基辅差(尺值因厂家不同而异，一般为 301.55 cm)，K 值用来检核读数。

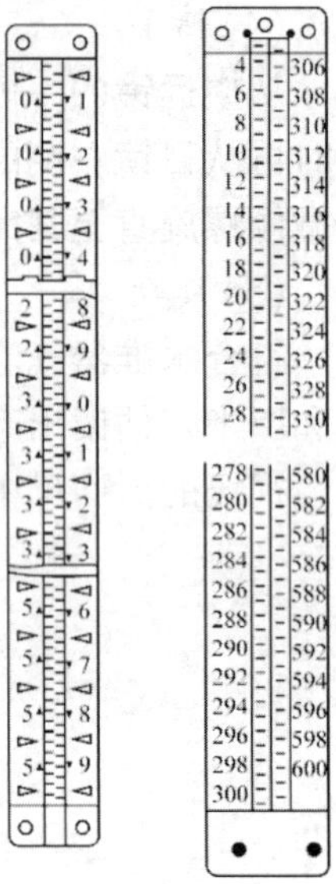

图 2-16　精密水准尺

2.2.2.3　微倾式精密水准仪测微器

精密水准仪的光学测微器构造如图 2-17 所示。它是由平行玻璃板 P、传动杆、测微轮和测微尺组成。平行玻璃板 P 装置在水准仪物镜前，其转动的轴线与视准轴垂直相交，平行玻璃板与测微分划尺之间用带有齿条的传动杆连接。

当平板玻璃与水平的视准轴垂直时，视线不受平行玻璃的影响，对准水准尺的 A 处，即读数为 148(cm)+a。为了精确读出 a 的值，需转动测微轮使平行玻璃板倾斜一个小角，视线经平行玻璃板的作用而上、下移动，准确对准水准尺上 148 cm 分划后，再从读数显微镜中读取 a 值，从而得到水平视线截取水准尺上 A 点的读数。测微分划尺有 100 个分格，与水准尺上的分格(1 cm 或 0.5 cm)相对应，若水准尺上的分划值为 1 cm，则测微分划尺能直接读到 0.1 mm。

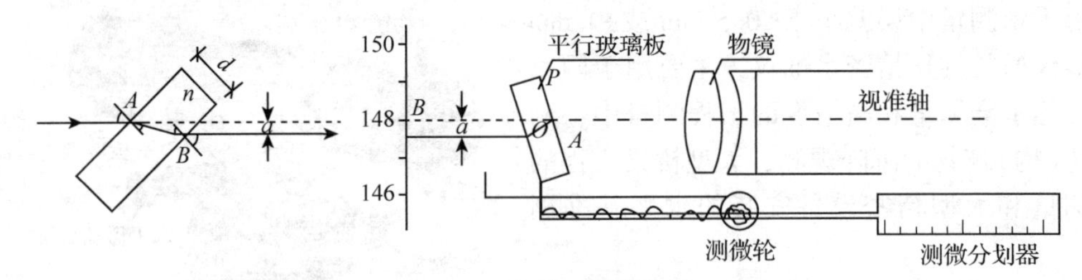

图 2-17　光学测微器构造

2.2.2.4　微倾式精密水准仪的操作

精密水准仪的操作方法与 DS_3 水准仪基本相同，只是读数方法有些差异，如图 2-18 所示。读数时，用微倾螺旋调节符合气泡居中(气泡影像在目镜视场内左方)，再转动测微轮，调整视线上、下移动，使十字丝的楔形丝精确夹住水准尺上一个整数分划线，楔形丝夹住的水准尺基本分划读数为 1.48 m，测微尺读数为 6.55 mm，最后读数为 1.48655 m。

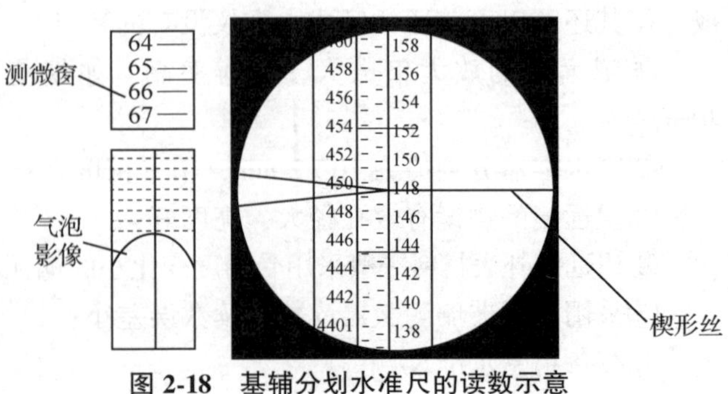

图 2-18　基辅分划水准尺的读数示意

2.2.3　自动安平水准仪

自动安平水准仪是用设置在望远镜内的自动补偿器代替水准管，观测时，只需将水准仪上的圆水准器气泡居中，便可通过中丝读到水平视线在水准尺上的读数，从而简化了操作，提高观测速度，通常可节省40%的观测时间。

2.2.3.1　自动安平的原理

自动安平水准仪的原理主要是利用重力的自动作用，通过对光路或十字丝进行“补偿”，从而达到“安平”的目的。如图 2-19 所示，视准轴水平时，十字丝交点在 A 处，读到水平视线的读数为 a_0。当视准轴倾斜了一个小角 α 时，十字丝交点从 A 移到 Z 处，显然，$AZ=f\cdot\alpha$（式中，f 为物镜等效焦距），这时从 A 处读到的数 a 不是水平视线的读数，为了在视准轴倾斜时，仍能在十字丝交点 A 处读得水平视线的读数 a_0，在光路中 K 点处装置一个光学补偿器，使读数为 a_0 的水平光线经过补偿器偏转 β 角后恰好通过倾斜视准轴的十字丝交点 A。这时 $AZ=s\cdot\beta$（s 为补偿器到十字丝交点 A 的距离）。因此，补偿器必须满足条件：

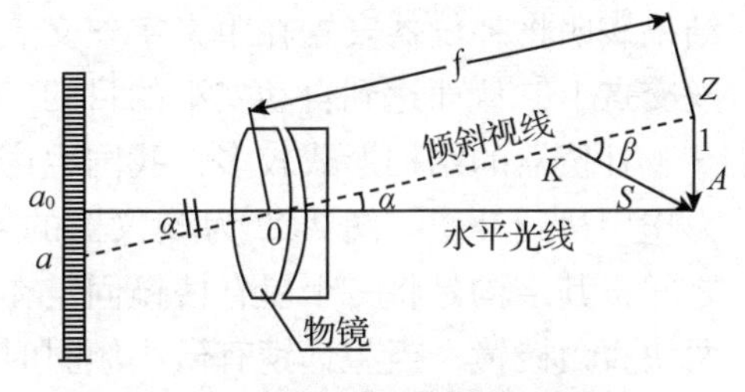

图 2-19　自动安平水准仪测量原理

$$f\cdot\alpha=s\cdot\beta \tag{2-6}$$

这样，即使视准轴存在一定的倾斜（倾斜角限度为±10′），在十字丝交点 A 处却能读到水平视线的读数 a_0，达到了自动安平的目的。

2.2.3.2　自动安平补偿器

根据光线全反射的特性可知，在入射线方向不变的条件下，当反射面旋转一个角度 α 时，反射线将从原来的行进方向偏转 2α 的角度，如图 2-20 所示。补偿器的补偿光路即根据这一光学原理设计的。

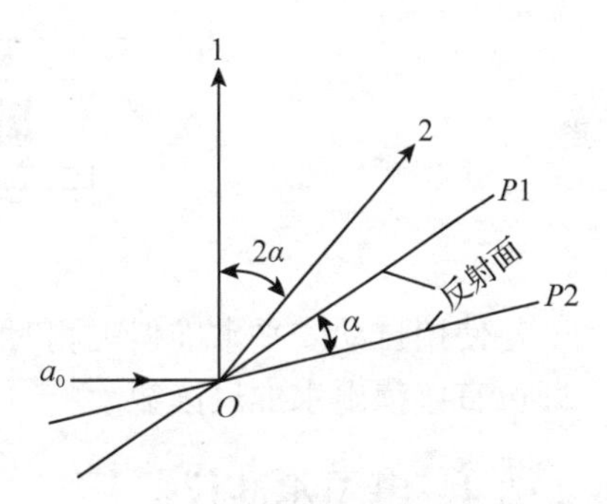

图 2-20　平面镜全反射原理

当仪器处于水平状态、视准轴水平时，水平光线与视准轴重合，不发生任何偏转。如图 2-21 所示，水平光线进入物镜后经第一个直角棱镜反射到屋脊棱镜，在屋脊棱镜内作三次反射，到达另一个直角棱镜，又被反射一次，最后水平光线通过十字丝交点 Z，这时可读到视线水平时的读数 a_0。

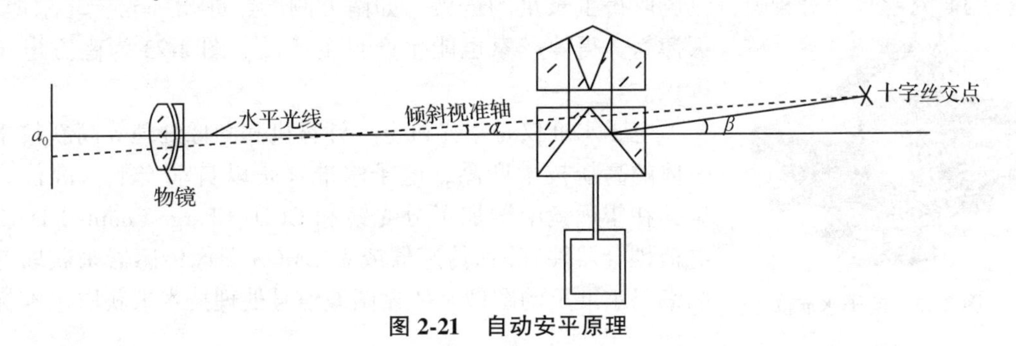

图 2-21　自动安平原理

如图 2-21 所示，当望远镜倾斜了一个小角 α 时屋脊棱镜也随之倾斜 α 角，两个直角棱镜在重力作用下，相对望远镜的倾斜方向沿反方向偏转 α 角。这时，经过物镜的水平光线经过第一个直角棱镜后产生 2α 的偏转，再经过屋脊棱镜，在屋脊棱镜内作三次反射，到达另一个直角棱镜后又产生 2α 的偏转，水平光线通过补偿器产生两次偏转的和为 $\beta=4\alpha$。要使通过补偿器偏转后的光线经过十字丝交点，将 $\beta=4\alpha$ 代入式(2-6)可得：$s=f/4$，结果表明将补偿器安置在距十字丝交点的 $f/4$ 处，可使水平视线的读数 a_0。正好落在十字丝交点上，从而达到自动安平的目的。

补偿器的结构形式较多，我国生产的 DSZ3 型自动安平水准仪采用悬吊棱镜组借助重力作用达到补偿。图 2-22 为该仪器的补偿结构图。补偿器装在对光透镜和十字丝分划板之间，其结构是将一个屋脊棱镜固定在望远镜筒上，在屋脊棱镜下方用交叉金属丝悬吊着两块直角棱镜。当望远镜有微小倾斜时，直角棱镜在重力的作用下，与望远镜作相反的偏转。空气阻尼器的作用是使悬吊的两块直角棱镜迅速处于静止状态(在 1~2 s 内)。

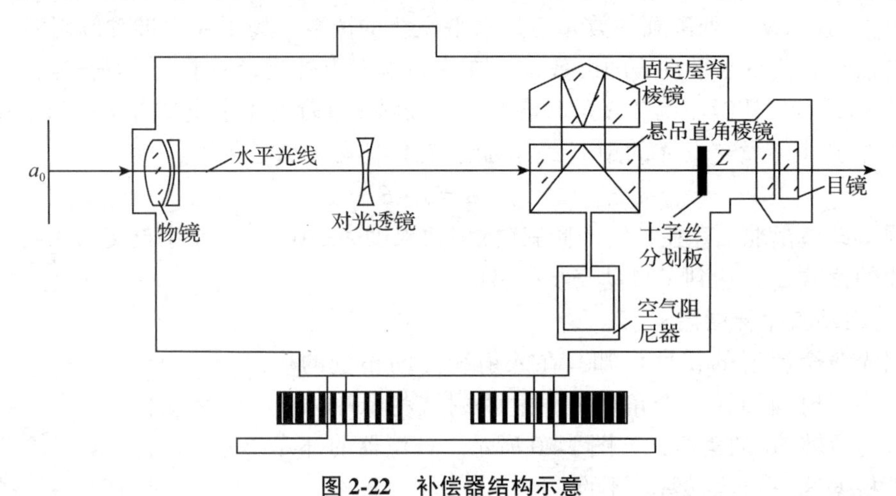

图 2-22　补偿器结构示意

使用自动安平水准仪观测时，在安置好仪器、将圆水准器气泡居中后，照准水准尺，即可直接读出水准尺读数。

2.2.4　电子水准仪

1990 年，瑞士徕卡公司推出了世界上第一台数字水准仪 NA2000。国内厂商对电子水准仪的研究起步相对较晚，但也取得了长足的进展，如南方测绘、苏州一光、北京博飞、天津特盖得等产家也能生产自主产品。图 2-23 为南方电子水准仪。

图 2-23　电子水准仪

电子水准仪是集光机电、计算机和图像处理等高新技术为一体的高新技术产品，电子水准仪是以自动安平水准仪为基础，在望远镜中增加了分光镜和 CCD(Charge-Coupled Device，电荷耦合器件)阵列传感器或者 CMOS 图像传感器来获取专门的编码水准尺的图像，依靠图像信号处理技术来获取水准标尺的读数，标尺条码的识别及其处理结果的显示均由仪器内置计算机完成，从而实现数字化处理。同时当采用普通标尺时，也可以像自动安平水准仪一样使用。

电子水准仪具有读数客观、精度高、速度快、效率高、丰富的内置测量程序等特点。

2.2.4.1 电子水准仪的结构

电子水准仪是在精密自动安平水准仪的基础上发展起来的。电子水准仪测量系统通常由主机、条码尺及数据处理软件三大部分组成，如图 2-24 所示。

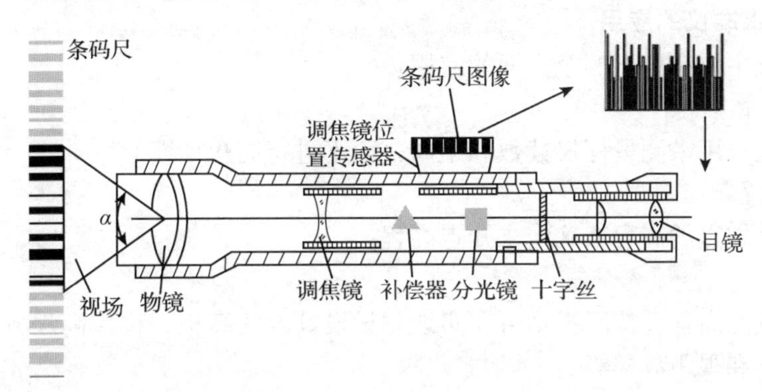

图 2-24 电子水准仪结构示意

①主机 由望远镜物镜系统、补偿器、分光棱镜、目镜系统、图像传感器、计算机、键盘等组成。

②条码尺 由宽度相等或不等的黑白(黄)条码按某种编码规则进行有序排列而成。常用玻璃钢、铝合金或铟钢制成的单面或双面尺，形式有直尺和折尺两种，尺长有 2 m、3 m 等。通常，双面尺子的分划一面为条码，与电子水准仪配套用于数字水准测量；另一面为长度单位的分划线，用于普通水准测量。

③数据处理软件 能对图像传感器获取的图像进行处理，获得视距及视线高等数据。

2.2.4.2 电子水准仪工作原理

当水准仪望远镜照准条码尺并调焦后，条码尺上的条形码影像入射到分光镜上，分光镜将其分为可见光和红外光两部分。可见光影像成像在分划板上，供目视观测；红外光影像则成像在 CCD 线阵光电探测器上，探测器将接收到的光图像先转换成模拟信号，再转换为数字信号传送仪器的处理器，通过与事先存储好的条形码本源数字信息相关比较，当两信号处于最佳相关位置时，则可获得条码尺上的水平视线读数和视距读数，最后将处理结果存储并送往屏幕显示。

电子水准仪的关键技术是电子自动读数及数据处理。目前，采用的数据处理方法有相位法、几何法和相关法等。

2.2.4.3 电子水准仪的使用

与自动安平水准仪相似，安置在三脚架上的电子水准仪使用包括粗平、瞄准和按键测量等步骤。

(1)粗平

同普通水准仪一样，转动脚螺旋使圆水准器的气泡居中，气泡居中情况可在圆水准器观察窗口中看到。

(2) 瞄准

先转动目镜调焦螺旋，看清十字丝，然后瞄准条码尺，用十字丝竖丝照准条码尺中央，并注意消除视差。

(3) 测量

按“测量”键，显示器会显示相应的数据，如水准尺的读数、仪器至水准尺之间的距离及视线高或所测两点间高差等。

2. 2. 4. 4　电子水准仪的应用

电子水准仪主要有以下四个方面的应用：

(1) 标准测量

标准测量是只用来测量标尺读数和距离，而不进行高程计算。

(2) 高程测量

根据一个已知点的高程来确定未知点高程。

(3) 放样

根据已知点的高程，按照提示可在实地测设设计点的高程，称作高程放样。类似还可以进行高差放样和视距放样等。

(4) 线路测量

开展国家等级的水准测量，如四等水准测量，或者进行线路测量时可应用此功能。

2. 3　水准测量的外业

2. 3. 1　水准点及水准路线

为了统一全国的高程系统和满足各种测量的需要，测绘部门在全国各地埋设并测定了很多高程点，这些点称为水准点(Bench Mark，简记为 BM)。水准测量通常是从水准点引测出其他点的高程。水准点有永久性和临时性两种。国家等级水准点一般用石料或钢筋混凝土制成，深埋到地面冻结线以下。在标石的顶面设有用不锈钢或其他不易锈蚀材料制成的半球状标志，如图 2-25 所示。有些水准点也可设置在稳定的墙脚上，称为墙上水准点。

建筑工地上的永久性水准点一般用混凝土或钢筋混凝土制成，临时性的水准点可用地面上突出的坚硬岩石或用大木桩打入地下，桩顶钉以半球形铁钉，如图 2-26 所示。

埋设水准点后，应绘出水准点与附近固定建筑物或其他地物的关系图，在图上还要写

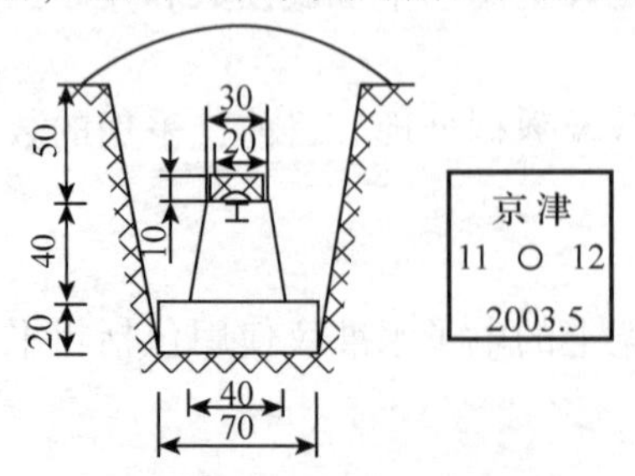

图 2-25　混凝土水准点标石式样
(单位：cm)

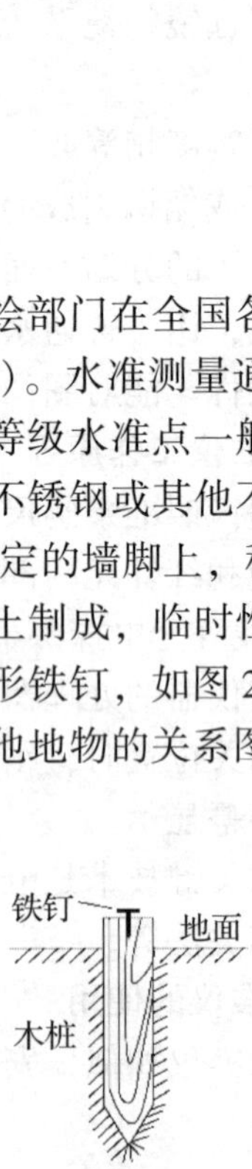

铁钉
地面
木桩

图 2-26　临时水准点示意

明水准点的编号和高程，称为点之记，以便于日后寻找水准点位置之用。水准点编号前通常在 BM 字样下标处加上编号，作为水准点的代号，如 BM_1。在两水准点之间进行水准测量所经过的路线称为水准路线。根据测区实际情况和需要，可布置成单一水准路线或水准网。单一水准路线的布设形式主要有：附合水准路线、闭合水准路线和支水准路线，如图 2-27 所示。

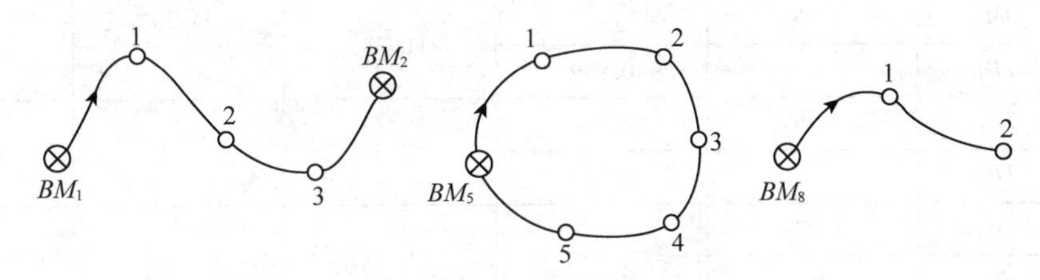

图 2-27　水准路线布设形式示意

2.3.2　水准测量的实施

如果两点间高差较大或相距较远，仅安置一次仪器不能测得它们的高差，这时需要加设若干个临时的立尺点，放置尺垫，作为传递高程的临时点，称为转点(turning point，记为 TP)，如图 2-28 所示。

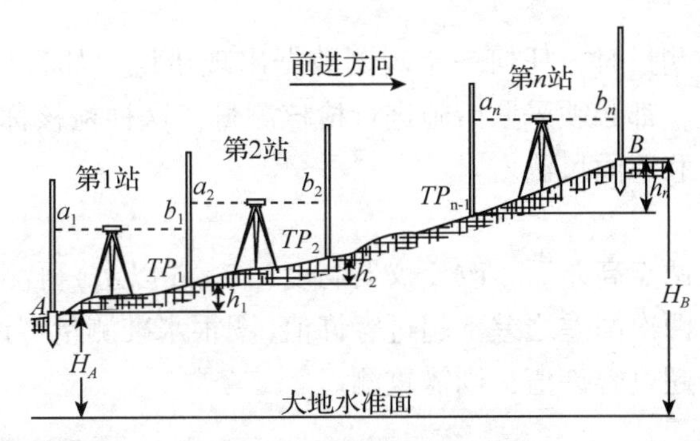

图 2-28　水准测量方法示意

如果水准路线连续观测 n 站，则有：

$$h_1 = a_1 - b_1$$
$$h_2 = a_2 - b_2$$
$$\cdots$$
$$h_n = a_n - b_n$$

因此，A、B 两点间的高差：$h_{AB} = \sum h = h_1 + h_2 + \cdots + h_n$

同时可得：

$$\sum h = \sum a - \sum b \tag{2-7}$$

式(2-7)可作为检核公式，可检查计算是否有误，但不能检查测量过程是否有误。表 2-1 是从高程已知点 A 到待测点 B 的观测记录手簿。

表 2-1 水准测量记录手簿

测区：开创大道　　天气：晴　　观测者：王斌　　记录者：李刚

仪器型号(编号)：DSZ3(187159)　　日期：2018 年 5 月 22 日

测站	测点	水准尺读数/m		高差/m	高程/m	备注
		后视	前视			
1	BM_A	1.364		+0.385	54.206	已知点
	TP_1		0.979			
2	TP_1	1.259		+0.547		
	TP_2		0.712			
3	TP_2	1.278		+0.712		
	TP_3		0.566			
4	TP_3	0.653		−1.211		待定点
	B		1.864		54.639	
	$\sum$	4.554	4.121	+0.433		

2.3.3 水准测量检核

2.3.3.1 测站检核

在水准测量每一站测量时，任何一个观测数据出现错误，都将导致所测高差不正确。因此，对每一站的高差，都必须采取措施进行检核测量，这种检核称为测站检核。测站检核通常采用变动仪高法和双面尺法。

(1)变动仪高法

在每一测站上测出两点高差后，改变仪器高度(10 cm 以上)再测一次高差，测得两次高差以进行比较检核。两次高差之差不超过容许值(图根水准测量容许值为±5 mm)，取其平均值作最后结果；若超过容许值，则需重测。

(2)双面尺法

在每一测站上，仪器高度不变，分别读取黑、红面读数及计算出黑、红面高差。若同一水准尺红面读数与黑面读数之差，以及红面尺高差与黑面尺高差均在容许值范围内，取平均值作最后结果；否则应重测。

2.3.3.2 成果检核

测站检核能检查每一测站的观测数据是否存在错误，但有些误差，例如，在转站时转点的位置被移动，测站检核是查不出来的。此外，每一测站的高差误差如果出现符号一致性，随着测站数的增多，误差积累，就有可能使高差总和的误差积累过大。因此，还必须对水准测量进行成果检核，其方法是将水准路线布设成以下几种形式。

(1)附合水准路线

如图 2-27(a)所示，从一个已知高程的水准点 BM_1 起，沿各待测高程的点进行水准测量，最后联测到另一个已知高程的水准点 BM_2 上，这种形式称为附合水准路线。附合水准路线中各测站实测高差的代数和应等于两已知水准点间的高差。由于实测高差存在误差，使两者之间不完全相等，其差值称为高差闭合差f_h，即：

$$f_h = \sum h_{测} - (H_{终} - H_{起}) \tag{2-8}$$

式中 $H_{终}$——附合路线终点高程；

$H_{起}$——起点高程。

(2)闭合水准路线

如图2-27(b)所示，从一已知高程的水准点BM_5出发，沿环形路线进行水准测量，最后回到水准点BM_5，这种形式称为闭合水准路线。闭合水准路线中各段高差的代数和应为零，但实测高差总和不一定为零，从而产生闭合差f_h，即：

$$f_h = \sum h_{测} \tag{2-9}$$

(3)支水准路线

如图2-27(c)所示，从已知高程的水准点BM_8出发，最后既没有联测到另一已知水准点上，也未形成闭合，称为支水准路线。支水准路线要进行往、返观测，往测高差总和与返测高差总和应大小相等符号相反。如两者的代数和不为零，即产生了高差闭合差f_h：

$$f_h = \sum h_{往} + \sum h_{返} \tag{2-10}$$

高差闭合差是各种因素产生的测量误差，故闭合差的数值应该在容许值范围内，否则应检查原因，必要时返工重测。

普通水准测量高差闭合差容许值为：

$$\left.\begin{aligned} &\text{平地} \quad f_{h容} = \pm 40\sqrt{L}\,(\text{mm}) \\ &\text{山地} \quad f_{h容} = \pm 12\sqrt{n}\,(\text{mm}) \end{aligned}\right\} \tag{2-11}$$

式中 L——水准路线总长(以km为单位)；

n——测站数。

2.4 水准测量的内业

水准测量的内业计算前应检查外业记录数据，确保记录完整和无误。其次要算出高差闭合差，它是衡量水准测量精度的重要指标，当高差闭合差在容许值范围内时，要对其进行调整，求出改正后的高差。最后求出待测点的高程。

2.4.1 附合水准路线的内业计算

以某附合水准路线为例说明其内业计算过程。如图2-29所示，BM_A和BM_B为已知水准点，按普通水准测量的方法测得各测段观测高差和测段路线长度(分别标注在路线的上、下方)，并列于表2-2中。

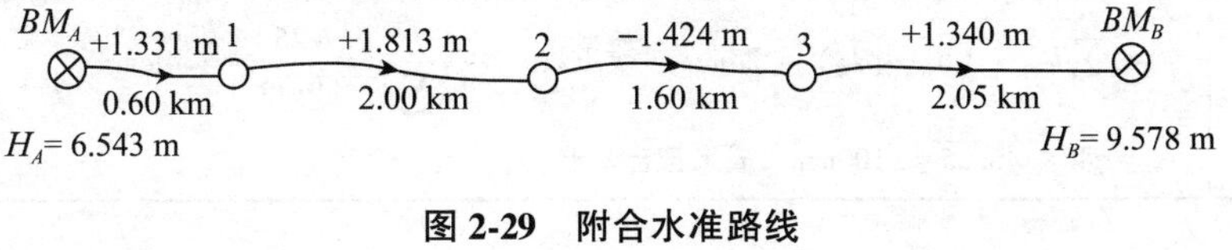

图2-29 附合水准路线

2.4.1.1　计算高差闭合差

根据式(2-8)可得：

$$f_h = \sum h_{测} - (H_B - H_A) = 3.060 - (9.578 - 6.543) = 0.025\ (\mathrm{m})$$

按平地及普通水准精确度计算其闭合差容许值为：

$$f_{h容} = \pm 40\sqrt{L} = \pm 40 \times \sqrt{6.25} = \pm 100\ (\mathrm{mm})$$

因为 $f_h < f_{h容}$，所以本次测量结果符合图根水准测量技术要求，可以对高差闭合差进行调整。

2.4.1.2　调整高差闭合差

在普通水准测量中，闭合差的调整是将高差闭合差按距离或测站数呈正比例计算得到各测段高差改正数，然后反符号分配到各测段高差中。

每测段高差改正数通常按下式计算：

$$V_i = -\frac{f_h}{\sum n} n_i \tag{2-12}$$

或

$$V_i = -\frac{f_h}{\sum L} L_i \tag{2-13}$$

式中　n_i——第 i 段测站数；

$\sum n$——测站总数；

L_i——第 i 段距离；

$\sum L$——水准路线总长。

2.4.1.3　计算各待定点高程

用每段改正后的高差，由已知水准点 BM_A 开始，逐点算出各点高程，列入表 2-2 中。由计算得到的 BM_B 点高程应与已知高程相等，以此作为计算检核。

表 2-2　附合水准路线高程计算表

测点	路线长 /km	实测高差 /m	高差改正数 /m	改正后的高差 /m	高程 /m	备注
BM_A					6.543	
	0.60	1.331	−0.002	1.329		
1					7.872	
	2.00	1.813	−0.008	1.805		
2					9.677	
	1.60	−1.424	−0.006	−1.430		
3					8.246	
	2.05	1.340	−0.009	1.331		
BM_B					9.578	
Σ	6.25	3.060	−0.025	3.035		
辅助计算	$f_h = \sum h_{测} - (H_B - H_A) = 25\mathrm{mm}$　改正数 $v = -\frac{f_h}{\sum L} = \frac{25}{6.25} = -4\mathrm{mm}$ $f_{h容} = \pm 40 \times \sqrt{6.25} = \pm 100\mathrm{mm}$　成果符合要求					

2.4.2　闭合水准路线的内业计算

闭合水准路线的内业计算中高差闭合差的允许值和校核要求与附合水准路线相同，只是高差闭合差计算不一样，$f_h = \sum h$。表 2-3 是根据水准测量手簿整理得到的某闭合水准路线观测数据，BM_A 为已知高程水准点，1、2、3 点为待求高程的水准点。经过闭合差校核及调整后可得到待求点的高程。

表 2-3　闭合水准路线高程计算表

测点	测站数	实测高差/m	高差改正数/m	改正后的高差/m	高程/m	备注
BM_A					78.698	
	7	−6.834	−0.014	−6.848		
1					71.850	
	6	−4.224	−0.012	−4.236		
2					67.614	
	8	16.137	−0.016	16.121		
3					83.735	
	4	−5.029	−0.008	−5.037		
BM_A					78.698	
Σ	25	0.050	−0.050	0.000		
辅助计算	$f_h = \sum h = 50\text{mm}$　改正数 $\nu = -\frac{f_h}{\sum n} = -\frac{50}{25} = -2\text{mm}$ $f_{h容} = \pm 12\sqrt{n} = \pm 12\sqrt{25} = \pm 60(\text{mm})$					

2.4.3　支水准路线

支水准路线内业计算方法和附合水准路线相似，只是高差改正不一样，用往、返高差绝对值的平均值作为两点间的改正后高差，其符号与所测方向高差的符号一致。

2.5　微倾式水准仪的检验与校正

2.5.1　水准仪的主要轴线及其应满足的条件

水准仪有以下主要轴线：视准轴、水准管轴、仪器竖轴、圆水准器轴及十字丝横丝，如图 2-30 所示。根据水准测量原理，水准仪必须提供一条水平视线，才能正确地测出两点间的高差。为此，水准仪各轴线间应满足的几何条件是：

①圆水准器轴 $L'L'$ 平行仪器竖轴 VV；

②十字丝的中丝(横丝)垂直仪器竖轴 VV；

③水准管轴 LL 平行视准轴 CC。

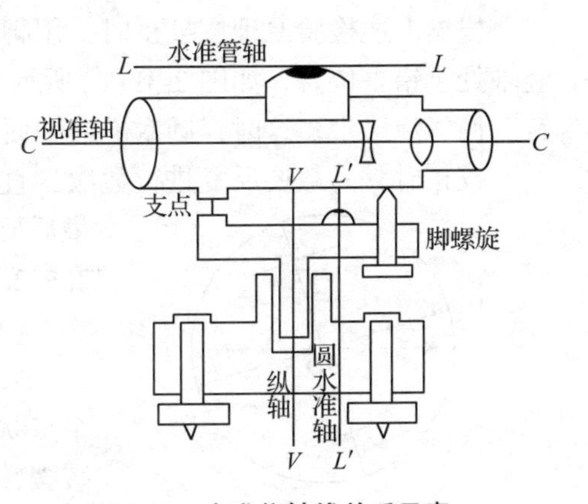

图 2-30　水准仪轴线关系示意

上述水准仪应满足的各项条件，在仪器出厂时已经过检验与校正而得到满足，但由于仪器在长期使用和运输过程中受到震动和碰撞的原因，使各轴线之间的关系发生变化，若不及时检验校正，将会影响测量成果的质量。所以，水准测量作业前，应对水准仪进行检验，如不满足要求，应及时对仪器加以校正。

2.5.2　水准仪的检验和校正

2.5.2.1　圆水准器轴平行仪器竖轴的检验和校正

(1) 检验

安置仪器后，用脚螺旋调节圆水准器气泡居中，然后将望远镜绕竖轴旋转 180°，如气泡仍居中，表示此项条件满足要求(圆水准器轴与竖轴平行)；若气泡不居中，则应进行校正。

检验原理如图 2-31 所示。当圆水准器气泡居中时，圆水准器轴处于铅垂位置。若圆水准器轴与竖轴不平行，那么竖轴与铅垂线之间出现倾角 θ，如图 2-31(a)所示。当望远镜绕倾斜的竖轴旋转 180°后，仪器的竖轴位置并没有改变，而圆水准器轴却转到了竖轴的另一侧。这时，圆水准器轴与铅垂线夹角为 2θ，则圆气泡偏离零点，其偏离零点的弧长所对的圆心角为 2θ，如图 2-31(b)所示。

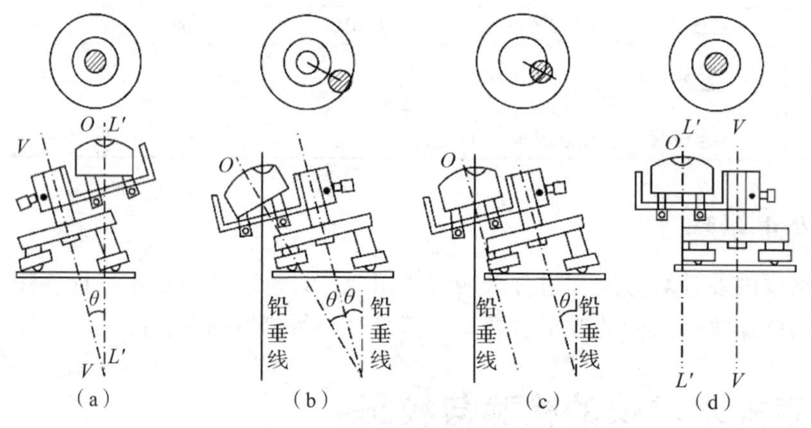

图 2-31　圆水准器检验校正原理

(2) 校正

根据上述检验原理，校正时，用脚螺旋使气泡向零点方向移动偏离长度的一半，这时竖轴处于铅垂位置，如图 2-31(c)所示。然后再用校正针调整圆水准器下面的三个校正螺钉，使气泡居中。这时，圆水准器轴便平行于仪器竖轴，如图 2-31(d)所示。

校正时，一般要反复进行数次，直到仪器旋转到任何位置圆水准器气泡都居中为止。最后要注意拧紧固紧螺丝。

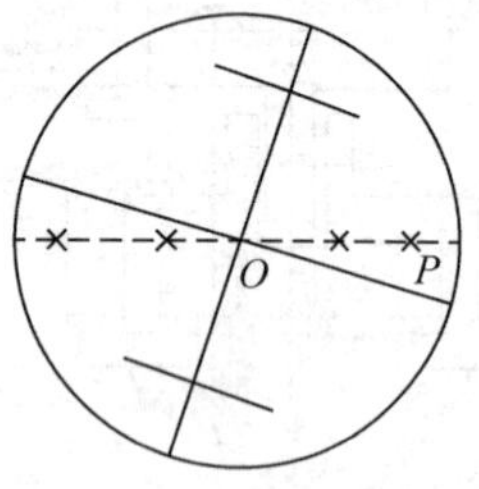

图 2-32　十字丝横丝的检验

2.5.2.2　十字丝横丝垂直于竖轴的检验和校正

(1) 检验

安置水准仪并整平后，先用十字丝横丝的一端对准一个点状目标，如图 2-32 中的 P 点，然后拧紧制动螺旋，缓缓转动微动螺旋。若 P 点始终在横丝上移动，说明十字丝横丝垂直仪器竖轴，条件满足；若 P 点移动的轨迹离开了横丝，则条件不满足，需要校正。

(2)校正

校正方法因十字丝分划板座安置的形式不同而异。其中一种十字丝分划板的安置是将其固定在目镜筒内，目镜筒插入物镜筒后，再由四个固定螺钉与物镜筒连接。校正时，用螺丝刀放松四个固定螺钉，然后转动目镜筒，使横丝水平，如图 2-33 所示，最后将四个固定螺钉拧紧。

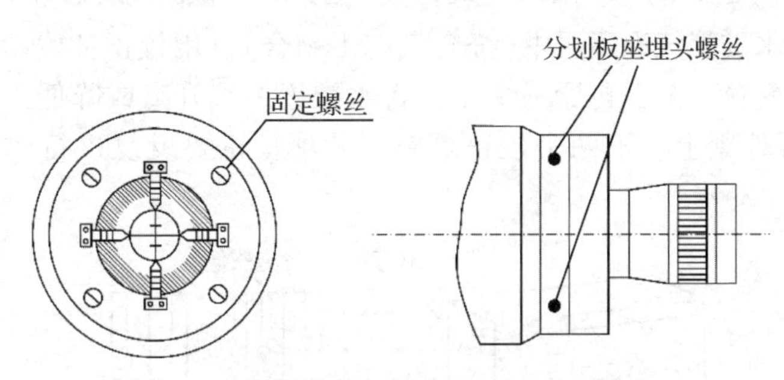

图 2-33 十字丝分划板校正部件

2.5.2.3 水准管轴平行视准轴的检验和校正

(1)检验

如图 2-34 所示，在高差不大的地面上选择相距 80 m 左右的 A、B 两点，打入木桩或安放尺垫。将水准仪安置在 A、B 两点的中点 C 处，用变仪器高法(或双面尺法)测出 A、B 两点高差，两次高差之差小于 5 mm 时，取其平均值 h_{AB} 作为最后结果。

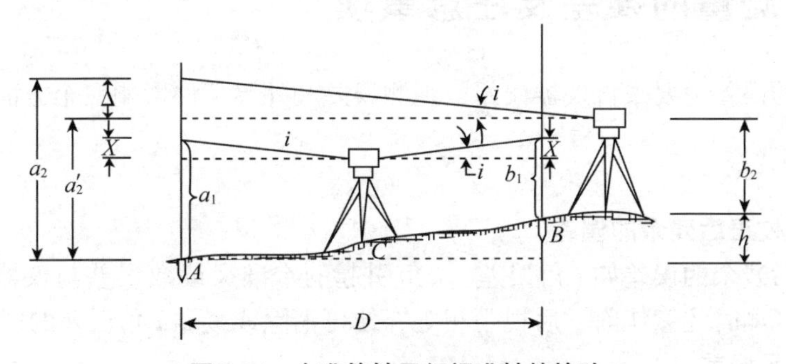

图 2-34 水准管轴平行视准轴的检验

由于仪器距 A、B 两点等距离，从图 2-34 可看出，不论水准管轴是否平行视准轴，在 C 处测出的高差 h_{AB} 都是正确的高差，因为由于距离相等，两轴不平行导致尺上读数误差可在高差计算中自动消除，故高差不受视准轴倾斜误差的影响。

然后将仪器搬至距 B 点 2~3 m 处安置，精平后，分别读取 A 尺和 B 尺的中丝读数 a_2 和 b_2。因仪器距 B 点很近，水准管轴不平行视准轴引起的读数误差可忽略不计，则可计算出仪器安置在 B 点附近时，A 点尺上水平视线的正确读数为：

$$a'_2 = a_2 - \Delta = h_{AB} + b_2$$

实际测出的 a_2，如果与计算得到的 a'_2 相等，则表明水准管轴平行视准轴；否则，两轴不平行，其夹角为：

$$i = \frac{a_2 - a'_2}{D_{AB}} \times \rho \tag{2-14}$$

式中　$\rho = 206265''$。

对于 DS_3 微倾式水准仪，i 角不得大于 20″，如果超限，则应对水准仪进行校正。

(2) 校正

仪器仍在 B 点附近处，调节微倾螺旋，使中丝在 B 尺上的读数移到 a'_2，这时视准轴处于水平位置，但水准管气泡不居中(符合气泡不吻合)。用校正针拨动水准管一端的上、下两个校正螺钉，先松一个，再紧另一个，将水准管一端升高或降低，使符合气泡吻合，如图 2-35 所示。再拧紧上、下两个校正螺钉。此项校正要反复进行，直到 i 角小于 20″为止。

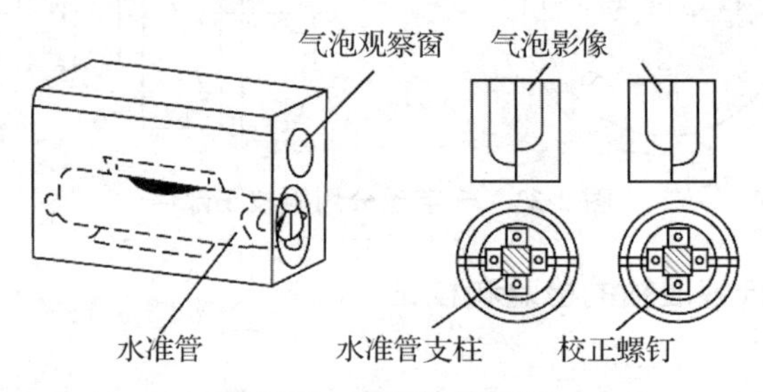

图 2-35　水准管的校正

2.6　水准测量的误差及注意事项

水准测量的误差主要来自仪器误差、观测误差和外界条件影响三个方面。

2.6.1　仪器误差

2.6.1.1　仪器校正后残余的误差

仪器校正后残余的误差如 i 角误差，i 角引起的水准尺读数误差与仪器至标尺的距离呈正比，只要观测时注意使前、后视距相等，便可消除或减弱 i 角误差的影响。

2.6.1.2　水准尺误差

由于水准尺分划不准确、尺长变化、尺弯曲等原因而引起的水准尺分划误差会影响水准测量的精度，因此须检验水准尺上米间隔平均真长与名义长之差。规范规定，对于区格式木质标尺不应大于 0.5 mm。至于一对水准尺的零点差，可在一水准测段的观测中安排偶数个测站予以消除。

2.6.2　观测误差

2.6.2.1　水准管气泡居中误差

视准轴水平是通过调节管水准气泡居中来实现的。精平仪器时，如果管水准气泡没有精确居中，将造成管水准器轴偏离水平面而产生误差。由于这种误差在前视与后视读数中不相等，所以，高差计算中不能抵消。因此，读数前应使水准管气泡严格居中。

2.6.2.2　估读误差

普通水准测量观测中的 mm 位数字是根据十字丝横丝在水准尺的厘米分划内的位置进行估读的，在望远境内看到的横丝宽度相对于厘米分划格宽度的比例决定了估读的精度。

读数误差与望远镜的放大倍数和视距长有关。视距愈长，读数误差愈大。因此，规范规定，使用 DS_3 水准仪进行四等水准测量时，视距应不超过 80 m。

2.6.2.3　水准尺倾斜误差

读数时水准尺必须竖直。如果水准尺前后倾斜，在水准仪望远镜的视场中不会察觉，但由此引起的水准尺读数总是偏大，且视线高度愈大，误差就愈大。在水准尺上安装圆水准器是保证尺子竖直的主要措施。

2.6.3　外界条件的影响

2.6.3.1　仪器和尺垫下沉

仪器或水准尺安置在软土或植被上时，容易产生下沉。采用“后—前—前—后”的观测顺序可以削弱仪器下沉的影响，采用往返观测取观测高差的中数可以削弱尺垫下沉的影响。

2.6.3.2　温度影响

当日光照射水准仪时，由于仪器各构件受热不匀而引起的不规则膨胀，将影响仪器轴线间的正常关系，使观测产生误差。观测时应注意撑伞遮阳。

2.6.3.3　地球曲率及大气折光影响

晴天在日光的照射下，地面的温度较高，靠近地面的空气温度也较高，其密度较上层为稀。水准仪的水平视线离地面越近，光线的折射也就越大，如图 2-36 所示。水准测量规范规定，三、四等水准测量时应保证上、中、下三丝应能读数，二等水准测量则要求下丝读数应大于或等于 0.3 m。

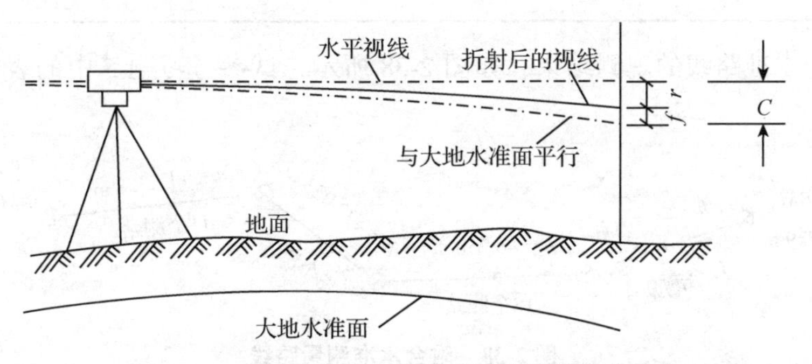

图 2-36　地球曲率和大气折光对水准测量的影响

思考题与习题

1. 名词解释

视线高程　视准轴　水准管分划值

2. 在相距 80 m 的 A、B 两点的中央安置微倾式水准仪，测得高差 $h_{AB}=+0.307$ m，仪器搬站到 B 点附近安置，读得 A 尺的读数 $a_2 = 1.892$ m，B 尺读数 $b_2 = 1.561$ m。试计算该水准仪的 i 角大小。另外，该仪器需要校正吗？

3. 产生视差的原因是什么？怎样消除视差？

4. 水准仪有哪些轴线？各轴线间应满足什么条件？

5. 根据图 2-37 所示的闭合水准路线测量成果，填表及计算表中 3 个待定点的高程。

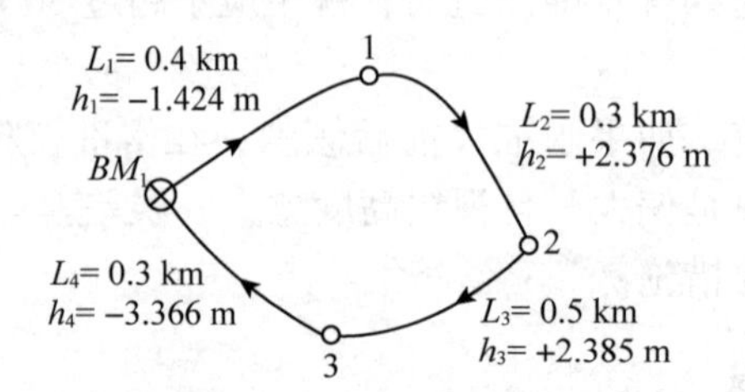

图 2-37　闭合水准测量路线

表 2-4　闭合水准路线成果计算表

测点	距离 /km	实测高差 /m	高差改正数 /m	改正后的高差 /m	高程 /m	备注
BM_A					44.335	已知点
1						
2						
3						
BM_A						
Σ						
辅助计算						

6. 某附合水准路线的观测结果，如图 2-38 所示，试参考习题 5 中的表格完成其内业计算工作。

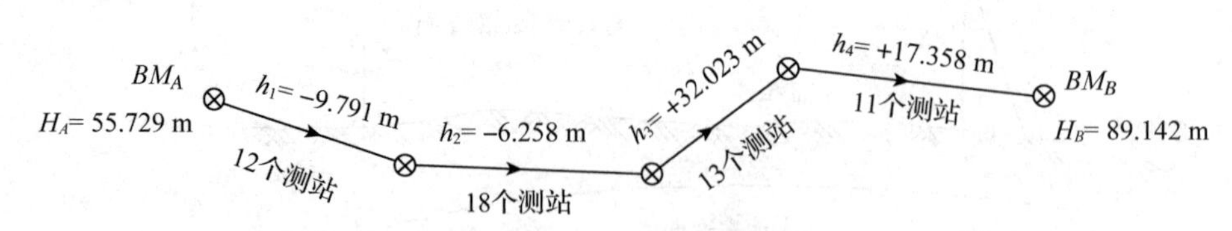

图 2-38　附合水准测量路线

第 3 章　角度测量

角度测量是确定地面点位的基本测量工作之一，包括水平角测量和竖直角测量。水平角是确定地面点平面位置的基本要素之一，竖直角是用于测定高差和水平距离的重要测量要素。角度测量常用的仪器有经纬仪和全站仪。

3.1　角度测量原理

3.1.1　水平角测量原理

如图 3-1 所示，设 A、B、C 是地面上不同高程的任意三个点，A_1、B_1、C_1 是这三点沿铅垂线在同一水平面上的投影。可以看出，水平面上的 B_1A_1 与 B_1C_1 之间的夹角 β 即为地面上 BA 与 BC 两方向之间的水平角。由此可见，由地面一点到两个目标的方向线垂直投影在水平面上所构成的角度称为水平角，用 β 表示。

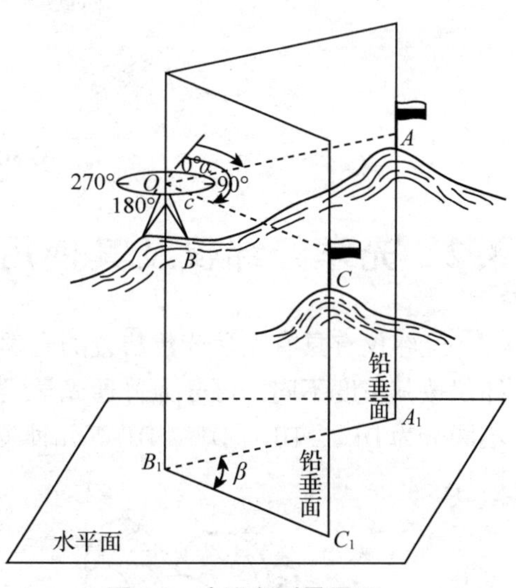

图 3-1　水平角测量原理

为了测出水平角的大小，在 B 点正上方水平地安置一个度盘，度盘顺时针刻有 0°~360°分划，并且用一个既能在竖直面内上下转动，又能沿水平方向旋转的望远镜，依次瞄准目标 A 和 C，则通过望远镜瞄出的方向线 OA、OC 的两个竖直面与度盘的交线分别为 a 和 c，水平角 β 就等于右方目标读数 c 减去左方目标读数 a，即

$$\beta = c - a \tag{3-1}$$

3.1.2　竖直角测量原理

如图 3-2 所示，在同一竖直面内，目标方向的视线与水平线间的夹角称为竖直角，用 α 表示，其角值在 0°~90°。视线在水平线上方时为仰角，α 取正号；在水平线下方时为俯角，α 取负号。目标方向线与天顶方向之间所构成的夹角称为天顶距。

经纬仪的铅垂面内配置了一个刻度圆盘。如图 3-2 视线水平时的竖盘读数为 90°，然后旋转望远镜瞄准目标 A 或者 C，倾斜视线在竖盘的读数为 L。可以看出视线方向的竖直角为：

$$\alpha = 90° - L \tag{3-2}$$

由此可知观测角度的仪器应具备以下条件：

①仪器要能安置在角顶上，而仪器的中心必须位于角顶的铅垂线上；

②必须有能安置成水平位置和竖直位置的刻度圆盘，用来测读角值；

③必须有能在竖直和水平方向转动的瞄准设备及指示读数的设备。

经纬仪就是满足上述条件进行水平角和竖直角测量的仪器。

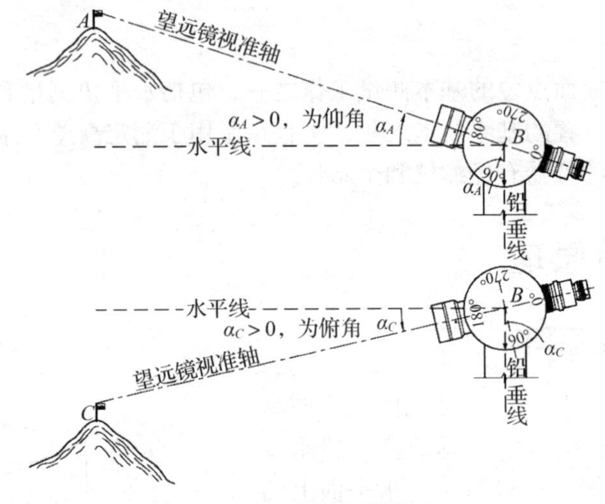

图 3-2　竖直角测量原理

3.2　光学经纬仪及其使用

经纬仪有具有光学读数装置的光学经纬仪和利用电子技术测角的电子经纬仪。光学经纬仪按其精度不同，可分为普通光学经纬仪和精密光学经纬仪两种。我国把经纬仪按精度不同分为 DJ_{07}、DJ_1、DJ_2、DJ_6等几种类型，其基本结构大致相同；“D”和“J”分别是“大地

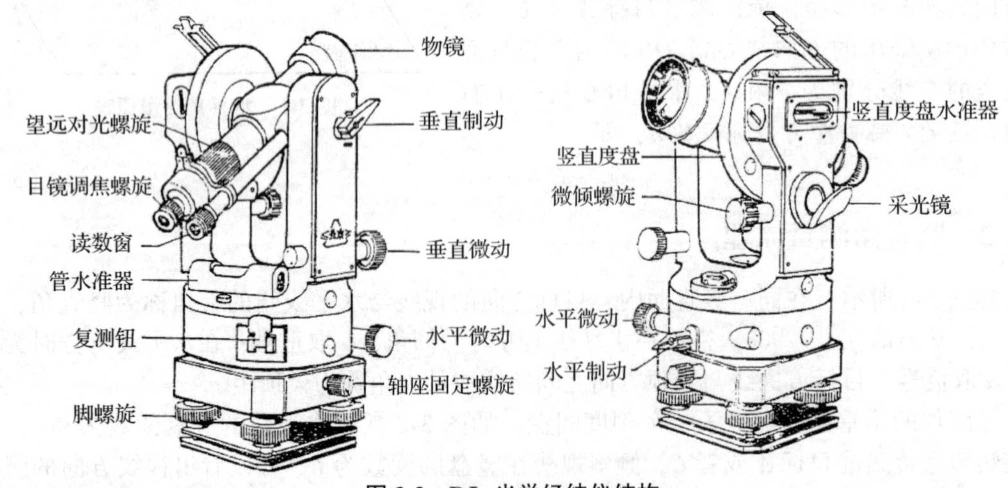

图 3-3　DJ_6 光学经纬仪结构

测量”和“经纬仪”的汉语拼音第一个字母，数字“6”代表该仪器一测回方向观测读数中误差的秒数。一般工程测量中常用的是普通光学经纬仪，如图 3-3 所示。这里只以普通光学经纬仪 DJ_6 为例作介绍。

3.2.1 DJ_6 光学经纬仪构造

DJ_6 光学经纬仪包括照准部、水平度盘和基座三大部分，如图 3-4 所示。

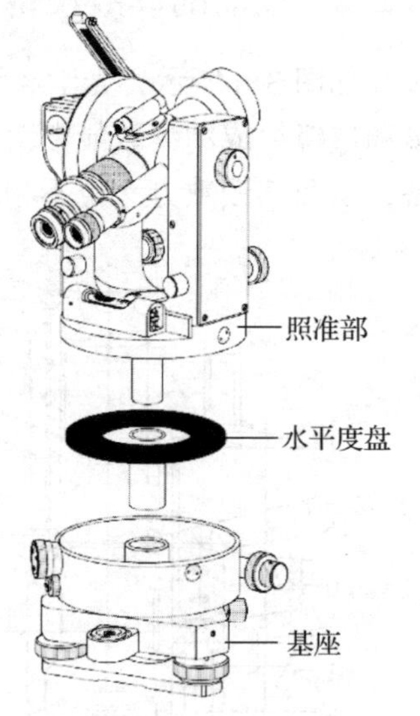

图 3-4 光学经纬仪组成

3.2.1.1 照准部

照准部主要由望远镜、水准器和竖盘所组成。照准部能绕仪器竖轴作水平方向转动，旋转轴的几何中心线就是竖轴。水平轴(也称横轴)安置在照准部的支架上。望远镜与水平轴固连在一起。为了能瞄准高低不同的目标，望远镜可绕着水平轴一起作上、下转动，同时竖盘也跟着一起转动以便记录竖盘读数的大小。在水平轴与竖轴的转动部分各装有一对制动钮和微动螺旋，以控制其转动的固定及微动。水准器的作用是指示水平度盘是否水平，使用仪器时，一般先用圆水准器粗略整平再用管水准器作精确整平；也可直接用管水准器对经纬仪进行精确整平。

3.2.1.2 水平度盘

水平度盘是测量水平角的分度圆盘，为一个光学玻璃圆环。当照准部靠其内轴转动时，水平度盘并不转动。若需要将水平度盘安置在某一个读数位置时，可拨动仪器的专门机构，存在以下两种形式。

(1)度盘变换手轮

如图 3-5 所示，按下度盘手轮的度盘锁止卡，将度盘手轮推进并转动，就可将度盘转到需要的读数上；有的仪器装有一位置轮与水平度盘相连，转动位置轮度盘也随之转动，但照准部不动。

(2)复测扳手

度盘与照准部的离合关系是由照准部上的复测扳手来控制。将复测扳手扳下，则水平度盘与照准部结合一起转动。扳上时水平度盘与照准部离开，此时松开水平制动螺旋，水平度盘固定不动而照准部单独转动。

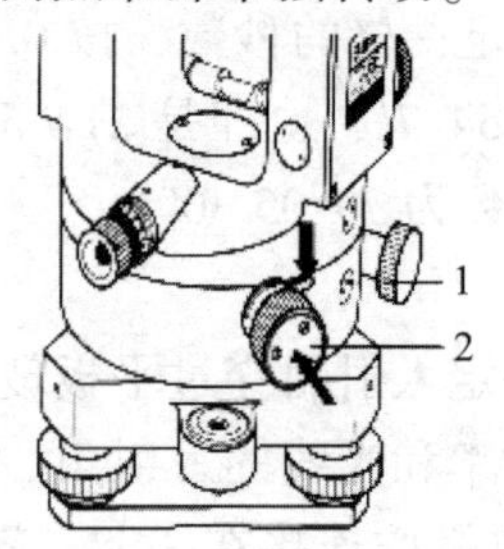

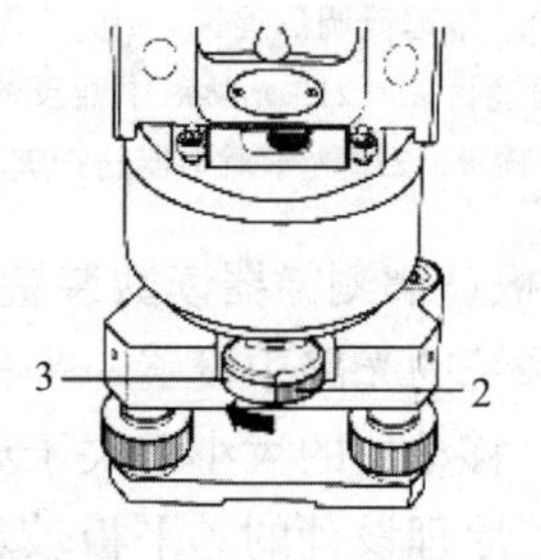

图 3-5 度盘变换手轮

1. 水平度盘锁止卡 2. 水平度盘变换螺旋 3. 水平度盘变换螺旋罩

3.2.1.3　基座

如图 3-4 所示，基座是仪器的底座，其上设有三个脚螺旋，转动脚螺旋可使水平度盘处于水平位置。基座的下部和三脚架头的中心螺旋相连接，可将整个仪器固定在三脚架上。因此，在架设仪器时首先要检查中心螺旋，是否已把仪器拧紧固定，以免摔坏仪器。

3.2.2　仪器的读数设备

如图 3-6 所示，光学经纬仪的读数设备包括度盘、光路系统和测微器，是由一系列棱镜和透镜组成的读数显微镜。不同精度级别的光学经纬仪设计了不同类型的读数装置和设备，从而其读数方法也不相同。DJ_6 级光学经纬仪的读数设备，有分微尺读数装置和平板玻璃测微器读数装置两种。而近年生产的 DJ_2 级精密光学经纬仪采用了数字化读数装置，是对径分划影像符合读数装置的改进型。

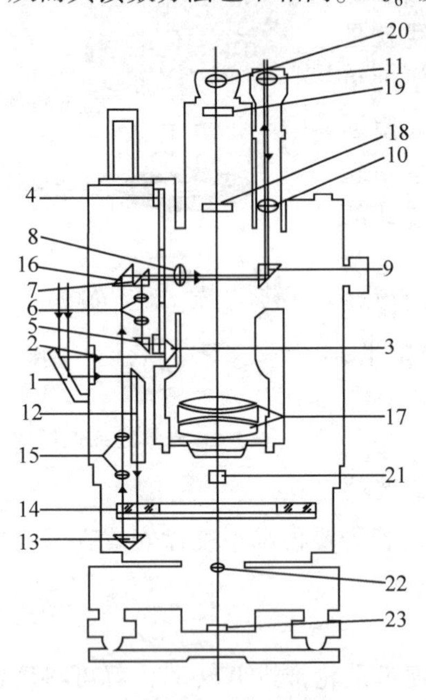

图 3-6　光学经纬仪光路系统

1. 度盘反光镜　2. 度盘进光窗　3. 竖盘照明棱镜　4. 竖盘　5. 竖盘照准棱镜　6. 竖盘显微镜　7. 竖盘反光棱镜　8. 测微尺　9. 度盘读数反光棱镜　10. 读数显微物镜　11. 读数显微目镜　12. 转向棱镜　13. 水平度盘照明棱镜　14. 水平度盘　15. 水平度盘显微物镜组　16. 水平度盘转向棱镜　17. 望远镜物镜　18. 望远镜调焦透镜　19. 十字丝分划板　20. 望远镜目镜　21. 光学对中器反光棱镜　22. 光学对中器物镜　23. 光学对中器防护玻璃

3.2.2.1　分微尺读数装置和读数方法

分微尺测微器结构简单、读数方便，DJ_6 级光学经纬仪普遍采用这种测微器。在读数显微镜内可以看到水平度盘和竖直度盘的读数影像，如图 3-7 所示上部为水平度盘分划及其分微尺，下部为竖直度盘分划及其分微尺。分微尺是将度盘分划间距细分的装置，其长度恰好为度盘相邻分划值间的长度 1°，分为 60 小格，每小格相当于 1′，可直接读至 1′，估读到 0.1′。水平度盘和竖直度盘每 1°有一分划线，小于 1°的读数在分微尺上读取。分微尺上的“0”位置为指标线，用以指示度盘读数。

具体读数时，首先判断水平度盘的哪一根分划线被固定的分微尺所覆盖，则此分划线即为读数的整数部分，如图 3-7 中为 214°，超过整数的零数部分，再从分微尺“0”指标线开始，数至度盘上分划线在分微尺上的小格数，如 214°与“0”指标线的间隔为 54′，最后估读度盘分划线与分微尺相切不足一格的秒数，按 0.1′或者 6″计，则结果为 214°54.7′，也即是 214°54′42″。同理，竖直度盘的读数为 79°05′30″。

3.2.2.2　平板玻璃测微器读数装置和读数方法

在光学系统的光路中设置一平板玻璃，光线以一定入射角穿过平板玻璃后，会发生平行移动现象。移动量的大小取决于玻璃的厚度、折射率和光线的入射角。平板玻璃测微器正是利用这一原理设计的。平板玻璃和测微尺用金属机构连接在一起，转动测微手轮时，平板玻璃和测微尺绕同一轴转动，度盘分划线的影像因此而移动的量就可在测微尺上读出。在读数显微镜中可同时看到3个读数窗口，如图3-8所示，上为测微尺分划影像并有单指标线，中为竖直度盘影像，下为水平度盘影像，均有双指标线。度盘分划值为30′，测微尺共分30大格，每大格又分3小格。当转动测微手轮使测微尺分划由0′移至30′时，则度盘的分划也正好移动1格(30′)。故测微尺大格的分划值为1′，小格为20″，每5′注记一数字，测微尺可估读到1/4格，即5″。

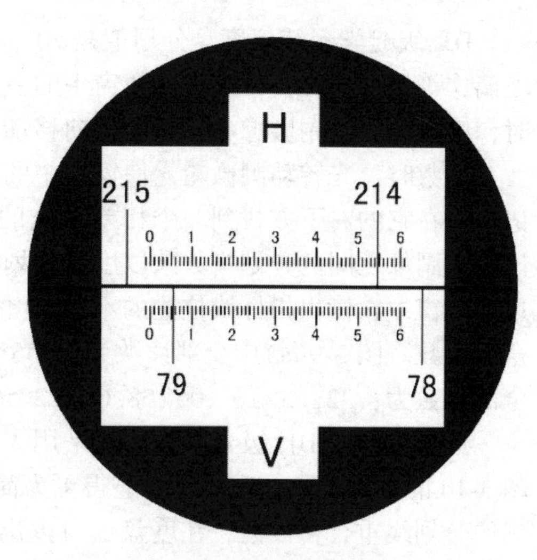

图3-7 分微尺读数方法

读数时，必须首先转动测微手轮使双指标线准确地夹住某度盘分划线(即使度盘分划线精确地平分双指标线)，按双指标线所夹的度盘分划读出度数和30′的整数，不足30′的数从测微尺上读出。如图3-8(a)所示，读得水平度盘读数为49°30′ +22′ 55″=49°52′ 55″。图3-8(b)所示，读得竖直度盘读数为107°00′ +07′ 45″ =107°07′ 45″。

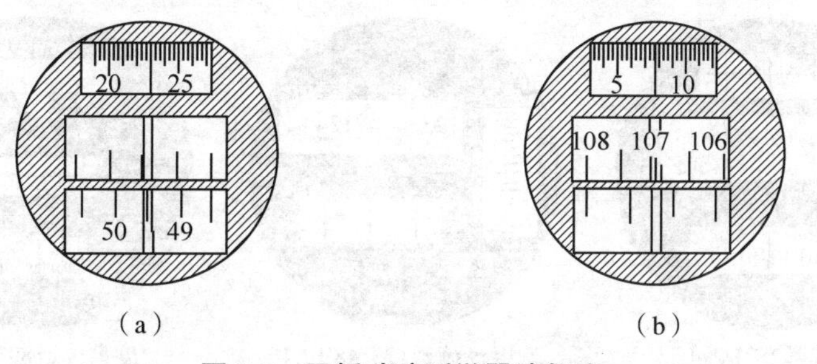

(a) (b)

图3-8 平板玻璃测微器读数法

3.2.2.3 符合读数装置和读数方法

对径符合读数设备是通过一系列棱镜和透镜的作用，将度盘直径两端分划线的影像同时成像在度盘读数窗口内，并被一横线分成主、副影像，如图3-9所示，上方的正像是主像，下方的倒像是副像，侧方的读数窗是测微尺，读数窗中间的横线为测微尺读数的指标线，其长度为10′，每一小格为1″，读数可以估读到0.1″。

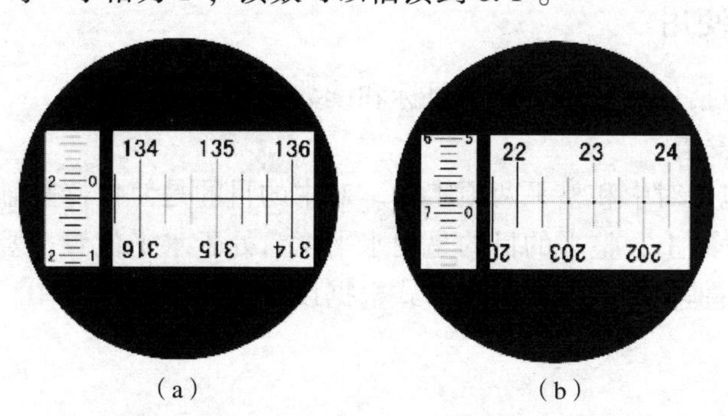

(a) (b)

图3-9 DJ_2 级精密光学经纬仪对径分划读数

DJ_2 级光学经纬仪度盘分划值是 20′，采用双平板玻璃测微器。转动测微轮使两块平板玻璃作等量反向旋转，度盘读数窗中的主像和副像将作相对移动，当测微尺由 0′转到 10′时，度盘的主、副影像各向相反方向移动半格，而观察到的相对移动量是一格。

读数时，先转动测微轮，使窗口中的主、副影像分划线重合，然后选定一个主像的注记，再在它的右下方找到一个相差 180°的倒像注记，则取该主像的注记为整度数读数。将该主、副像之间的分划格数乘以度盘分划格值 20′的一半，即得出整 10′数。最后，在测微尺读数窗中，读出指标线位置的不足 10′的分数和秒数(估读到最小 0. 1″)，三者相加即为全部读数。图 3-9(a)中全部读数为：135°+0×10′+02′ 02. 3″=135°02′ 02. 3″；图 3-9(b)中全部读数为：22°+5×10′+06′ 58. 6″=22°56′ 58. 6″。

近年生产的 DJ_2 级光学经纬仪采用了数字化读数装置，窗口中用数字显示 10′数，如图 3-10 的三种显示，观测读数显得更为简单方便些。读数时，先转动测微轮使度盘的主、副像分划线重合再读数，在度盘窗口读出整度数和整 10′倍数，接着在测微尺窗口读出指标线所示的不足 10′数和秒数(估读到最小 0. 1″)。如图 3-10(a)所示，度盘读数为：28°10′+04′ 24. 3″=28°14′ 24. 3″。

在 DJ_2 级光学经纬仪的读数显微镜中，只能看到水平度盘刻划的影像或者垂直度盘刻划的影像，须通过转动换向手轮选择观测角度时所需要的度盘影像。

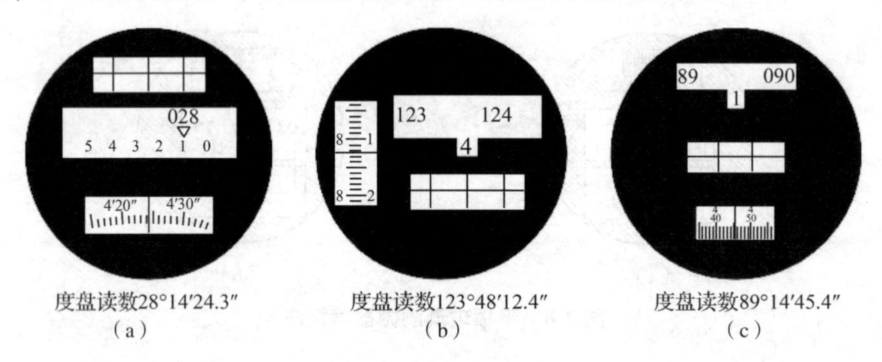

度盘读数28°14′24.3″　(a)　度盘读数123°48′12.4″　(b)　度盘读数89°14′45.4″　(c)

图 3-10　改进型 DJ_2 级精密光学经纬仪读数方法

3.3　水平角观测

3.3.1　经纬仪的使用

经纬仪的使用包括仪器安置、瞄准目标和读数三个步骤。

3.3.1.1　经纬仪的安置

经纬仪的安置包括对中和整平两项工作。对中的目的是使仪器竖轴中心与测站点标志的中心位于同一铅垂线上；整平的目的是使水平度盘处于水平位置，竖直度盘位于铅垂面内，仪器竖轴处于铅垂状态。仪器对中方式根据设备不同有垂球对中、光学对中器对中和激光对中 3 种。

(1) 垂球对中及整平方法

①对中　首先以适当角度张开三脚架，调节脚架高低适中，将垂球悬挂于连接螺旋中心挂钩上，调整垂线长度使垂球尖略高于测站点标志。然后安上仪器，拧紧连接螺旋，平移三脚架使垂球尖基本对准测站点，保持架头大致水平并踩实脚架。若垂球仍稍偏离测站点，可稍微旋松连接螺旋，双手扶基座在架头上移动仪器，使垂球尖准确对中，再拧紧连接螺旋。

②整平　如图 3-11 所示，松开照准部水平制动螺旋，转动照准部使水准管轴与任意两个脚螺旋的连线平行，两手同时对向或反向旋转这两个脚螺旋使水准管气泡居中(气泡移动方向与左手大拇指移向一致)，然后将照准部旋转 90°，转动第三个脚螺旋使水准管气泡居中。如此反复进行几次，直到水准管气泡在任何位置均居中为止。

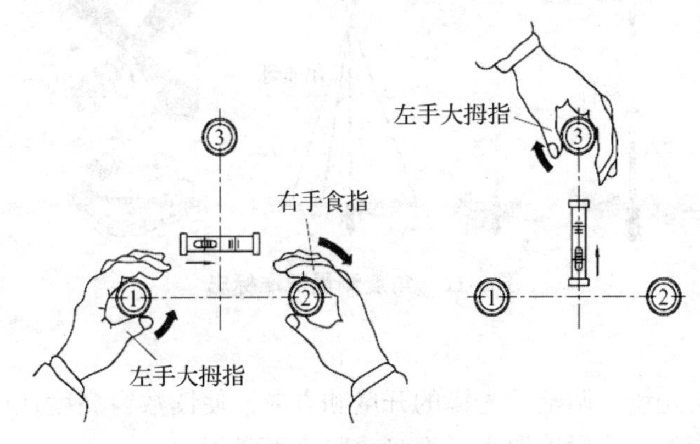

图 3-11　仪器整平方法

实际情况中，对中与整平并不是单纯分开的操作，它们相互影响，在安置时要统筹兼顾。同时对中与整平的正确与否，也直接影响到测角的精度。因此对中误差要求一般不大于 3 mm，整平时水准管气泡偏离中心的误差不允许超过 1 格。

(2) 光学对中及整平方法

利用光学对中器安置经纬仪时，应进行对中器对光，先旋转目镜调焦螺旋使对中器小圆圈标志分划板清晰，再旋转物镜调焦螺旋或拉推对中器调焦看清楚地面的成像。光学对中及整平方法具体操作如下。

①初步对中　双手分握三脚架的两条架腿，眼睛观察光学对中器的同时，左右、前后移动三脚架使对中器分划中心基本对准测站点的标志中心，平稳将三脚架脚尖踩入土中。

②初步整平　调节架腿的伸缩连接处螺旋，升高或降低架腿使仪器圆水准气泡居中。

③精确对中　稍微松开连接螺旋，一边观察对中器，一边在架头上平移仪器基座，使对中器的中心精确与测站点标志中心位于同一铅垂线上。

④精确整平　根据图 3-11 所示，转动照准部，旋转脚螺旋使管水准气泡在相互垂直的两个方向居中。精确整平操作会略微破坏之前已经完成的对中关系。因此，精确对中和精确整平两项工作要反复进行，直至对中误差小于 1 mm，整平误差小于 1 格为止，即安置好了仪器。

光学对中的精度比垂球对中的精度高，在风力较大的情况下，垂球对中的误差将变得更大，这时应使用光学对中法安置仪器。工程测量实践应用中，安置仪器常常要求采用光学对中法。目前有些仪器配置有激光对中器，其操作方法与光学对中方法一样。

3.3.1.2 瞄准目标

如图 3-12 所示，测角瞄准的标志一般是地面点上的标杆、测钎、垂球线或觇牌，要求在设置目标标志时要使目标处于垂直状态。仪器瞄准目标前，先将望远镜对向天空或明亮处，调节目镜并消除视差使十字丝最清晰。然后用望远镜“先外后内”对向目标，进行物镜调焦，使成像清晰。最后固定照准部和望远镜的制动螺旋，用相应的微动螺旋使十字丝精确对准目标。测水平角时以竖丝精确切准目标中心或底部，测竖直角时用中横丝精确切准目标点。

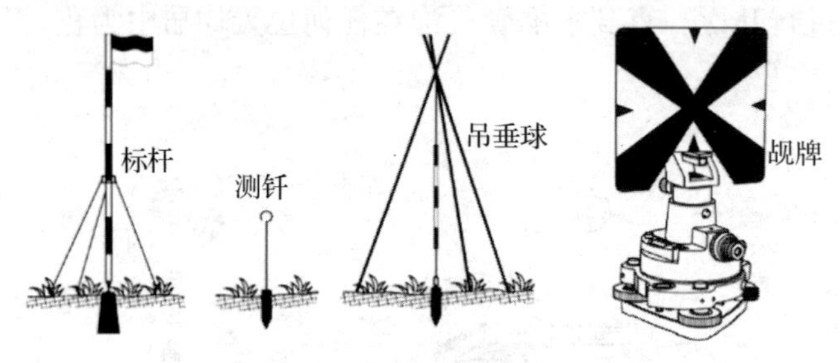

图 3-12 角度测量照准标志

3.3.1.3 读数

打开度盘照明反光镜，调整反光镜的开度和方向，使读数窗亮度适中，旋转读数显微镜的目镜使刻划线清晰，然后读取水平度盘或竖直度盘读数。

3.3.2 水平角观测方法

水平角观测根据观测目标的多少，一般可采用不同的方法，常用的观测方法有测回法和方向观测法。在一个测站上只观测两个目标的单角时，采用测回法。若要同时观测三个以上目标的相邻角时，应采用方向观测法。为了抵消仪器的某些系统误差和校核，通常都采用盘左和盘右两个位置对同一角进行观测，并取平均值作为所求角值。所谓盘左，是指观测者面对望远镜目镜，竖盘位于望远镜左侧，亦称正镜；反之，若竖盘在望远镜右侧称为盘右或称倒镜。

3.3.2.1 测回法

适用于观测两个方向之间的单角，如图 3-13 中的水平角 $\beta(=\angle ABC)$。其具体观测过程如下：

①在 A、C 点上竖立标杆，在测站 B 上安置经纬仪，对中整平后，于盘左位置，用望远镜先粗略瞄准，再精确照准左方观测目标 A（尽量照准底部）。为方便计算，用度盘变换手轮配置水平度盘为 0°00′00″或使其略大于 0°（如使读数为 0°01′12″），将读数记入观测手簿表 3-1；

②松开照准部制动螺旋，顺时针旋转，精确瞄准右方观测目标 C，将读数 $c_{左}$（=110°20′24″）记入手簿；

以上操作称为上半测回，测得角值为：$\beta_{左}=c_{左}-a_{左}$。

图 3-13 测回法观测水平角

表 3-1 测回法观测水平角记录手簿

测站	测回数	竖盘位置	目标	度盘读数 /° ′ ″	半测回角值 /° ′ ″	一测回角值 /° ′ ″	各测回平均角值 /° ′ ″	备注
B	1	左	A	0 01 12	110 19 12	110 19 18	110 19 15	
			C	110 20 24				
		右	C	290 20 42	110 19 24			
			A	180 01 18				
	2	左	A	90 02 06	110 19 18	110 19 12		
			C	200 21 24				
		右	C	20 21 36	110 19 06			
			A	270 02 30				

③倒转望远镜，经纬仪处于盘右位置，松开照准部制动螺旋，逆时针旋转，精确瞄准右方观测目标 C(注意观测顺序)，将读数 $c_{右}$($=290°20'42''$)记入手簿；

④松开照准部制动螺旋，逆时针旋转，再瞄准左方目标 A，固紧之，将读数 $a_{右}$($=180°01'18''$)记入手簿。

以上操作称为下半测回，测得角值为：$\beta_{右}=c_{右}-a_{右}$。

上、下半测回角值之差，如不超过±40″时，可取上、下半测回角值的平均值，作为一测回的角值。即

$$\beta=\frac{\beta_{左}+\beta_{右}}{2} \tag{3-3}$$

当测角精度要求较高时，为了减少水平度盘分划误差对测角的影响，一般需要对同一角度观测几个测回。当每一测回观测完毕，第二测回刚开始时，要将度盘起始方向按 $180°/n$(n 为测回数)改变位置。例如，需对某个角度测量 4 个测回，即 $n=4$，则第一、二、三、四测回盘左时的起始方向的配置就应分别略大于 0°、45°、90°、135°。

各测回观测方法与第一测回相同。最后需计算出各测回平均角值，记录于手簿表格中。

3.3.2.2 方向观测法

适用于观测三个以上的方向。

当方向数多于三个时，需再次瞄准起始方向，称为方向观测法或全圆方向法。其操作步骤如下：

①如图 3-14 所示，安置经纬仪于 O 点，盘左位置照准选定的起始方向(又称为零方向)A，用度盘变换手轮使水平度盘的读数略大于 0°，读取水平度盘读数 0°01′00″，记入表 3-2 中；

②顺时针方向转动照准部，依次瞄准目标 B、C、D，分别读取读数 91°54′06″，153°32′48″，214°06′12″，记入表 3-2 中；

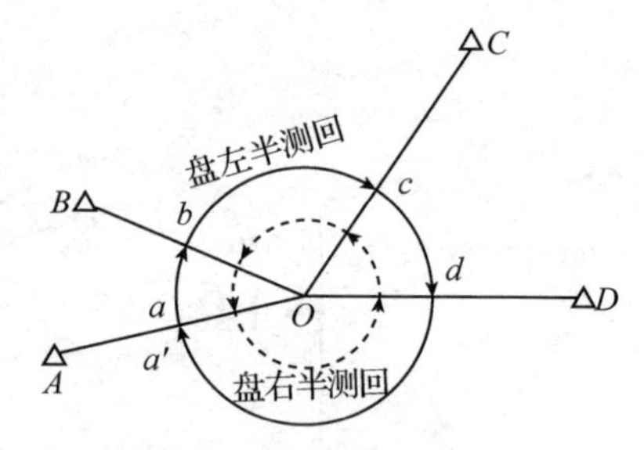

图 3-14　方向观测法测量水平角

③再次瞄准起始目标 A，读取读数 0°01′24″，称之为"归零"，将读数记入表 3-2。半测回中，起始方向的两个读数之差为"归零差"；

倒转望远镜，盘右位置进行下半测回观测，逆时针方向转动照准部，依次瞄准 A、D、C、B、A 各方向，依次读数并记入表 3-2 中。

表 3-2 方向法观测值的计算步骤如下：

①计算两倍照准误差 $2C$ 值。理论上，相同方向的盘左、盘右观测值应相差 180°。否则，其偏差值是 $2C$ 值，计算得出：

$$2C = 盘左读数 - (盘右读数\ \pm 180°) \tag{3-4}$$

②计算各方向的平均读数。计算时，最后的平均读数为换算到盘左读数的平均值，即同一方向的盘右读数加上或减去 180°后，应大致等于其盘左读数。计算公式为：

$$方向平均读数 = \frac{1}{2}[盘左读数 + (盘右读数\ \pm 180°)] \tag{3-5}$$

表 3-2　方向观测法记录手簿

测站	测回数	目标	水平度盘读数		2C /″	盘左、盘右平均值 /° ′ ″	归零后水平方向值 /° ′ ″	各测回平均水平方向值 /° ′ ″
			盘左观测 /° ′ ″	盘右观测 /° ′ ″				
O	1	A	0 01 00	180 01 12	−12	(0 01 14) 0 01 06	0 00 00	0 00 00
		B	91 54 06	271 54 00	+06	91 54 03	91 52 49	91 52 47
		C	153 32 48	333 32 48	0	153 32 48	153 31 34	153 31 34
		D	214 06 12	34 06 06	+06	214 06 09	214 04 55	214 04 54
		A	0 01 24	180 01 18	+06	0 01 21		
O	2	A	90 01 12	270 01 24	−12	(90 01 27) 90 01 18	0 00 00	
		B	181 54 06	1 54 18	−12	181 54 12	91 52 45	
		C	243 32 54	63 33 06	−12	243 33 00	153 31 33	
		D	304 06 24	124 0618	+06	304 06 21	214 04 54	
		A	90 01 36	270 01 36	0	90 01 36		

③计算归零后的方向值。将计算出的各方向的平均读数分别减去起始方向 *OA* 的平均读数即得各方向的“归零方向值”。

④计算各测回归零后方向值的平均值。取各测回同一方向归零后之方向值的平均值，作为该方向的最后结果。

⑤计算各水平角值。将相邻两方向值相减即可求得。

《工程测量规范》(GB 50026-2020)要求，方向观测法测站限差应符合表 3-3 的规定范围，任何一项超限均须重测。

表 3-3 方向观测法测站限差

仪器型号	半测回归零差/″	一测回内 2*C* 互差/″	同一方向各测回互差/″
DJ_6	18	—	24
DJ_2	12	18	12

3.3.3 水平角观测注意事项

①安置仪器的高度要与观测者身高相适应，放稳或踩实三脚架，仪器与脚架连接牢固，操作仪器时不要手扶三脚架及基座，走动时要防止触碰脚架；

②精确对中，尤其是当短边测角时，应该更严格要求；

③当观测目标间高低相差比较大的时候，更应注意整平仪器；

④照准目标要竖直，每次照准应尽量瞄准目标底部(花杆底或木桩上的小钉)；

⑤记录应清晰，观测结束后立即进行手簿计算，检查各项观测误差是否在限差以内。如发现错误，立即重测；

⑥一测回水平角观测过程中，不得再调照准部水准管气泡，若气泡偏离中央大于 2 格时，要重新整平与对中仪器，重新观测全部数据。

3.4 竖直角观测

3.4.1 竖盘的构造

竖盘是用于观测竖直角的读数设备，要正确测定竖直角，首先应了解竖盘的构造。

如图 3-15 所示，光学经纬仪的竖盘装置包括竖直度盘、光具组的透镜和棱镜、光具组光轴(读数指标)、指标水准管及其微动螺旋。竖盘固定在望远镜绕之旋转的横轴一端，可随望远镜一起转动。竖盘的指标与指标水准管固连在一起。当指标水准管气泡居中时，表示指标处于正确位置。望远镜转动时，指标并不随之转动。竖盘的刻划注记有各种类型，国产光学经纬仪常见注记形式有全圆顺时针方向递增注记和全圆逆时针递增注记两类，竖盘注记为 0°~360°。任何形式注记的竖盘，其读数指标的正确位置是：当望远镜视线水平，指标水准管气泡居中时，盘左状态的指标所指的竖盘读数一般是 90°或者 90°的整倍数。图 3-16 为此类经纬仪竖盘注记示意图。因此，在测量竖直角时，只要用望远镜瞄准目标，根据指标读取倾斜视线时的竖盘读数，即可计算出竖角。

安装竖盘指标自动补偿装置的光学经纬仪，它没有竖盘指标水准管，取而代之的是一

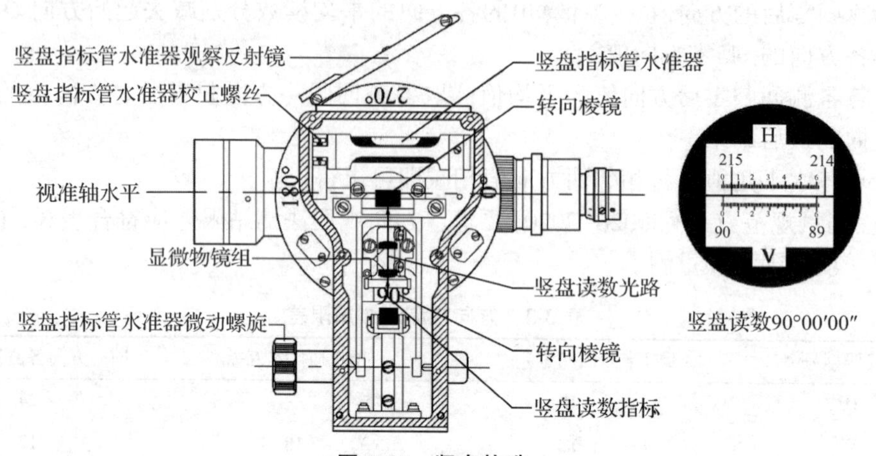

图 3-15 竖盘构造

个自动补偿装置。当仪器稍有微量倾斜时，它自动调整补偿，使读数相当于水准管气泡居中时的读数。其原理与自动安平水准仪相似，故使用这种仪器观测竖直角，只要将照准部水准管整平，瞄准目标即可读取读数。

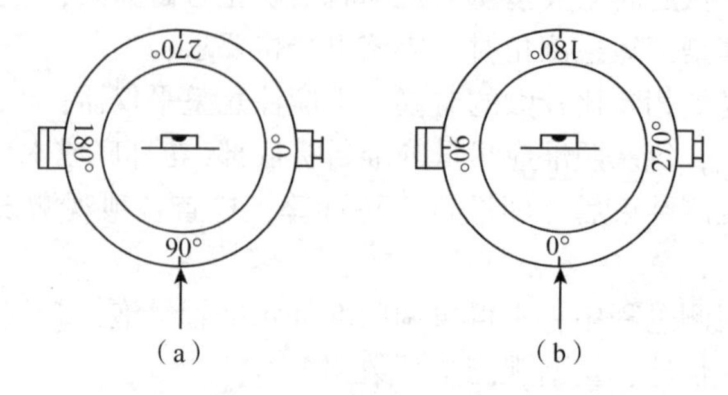

图 3-16 竖盘刻划注记

3.4.2 竖直角的计算

角度计算与度盘刻划注记方向有关系，竖直度盘的刻划注记方向有顺时针和逆时针两种，其竖直角计算方法也不相同。如图 3-17 所示，下面仅以竖盘顺时针刻划注记为例阐述其计算公式：

①在盘左位置观测某一目标(仰角)，读得竖盘读数为 L，则由图 3-17(a)可知

$$\alpha_{左} = 90° - L \tag{3-6}$$

式中 L——竖盘盘左读数。

②倒转望远镜再瞄准同一目标，以盘右位置读得竖盘读数为 R，如图 3-17(b)可求得

$$\alpha_{右} = R - 270° \tag{3-7}$$

式中 R——竖盘盘右读数。

③将盘左、盘右位置的两个竖直角取平均值，即得竖直角 α 计算公式为

$$\alpha = \frac{\alpha_{左} + \alpha_{右}}{2} \tag{3-8}$$

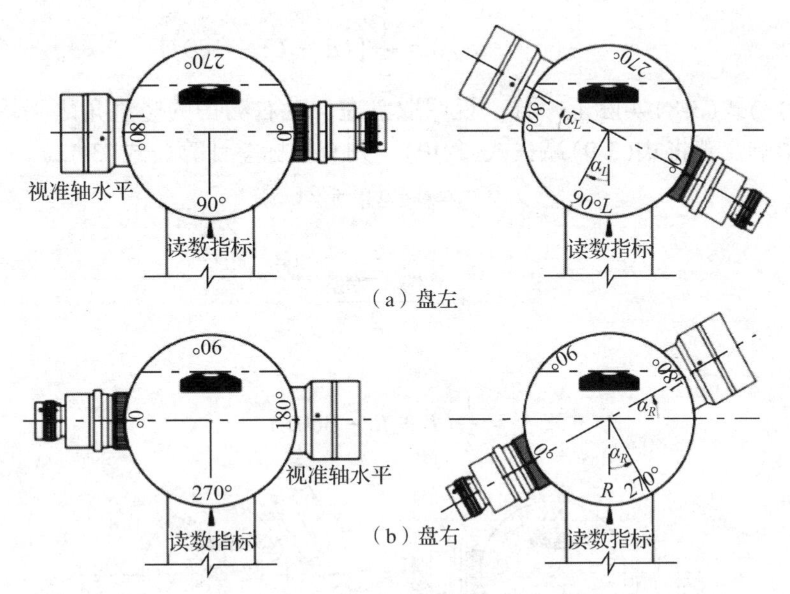

图 3-17　竖盘顺时针注记与竖直角计算

在测量工作中，可以按照以下两条规则，确定任何一种竖盘注记形式(盘左或盘右)竖直角计算公式。

①若抬高望远镜时，竖盘读数增加，竖直角 α = 瞄准目标竖盘读数一视线水平时竖盘读数；

②若抬高望远镜时，竖盘读数减少，竖直角 α = 视线水平时竖盘读数一瞄准目标竖盘读数。

3.4.3　竖盘指标差

上述计算竖直角的公式，必须在望远镜视线水平时，且竖盘指标位置正确，即竖盘读数为应有的整度数时，计算出的竖角才是正确的。但实际上，当视线水平，指标水准管气泡居中时，竖盘指标并不一定指示在应有的整度数上(90°或 270°)，而是与之相差一个角值，此角值称为竖盘指标差，以 x 表示，如图 3-18 所示。由于有指标差 x 的存在，会使盘左和盘右时的读数都小一个 x 值。这样，盘左、盘右位置观测同一目标时，指标差对竖盘读数的影响也会导致所得竖直角值中含有 x 的误差。

竖盘指标差 x 本身有正负号，一般规定当竖盘读数指标偏移方向与竖盘注记方向一致时，x 取正号；反之 x 取负号。如图 3-18 所示的竖盘注记与指标偏移方向一致，竖盘指标差取正号。

由于图中竖盘是顺时针方向注记，按照上述规则并顾及竖盘指标差 x，当盘左位置时，

$$\alpha = 90° - (L - x) = (90° - L) + x = \alpha_{左} + x \tag{3-9}$$

当盘右位置时，

$$\alpha = (R - x) - 270° = (R - 270°) - x = \alpha_{右} - x \tag{3-10}$$

两者取平均得竖直角 α 为：

$$\alpha = \frac{1}{2}(\alpha_{左} + \alpha_{右}) = \frac{1}{2}[(R - L) - 180°] \tag{3-11}$$

式(3-11)与式(3-8)实际上一样，说明取盘左、盘右测得的竖直角之平均值，可以消除指标差的影响。若将式(3-9)减去式(3-10)，则有指标差计算公式(3-12)。

$$0 = \alpha_{左} - \alpha_{右} + 2x$$

即

$$x = \frac{\alpha_{右} - \alpha_{左}}{2}$$

或者

$$x = \frac{1}{2}(L + R - 360°) \tag{3-12}$$

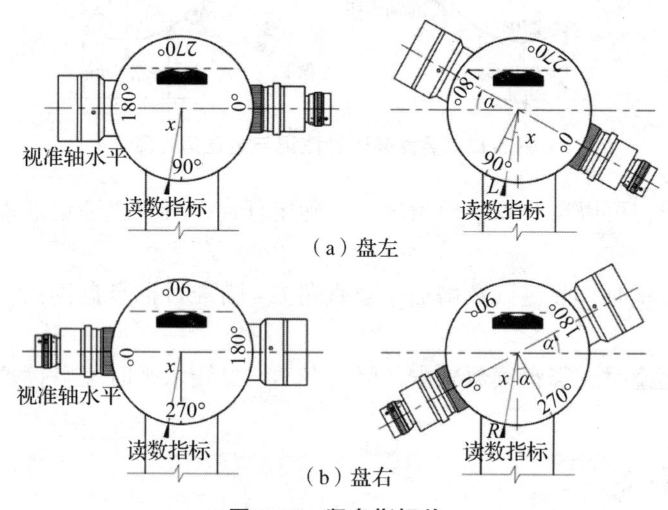

（a）盘左

（b）盘右

图 3-18　竖盘指标差

一般情况下，同一台仪器在同一时间段内连续观测，指标差相差不大。因此，指标差互差可以反映观测成果的质量。但由于仪器误差及外界条件的影响，使计算的竖盘指标差发生变化，容易超过测量规范规定的指标差变化允许范围。对于 DJ_6 光学经纬仪，同一测站各方向观测竖直角的指标差互差或同一方向各测回间指标差互差不得超过±25″，若超限则应重测。

3.4.4　竖直角观测

DJ_6 光学经纬仪观测竖直角必须严格用中丝瞄准固定目标。其作业步骤如下：

①在测站上安置仪器，完成对中、整平，并判定所用仪器的竖盘注记形式；

②盘左位置用望远镜十字丝的中丝切于目标某一位置，转动竖盘指标水准管微动螺旋使竖盘指标水准管气泡居中(所用经纬仪如为自动补偿装置，则把启动补偿旋钮置于“ON”的位置)，再查看中丝是否仍切准目标，确认切准后即读取竖盘读数 L，并记入手簿，见表 3-4；

③倒转盘右位置方法同第②步，读取竖盘读数 R，并记入手簿；

表 3-4 竖直角观测手簿

测站	目标	竖盘位置	竖盘读数 /° ′ ″	半测回竖直角 /° ′ ″	指标差 /″	一测回竖直角 /° ′ ″	备注
O	A	左	82 36 18	+7 23 42	−9	+7 23 33	全圆顺时针注记
		右	277 23 24	+7 23 24			
	B	左	94 03 30	−4 03 30	−6	−4 03 36	
		右	265 56 18	−4 03 42			

④根据竖盘注记形式，选用正确的竖直角和指标差的计算公式计算，将结果填入表 3-4。

以上盘左、盘右观测视为一个测回，取盘左、盘右两个半测回竖直角的平均值作为一测回竖直角。

3.4.5 竖盘指标自动补偿装置

为了简化作业程序，提高作业效率，目前大部分光学经纬仪及所有的电子经纬仪等都采用了竖盘指标自动归零补偿装置。

竖盘指标自动归零补偿装置是在仪器竖盘光路中，安装一个补偿器来替代竖盘指标水准管。即使仪器竖轴偏离铅垂线的角度在一定范围内稍有倾斜，通过借助自动归零补偿装置仍能读到相当于竖盘指标管水准气泡居中时的竖盘读数。

竖盘指标自动归零补偿器的原理如图 3-19(a)所示，在指标 A 和竖盘之间悬吊一个透镜 O。当视线水平时，指标 A 处于铅垂位置，通过透镜 O 读出正确的读数 90°。当仪器有微小倾斜时(一般≤10′)，指标 A 便移到 A' 的位置，但悬吊透镜 O 借助于重力的作用，由 O 移到 O'[图 3-19(b)中的实线透镜]位置。此时，虽然指标 A' 不在 A 处，但指标 A' 通过透镜 O' 边缘的折射，仍能读出 90° 的读数，从而达到竖盘指标自动补偿的目的。所以在观测竖角时必须将自动补偿旋钮置于“ON”的位置。但当不用时，需将它置于“OFF”，以免损坏。

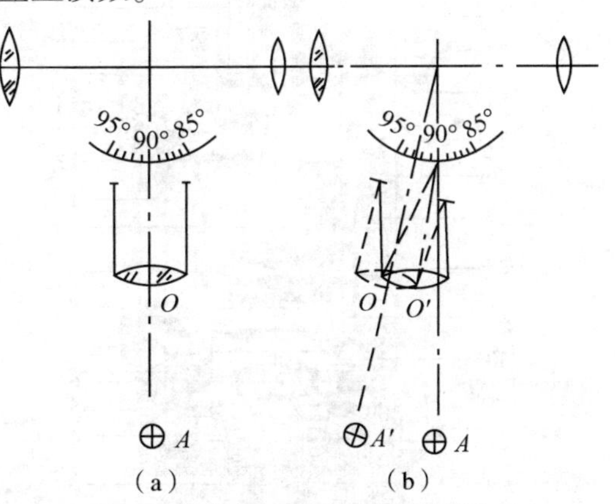

图 3-19 竖盘指标自动归零补偿器原理

3.5 精密经纬仪

精密经纬仪是按照所能达到的测角精度来分类的，凡适用于国家各等级三角、导线测量的光学经纬仪，通称为精密光学经纬仪。《国家三角测量规范》(GB/T 17942—2000)和《精密工程测量规范》(GB/T 15314—1994)指出，常用于国家各级角度观测的国产精密光学经纬仪系列中有 J_{07}、J_1、J_2 等，国外生产的常用精密光学经纬仪系列中有威特 T_3、T_2、蔡司 010 等，如图 3-20 所示。精密经纬仪适用于工程测量、工业及大地测量，例如，三角及导线测量、精密工程测量、隧道及矿山施工测量、变形测量、光学工具及试验仪器、天文领域。

精密光学经纬仪的结构如图 3-21 所示，与普通光学经纬仪的结构大致相同，区别主要在精密经纬仪的读数装置采用的是对径符合读数设备，读数精确到 0.1″。

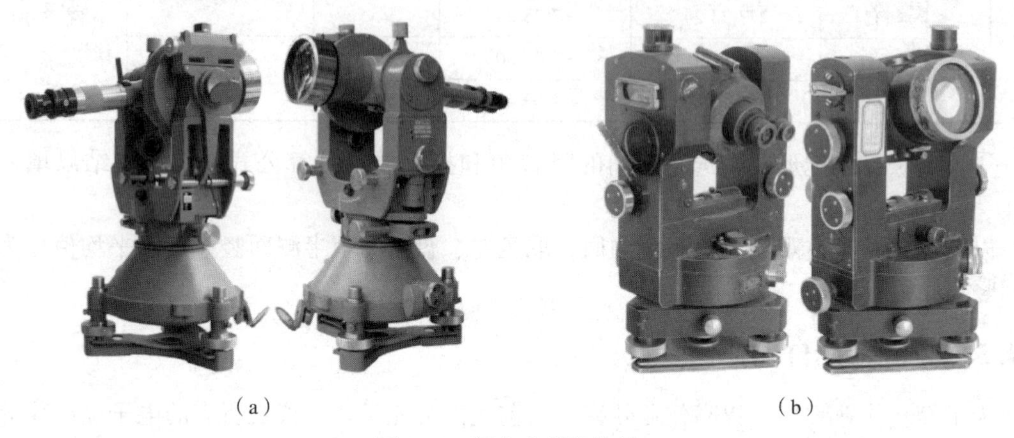

（a）　　　　（b）

图 3-20　精密光学经纬仪

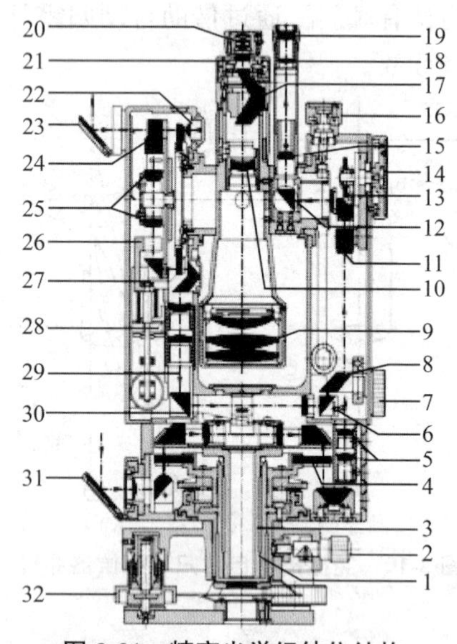

图 3-21　精密光学经纬仪结构

1. 竖轴套　2. 轴套固定螺旋　3. 竖轴　4. 水平度盘　5. 水平度盘显微镜组　6. 水平度盘读数光线　7. 水平度盘与竖盘换像手轮　8. 水平度盘与竖盘换像棱镜　9. 望远镜物镜　10. 望远镜物镜调焦透镜　11. 双平板玻璃　12. 转向棱镜　13. 测微轮　14. 测微螺旋　15. 读数显微镜调焦透镜　16. 望远镜制动螺旋　17. 倒像棱镜组　18. 读数显微镜调焦透镜　19. 读数显微镜目镜　20. 望远镜目镜　21. 十字丝分划板　22. 反射镜　23. 竖盘照明反光镜　24. 转向棱镜　25. 竖盘显微镜组　26. 竖盘指标补偿器　27. 竖盘　28. 竖盘显微镜组　29. 竖盘读数光线　30. 水平度盘显微镜组　31. 水平度盘照明反光镜　32. 脚螺旋

3.6　电子经纬仪

3.6.1　电子经纬仪的特点

电子经纬仪是一种效率高的测角仪器，与光学经纬仪相比较，它不仅具有光学经纬仪的多种性能，还具有以下特点：

①由于电子经纬仪采用了扫描技术，因而消除了光学经纬仪在结构上的度盘偏心差、

度盘刻划误差；

②电子经纬仪具有三轴自动补偿功能，即能自动测定仪器的横轴误差、竖轴误差和视准轴误差，并能够对角度观测值自动进行改正；

③电子经纬仪可将观测结果自动存储至数据记录装置，并用数字方式直接显示在屏幕上，实现角度测量自动化和数字化；

④将电子经纬仪与光电测距仪及微型电脑组成一体，就是全站型电子速测仪器。

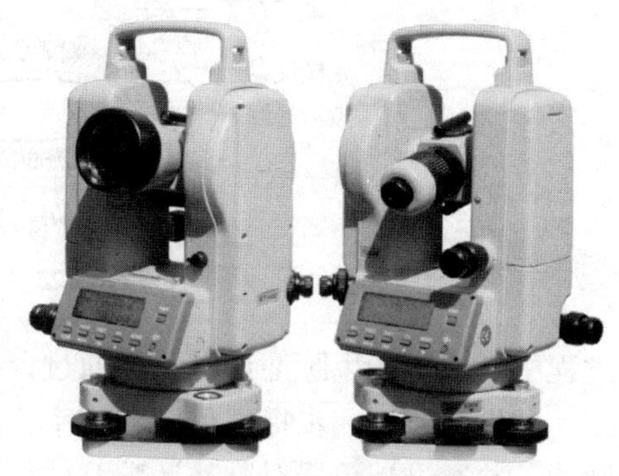

图 3-22 电子经纬仪外观和结构

如图 3-22 所示，电子经纬仪从外观和结构上，与光学经纬仪基本相同，其安置步骤和测角方法与光学经纬仪相同。

电子经纬仪与光学经纬仪主要区别在于读数系统，电子经纬仪采用了电子测角系统。电子技术测角虽然仍采用度盘，但测角时是将角度这个模拟量转换为数字，并以数字形式显示、贮存。其测角原理是通过度盘取得光电信号，再由光电信号转换为角值。目前根据取得信号的方式不同可分为编码度盘测角系统、光栅度盘测角系统和动态测角系统。下面主要介绍常见的光栅度盘测角原理。

3.6.2 光栅度盘测角原理

如图 3-23(a)所示，在玻璃圆盘的径向均匀地按一定的密度刻划有交替的透明与不透明的辐射状条纹，条纹与间隙的宽度均为 a，这就构成了光栅度盘。如 3-23(b)所示，如果将两块密度相同的光栅重叠，并使它们的刻线相互倾斜一个很小的角度 θ，就会出现明暗相间的条纹，称莫尔条纹。莫尔条纹的特性是两光栅的倾角 θ 越小，相邻明暗条纹间的间距 ω(简称纹距)就越大，其关系为：

$$\omega = d/\theta \times \rho' \tag{3-13}$$

式中 θ——两光栅的倾角，单位为“′”；

d——栅距；

ρ'——3438′。

例如，当 $\theta = 20'$时，$\omega = 172d$，即纹距 ω 比栅距 d 大 172 倍。这样就可以对纹距进一步细分，以达到提高测角精度的目的。

当两光栅在与其刻线垂直的方向相对移动时，莫尔条纹将作上下移动。当相对移动一条刻线距离时，莫尔条纹则上下移动一周期，即明条纹正好移到原来邻近的一条明条纹的位置上。为了在转动度盘时形成莫尔条纹，在光栅度盘上安装有固定的指示光栅。指示光栅与度盘下面的发光管和上面的光敏接收二极管固连在一起，不随照准部转动。光栅度盘与经纬仪的照准部固连在一起，当光栅度盘与经纬仪照准部一起转动时，即形成莫尔条纹。随着莫尔条纹的移动，光敏二极管将产生按正弦规律变化的电信号，将电信号整形变成矩形脉冲信号。对矩形脉冲信号计数即可求得度盘旋转的角值。测角时，在望远镜瞄准起始方向后，可使仪器中心的计数器为 0(度盘归零)。在度盘随望远镜瞄准第二个目标的

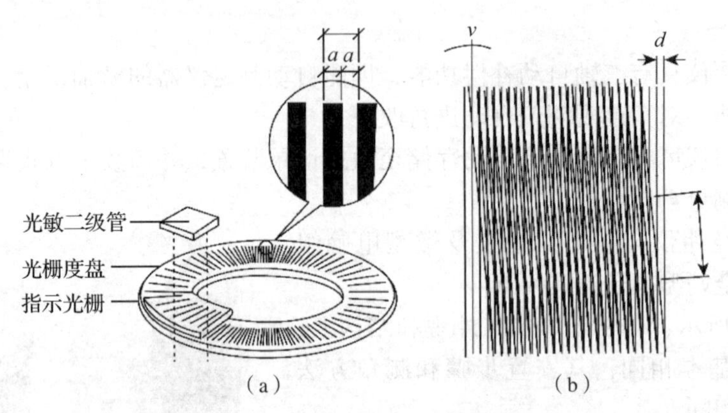

图 3-23　光栅度盘测角系统原理

过程中，同时产生脉冲计数，并通过译码器换算为度、分、秒显示出来。

如果需要进一步提高角度分辨率，则只要在电流波形的每一个周期内均匀地内插 n 个脉冲，并通过计数器对脉冲计数，就相当于光栅刻线数增加了 n 倍，这样，角度的分辨率也就提高了 n 倍。

3.6.3　电子经纬仪的使用

电子经纬仪的安置，即对中和整平与光学经纬仪相同。现就图 3-24 所示的仪器操作面板按键的功能和使用说明如下。

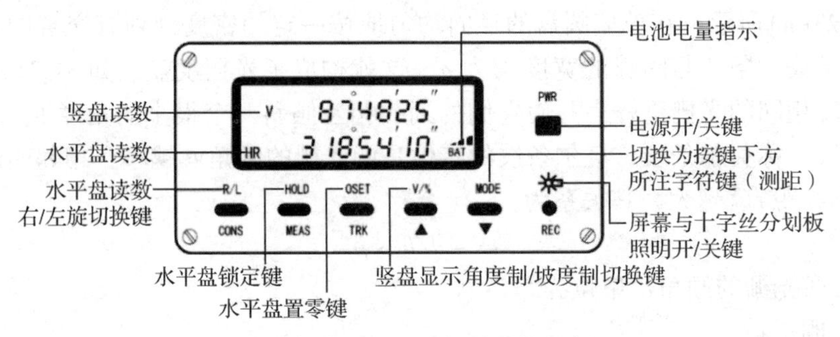

图 3-24　电子经纬仪的操作面板

3.6.3.1　操作键功能

①[PWR]——电源开关。按住(PWR)键为开机，再按住(PWR)键超 2 秒时间为关机；

②[R/L]——右旋/左旋水平角切换键。连续按此键，两种角值交替显示。仪器开机时，屏幕水平度盘读数前显示的字符为“HR”，表示右旋；按(R/L)键后仪器处于左旋，屏幕水平度盘读数前显示的字符为“HL”；

③[HOLD]——水平度盘读数锁定键。双击此键，当前水平度盘读数被锁定，此时转动仪器照准部，水平度盘读数数值保持不变，再按一次(HOLD)则解除锁定；

④[0SET]——水平度盘置零键。双击(0SET)键，此时水平度盘读数被置为 0°00′00″；

⑤[V%]——竖直角角度和坡度百分比显示切换键。按(V/%)键，可使屏幕“V”字符后的竖盘读数在角度制显示与坡度百分比显示之间切换；

⑥[MODE]——测角、测距模式转换键。

3.6.3.2　角度测量

采用盘左、盘右测回法观测。如欲测量∠*AOB*，就在 *O* 点对中、整平安置好电子经纬仪，接着按以下步骤进行角度观测。

①置水平角右旋(HR)测量方式，照准左方目标 *A*，双击[0SET]键。目标 *A* 的读数设置为 0°00′00″，作为水平角起算的零方向；

②顺时针方向转动照准部照准右方目标 *B*，显示 *B* 方向的读数，如图 3-24 中显示的 318°54′10″，即为上半测回观测；

③转动望远镜成盘右位置，再次照准右方目标 *B*，显示 *B* 方向的读数，如 138°54′15″；

④逆时针方向转动照准部，照准左方目标 *A*，显示 *A* 方向的读数 180°00′08″，即完成下半测回观测。

符合精度要求时，取盘左与盘右的水平角平均值作为一测回的观测结果。

3.7　全站仪的认识与使用

随着电子技术的进步发展，将光学经纬仪逐步电子化研制了电子经纬仪，又由于电磁波测距仪小型化、微型化从而诞生了袖珍型电子测距仪。计算机技术及自动控制技术的发展将电子经纬仪与袖珍型电子测距仪集成一体化诞生了全站型电子速测经纬仪，简称全站仪，如图 3-25 所示。全站仪技术应用与时俱进，为了适应工作的需要还在不断对电子全站仪进行技术集成改造成新型仪器，如将全站仪智能化、自动化的测量机器人，如图 3-26 所示；将机器人与 GNSS 接收机集成一体而成的空基测量机器人；将测量机器人与三维激光扫描仪集成一体的全站扫描仪；将测量机器人与陀螺经纬仪集成在一起的自动全站式陀螺仪。全站仪的最新发展是智能化、自动化、遥测化、三维化、多功能、高精度，它已经成为一种应用广泛的测量仪器，很好满足了各项测绘工作的需求，发挥着越来越大的作用。

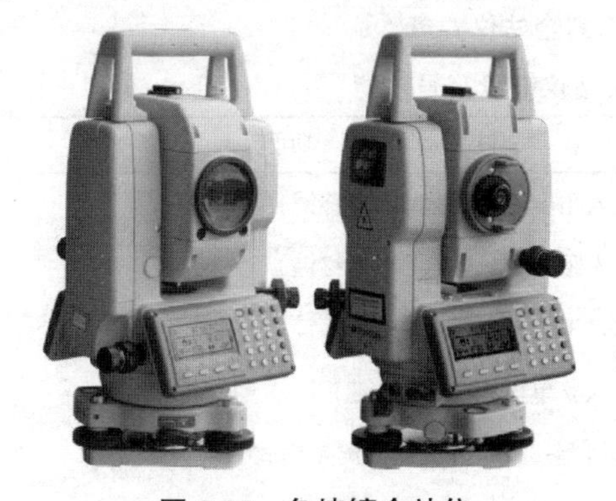

图 3-25　免棱镜全站仪

图 3-26　测量机器人

3.7.1　全站仪的基本构造

电子全站仪设备通常包括主机、反射棱镜、附件等，其中主机部分由电子测角、光电

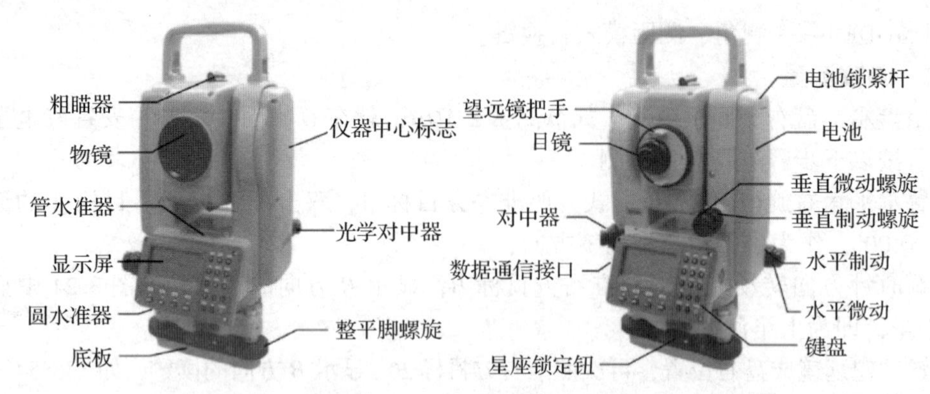

图 3-27　NTS350 系列全站仪

测距和数据微处理系统组成。全站仪的型号很多，但基本结构类似，常见的全站仪有徕卡 TPS 系列、拓普康 GTS 系列、索佳 SET 系列、南方 NTS 系列、苏一光 RTS 系列。下面例举南方 NTS350 系列全站仪的基本构造和各部件的名称，如图 3-27 所示。

全站仪测量常通过操作仪器面板按键选择命令来完成，面板按键如图 3-28 所示，包括硬键和软键。每个硬键对应有一个固定功能或者兼有第二、第三功能，软键 F1/F2/F3/F4 用于执行机载软件的菜单命令，软键的功能通过屏幕最下一行对应的字符提示，

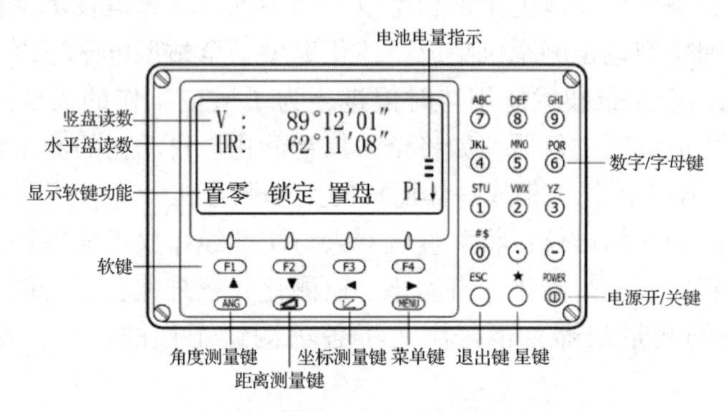

图 3-28　NTS350 系列全站仪键盘

表 3-5　NTS350 系列全站仪键盘符号功能

按键	名称	功能
ANG	角度测量键	进入角度测量模式(▲上移键)
◢	距离测量键	进入距离测量模式(▼下移键)
⁄	坐标测量键	进入坐标测量模式(◀左移键)
MENU	菜单键	进入菜单模式(▶右移键)
ESC	退出键	返回上一级状态或返回测量模式
POWER	电源开关键	电源开关
F1 - F4	软键(功能键)	对应于显示的软键信息
0 - 9	数字键	输入数字和字母、小数点、负号
★	星键	进入星键模式

在不同模式或执行不同命令时，软键的功能不一样，表 3-5 中列举说明了仪器键盘符号所表示的相应功能。

多功能全站仪是通过键盘按键选择有棱镜方式或免棱镜方式进行测量工作的，电子全站仪测量专用的棱镜与反射片如图 3-29 所示。根据测量工作不同的需求之用，棱镜种类有单棱镜、多棱镜(组)、360°球形棱镜、微型棱镜和反射片等。棱镜可以安放于基座上，也可安放在对中杆上，还可直接固定于某些被测物体上。

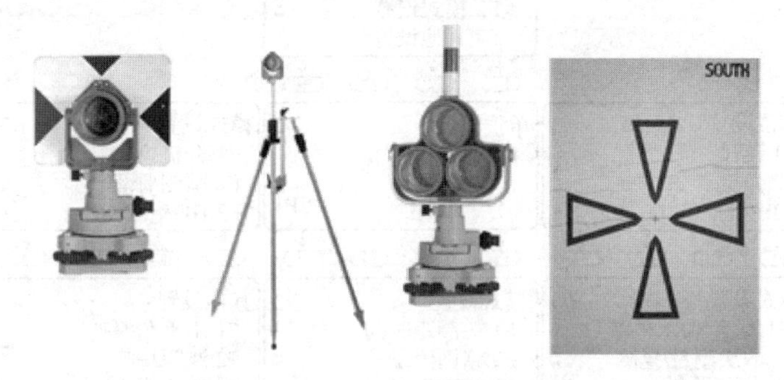

图 3-29　全站仪专用棱镜和反射片

3.7.2　全站仪的基本使用方法

从 NTS 系列全站仪为例的仪器结构上看，它将电子经纬仪和光电测距仪融为一体，共用一个望远镜，使用起来非常方便。全站仪的基本功能不仅可以测量角度、距离、坐标，还可进行偏心测量、悬高测量、对边测量、放样测量、后方交会测量、面积测算等。它能将数据进行记录、计算及存储，并可通过数据传输接口和其他通信方式将观测数据传输到计算机，从而使测量工作实现内外业一体化、数字化和信息化。

3.7.2.1　初始设置

电子全站仪测量前应首先进行仪器初始设置，进入仪器设置项目依次如下操作：

①温度、气压、棱镜常数设置。按◢进入测距测量模式 P1 屏幕，然后按 F3 键，屏幕转换成参数设置页面，显示棱镜常数改正(PSM)、大气参数改正(PPM)和反射光强度信号。此时选择 F1~F3 可进行各参数改正的设置；

②最小读数显示设置。按MENU键后再按 F4 键，显示主菜单 2/3，接着按 F2 键，选择此时页面第一项最小读数按 F1 键，进行 1″还是 5″的参数设置并回车确定；

③仪器自动关机设置。按MENU键后再按 F4 键，显示主菜单 2/3，接着按 F2 键，选择此时页面第二项按 F2 键，进行“开”还是“关”的设置并回车确定；

④垂直角倾斜改正设置。按MENU键后再按 F4 键，显示主菜单 2/3，接着按 F2 键，选择此时页面第三项自动补偿按 F3 键，进行倾斜改正设置并回车确定；

⑤照明开关设置。按MENU键后再按 F4 键，显示主菜单 2/3，接着按 F3 键，再按 F1 或 F2 来设置照明“开”或“关”；

⑥仪器常数设置。仪器的常数在出厂时经严格测定并设置好，用户一般情况下不需做此项设置。

3.7.2.2 基本设置

同时按住(F4)键、(PWR)开机，进入“设置模式 2”菜单，如图 3-30 所示屏幕页面，包括单位设置、模式设置和其他设置。以图示选择对应的 F1/F2/F3/F4 键可以完成基本设置要求。

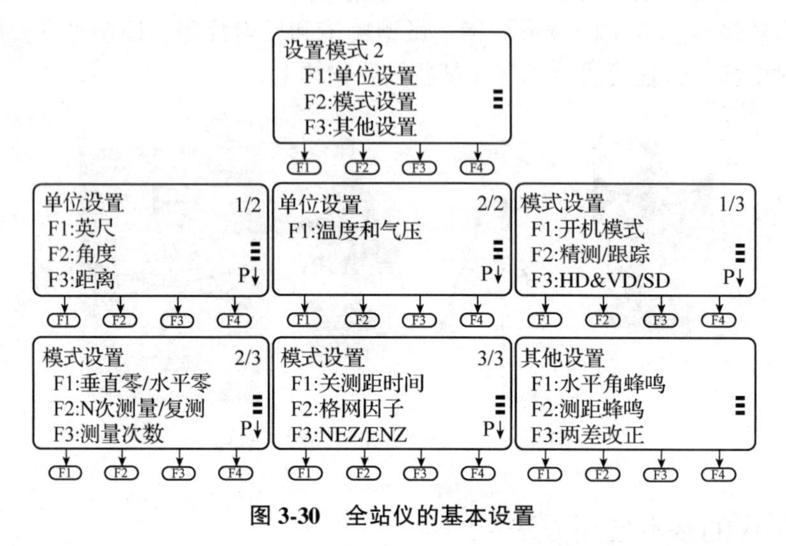

图 3-30 全站仪的基本设置

3.7.2.3 角度测量模式

全站仪开机后一般自动进入角度测量模式，也可按(ANG)键进入显示，角度模式有三页菜单，按 F4 键可以翻页，如图 3-31 所示。将望远镜照准目标，仪器则显示竖盘天顶距 V 及水平盘右角 HR 读数。

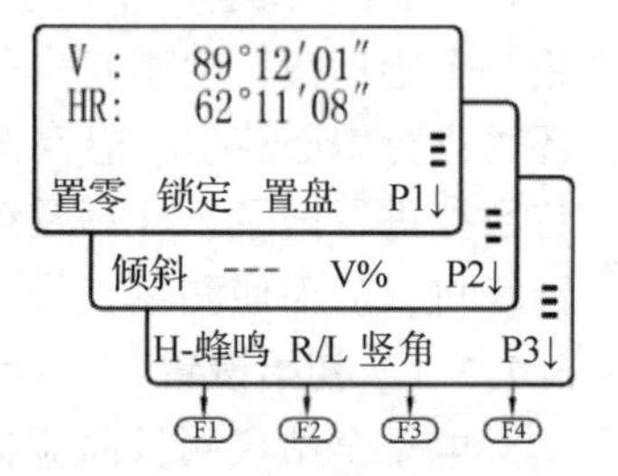

图 3-31 角度测量模式页面

按照翻页顺序操作 F1/F2/F3/F4 键，可以进行水平角度值的置零、水平角度值锁定、任意水平角度值的设置；在 P2 页可以进行竖直角补偿器设置，当处于开启状态时，若仪器没有精确整平则屏幕第一行 V 将显示为“Tilt Over!”。还可以进行天顶距与坡度的转换，若仪器望远镜倾斜角处于±45°以内时，坡度测量范围为±100%，超出±45°则屏幕第一行 V 显示“Over”。翻页到 P3 页，可以进行水平角度蜂鸣、水平角右角/左角的转换等设置，若仪器水平角度值蜂鸣开启，则当水平角度值为 0°、90°、180°、270°且变化范围在±1°以内蜂鸣器就发出声音，以此提醒仪器操作人员。

3.7.2.4 距离测量模式

按(◢)键进入距离测量模式显示页面，如图 3-32 所示，有 P1、P2 两页菜单，按 F4 键可以翻页。

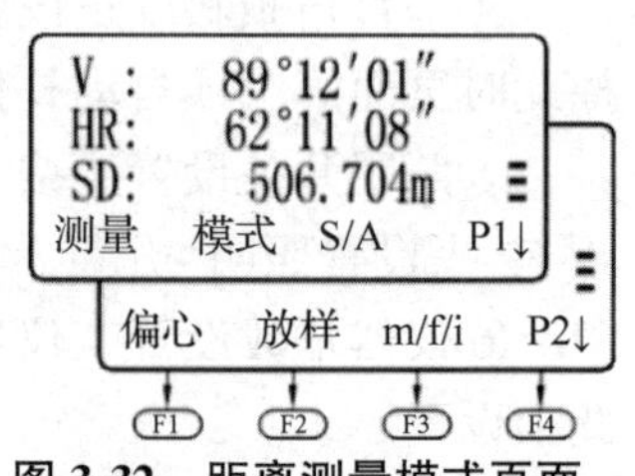

图 3-32 距离测量模式页面

①按 F1 键选择以设置的斜距测量模式或平距测量模式与目标类型测距；

②按 F2 键设置测距模式，可选择精测、跟踪、粗测方式测距；

③按 F3 键设置测距条件，测量目标的设置可选择免棱镜模

式“No Prism”、有棱镜模式“Prism”、反射片模式“Sheet”。

3.7.2.5 偏心测量模式

按照图 3-32 中选择 P2 页按 F1 键进入偏心测量。偏心测量模式用于棱镜架设比较困难的情况，如图 3-33 树木中心 P，此时将棱镜架立在和仪器平距相等的点 P'位置，先测得 P'点的坐标，再旋转仪器望远镜照准树木中心 P 点方向，屏幕即时显示的是 P 点坐标值。

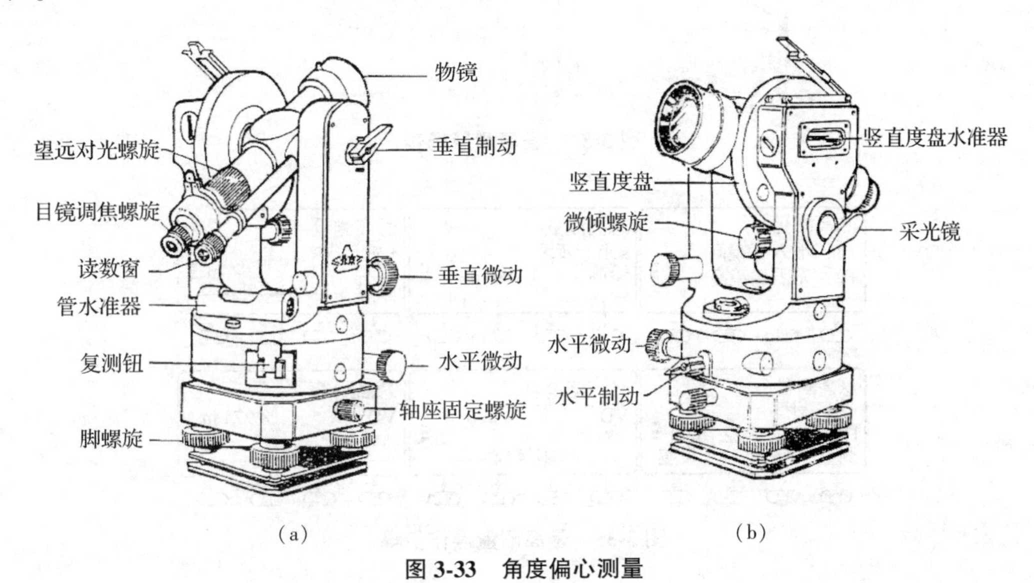

图 3-33 角度偏心测量

偏心测量在实际应用中分为角度偏心测量、距离偏心测量、平面偏心测量和圆柱偏心测量等。

3.7.2.6 放样测量模式

①按照图 3-32 中选择 P2 页按 F2 键进入放样菜单，进行放样距离类型的选择，可选择平距、高差、斜距；

②放样值输入完成后仪器显示并自动返回距离测量模式，选择“测距”仪器将进行距离测量，此时在屏幕中显示实际测量值与放样值的差值，比如 dHD：0.036 m，然后移动目标棱镜再次测量，直至距离差 dHD 等于 0.000 m 为止。放样结束可选择取消放样测量。

3.7.2.7 悬高测量模式

测绘工作中有时会遇到特殊情况，为了测量不方便放置棱镜的目标的高度，需将棱镜架立在目标点所在铅垂线上的任一点位置进行悬高测量，如图 3-34 所示。遥测悬高应按程序进行，按相关菜单操作：

按(MENU)键后再按 F4 键，显示主菜单 2/3 页，选择 F1 再次 F1 便进入悬高测量界面，操作悬高测量可以选择有棱镜高度悬高测量(F1 键)或者无棱镜高度悬高测量(F2)。悬高测量的步骤如图 3-35 所示。例如，选择 F1 输入棱镜高方式后，第一步按 F1 键输入镜高 1.200 m 回车确认；第二步瞄准棱镜按 F1 测量，屏幕显示出测量得到的水平距离 22.162 m 和镜高 1.200 m，然后抬高望远镜瞄准棱镜正上方的目标 A，如图 3-34 所示，此时便可得到目标 A 的悬高高度(VD)18.974 m。

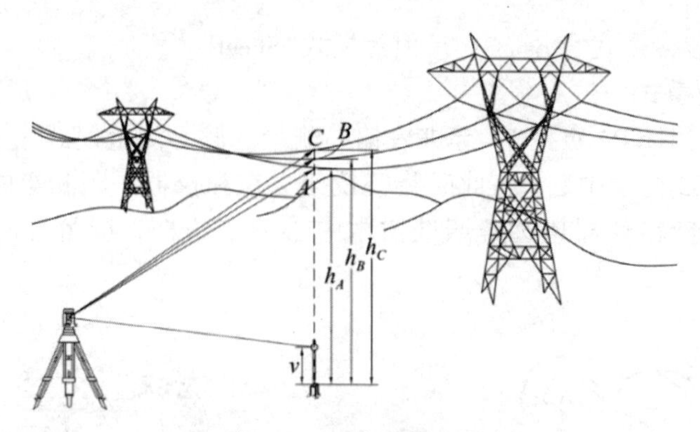

图 3-34　悬高测量场景

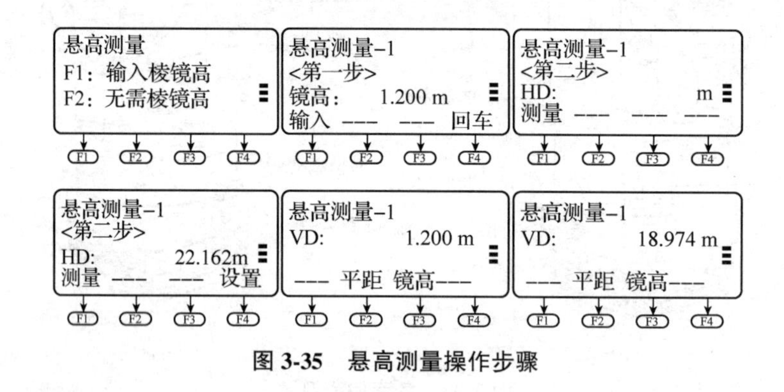

图 3-35　悬高测量操作步骤

3. 7. 2. 8　对边测量模式

对边测量是测量两个目标棱镜之间的水平距离（dHD）、斜距（dSD）、高差（dVD）和水平角（HR）。

如图 3-36 所示，可在相应菜单中选择放射对边测量（MLM-1）[*A*-*B*、*A*-*C*] 或者相邻对边测量（MLM-2）[*A*-*B*、*B*-*C*] 模式进行对边测量工作。对边测量也应按程序进行，其相关菜单操作如下。

按(MENU)键后再按 F4 键，显示主菜单 2/3，选择 F1 再 F2 便进入对边测量界面。对边

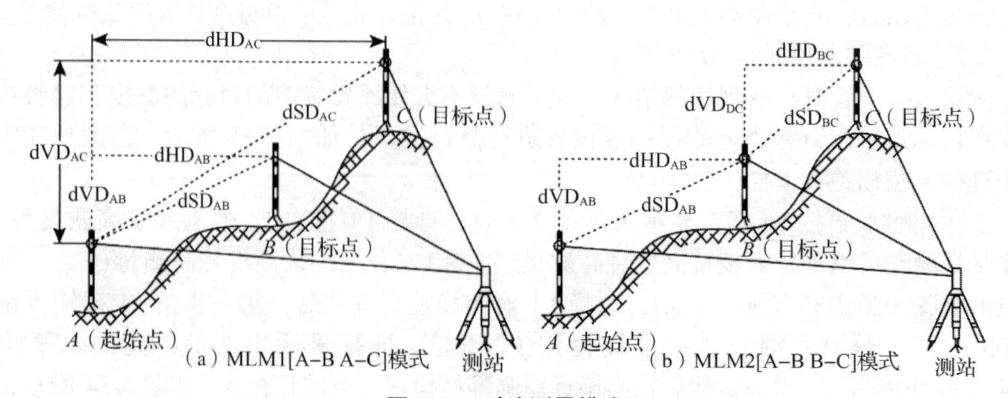

（a）MLM1[A–B A–C]模式　（b）MLM2[A–B B–C]模式

图 3-36　对边测量模式

测量的步骤如图 3-37 所示，以 MLM−2 为例第一步，瞄准 *A* 点棱镜按 F1 键测量显示 *A* 点至仪器间的距离 *HD*，接着瞄准 *B* 点棱镜测量 *B* 点至仪器的距离 *HD*，屏幕显示了 *A*−*B* 之间的水平距离 *dHD* 为 30 m；同理继续瞄准 *C* 点棱镜测量 *C* 点至仪器的距离 *HD*，此时屏幕又显示出 *B*−*C* 之间的水平距离 *dHD* 为 60 m。

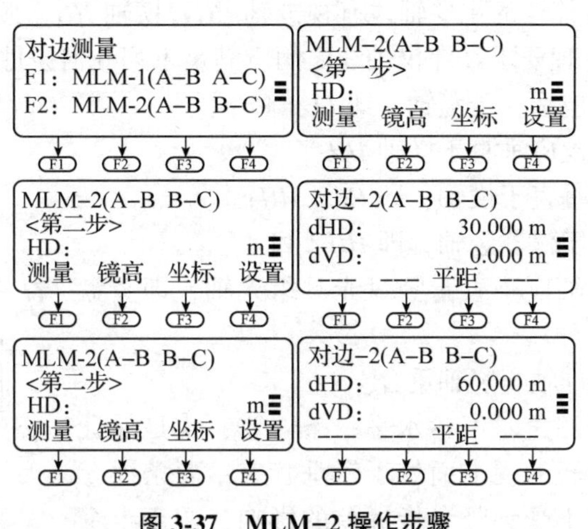

图 3-37 MLM−2 操作步骤

3.7.2.9 面积测算模式

该模式用于测量计算闭合图形的面积，面积计算有两种方法：调用文件坐标数据计算面积和实测数据计算面积，测量面积时必须按照各点在空间的顺序依次竖立棱镜测量。注意如果图形边界线相互交叉，则不能够正确计算面积；所计算的面积不能超过 200000 m^2。

按(MENU)键后再按 F4 键，显示主菜单 2/3 页，选择 F1 再 F4 便进入面积测算界面。然后按照图 3-38 所示步骤就可完成。

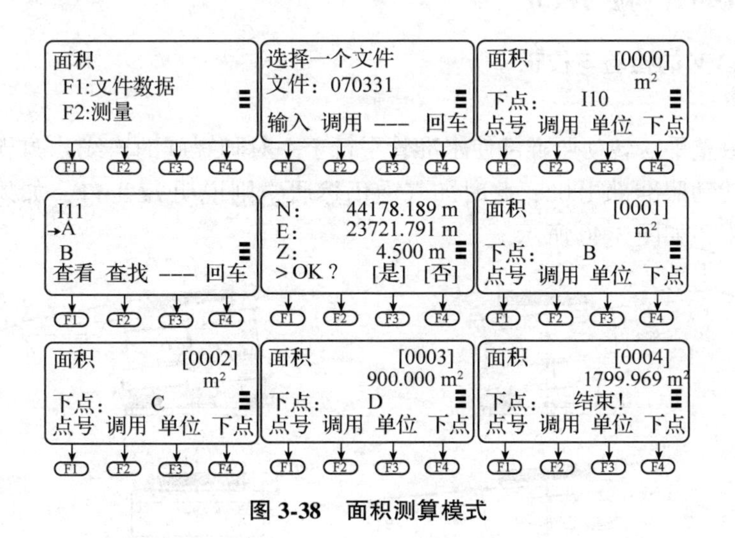

图 3-38 面积测算模式

3.8 经纬仪的检验与校正

3.8.1 经纬仪的主要轴线及条件

如图 3-39 所示，经纬仪的主要轴线有视准轴 *CC*、横轴 *HH*、照准部水准管轴 *LL* 和仪器竖轴 *VV*。角度测量原理要求经纬仪轴线之间应满足下列几何条件：

①照准部水准管轴应垂直于竖轴，即 $LL \perp VV$；

②望远镜十字丝竖丝应垂直于横轴 *HH*；

③望远镜视准轴应垂直于横轴，即 $CC \perp HH$；

④仪器横轴应垂直于仪器竖轴，即 $HH \perp VV$；

⑤竖盘指标水准管轴应垂直于竖盘光具组光轴，即竖盘指标差为零；

⑥光学对中器的视准轴与竖轴重合。

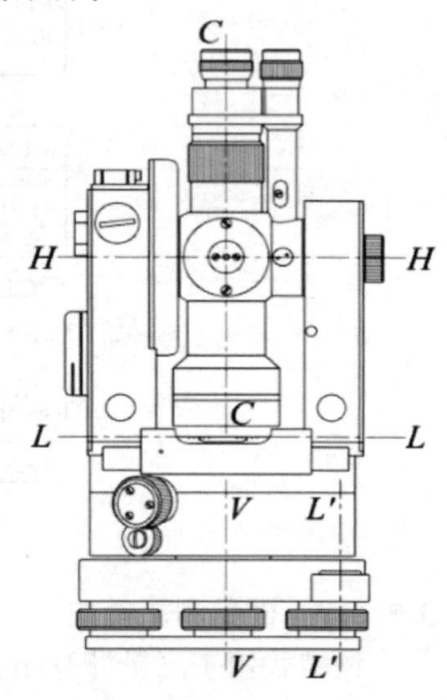

图 3-39 经纬仪轴线

满足条件①可保证测角时度盘水平；条件③、④是保证测角时望远镜绕横轴旋转的视准面处于铅垂状态；而条件⑤则是在测量竖直角时，不受到竖盘指标差的影响，便于半个测回能准确测算出竖直角。

经纬仪是根据测角原理设计制造的精密仪器，其生产出厂时的各轴线之间的条件都正常。然而经纬仪轴系之间的正确关系在仪器长期使用期间及搬运过程中会发生变化。为了保证测角精度，仪器使用之前需要经过检验，必要时需对其可调部件加以校正，使之满足要求。

3.8.2 经纬仪的检验与校正

3.8.2.1 $LL \perp VV$ 的检验与校正

(1) 检验

将仪器大致整平，转动照准部使水准管平行于一对脚螺旋的连线，调节脚螺旋使水准管气泡居中。转动照准部 180°，此时如气泡仍然居中则说明 $LL \perp VV$，如果偏离量超过 1 格，应进行校正，如图 3-40 所示。

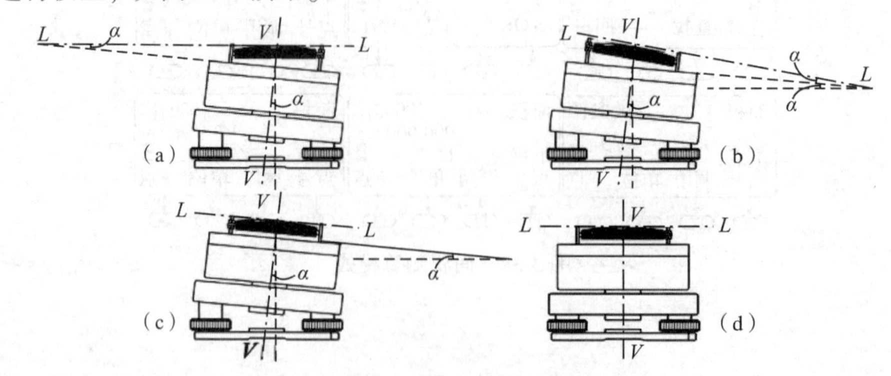

图 3-40 $LL \perp VV$ 的检验与校正

(2)校正

水准管轴水平，但竖轴倾斜，设其与铅垂线的夹角为 α，如图 3-40 (a)所示将照准部旋转 180°，竖轴位置不变，但气泡不再居中，水准管轴与水平面的交角为 2α，如图 3-40 (b)所示，通过气泡中心偏离水准管零点的格数表现出来。改正时，先用脚螺旋调节水准气泡偏离量的一半，如图 3-40(c)所示。再用校正针拨动水准管一端校正螺丝的高度，使气泡退回偏离量的另一半(等于 α)，这时水准管轴水平、竖轴竖直几何关系即得满足，如图 3-40(d)所示。

此项检校需反复进行几次，直到照准部转至任何位置，气泡中心偏离零点均不超过 1 格为止。

3.8.2.2 竖丝⊥*HH* 的检验与校正

(1)检验

整平仪器后，用十字丝竖丝一端精确瞄准远处一清晰小点 *A*，拧紧照准部制动螺旋及望远镜制动螺旋，然后转动望远镜微动螺旋，同时观察点 *A* 在竖丝上相对移动的轨迹，如果 *A* 点移动轨迹偏离竖丝，如图 3-41 的虚线轨迹，说明垂直条件不满足，十字丝需要校正。

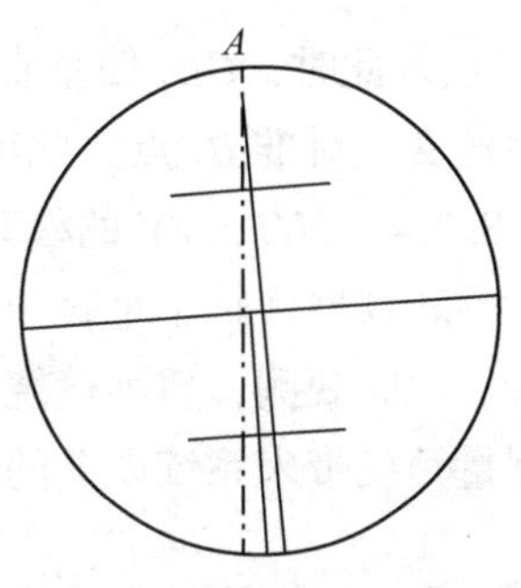

图 3-41 望远镜十字丝

(2)校正

先卸下目镜护盖，用小螺丝镩拧松十字丝环上的 4 个压环螺丝，缓慢转动十字丝环，直至照准部望远镜上下微动过程中，小点 *A* 始终在竖丝上移动，最后上紧之前松开的 4 个压环螺丝并旋上护盖。

3.8.2.3 *CC*⊥*HH* 的检验与校正

视准轴是十字丝中心交点与物镜光心的连线。十字丝交点位置正确，视准轴与横轴成正交时，望远镜绕横轴旋转扫出一个铅垂面。若十字丝分划板产生位移，此时的视准轴将不垂直于横轴，其偏离垂直位置的角值 *C* 称为视准轴误差。视准轴存在 *C* 角时，望远镜绕横轴旋转扫出的视准面是一个圆锥面，必然会影响水平方向的度盘读数。由式(3-4)可知，同一方向观测的二倍照准差 2*C* 的计算公式为：

$$C=\frac{1}{2}[\text{盘左读数}-(\text{盘右读数}\pm 180°)] \tag{3-14}$$

虽然取盘左、盘右观测值的平均值可以消除同一方向观测的视准轴差 *C*，但是规范要求 *C* 值大于 60″时，需要进行校正。

(1)检验

视准轴误差检验通常采用四分之一法，如图 3-42 所示。选择一平坦场地，*A*、*B* 两点相距约 40~60 m，安置仪器于 *AB* 连线中点 *O* 处，在 *A* 点立一个与仪器高度等高的标志，在 *B* 点以仪高参照横置一根刻有毫米分划的直尺，摆放尺子与视线 *OB* 垂直。先用盘左瞄准 *A* 点标志，固定仪器照准部，纵转望远镜在 *B* 点直尺上读数 B_1。盘右再瞄准 *A* 点，纵转望远镜，又在 *B* 点小尺上读数 B_2。若 B_1 与 B_2 相等，表示视准轴垂直于横轴。否则，条件不满足则需校正，由图 3-42 看出视准轴不垂直于横轴，与垂直位置相差一个角度 *C*。B_1B、B_2B 分别反映了盘左、盘右的两倍视准差 2*C*，且盘左盘右读数产生的视准差符号相反，即$\angle B_1OB_2=4C$，那么视准轴误差 C 可按式(3-15)求出：

$$C=\frac{1}{4D}(B_2-B_1)\rho'' \tag{3-15}$$

式中 D——仪器至 B 点的水平距离；

ρ''——206265″。

(2)校正

先求出视准轴正确位置时的尺子读数 B_3，由 B_2 点向 B_1 点量取$\frac{B_1B_2}{4}$的长度定出 B_3 点。此时，OB_3 便垂直于横轴 HH，用校正针调节十字丝环上的左、右校正螺丝，使十字丝交点对准 B_3 点，此项检验校正应反复上述操作，直到满足条件为止。

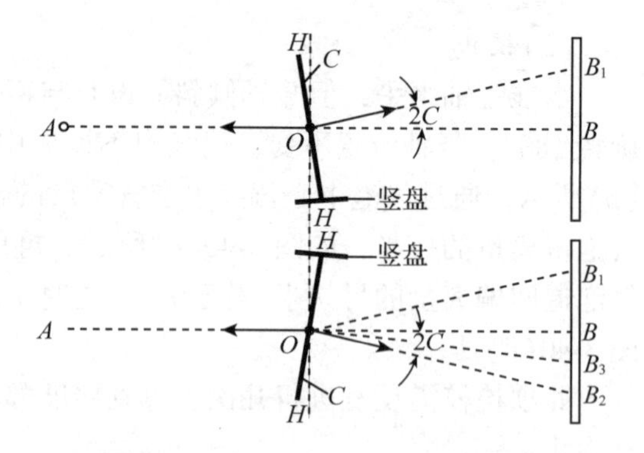

图 3-42 $CC\perp HH$ 的检验与校正

3.8.2.4 $HH\perp VV$ 的检验与校正

若仪器横轴不垂直于竖轴，当竖轴铅垂时，横轴将会倾斜一个小角度 i，称为横轴误差。此时观测，望远镜绕横轴旋转扫出的视准面不是一个铅垂面而是倾斜平面，从而会给测量角度带来系统误差的影响。如 $i>20''$时，需要校正。

(1)检验

选择在距离某高位目标 20～50 m 处安置仪器，如图 3-43 所示。整平仪器后以盘左状态清晰瞄准高处目标点 P，固定住仪器照准部，然后将望远镜放至水平(一般以竖盘读数为 90°作判断)，以十字丝交点在墙上定出一小点 P_1。以盘右状态再次清晰瞄准 P 点，再次水平放置望远镜(一般以竖盘读数 270°作判断)，在墙上又定出一小点 P_2，若 P_1、P_2 两点重合于 P_M 点位，表明该条件满足。检验时如发现 P_1、P_2 两点不重合于 P_M 点，则仪器存在横轴误差 i，按式(3-16)就能计算得到，规范规定当 i 角大于 20″时，需要校正。

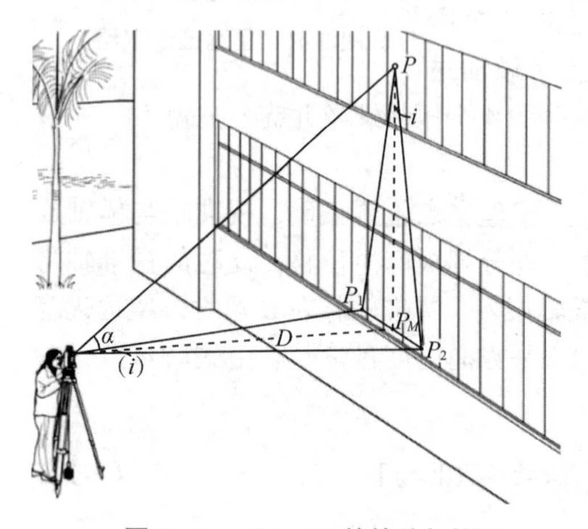

图 3-43 $HH\perp VV$ 的检验与校正

$$i=\frac{L}{2D}\cot\alpha\rho'' \tag{3-16}$$

式中 α——P 点的竖直角；

L——P_1、P_2 两点间长度；

D——仪器至 P 点间的水平距离。

(2)校正

先操作望远镜瞄准 P_1、P_2 间的中心点 P_M，固定仪器照准部，然后向上抬高望远镜，可以看到十字丝交点将不会落在点 P 上，即不与原 P 点重合而是偏离。此时，可打开横轴一端的支架护盖，转动调整偏心轴承环，升高或者降低横轴的一端使十字丝交点对准点 P。由于经纬仪属于精密测角仪器，它的横轴完全密封在金属壳内，所以此项校正应在无尘室内环境中完成。一般情况下使用者只做检验，若仪器横轴误差超限，往往把仪器送交维修部门的专业技术人员进行校正调整。现在厂家生产的经纬仪已取消了偏心轴承环，靠精加工来保证仪器竖轴与横轴的相互垂直。

3.8.2.5　竖盘指标差的检验与校正

(1)检验

首先安置好仪器，以盘左、盘右两个盘位观测同一个明显目标点，分别调节竖盘指标水准管气泡居中，读取相应的竖盘读数 L 和 R，用式(3-12)计算竖盘指标差 x。如 x 超出 $\pm1'$ 的范围，则需校正。

(2)校正

经纬仪位置保持不动，此时为盘右状态，且照准目标点。计算出消除了指标差 x 的正确盘右竖盘读数等于 $R-x$。旋转调节竖盘指标水准管微动螺旋，使竖盘读数为 $R-x$，这时指标水准管气泡已不再居中，可用校正针拨动竖盘指标水准管一端的校正螺丝使气泡居中。此项检验校正也需反复进行。

如果经纬仪的竖盘指标是自动归零装置，就先调节望远镜微动螺旋使竖盘读数由 R 调整到 $R-x$，再用校正针调节十字丝环的上、下校正螺丝使十字丝中心交点对准该目标。

3.8.2.6　光学对中器的检验与校正

如图 3-44 所示，经纬仪光学对中器结构主要由物镜、分划板和目镜组成，分划板刻划中心与物镜光心的连线为对中器的视准轴。对中器的视准轴由转向棱镜折射 90°后，应该与仪器的竖轴重合。否则，将很容易发生对中误差，造成测角精度的降低。

(1)检验

在平坦地面上安置经纬仪并严格整平，然后固定放置一张白纸于三脚架中央，通过对中器目镜视野标识出分划圈中心在白纸上的重合位置点 A，转动仪器照准部 180°，又标识出此时分划圈中心在白纸上的重合位置点 A'。如果比对出 A、A'两点不重合，就需要进行校正。

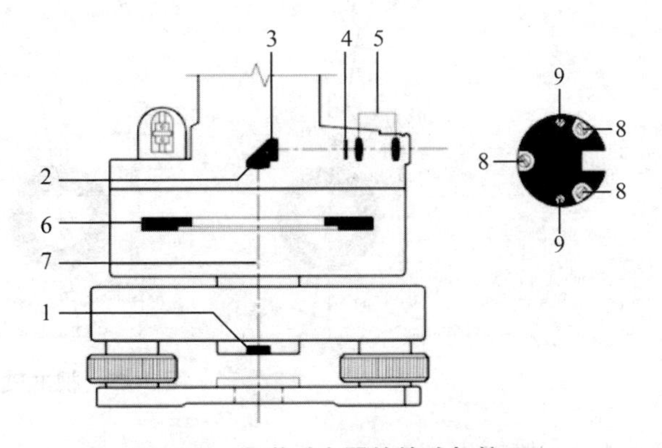

图 3-44　光学对中器的检验与校正

1. 保护玻璃　2. 物镜　3. 转向棱镜　4. 分划板　5. 目镜组　6. 水平度盘　7. 视准轴　8. 物镜 2 与转向棱镜 3 前后倾斜调解螺旋　9. 物镜 2 与转向棱镜 3 左右倾斜调解螺旋

(2)校正

在白纸上确定出 AA' 连线的中点 O，然后松开并取下仪器照准部支架间的圆形护盖，通过拨动相关校正螺丝 8 和螺丝 9(图 3-44)，调整好转向棱镜的位置，使分划板圆圈中心对准 O 点，即对中器视准轴与 O 点位于同一条铅垂线上，这样在测量角度的时候能够达到准确对中的目的。

3.9 角度测量的误差来源及注意事项

角度测量误差产生的因素有来自仪器工具和各作业环节等方面，为了获得符合要求的成果，必须分析这些误差的来源、性质及规律，采取相应措施消除或削弱误差的影响。

3.9.1 仪器误差

仪器误差的来源表现为两方面，一是仪器制造加工工艺和装配不完善而引起的误差，如照准部偏心差、度盘刻划误差等。其次是仪器检验校正不完善引起的残存误差，如视准轴不垂直于横轴、横轴不垂直于竖轴、水准管轴不垂直于竖轴等。

3.9.1.1 视准轴误差

如图 3-45，视准轴误差 C 是由于视准轴 CC 不垂直于横轴 HH 而产生的测角误差。若视准轴不垂直于横轴，望远镜绕横轴旋转时将形成圆锥面轨迹而不是垂直平面。当望远镜处于不同高度时，它的视线在水平面上的投影方向值不同，从而引起水平方向观测时的测量误差 Δc，可用式(3-17)表示。

$$\Delta c = C\sec\alpha \tag{3-17}$$

式中 α——瞄准目标 P 时的竖直角。

由式(3-17)可知视准轴误差 C 对水平方向的影响与竖直角有关系，当 α 越大，Δc 也越大；当 $\alpha=0°$，即此时视线水平，有 $\Delta c=C$。当盘左位置瞄准目标点 P 时，视准轴误差造成视准轴偏向左侧，倒转望远镜至盘右位置，此时视准轴必然偏向右侧。对于同一个观测目标而言，盘左盘右的竖直角 α 相等，得到的 Δc 值绝对值也相等，并且符号相反。所以取盘左、盘右观测值的平均值可以消除视准轴误差对水平方向读数的影响。

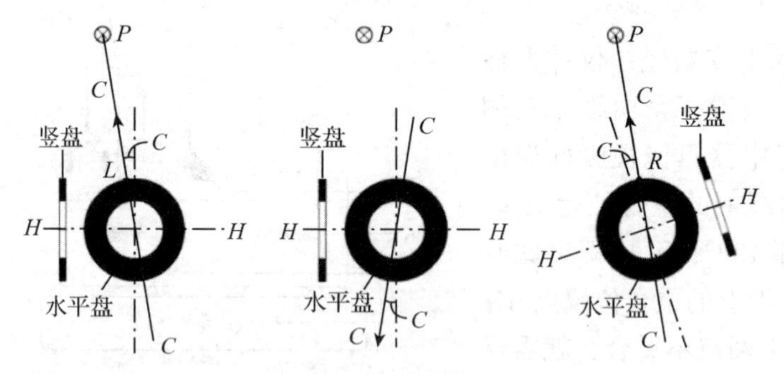

图 3-45 视准轴误差

3.9.1.2 横轴误差

如图 3-46 所示，横轴误差 i 是由于仪器横轴 HH 不与竖轴 VV 垂直，当竖轴铅垂时，横轴处于非水平位置而产生的。如果此时视准轴垂直于横轴，那么横轴不水平会使视准轴旋转轨迹形成一个斜面，在水平方向观测时导致误差出现。横轴误差对水平方向的影响 (i) 可用式(3-18)计算得出。

$$(i) = i\tan\alpha \tag{3-18}$$

式中 α——瞄准目标 P 时的竖直角。

由式(3-18)可知，横轴误差对水平方向的影响与观测目标的竖直角 α 有关系，α 越大，受影响越大。当视线水平时即 $\alpha=0°$，水平方向观测不受横轴误差 i 的影响。

盘左、盘右都是将望远镜抬高竖直角 α 观测同一目标，此时视线分别绕横轴旋转扫过的轨迹平面是两个相互对称的倾斜面，它们对水平方向读数的影响(i)大小相等，符号相反。所以，盘左、盘右观测取平均值，可以消除横轴误差对水平方向读数的影响。

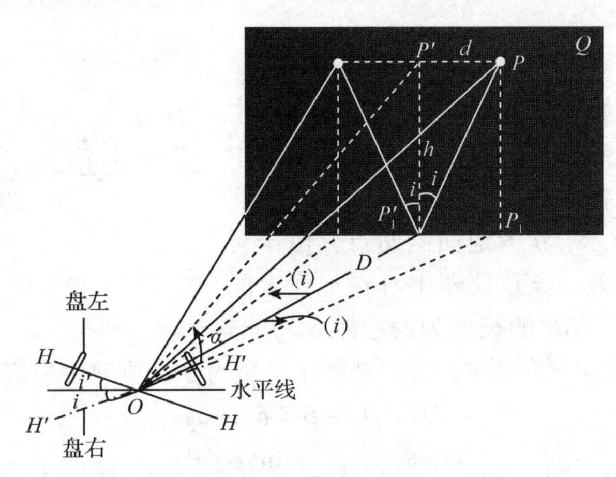

图 3-46 横轴误差

3.9.1.3 照准部偏心差

仪器照准部旋转中心与水平度盘分划中心不重合所引起水平方向的读数误差称为照准部偏心差。若 DJ_6 这种单指标读数的经纬仪存在照准部偏心差的话，当瞄准同一目标时，盘左位置读数会比正确读数大了一个小角 x；而在盘右位置的读数则小了一个 x。可见，照准部偏心差对水平方向读数的影响是大小相等，符号相反，采用盘左、盘右两个方向读数取平均值的方法，可以消除照准部偏心差对水平角观测的影响。而 DJ_2 型双指标经纬仪采用对径分划符合读数方法，在一个位置就能读取度盘对径方向读数的平均值，消除照准部偏心差的影响。

3.9.1.4 度盘分划误差

水平度盘分划误差是指度盘最小分划间隔不均匀而产生的测角误差。对于光学经纬仪的度盘分划误差，一般在进行多测回观测时根据测回数 n，各测回以 $180°/n$ 为增量配置度盘盘左起始位置，使读数均匀地分布在度盘的不同区间，这样就可以减弱度盘分划误差的影响。

3.9.1.5 竖轴误差

竖轴误差是由于仪器照准部水准管轴 LL 不垂直于竖轴 VV 而引起的误差。当照准部水准管气泡严格居中后，此时水准管轴 LL 水平，竖轴却偏离铅垂方向一个小角度，从而引起横轴倾斜和水平度盘倾斜，使水平度盘读数产生误差。在同一个测站位置，由于照准部绕倾斜的竖轴旋转，竖轴的偏离角不变且方向都一样，所以不能通过盘左、盘右观测取平均值的方法消除竖轴误差的影响。减小或消除竖轴误差的方法是观测前对水准管进行严格检验校正，观测时做到仔细整平保持照准部管水准气泡居中，气泡偏离管中央不要超过 1 格，否则应重新操作安置好仪器。

3.9.1.6 竖盘指标差

观测竖直角时，如果仪器存在竖盘指标差，会给竖直度盘读数带来影响。根据式(3-9)和式(3-10)可知，盘左、盘右观测时，指标差对竖盘读数的影响是互为相反数，可用盘左、盘右观测取平均值的方法消除竖盘指标差的影响。

3.9.2 观测误差

3.9.2.1 对中误差

在安置仪器时，如果仪器垂球尖或者光学对中器分划中心没有对准测站标志点，将使水平度盘中心与测站点不在同一铅垂线上，产生水平方向的测角误差。如图3-47所示，B为地面测站点，由于对中不准确存在对中误差，导致仪器中心在地面上的投影B'与B没有重合，BB'的长度为偏心距e。B与两目标A、C间的正确水平角为β，实际观测水平角为β'，则对中引起的测角误差$\Delta\beta$为：

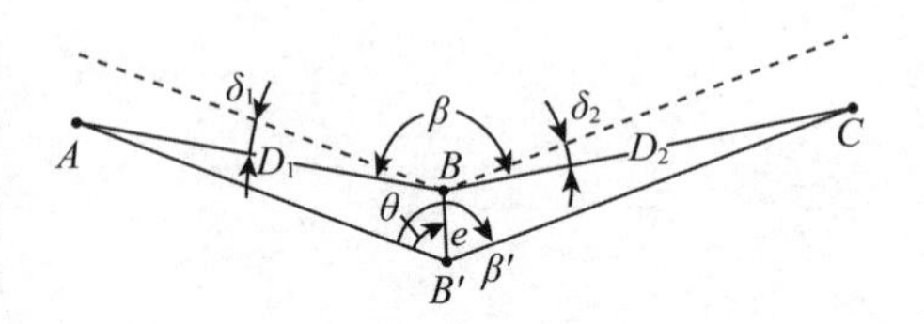

图3-47 对中误差

$$\Delta\beta = \beta' - \beta = \delta_1 + \delta_2 \tag{3-19}$$

鉴于δ_1和δ_2很小，则有$\delta_1 = \dfrac{e\sin\theta}{D_1}\rho''$，$\delta_2 = \dfrac{e\sin(\beta'-\theta)}{D_2}\rho''$，代入式(3-19)得：

$$\Delta\beta = \delta_1 + \delta_2 = e\left[\frac{\sin\theta}{D_1} + \frac{\sin(\beta' - \theta)}{D_2}\right]\rho'' \tag{3-20}$$

式中 θ——偏心方向与观测方向BA之间的水平夹角；

D_1，D_2——测站点至观测目标的水平距离；

β'——水平角观测值(含有误差)。

由上式(3-20)知，对中误差对水平角的影响$\Delta\beta$呈现的特点是：

①与偏心距e呈正比关系；

②与测站点至观测目标的距离呈反比关系；

③与β'和θ的大小有关系。当$\beta'=180°$且$\theta=90°$时，$\Delta\beta$取得最大值。

【例3-1】假设$\beta' = 180°$且$\theta=90°$时，又取$e= 3$ mm，$D_1 = D_2 = 100$ m，则依据式(3-20)求得$\Delta\beta= 0.003×0.02×206265 ≈12.4''$。

综上所述，可见对中误差影响水平角观测是比较大的，而且测角边长越短，影响越大。由于对中误差引起的测角影响不能够通过双盘位的观测方法消除，因此在观测水平角时应该仔细对中，尤其是观测短边测角或两目标与仪器测站接近于一条直线上时，更要特别注意仪器的严格对中，使偏心距e值越小越好，以减小对中误差对水平角的影响。

3.9.2.2 目标偏心差

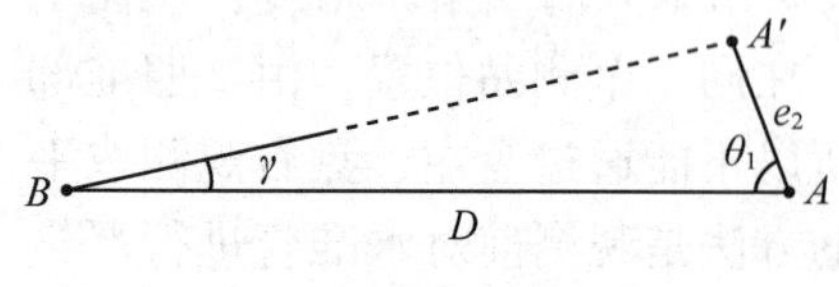

图3-48 目标偏心差

如图3-48所示，测量水平角时，若用竖立标杆作为瞄准的观测目标，比较难做到严格铅直，这时瞄准的目标点位A'与地面点标志中心A不在同一个铅垂线上而倾斜，产生了目标偏心差e_2，目标偏心对水平方向的影响为：

$$\gamma = \frac{e_2 \sin\theta_1}{D}\rho'' \tag{3-21}$$

式中 γ——目标偏心差对水平角观测的影响；

θ_1——标杆偏心方向与观测方向 BA 之间的水平夹角；

D——测站点至地面点标志中心的水平距离。

由上式(3-21)可知，如果标杆倾斜，又没有瞄准标杆底部，就会引起目标偏心差。它对水平角观测的影响与偏心距大小呈正比，与目标距离呈反比关系，当 $\theta_1=90°$时，γ 取最大值，即目标偏心与瞄准方向互相垂直时，对水平方向观测影响最大。

为了减小目标偏心差的影响，竖立标杆要垂直，瞄准标杆时应尽可能照准标杆的底部，测角精度要求较高情况下可用垂球线替代标杆。使用全站仪测量角度时，应严格对中、整平目标棱镜。

3.9.2.3 照准误差

人眼通过望远镜照准目标产生的误差称为照准误差。影响照准目标的因素较多，如望远镜的放大率、人眼最小分辨能力、十字丝的粗细、标志形状和大小、目标影像的颜色亮度等，通常主要以人眼的分辨视角和望远镜放大倍数来衡量照准误差。人眼分辨两个点的最小视角为60″，当使用放大倍数为 V 的望远镜瞄准目标时，分辨能力可以提高 V 倍，故照准误差用下式计算表示：

$$m_V = \pm \frac{60''}{V} \tag{3-22}$$

DJ_6 光学经纬仪望远镜放大率一般为 26 倍，由式(3-22)计算照准误差大约为±2.3″。在观测水平角时，除适当选择一定放大倍数的经纬仪外，应尽量选择适宜的测量标志、有利的气候条件和观测时间段，以减弱照准误差的影响。

3.9.2.4 整平误差

仪器未经严格整平，竖轴将处于倾斜位置，这种误差与水准管轴不垂直于竖轴的误差性质相同。由于此种误差不能采用适当的观测方法加以消除，当观测目标的竖直角越大，其误差影响也越大。例如，在山区观测目标的高差较大时，应特别注意仪器的整平。当太阳光强烈时，必须打伞，避免阳光照射水准管，影响仪器的整平。

3.9.2.5 读数误差

读数误差主要取决于仪器的读数设备，与观测者的技术熟练程度、仪器内部光路的照明亮度和清晰度也有关系。对于 DJ_6 光学经纬仪，读数误差为分微尺上最小分划的十分之一，即一般不超过±6″。但是，如果出现照明光线不佳，读数显微镜调焦不到位，观测者经验不足等情况，估读误差则可能远远超过±6″。

3.9.3 外界条件的影响

角度测量是在一定自然环境条件下进行的，风、雨雾、阳光、气温和湿度等外界条件的变化对观测质量有直接影响。例如，风力大、土质松软会影响仪器稳定；雨雾天气会影响照准精度；日晒和局部气温的变化易引起水准器气泡的移动和仪器轴系变化；视线过于靠近高层建筑物时会产生不规则的旁折光，等等，这些都会给观测角度带来误差。因此，观测时应踩稳三脚架，强烈阳光照射下必须撑伞保护仪器，选择有利的观测时间，尽量避免不利的环境条件，从而把外界条件的影响降低到最小程度。

思考题与习题

1. 试述测回法测量水平角的步骤，有哪些限差规定？
2. 对中的目的是什么？在哪些情况下要特别注意对中误差对角度测量的影响？
3. 经纬仪测量角度时，为什么要用盘左、盘右进行观测？
4. 经纬仪有哪几条轴线？它们之间应满足怎样的关系？
5. 整理表 3-5 中测回法观测水平角的记录。

表 3-5 测回法观测水平角记录手簿

测站	竖盘位置	目标	度盘读数 /° ′ ″	半测回角值 /° ′ ″	一测回角值 /° ′ ″	备注
O	左	*A*	0 03 12			
		B	72 21 18			
	右	*B*	252 21 30			
		A	180 03 18			

6. 整理表 3-6 中方向观测法测量水平角记录手簿。

表 3-6 方向观测法观测记录手簿

测站	测回数	目标	水平度盘读数		2*C* /″	盘左、盘右平均值 /° ′ ″	归零后水平方向值 /° ′ ″	各测回平均水平方向值 /° ′ ″
			盘左观测 /° ′ ″	盘右观测 /° ′ ″				
O	1	*A*	0 01 00	180 01 12				
		B	62 15 24	242 15 48				
		C	107 38 42	287 39 06				
		D	185 29 06	5 29 12				
		A	0 01 06	180 01 18				
O	2	*A*	90 01 36	270 01 42				
		B	152 15 54	332 16 06				
		C	197 39 24	17 39 30				
		D	275 29 42	95 29 48				
		A	90 01 36	270 01 48				

7. 根据表 3-7 的记录数据，计算竖直角和指标差。

表 3-7　竖直角观测手簿

测站	目标	竖盘位置	竖盘读数 /° ′ ″	半测回竖直角 /° ′ ″	指标差/″	一测回竖直角 /° ′ ″	备注
O	*C*	左	98 43 18				竖盘顺时针注记
		右	261 15 30				
	D	左	75 36 00				
		右	284 22 36				

第4章　距离测量与直线定向

距离测量是测量的基本工作之一。距离是指两点之间直线的长度，有平距和斜距之分。平距即水平距离，是指两点连线垂直投影在水平面上的长度；斜距即倾斜距离，是指不在同一水平面上两点连线的长度。根据测量精度的要求和所使用仪器的不同，常用的测距方法有：钢尺量距、光学视距测距和光电测距等。在测量工作中，仅测得距离无法确定两点间平面位置的相对关系，还需要确定这条直线与基本方向的夹角。

4.1　钢尺量距

4.1.1　丈量工具

用于钢尺量距的工具主要有：钢尺、标杆、测钎和垂球等。常用的钢尺宽10~15 mm，长度有20 m、30 m、50 m等几种。钢尺的基本分划有厘米和毫米两种，厘米分划适用于一般量距，毫米分划适用于精密量距。根据零点位置的不同，钢尺分为端点尺和刻线尺。端点尺的零点位于尺的最外端，如图4-1所示。刻线尺的零点位于钢尺前端的零刻线处，如图4-2所示。标杆一般长1~3 m，其上面涂有红白相间的油漆，用于直线定线，如图4-3(a)所示。测钎用于标定每一测段的起讫点和计算量过的整尺段数，如图4-3(b)所示。垂球用于投点，如图4-3(c)所示。

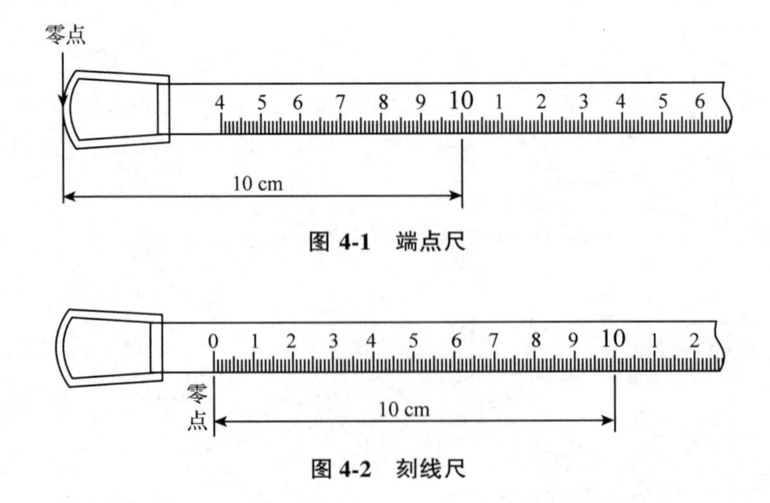

图4-1　端点尺

图4-2　刻线尺

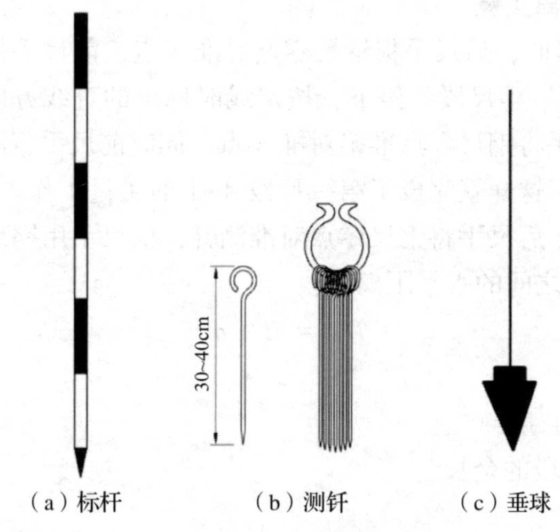

（a）标杆　（b）测钎　（c）垂球

图 4-3 其他丈量工具

4.1.2 直线定线

当待测地面两点的距离较长或地面起伏较大，单次测量不能量完时，需要分成若干段来进行丈量。将两点直线方向上分成若干段的点在地面上进行标定的工作称为直线定线。根据量距精度的要求，一般量距通常采用目测定线，精密量距使用仪器(如经纬仪)定线。

目测定线方法如图 4-4 所示，要在互相通视的待测两点 A、B 之间标定 1，2，…分段点，首先在 A、B 两点上竖标杆，甲站在 A 点标杆后约 1 m 处，乙持标杆从 B 点向 A 点方向前进，到达 1 点附近，甲指挥乙左右移动标杆，直到 A、1、B 三点在一直线上为止，并在 1 点插上标杆或测钎。同法可定出其他各点。定线时，两分段点之间的距离宜稍短于一整尺长。

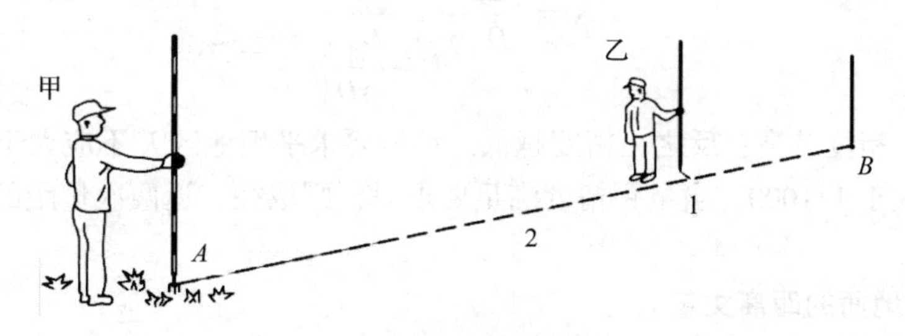

图 4-4 目测定线

4.1.3 钢尺一般量距

根据地形情况，一般量距分为平地量距和倾斜量距。在平坦地区，距离丈量一般需要三人，前、后尺各一人，一人记录测量数据。在地形起伏较大地区需要增加测量人数。丈量前，应先将直线方向上的障碍物清除。

4.1.3.1　平坦地区的距离丈量

如图 4-5 所示，丈量时，后尺手将钢尺零点对准 A 点，前尺手持钢尺的末端并带一束测钎，沿 AB 方向前进至一整尺段处停下，按定线时标出的直线方向，当前、后尺手将钢尺拉紧、拉平时，后尺手将钢尺零点准确对准 A 点，同时前尺手将测钎对准钢尺末端整尺段的刻划线并插入地下，这样就完成了第一尺段 $A-1$ 的丈量工作。同法可丈量其他各段。最后一段不是一整尺时，后尺手将钢尺零点对准测钎，前尺手用钢尺对准 B 点并读数，即得余长 q。则 A、B 两点之间的水平距离为：

$$D_{AB} = nl + q \tag{4-1}$$

式中　n——整尺段数；

l——钢尺的整尺长度；

q——不足一整尺段的余长。

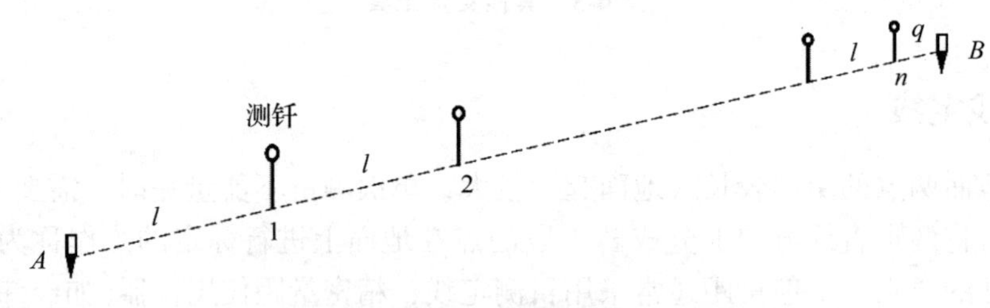

图 4-5　平地量距

为了防止丈量错误和提高丈量精度，通常需要往、返各丈量一次。一般用相对误差来衡量丈量结果的精度，即用往、返丈量结果之差 ΔD 的绝对值除以两次丈量的平均值 $D_{平}$，并将分子化为 1 的分数形式，通常用 K 表示，即

$$K = \frac{|\Delta D|}{D_{平}} = \frac{1}{\dfrac{D_{平}}{|\Delta D|}} \tag{4-2}$$

K 值越小，精度越高；反之，精度越低。一般要求平坦地区 K 不应大于 1/3000；困难地区，K 不应大于 1/1000。当量距精度满足要求时，则取往、返两次量距的平均值作为最后结果。

4.1.3.2　倾斜地面的距离丈量

当待测两点之间地面倾斜或高低不平时，其丈量方法有平量法和斜量法两种。

(1) 平量法

当地面坡度变化不大时，可沿斜坡将钢尺拉平分段丈量两次，两次丈量均由高向低，即如图 4-6 中由 A 量至 B，每一测段用垂球将整尺段点投于地面，并插上测钎。AB 的最后丈量结果与平地量距的计算要求相同。

(2) 斜量法

当地面坡度均匀时，可沿倾斜地面直接丈量 A、B 两点之间的倾斜距离 L。如图 4-7 所示，为了计算出 A、B 的水平距离 D，还需要测出两点间的高差 h，或测出地面倾斜角 α，

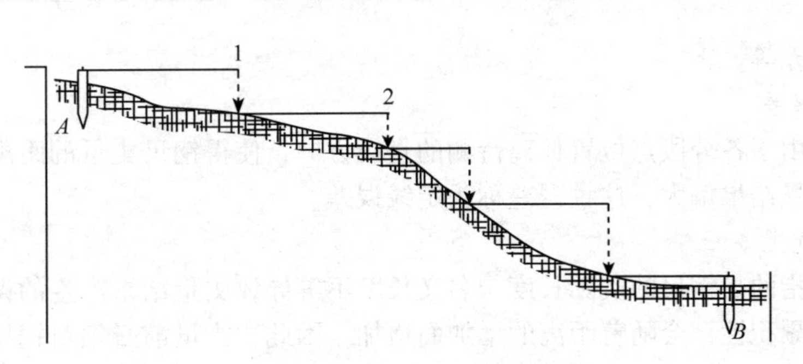

图 4-6 倾斜地面的平量法

分别按式(4-3)和式(4-4)计算出水平距离。

$$D = \sqrt{L^2 - h^2} \tag{4-3}$$

$$D = L\cos\alpha \tag{4-4}$$

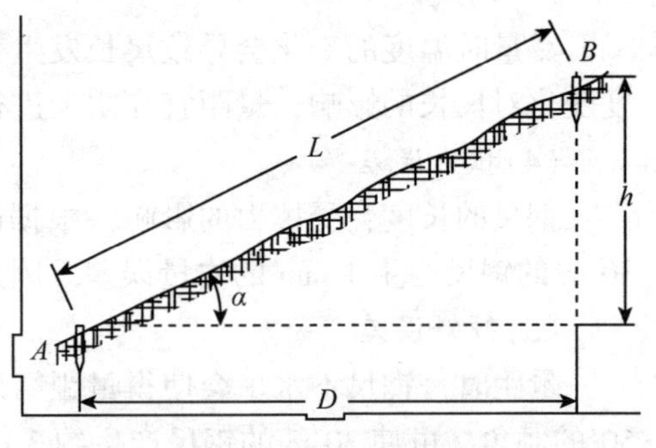

图 4-7 倾斜地面的斜量法

4.1.4 钢尺精密量距

由于钢尺量距受拉力、尺长误差、温度和倾斜误差的影响。精密量距时需要施加标准拉力，同时对每一实测的尺段长度进行三项改正，即尺长改正、温度改正和倾斜改正，才能得到水平距离。

(1)尺长改正

设钢尺的名义长度为 l_0，实际长度 l'，则钢尺在尺段长度为 l 时的尺长改正数为：

$$\Delta l_d = \frac{l' - l_0}{l_0} \times l \tag{4-4}$$

(2)温度改正

设钢尺检定时的温度为 t_0，丈量时的温度为 t，钢尺的膨胀系数为 α，通常为 1.2×10^{-5}，则丈量一尺段长度 l 时的温度改正数为：

$$\Delta l_t = \alpha(t - t_0) \times l \tag{4-6}$$

(3)倾斜改正

设丈量的距离是斜距 l，测得两端点的高差为 h，则将斜距改算成水平距离需要施加的倾斜改正数为：

$$\Delta l_h = -\frac{h^2}{2l} \tag{4-7}$$

(4)全长计算

丈量结果加上述三项改正值，即得

$$D = l_{观测} + \Delta l_d + \Delta l_t + \Delta l_h \tag{4-8}$$

4.1.5 量距误差及注意事项

影响钢尺量距精度的因素主要有：定线误差、尺长误差、温度误差、拉力误差、倾斜误差和丈量误差等。

(1)定线误差

定线时，由于各分段点位置偏离待测的直线方向，使得钢尺丈量的距离是折线而不是直线，导致丈量结果偏大，这种误差称为定线误差。

(2)尺长误差

尺长误差指的是钢尺的实际长度与名义长度不等导致丈量结果产生的误差。它属于系统误差，具有累积性，会随着距离的增加而增加。因此，丈量前必须对钢尺进行检定，求得尺长改正数。

(3)温度误差

丈量时温度的变化会导致尺长发生变化，因此，在精密量距中要测定温度。为减少温度变化对尺长的影响，量距宜在阴天进行。

(4)拉力误差

钢尺的长度会受拉力的影响，根据胡克定律，当拉力偏离标准拉力 29.4 N 时，可使 30 m 的钢尺产生 1 mm 的丈量误差。因此，丈量时应保持拉力均匀。

(5)倾斜误差

量距时，钢尺不水平会使得量距结果偏大。在一般量距中，目估拉平钢尺通常会产生 50′的倾角，可使 30 m 的钢尺产生约 3 mm 的量距误差。当地面坡度小于 1.4%，丈量精度为 1/3000 时，可不考虑钢尺倾斜误差的影响。

(6)丈量误差

量距时，钢尺刻划对点、插测钎及读数都会产生误差。由于这些误差具有随机性，因此量距时要准确对点，测钎要插直，并避免读数错误。

4.2 视距测量

由于长距离钢尺量距工作繁重，效率较低，在地形复杂地区甚至无法量距，因此人们考虑间接测距方法。间接测距方法主要有视距测量和光电测距两种。视距测量是采用光学仪器，根据几何光学原理测定两点间距离的一种方法。利用水准仪或经纬仪望远镜内十字丝分划板(十字丝分划板的上、下两条水平短丝)装置，如图 4-8 所示，同时配合视距尺来进行视距测量。该方法操作简单、速度快、作业方便，虽然测距精度不高(一般为 1/200～1/300)，但能满足碎部测量的精度要求，在传统地形图碎部测量等工作中应用较为广泛。

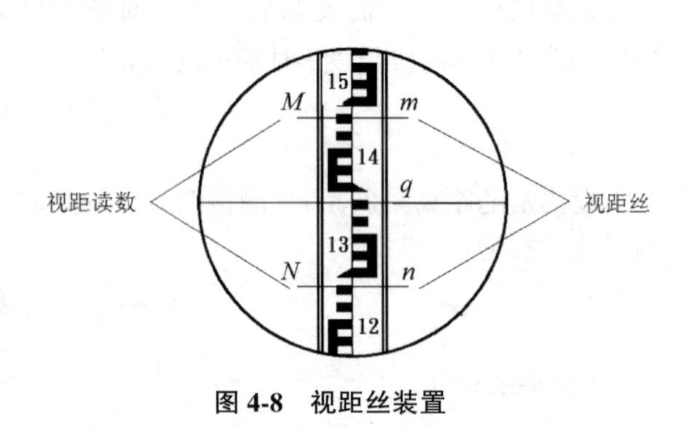

图 4-8 视距丝装置

视距测量中，视线有水平和倾斜两种状态。视线水平时可以直接量测水平距离。视线倾斜时，还需要测定竖直角，才能计算出水平距离，此时也可以求得测站与目标的高差。因此，视距测量是一种能同时测定两点间水平距离和高差的一种方法。

4.2.1 视距测量的基本原理

4.2.1.1 视线水平时的测距公式

如图 4-9 所示，要测定 A、B 两点间的水平距离 D 及高差 h。首先将仪器安置在 A 点，视距尺竖立在 B 点。用望远镜瞄准 B 点上的视距尺，当望远镜视线水平时，水平视线与视距尺垂直，十字丝分划板上的视距丝 m、n 在视距尺上的读数为 M、N，二者之差称为尺间隔，用 l 表示。

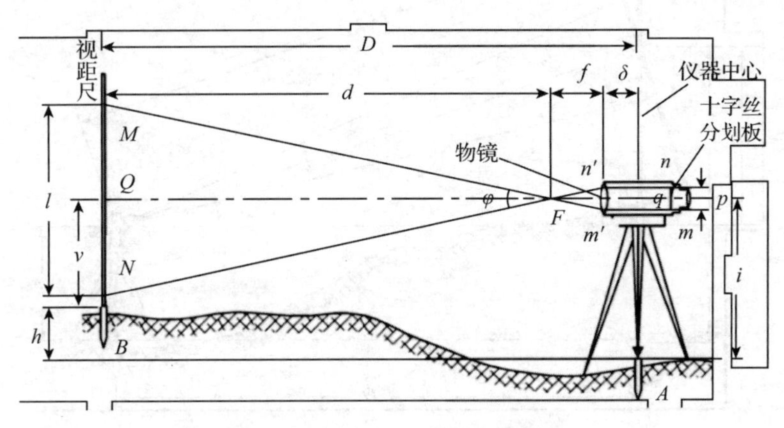

图 4-9 视线水平时的视距测量

设 p 为十字丝分划板视距丝间隔，f 为望远镜物镜焦距，δ 为物镜中心至仪器中心的距离。

由 $\Delta MNF \backsim \Delta m'n'F$ 可得

$$\frac{d}{f} = \frac{l}{p}$$

则

$$d = \frac{f}{p} \times l$$

A、B 两点间的水平距离 D 为：

$$D = d + f + \delta = \frac{f}{p} \times l + f + \delta = kl + C \tag{4-9}$$

式中 k——视距乘常数，$k=\frac{f}{p}$；

C——视距加常数，$C=f+\delta$。

对内对光望远镜的视距常数，设计时使 $k=100$，C 接近于零，因此，上式变为：

$$D = kl \tag{4-10}$$

同时，由图 4-9 可以看出，视线水平时 A、B 两点间的高差 h 为：

$$h = i - v \tag{4-11}$$

式中 i——仪器高；

v——视距尺的中丝读数。

4.2.1.2 视线倾斜时的测距公式

在测量作业中，受地面起伏和通视条件的限制，有时必须倾斜望远镜才能读取视距丝的读数，如图 4-10 所示。此时应先将尺间隔 MN 换算为与视线垂直于视距尺时的尺间隔 $M'N'$，便可按式(4-13)计算倾斜距离 L，结合竖直角 α 可计算水平距离 D 和高差 h。因此，问题的关键是确定 $MN(l)$ 与 $M'N'(l')$ 之间的关系。

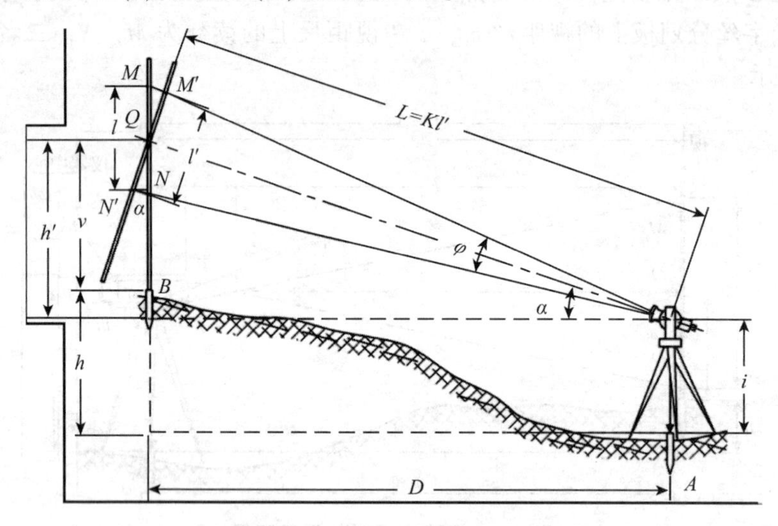

图 4-10 视线倾斜时的视距测量

由于过视距丝的两条光线形成的夹角 φ 很小，约为 34′。因此，在 $\Delta MM'Q$ 和 $\Delta NN'Q$ 中，$\angle MM'Q$ 和 $\angle NN'Q$ 可近似地视为直角，则由图 4-10 可得：

$$l' = M'Q + QN' = MQ\cos\alpha + QN\cos\alpha = (MQ + QN)\cos\alpha = l\cos\alpha \tag{4-12}$$

将式(4-12)代入式(4-11)得倾斜距离：

$$L = kl' = kl\cos\alpha \tag{4-13}$$

相应的水平距离为：

$$D = L\cos\alpha = kl\cos^2\alpha \tag{4-14}$$

若 $\alpha=0°$，即视线水平时，视线倾斜时的计算公式(4-14)转化为公式(4-11)。

A、B 两点间的高差 h 为：

$$h = h' + i - v \tag{4-15}$$

式中 $h' = L\sin\alpha = kl\cos\alpha\sin\alpha = \frac{1}{2}kl\sin2\alpha$，则

$$h = \frac{1}{2}kl\sin2\alpha + i - v \tag{4-16}$$

此外，A、B 两点间的高差也可以根据水平距离计算：

$$h = D\tan\alpha + i - v \tag{4-17}$$

若 $\alpha=0°$，视线倾斜时两点间的高差计算公式转化为视线水平时的计算公式。

4.2.2 视距测量的观测方法

如图 4-10 所示，在实际测量作业中，视距测量的观测和计算步骤如下：

①将仪器安置在 A 点，对中、整平，量取仪器高 i；

②视距尺立于 B 点；

③转动照准部照准 B 点视距尺，读取中丝读数 v、上丝读数、下丝读数、竖盘读数 L，计算出视距间隔 l 及竖直角 α；

④根据视距测量公式计算水平距离和高差，具体方法见表 4-1。

表 4-1 视距测量计算手簿

测站：A　　测站高程：30.706 m　　仪器高：1.560 m　　仪器型号：J_6

日期：××年×月×日　　观　测：×××　　记　录：×××　　计　算：×××

点号	上丝读数 /m	中丝读数 /m	下丝读数 /m	尺间隔 /m	竖盘读数 /° ′	竖直角 /° ′	水平距离 /m	高差 /m	高程 /m	备注
1	1.854	1.480	1.107	0.747	85 50	+4 10	74.50	5.88	36.59	
2	1.782	1.560	1338	0.222	84 40	+5 20	22.10	2.06	32.77	$\alpha=90°-L$
3	1.802	1.452	1.614	0.188	95 12	−5 12	18.72	−1.70	29.01	

4.2.3 视距测量的误差及注意事项

(1)视距乘常数 k 的误差

视距乘常数的理论值 $k=100$，但由于视距丝间隔有误差，视距尺有系统性误差，以及仪器检定各种因素的影响，都会使 k 值不一定恰好为 100。k 值的误差对视距测量结果的影响较大，不能用相应的方法消除，故在新仪器使用前应检定 k 值。

(2)读数误差

用视距丝读取尺间隔(上、下丝读数)产生的误差与视距尺的分划间隔大小、望远镜的放大倍数、量测距离等因素有关。因此，在读数时需要消除视差的影响。

(3)视距尺倾斜误差

当视距尺倾斜时，会使所读尺间隔与视距尺竖直时存在偏差。视距尺倾斜误差与视距尺倾斜的方向和角度的大小有关。特别是在山区，受坡度的影响导致视距尺倾斜角度较大，这种误差的影响更为显著。为了保持视距尺竖直，可在视距尺上安装圆水准器。

(4)外界条件的影响

外界条件的影响因素较多，主要有大气的垂直折光，空气对流使视距尺成像不稳定，风吹使尺抖动等。由于地表不同高度的大气密度不同，通过上、下丝的光线，产生垂直折光差，视线离地面越近，垂直折光影响越大。为了减小这些因素的影响，应选择合适的天气作业。

4.3　光电测距

4.3.1　概述

虽然视距测量操作较为简单，测量速度快，可以克服某些地形条件的限制，但测程较短，精度较低。随着光电技术的发展，利用电磁波测距成为一种新的测距方法。相比于钢尺量距、视距测量方法，电磁波测距具有测量速度快、测程长、精度高、不受地形条件限制等优点，广泛用于各种工程测量、地形测量等工作中。

根据采用载波的不同，电磁波测距可分为光电测距和微波测距。前者以光波(可见光或红外光)作为载波，后者以微波段的无线电波作为载波。电磁波测距仪按其测程可分为短程(<3 km)、中程(3～15 km)和远程(>15 km)三种类型。按测距精度可分为Ⅰ级($|\sigma_0|\leqslant 5$ mm)、Ⅱ级(5 mm$<|\sigma_0|\leqslant 10$ mm)和Ⅲ级($|\sigma_0|>10$ mm)，σ_0 为 1 km 的测距精度。随着光电技术、计算机、半导体电子元件和集成电路的发展，电磁波测距仪逐步向小型化、自动化方向发展。本节着重介绍光电测距的基本原理。

4.3.2　光电测距的基本原理

光电测距是通过测定光波在待测两点间往返传播的时间，再根据时间和光波的传播速度计算待测距离。如图 4-11 所示，在 A 点安置仪器，在 B 点安置反射棱镜，测距仪发出的光波经待测距离 D 到达 B 点，再由反射棱镜返回至 A 点，设光波往、返传播的时间为 t，则 A、B 两点间的距离：

$$D=\frac{1}{2}c\cdot t \tag{4-18}$$

式中　c——光波在大气中传播的速度，其值约为 3×10^8 m · s^{-1}。

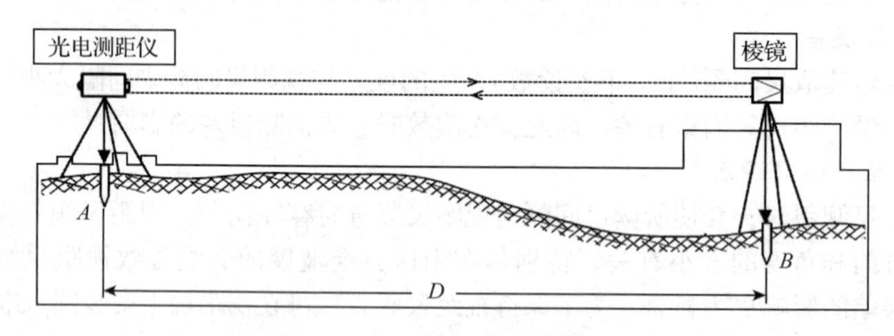

图 4-11　光电测距的基本原理

由上式可知，测距的精度主要取决于测定时间的精度，当测距精度要求达到±1 cm 时，则测定时间的精度要达到 6.67×10^{-11} s。即使是用电子脉冲计数直接测定时间，要达到这样高的计时精度也是很难的。因此，通常将距离与时间的关系转化为距离与相位的关系，通过测定发射和接收时的相位差进行距离测量。早期的光电测距仪通常采用白炽灯或高压水银灯作为光源。20 世纪 60 年代，出现了以激光和红外光为光源的光电测距仪。红外测距仪是以砷化镓(GaAs)发光二极管发射红外线作为光源。由于 GaAs 发光二极管具有

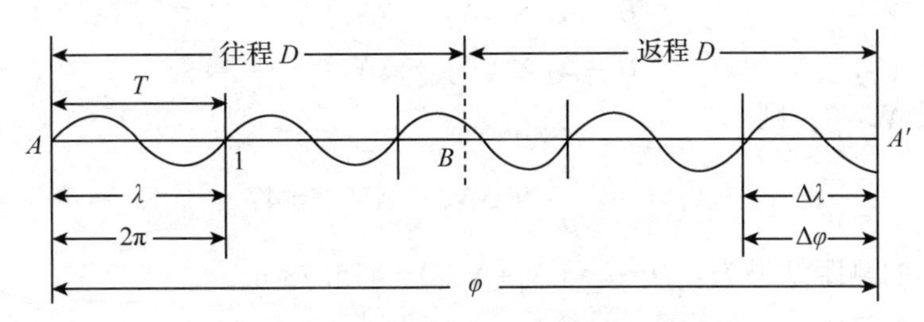

图 4-12 相位式测距往返程波形展开图

体积小、能直接调制、结构简单、寿命长等优点，所以红外测距仪在工程中应用广泛。下面介绍红外光电测距仪采用相位式测距的原理。

如图 4-12 所示，A 点上安置的测距仪发射调制光，经反射棱镜 B 反射后回到测距仪的接收器，通过比较相位计的发射信号与接收信号，即可求出往、返经过的距离 D。将反射棱镜 B 反射回的光波沿 AB 的延长线方向展开至 A'点，则 AA'的距离为 $2D$。设调制光的频率为 f，角频率为 ω，波长为 λ，光波一周期相位移为 2π。由图 4-12 可知，光波在 A、B 两点间的相位移为：

$$\varphi = N \times 2\pi + \Delta\varphi \tag{4-19}$$

式中 N——波在待测距离传播的整周期数，其值可为零或正整数；

$\Delta\varphi$——不足一整周期的相位移尾数，$\Delta\varphi<2\pi$。

根据物理学知识，$\varphi=\omega\times t_{2D}=2\pi f\times t_{2D}$，则

$$t_{2D} = \frac{\varphi}{\omega} = \frac{N \times 2\pi + \Delta\varphi}{2\pi f}$$

将上式代入式(4-18)，并顾及 $f=c/\lambda$，则

$$D = \frac{1}{2}c \times t_{2D} = \frac{1}{2}c \times \frac{2\pi N + \Delta\varphi}{2\pi f} = \frac{\lambda}{2} \times (N + \frac{\Delta\varphi}{2\pi}) = \frac{\lambda}{2} \times (N + \Delta N) \tag{4-20}$$

式中 ΔN——不足整周期的比例数，$\Delta N=\Delta\varphi/2\pi$。

上式即为相位法测距的基本公式。与平坦地区的钢尺量距式(4-1)相类似，可将调制光波长的一半($\lambda/2$)看作一把“测尺”，根据整尺段数(N)和不足一整尺的余长(ΔN)，可计算出距离 D。然而，光电测距仪的相位计无法测定整周期数 N，而只能测定不足一周的相位移 $\Delta\varphi$，即测定不足整周期的比例数 ΔN，因此，也就无法计算出距离。

从式(4-20)可以发现，若 $N=0$，即当测尺长度大于待测距离时，便可通过测距仪测定的不足一周的相位移 $\Delta\varphi$ 计算出相应的距离 $D=\lambda/2\times\Delta N$。令测尺 $\mu=\lambda/2=c/2f$，为了使 $N=0$，必须采用较长的测尺(μ)，即较长的调制光波长(λ)或较低测尺频率(f)(也称调制频率)。然而，由于仪器测相系统存在测相误差，对测距精度的影响将随测尺长度的增大而增大，约为测尺长度的千分之一。根据测尺公式，取 $c=3\times10^8$ m/s，则可得不同测尺频率对应的测尺长度和测距精度，见表 4-2。对于较长的距离，为了保证测量的精度，需要通过不同长度的测尺进行组合，利用长测尺(又称粗测尺)保证测程，用短测尺(又称精测尺)保证精度。假设用两把不同的测尺($\mu_1=10$ m，$\mu_2=1000$ m)测量一段距离，精测尺显示测量结果 $\Delta N_1=0.578$，粗测尺显示 $\Delta N_2=0.476$，则根据式(4-20)可列出距离公式：

$$D = \mu_1 \times (N_1 + \Delta N_1)$$
$$D = \mu_2 \times (N_2 + \Delta N_2)$$

对于粗测尺 $N_2=0$，则

$$N_1 = \text{int}(\frac{\mu_2}{\mu_1} \times \Delta N_2 - \Delta N_1) = 47$$

测距仪显示的测距结果为：$D=\mu_1 \times (N_1+\Delta N_1) = 475.78$ m。

表 4-2 不同测尺频率对应的测尺长度和测距精度对照表

测尺频率(f)	15MHz	1.5MHz	150kHz	15kHz	1.5kHz
测尺长度(μ)	10 m	100 m	1 km	10 km	100 km
测距精度($\mu \times 10^{-3}$)	1 cm	10 cm	1 m	10 m	100 m

4.4 直线定向

4.4.1 基本方向线

确定地面上一直线与基本方向之间的水平夹角，称为直线定向。测量工作中常用的基本方向有：真子午线方向、磁子午线方向和坐标纵轴方向。

4.4.1.1 真子午线方向

真子午线方向是通过地面上一点的真子午线的切线方向，即指向地球南北极的方向，如图 4-13(a)所示。真子午线方向可用天文观测方法或用陀螺经纬仪测定。

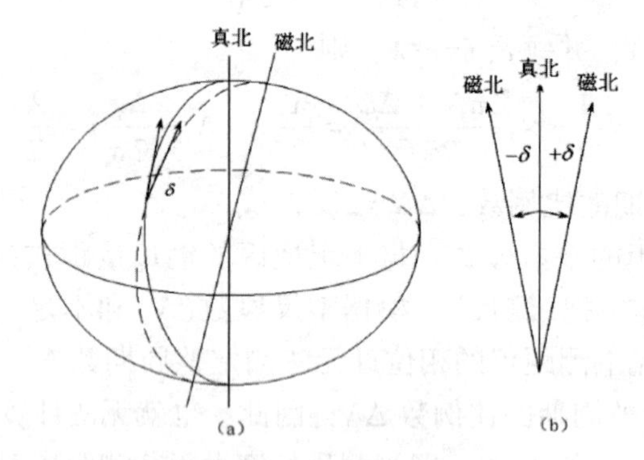

图 4-13 真子午线与磁子午线

4.4.1.2 磁子午线方向

磁子午线方向是磁针在地球磁场的作用下，自由静止时所指的方向。磁子午线方向可用罗盘仪测定。

由于地球南北极与磁南北极不一致，地面上一点的真子午线和磁子午线之间形成的夹角 δ，称为磁偏角，如图 4-13(a)所示。当磁子午线在真子午线东侧为东偏，δ 为正；当磁子午线在真子午线西侧为西偏，δ 为负，如图 4-13(b)。磁偏角的大小因时因地而异，存在长期变化和周日变化特征。在我国范围内，磁偏角的变化约在+6°~−10°之间。

4.4.1.3 坐标纵轴方向(轴子午线方向)

在高斯平面直角坐标系中，其纵轴(x 轴)为投影带内的中央子午线。故在该投影带内的直线定向，均以坐标纵轴方向作为基本方向。

高斯平面直角坐标系的纵轴为中央子午线，其投影是一条直线，其他子午线的投影则是收敛于两极的曲线。地面上一点的真子午线方向与坐标纵轴方向之间的夹角称为子午线收敛角，用 γ 表示。如图 4-14 所示，坐标纵轴方向偏于子午线东侧，γ 为正，反之为负。地面点纬度越高，γ 越大，反之越小；在赤道时，γ 为零。

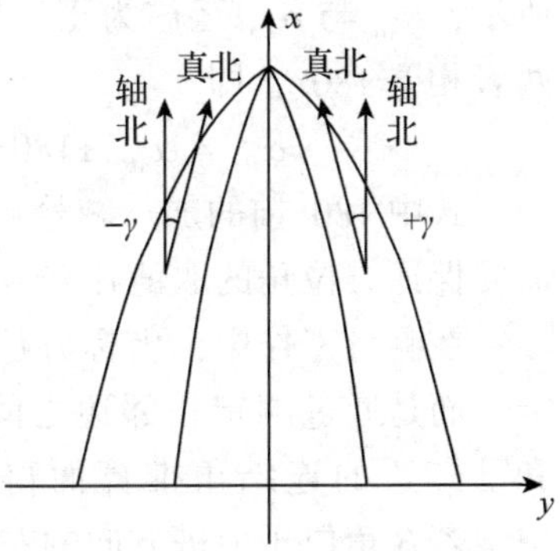

图 4-14 轴子午线与真子午线

4.4.2 直线定向的表示方法

测量工作中，直线的方向常用方位角和象限角来表示。

4.4.2.1 真方位角和磁方位角

由基本方向线的北端起顺时针方向量到某方向线的水平夹角，称为该方向线的方位角，如图 4-15 所示，角值范围为 0°~360°，凡不在该范围内的方位角应通过加 360°或减 360°的方法换算至 0°~360°范围内。若方位角计算的基本方向为真子午线方向，称为真方位角，用 A 表示。若基本方向为磁子午线方向，则称为磁方位角，用 A_m 表示。真方位角与磁方位角的关系为：

$$A = A_m + \delta \tag{4-21}$$

一条直线在起点和终点量测，所得的方位角不同。如图 4-16 所示，以 A 点为起点的真方位角为 A_{ab}，以 B 点为起点的真方位角为 A_{ba}。测量中常以直线前进方向的方位角称为正方位角，如 A_{ab}，则 A_{ba} 称为反方位角。由于过 A、B 两点的真子午线不平行，A_{ab} 和 A_{ba} 的关系为：

$$A_{ab} = A_{ba} \pm 180° - \gamma \tag{4-22}$$

式中 γ——子午线收敛角。

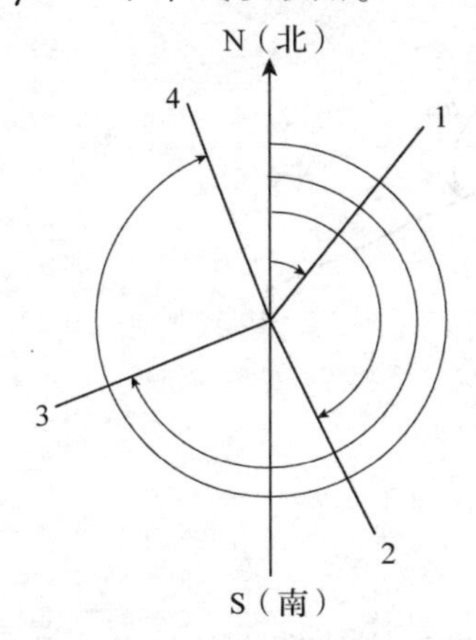

图 4-15 方位角

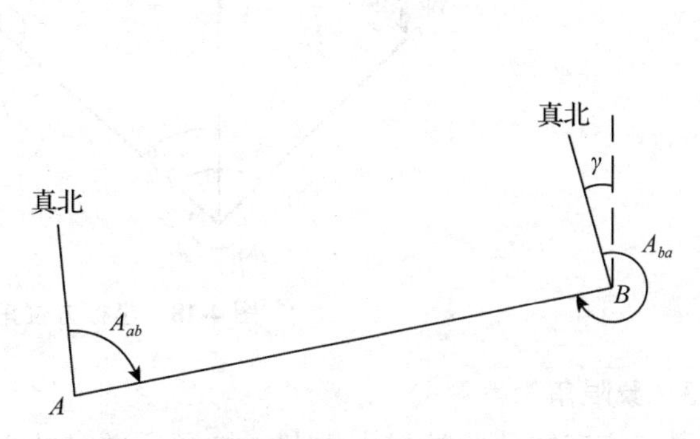

图 4-16 正、反真方位角

4.4.2.2　坐标方位角

以平行于坐标纵轴为基本方向的方位角称为坐标方位角，通常用 α 表示，如图 4-17 所示，α_{AB} 与 α_{BA} 互称为正、反坐标方位角，两者相差 180°，即

$$\alpha_{BA} = \alpha_{AB} \pm 180° \tag{4-23}$$

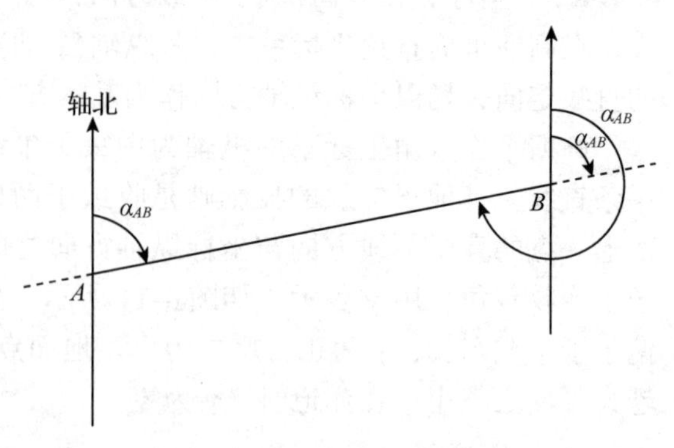

图 4-17　正、反坐标方位角

式中 180°前的加、减号可任意选取，但需要保证方位角的取值在 0°～360°范围内。

在测量工作中，坐标方位角并非直接测定，而是通过测定相邻边之间的水平夹角 β 和已知边的连结角推算而得。在推算过程中，若 β 角位于前进方向的左侧则为左角，位于右侧则为右角。如图 4-18 所示，已知 α_{12}，分别测定了前进方向的左角 $\beta_{2左}$、$\beta_{3左}$（或右角 $\beta_{2右}$、$\beta_{3右}$），则 α_{23}、α_{34} 的计算公式为：

$$\alpha_{23} = \alpha_{12} + 180° + \beta_{2左}$$
$$\alpha_{34} = \alpha_{23} + 180° + \beta_{3左}$$

或

$$\alpha_{23} = \alpha_{12} + 180° - \beta_{2右}$$
$$\alpha_{34} = \alpha_{23} + 180° - \beta_{3右}$$

得到坐标方位角推算的一般公式为：

$$\alpha_{前} = \alpha_{后} + 180° \pm \beta_{右}^{左} \tag{4-24}$$

需要注意的是，如果推算出的坐标方位角大于 360°，应减去 360°；如果小于 0°则加上 360°，以保证坐标方位角在 0°～360°范围内。

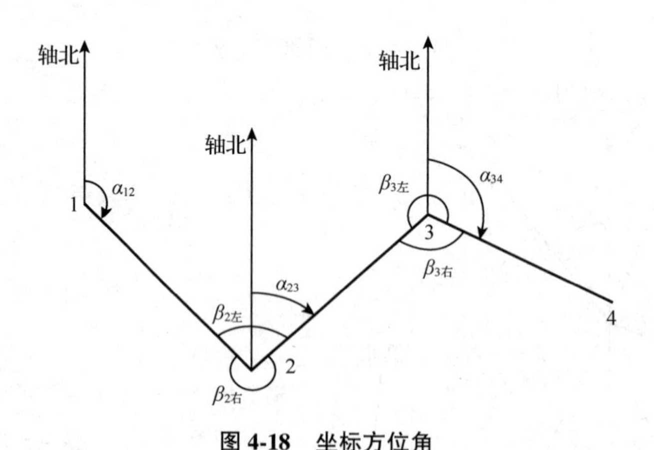

图 4-18　坐标方位角

4.4.2.3　象限角

从基本方向线的北端或南端起，按顺、逆时针方向量至直线所夹的锐角，称为象限角，用 R 表示，其取值范围为 0°～90°。在使用象限角定向时，不但要表示角度的大小，而且还要注明直线所在的象限。如图 4-19 所示，直线 OP_1、OP_2、OP_3、OP_4 的象限角应

表示为北东 R_1、南东 R_2、南西 R_3、北西 R_4。已知象限角求方位角，计算公式为：

第Ⅰ象限：$\alpha_1 = R_1$

第Ⅱ象限：$\alpha_2 = 180° - R_2$

第Ⅲ象限：$\alpha_3 = 180° + R_3$

第Ⅳ象限：$\alpha_4 = 360° - R_4$

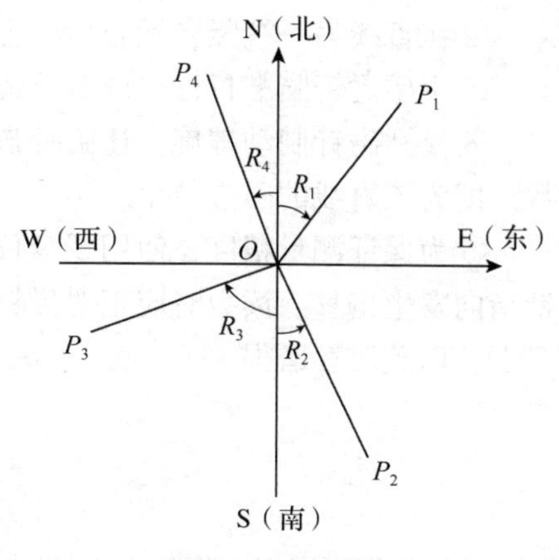

图 4-19 象限角

4.5 罗盘仪测定磁方位角

由于磁针定向存在磁偏角，且磁针受环境影响较大，使得磁子午线方向不宜作为精密定向的基本方向线。但由于用磁针测定直线方向简单方便，当测区内没有国家控制点可用，在小范围内建立独立坐标系的平面控制网时，可用罗盘仪测定磁方位角作为该控制网起始边的坐标方位角，此外在林业调查、简易公路勘察等工作中仍较为常用。

4.5.1 罗盘仪的构造

罗盘仪是利用磁针确定直线磁方位角的一种仪器，其构造简单、轻便。如图 4-20 所示，罗盘仪的主要部件有望远镜、罗盘盒和基座。

4.5.1.1 望远镜

用于瞄准目标的照准设备，部件有物镜、目镜和十字丝，其一侧附有竖直度盘，可测定竖直角。

4.5.1.2 罗盘盒

主要有磁针、刻度盘和顶针等。磁针北极端涂有黑色，南极端绕有铜丝，以消除磁针北端下倾（磁倾角），中部通常嵌有较硬的玛瑙，玛瑙下表面磨成球面。磁针安装在度盘中心顶针上，可自由转动。为减小顶针尖端的磨损，罗盘盒下方装有顶起螺旋，不使用时，旋紧制动螺旋将磁针顶起固定在玻璃盖上。刻度盘为铜制或铝制圆盘，通常以 1°为划分单位，逆时针每 10°作一注记，全圆刻度 360°。

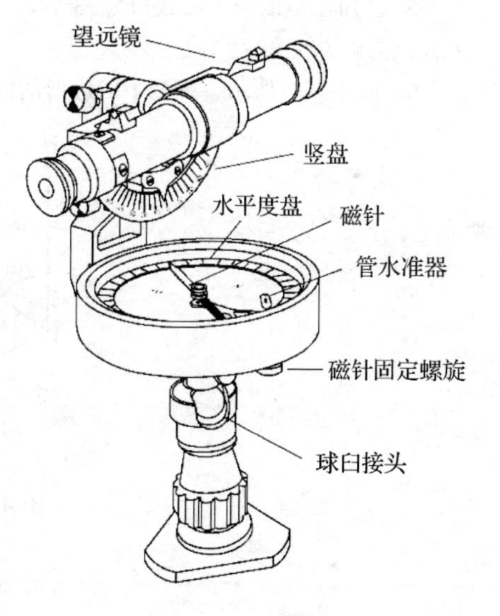

图 4-20 罗盘仪

4.5.1.3 基座

基座是一种球臼结构，用于置平度盘。置平时，松开球臼接头螺旋，通过调整罗盘盒，使盒内的水准器气泡居中，然后旋紧球臼接头螺旋，度盘处于水平位置。

4.5.2 罗盘仪的使用

①将罗盘仪安置在待测直线一端的测站点上，进行对中、整平；

②在直线另一端竖立标志(花杆)作为照准目标；

③用望远镜瞄准目标，调节目镜使十字丝清晰，转动对光螺旋使物象清晰；

④松开磁针制动螺旋，让磁针自由摆动，待磁针静止时，读取磁针北端所指的度盘读数，即为该直线的磁方位角。

⑤为保证测量精度，使用罗盘仪进行定向时，应避开高压线、钢铁建筑物等，以免磁针指向发生偏移。读数时应正对磁针，不可斜视。使用结束后，应将磁针顶起，固定在顶盖上，以免磁针磨损。

思考题与习题

1. 距离测量的方法有哪几种？各种方法有哪些优缺点。

2. 用钢尺往、返丈量了一段距离，往测值为 205. 385 m，返测值为 205. 347 m，求测量该段距离的相对误差。

3. 在视距测量中，*A* 点安置经纬仪，量得仪器高为 1. 624 m，*B* 点立视距尺，视线水平时视距尺上、中、下三丝读数分别为 1. 986 m、1. 540 m、1. 094 m，已知 *A* 点的高程为 15. 706 m，求 *A*、*B* 间的水平距离及 *B* 点的高程。

4. 什么叫直线定向？测量工作中常用的标准方向有哪几种？它们之间的关系是什么？

5. 已知 *A* 点的子午收敛角为-3°21′，磁偏角为-1°35′，*A* 点至 *B* 点的坐标方位角为 134°15′，求 *A* 点至 *B* 点的磁方位角。

6. 如图 4-21 所示，观测了四边形的内角，若已知 $\alpha_{12}=57°12'$，求其余各边的坐标方位角。

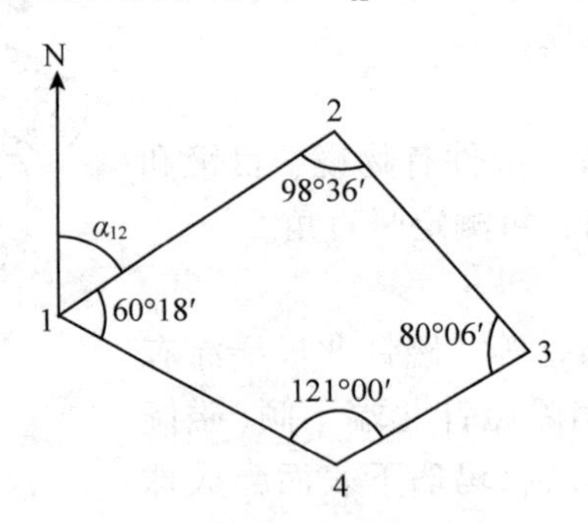

图 4-21　坐标方位角推算略图

第 5 章　测量误差基本知识

测量工作的实践表明，在测量过程中，不论使用多么精密的测量仪器，观测进行得多么仔细，测量结果总是存在一些差异。例如，往返丈量某一距离若干次，或反复观测同一角度，每次观测结果都不一致；又如观测一个平面三角形的三个内角，其实际观测值之和不等于 180°。为什么会产生这种差异呢？这是由于观测结果中存在着测量误差。

5.1　测量误差概述

测量工作中，同一个量的各个观测值之间或者观测值与理论值之间存在差异，说明观测结果存在测量误差。测量误差的产生是不可避免的。通过分析误差产生的原因、误差的基本性质和误差累积的规律，有助于测量人员正确处理观测数据，求未知量的最佳估值并评定测量结果的精度。

5.1.1　测量误差来源

测量误差产生的原因很多，概括起来有以下三个方面。

5.1.1.1　测量仪器

测量时使用的是特定的仪器，由于每种仪器都具有一定限度的准确度，因此使观测结果不可避免地带有误差。例如进行水准测量时，使用只刻有厘米分划的水准尺就不能保证估读毫米数准确无误。同时，仪器本身也含有一定的误差，如水准仪的视准轴不平行于水准管轴，这也会给观测结果带来误差。此外，使用自动化精密仪器如全站仪、GNSS 接收机等所采集的数据也都存在着仪器误差。

5.1.1.2　观测者

由于观测者的感觉器官的鉴别能力有一定的局限性，使得在操作仪器的过程中会产生误差。同时，观测者的技术水平和工作态度等也会对观测值的质量产生影响。

5.1.1.3　外界条件

测量时所处的外界条件，如环境温度、大气湿度、风力、大气折光等因素及其变化都会对观测结果产生影响。特别是高精度测量，更要重视外界条件影响产生的测量误差。例如，GNSS 接收机接收的卫星信号经过电离层、对流层都会发生信号延迟而产生误差等。

测量仪器、观测者和外界条件是引起测量误差的主要来源，因此，我们把这三方面的因素综合起来称为观测条件。观测条件的好坏与观测成果的质量有着密切联系。观测条件好，观测成果的质量就高；反之，观测成果的质量就低。但是不管观测条件如何，在整个测量过程中，由于受到上述种种因素的影响，观测结果都含有误差。当然，在客观条件允许的限度内，测量人员必须确保观测成果具有较高的质量。

5.1.2 测量误差分类

测量误差按照其对观测结果的影响性质，可以分为系统误差、偶然误差和粗差三类。

5.1.2.1 系统误差

在相同的观测条件下，对某一量进行一系列的观测，如果误差的大小、符号按一定规律性变化或保持为常数，这种误差称为系统误差。

例如，用名义长度为 30 m 而实际长度为 30.003 m 的钢尺量距，每丈量一尺段就比实际长度短了 0.003 m，即产生 0.003 m 的误差，它是一个常数，测量的距离越长，误差就越大，因此系统误差具有累积性。在实际的测量工作中，应该采用一定的方法来消除或减弱系统误差的影响。例如上述钢尺量距的例子，可以通过计算尺长改正数的方法消除其影响。

5.1.2.2 偶然误差

在相同的观测条件下，对某一量进行一系列的观测，如果误差的大小、符号都表现出偶然性，即从单个误差看，其大小和符号没有任何规律性，但就大量误差的总体而言，具有一定的统计规律，这种误差称为偶然误差。

例如，仪器没有严格照准目标，估读毫米数不准确，气象变化对观测数据产生的微小变化等都属于偶然误差。偶然误差是由人力所不能控制的因素引起的，因此任何观测结果都不可避免地存在偶然误差。

系统误差和偶然误差在观测过程中总是同时产生，由于系统误差的累积性，它对观测成果的影响特别显著，所以总是想方设法来消除或者减弱其影响。这样，可以认为观测结果中主要存在偶然误差。

5.1.2.3 粗差

粗差即粗大误差，是指比在正常观测条件下所可能出现的最大误差还要大的误差。例如观测时瞄错目标、大数读错等。这是一种人为的错误，在一定程度上可以避免。但在使用现今的高新测量技术如全球定位系统、遥感及高精度的自动化数据采集中，经常有粗差混入信息之中，识别粗差源并不是简单方法可以做到的，需要通过数据处理方法进行识别和消除其影响。

5.1.3 偶然误差的特性

在进行测量数据处理时，按照现代测量误差理论和测量数据处理办法，可以消除或削弱系统误差的影响；探测粗差的存在并剔除粗差，这样，观测结果中主要存在偶然误差。如何处理带有偶然误差的观测值，求出未知量的最佳估值，并评定测量成果的精度是误差理论的基本任务。所以，必须对偶然误差的特性作进一步的分析。

就单个偶然误差而言，其符号和大小没有任何规律。但就总体而言，却呈现出一定的统计规律性。下面结合一个测量实例来分析偶然误差的特性。

在相同的观测条件下，对 358 个三角形的三个内角进行独立观测，由于观测值存在误差，所以三角形的内角和不等于理论值 180°。设三角形内角和的真值(即理论值)为 X，观测值为 l_i，真误差为 Δ_i，则

$$\Delta_i = l_i - X \quad (i = 1, 2, \cdots, 358)$$

现取误差区间的间隔 $d\Delta = 3''$，将计算出的 358 个真误差按其正负号与误差值的大小排列。出现在某区间内误差的个数用 k 表示；个数 k 除以误差的总个数 n 得 k/n，称为误差在该区间的频率。统计结果列于表 5-1。

表 5-1 偶然误差分布

误差区间 $d\Delta=3''$	Δ 为负值		Δ 为正值		合计	
	个数 k	频率 k/n	个数 k	频率 k/n	个数 k	频率 k/n
0~3	45	0.126	46	0.128	91	0.254
3~6	40	0.112	41	0.115	81	0.227
6~9	33	0.092	33	0.092	66	0.184
9~12	23	0.064	21	0.059	44	0.123
12~15	17	0.047	16	0.045	33	0.092
15~18	13	0.036	13	0.036	26	0.072
18~21	6	0.017	5	0.014	11	0.031
21~24	4	0.011	2	0.006	6	0.107
24 以上	0	0	0	0	0	0
Σ	181	0.505	177	0.495	358	1.000

以各区间内误差出现的频率与区间间隔值的比值为纵坐标，以误差的大小为横坐标，可以绘出误差直方图，如图 5-1。如果继续观测更多的三角形，即增加误差的个数，当 $n \to \infty$ 时，各误差出现的频率也就趋近一个确定的值，这个数值就是误差出现在各区间的概率。此时如将误差区间无限缩小，那么图 5-1 中各长方条顶边所形成的折线将成为一条光滑的连续曲线，如图 5-2 所示，这条曲线称为误差分布曲线，呈正态分布。曲线上任一点的纵坐标 y 均为横坐标 Δ 的函数，其函数形式为：

$$f(\Delta) = \frac{1}{\sqrt{2\pi}\sigma} e^{-\frac{\Delta^2}{2\sigma^2}} \tag{5-1}$$

式中 Δ——真误差；

π——圆周率；

e——自然常数；

σ——观测值的标准差，其中 σ^2 称为方差。

通过上面的实例，可以概括偶然误差的特性如下：

①在一定的观测条件下的有限次观测中，偶然误差的绝对值不超过一定的限值(有界性)；

②绝对值较小的误差出现的概率大，绝对值大的误差出现的概率小(单峰性)；

③绝对值相等的正、负误差出现的概率大致相等(对称性)；

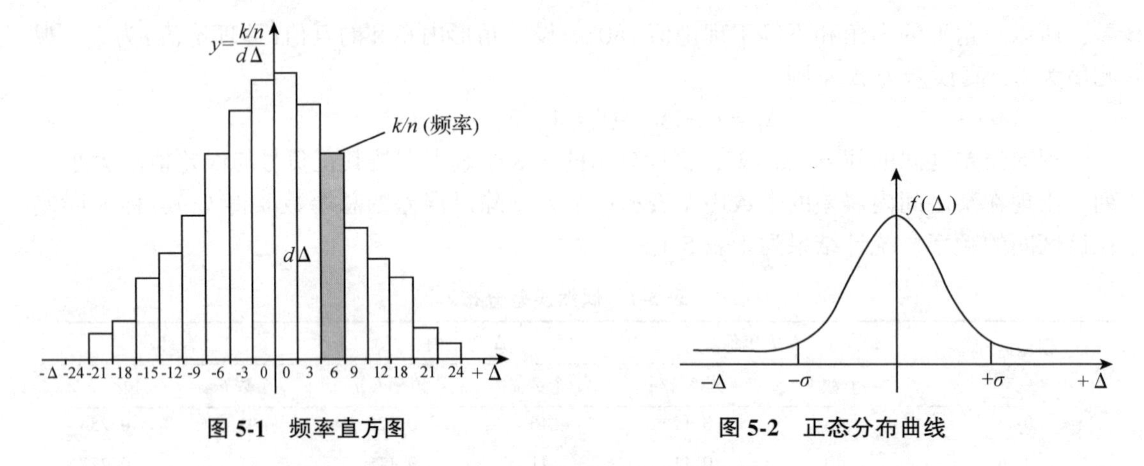

图 5-1 频率直方图　　图 5-2 正态分布曲线

④当观测次数无限增加时，偶然误差算术平均值的极限为零(补偿性)。即

$$\lim_{n\to\infty}\frac{\Delta_1+\Delta_2+\cdots+\Delta_n}{n}=\lim_{n\to\infty}\frac{[\Delta]}{n}=0$$

5.2 评定精度的标准

精度是指一组误差分布的密集或离散的程度。在相同的观测条件下进行的一组观测，对应着一种确定的误差分布。如果误差分布较为密集，则这一组观测精度较高；如果误差分布较为离散，则这一组观测精度较低。在相同的观测条件下所进行的一组观测，由于它们对应着同一种误差分布，所以这一组中的每一个观测值，都称为同精度观测值。

衡量观测值的精度高低，可以使用误差分布表、绘制直方图或画出误差分布曲线的方法来比较。但在实际工作中，这样做很麻烦，通常是用一些数字来反映误差分布的密集或离散程度，因此称这些数字为衡量精度的指标。下面介绍几种常用的精度指标。

5.2.1 中误差

由误差分布的密度函数式(5-1)可知，Δ 愈小，$f(\Delta)$ 愈大。当 $\Delta\to\pm\infty$ 时，$f(\Delta)\to 0$。所以，横轴是曲线的渐近线。误差分布曲线在纵轴两边各有一个转向点称为拐点，拐点在横轴上的坐标为：$\Delta_{拐}=\pm\sigma$。不同的 σ 对应着不同形状的分布曲线。σ 愈大，曲线愈平缓，即误差分布愈离散；σ 愈小，曲线将愈陡峭，即误差分布愈密集。可见，σ 的大小可以反映精度的高低，所以常用标准差 σ 作为衡量精度的指标，其定义式为：

$$\sigma=\lim_{n\to\infty}\sqrt{\frac{[\Delta\Delta]}{n}} \tag{5-2}$$

根据定义式(5-2)可知，标准差是在 $n\to\infty$ 时的理论精度指标。在实际的测量工作中，观测个数 n 总是有限的，为了评定精度，只能用有限个真误差求得标准差的估值，测量中称为中误差，用 m 表示，即

$$m=\pm\sqrt{\frac{[\Delta\Delta]}{n}}=\pm\sqrt{\frac{[\Delta^2]}{n}} \tag{5-3}$$

式中 Δ——一组同精度观测误差；

n——Δ 的个数。

计算 m 值时应取 2~3 位有效数字，并在数值前冠以“±”号，数值后写上“单位”。

由中误差的公式可知，中误差 m 愈小，表示该组观测值的精度愈高；中误差 m 愈大，表示精度越低。

【**例 5-1**】为了鉴定经纬仪的精度，对已知精确测定的水平角 $\alpha=60°00'00''$作 6 次观测，结果为：

$\alpha_1=60°00'06''$　　$\alpha_2=59°59'55''$　　$\alpha_3=59°59'58''$

$\alpha_4=60°00'00''$　　$\alpha_5=59°59'59''$　　$\alpha_6=60°00'03''$

试求观测值的中误差。

解：计算过程见表 5-2。

表 5-2　中误差计算

序号	观测值/° ′ ″	Δ/″	$\Delta^2/''^2$	中误差
1	60 00 06	+6	36	
2	59 59 55	−5	25	
3	59 59 58	−2	4	$m=\pm\sqrt{\frac{[\Delta^2]}{n}}=\pm\sqrt{\frac{75}{6}}=\pm3.5''$
4	60 00 00	0	0	
5	59 59 59	−1	1	
6	60 00 03	+3	9	

5.2.2　极限误差

偶然误差的第一特性表明，在一定的观测条件下偶然误差的绝对值不会超过一定的限值，这个限值就是极限误差。由概率论可知，在等精度观测的一组偶然误差中，误差出现在$[-\sigma, +\sigma]$，$[-2\sigma, +2\sigma]$，$[-3\sigma, +3\sigma]$区间内的概率分别为：

$$\left.\begin{aligned}P(-\sigma<\Delta<+\sigma)&=68.3\%\\P(-2\sigma<\Delta<+2\sigma)&=95.5\%\\P(-3\sigma<\Delta<+3\sigma)&=99.7\%\end{aligned}\right\}$$

这就是说，绝对值大于中误差的偶然误差，出现的概率为 31.7%，而绝对值大于二倍中误差的偶然误差出现的概率为 4.5%，特别是绝对值大于三倍中误差的偶然误差出现的概率仅有 0.3%，这已经是概率接近于零的小概率事件，在有限次的观测中不太可能发生。因此，在测量工作中通常以三倍中误差作为偶然误差的极限值 $\Delta_{限}$，称为极限误差。即

$$\Delta_{限}=3\sigma\approx3m \tag{5-4}$$

实践中，也有采用 $2m$ 作为极限误差的。

在测量工作中，如果某误差超过了极限误差，那就可以认为该观测值存在系统误差或粗差，应研究其原因进行处理或者舍弃不用。

5.2.3　相对误差

对评定精度来说，有时只用中误差还不能完全表达测量结果的精度高低。如距离测量

中，分别测量了 500 m 和 80 m 的两段距离，中误差均为±2 cm。显然不能认为两者的测量精度相同。为了能客观反映实际精度，必须引入相对误差的概念。相对中误差 K 就是观测值中误差的绝对值与观测值的比值，并将其化成分子为 1 的分数，即

$$K = \frac{|m|}{D} = \frac{1}{\frac{D}{|m|}} \tag{5-5}$$

上述两段距离的相对中误差分别为：

$$K_1 = \frac{1}{\frac{D_1}{|m_1|}} = \frac{1}{25000}$$

$$K_2 = \frac{1}{\frac{D_2}{|m_2|}} = \frac{1}{4000}$$

相对中误差愈小，精度愈高，因为 $K_1<K_2$，所以 D_1 比 D_2 的测量精度高。

5.3　误差传播定律及其应用

5.3.1　误差传播定律

在实际工作中，某些量往往不能直接测量，而是由观测值通过一定的函数关系间接计算出来。例如，水准测量中，每站的高差 h 就是观测值后视读数 a 与前视读数 b 之差求出的，即

$$h = a - b \tag{5-6}$$

现在提出这样一个问题：观测值的函数的中误差与观测值的中误差之间，存在着怎样的关系？阐述观测值的中误差与函数的中误差之间关系的定律，称为误差传播定律。

5.3.1.1　观测值线性函数的中误差

设 z 是独立观测值 $x_i(i=1, 2, \cdots, n)$ 的线性函数，即

$$z = k_1x_1 + k_2x_2 + \cdots + k_nx_n + k_0 \tag{5-7}$$

式中，k_1，k_2，…，k_n，k_0 是常数，独立观测值 $x_i(i=1, 2, \cdots, n)$ 的中误差为 $m_i(i=1, 2, \cdots, n)$，求观测值函数 Z 的中误差 m_z。

设独立观测值 x_1，x_2，…，x_n 的真误差为 Δ_1，Δ_2，…，Δ_n，由真误差引起的函数 z 的真误差为 Δ_z，于是有

$$\Delta_z = k_1\Delta x_1 + k_2\Delta x_2 + \cdots + k_n\Delta x_n \tag{5-8}$$

为了求得观测值中误差与函数中误差之间的关系，设想对 x_i 进行 m 次观测，则可写出 m 个真误差关系式

$$\left.\begin{aligned} \Delta z_{(1)} &= k_1\Delta x_{1_{(1)}} + k_2\Delta x_{2_{(1)}} + \cdots + k_n\Delta x_{n_{(1)}} \\ \Delta z_{(2)} &= k_1\Delta x_{1_{(2)}} + k_2\Delta x_{2_{(2)}} + \cdots + k_n\Delta x_{n_{(2)}} \\ &\vdots \\ \Delta z_{(m)} &= k_1\Delta x_{1_{(m)}} + k_2\Delta x_{2_{(m)}} + \cdots + k_n\Delta x_{n_{(m)}} \end{aligned}\right\} \tag{5-9}$$

将上列等式两边平方后再相加，得：

$$[\Delta z^2] = k_1^2[\Delta x_1^2] + k_2^2[\Delta x_2^2] + \cdots + k_n^2[\Delta x_n^2] + \sum_{i,\ j=1,\ i\neq j}^{n} 2k_ik_j[\Delta x_i\Delta x_j] \tag{5-10}$$

上式两边除以 m 得：

$$\frac{[\Delta z^2]}{m} = k_1^2\frac{[\Delta x_1^2]}{m} + k_2^2\frac{[\Delta x_2^2]}{m} + \cdots + k_n^2\frac{[\Delta x_n^2]}{m} + \sum_{i,\ j=1,\ i\neq j}^{n} 2k_ik_j\frac{[\Delta x_i\Delta x_j]}{m} \tag{5-11}$$

根据偶然误差的补偿性，所以当 $m\to\infty$ 时，上式的最后一项趋近于零，即

$$\lim_{m\to\infty}\frac{[\Delta x_i\Delta x_j]}{m} = 0 \tag{5-12}$$

故式(5-11)可以写成：

$$\lim_{m\to\infty}\frac{[\Delta z^2]}{m} = \lim_{m\to\infty}\left\{k_1^2\frac{[\Delta x_1^2]}{m} + k_2^2\frac{[\Delta x_2^2]}{m} + \cdots + k_n^2\frac{[\Delta x_n^2]}{m}\right\} \tag{5-13}$$

对照方差的定义式得：

$$\sigma_z^2 = k_1^2\sigma_1^2 + k_2^2\sigma_2^2 + \cdots + k_n^2\sigma_n^2 \tag{5-14}$$

当 m 为有限值时，可写成：

$$m_z^2 = k_1^2m_1^2 + k_2^2m_2^2 + \cdots + k_n^2m_n^2 \tag{5-15}$$

即

$$m_z = \pm\sqrt{k_1^2m_1^2 + k_2^2m_2^2 + \cdots + k_n^2m_n^2} \tag{5-16}$$

【例 5-2】在 1∶500 的地图上，量得某两点间的距离 $d=20$ mm，d 的量测中误差 $m_d=0.2$ mm，求该两点实地距离 D 及其中误差 m_D。

解：①列出计算实地距离的函数式

$$D=500d=500\times20=10000\ \text{mm}=10\ \text{m}$$

②确定观测值的系数 k

$$k=500$$

③代入误差传播定律公式，得

$$m_D=\pm\sqrt{500^2\times {m_d}^2}=\pm\sqrt{500^2\times0.2^2}=\pm0.1\ \text{m}$$

所以

$$D=10\ \text{m}\pm0.1\ \text{m}$$

【例 5-3】设 X 是独立观测值 L_1、L_2、L_3 的函数 $X=\frac{2}{3}L_1+2L_2-\frac{1}{4}L_3$，已知 L_1、L_2、L_3 的中误差 $m_1=3$ mm、$m_2=2$ mm、$m_3=4$ mm，求函数的中误差 m_X。

解：①确定观测值的系数 k

$$k_1=\frac{2}{3}\quad k_2=2\quad k_3=-\frac{1}{4}$$

②代入误差传播定律公式，得

$$m_X=\pm\sqrt{\left(\frac{2}{3}\right)^2\times {m_1}^2+2^2\times {m_2}^2+\left(\frac{1}{4}\right)^2\times {m_3}^2}=\pm\sqrt{\left(\frac{2}{3}\right)^2\times3^2+2^2\times2^2+\left(\frac{1}{4}\right)^2\times4^2}=\pm4.6\ \text{mm}$$

5.3.1.2 观测值非线性函数的中误差

已知独立观测值 $x_i(i=1,\ 2,\ \cdots,\ n)$，其中误差为 $m_i(i=1,\ 2,\ \cdots,\ n)$，设有函数 $z=$

$F(x_1, x_2, \cdots, x_n)$，求观测值函数 z 的中误差 m_z。

因为函数 z 是非线性函数，故先对其取全微分，得：

$$dz=\frac{\partial F}{\partial x_1}dx_1+\frac{\partial F}{\partial x_2}dx_2+\cdots+\frac{\partial F}{\partial x_n}dx_n \tag{5-17}$$

式中，$\frac{\partial F}{\partial x_i}$是函数对各变量 x_i 的偏导数，将 $x_i=l_i$ 代入各偏导数中可以得出其数值，它们是常数，令$\left(\frac{\partial F}{\partial x_i}\right)_{x_i=l_i}=k_i$，则

$$m_z=\pm\sqrt{\left(\frac{\partial F}{\partial x_1}\right)^2 m_1{}^2+\left(\frac{\partial F}{\partial x_2}\right)^2 m_2{}^2+\cdots+\left(\frac{\partial F}{\partial x_n}\right)^2 m_n{}^2}=\pm\sqrt{k_1{}^2\times m_1{}^2+k_2{}^2\times m_2{}^2+\cdots+k_n{}^2\times m_n{}^2} \tag{5-18}$$

【例 5-4】已知矩形的长 $x=20$ m，其中误差 $m_x=2$ mm，宽 $y=10$ m，其中误差 $m_y=3$ mm，试计算矩形的面积 z 及其中误差。

解：①列出计算矩形面积的函数式

$$z=xy=200\ \text{m}^2$$

②确定各观测值的偏导数值

$$\frac{\partial Z}{\partial x}=y=10;\ \frac{\partial Z}{\partial y}=x=20$$

③代入误差传播定律公式，得中误差

$$m_z=\pm\sqrt{\left(\frac{\partial Z}{\partial x}\right)^2 m_x{}^2+\left(\frac{\partial Z}{\partial y}\right)^2 m_y{}^2}=\pm\sqrt{10^2\times 2^2+20^2\times 3^2}\approx\pm 63\ \text{mm}$$

所以

$$z=200\ \text{m}^2\pm 63\ \text{mm}^2$$

应用误差传播定律求观测值函数的中误差的步骤：

①按要求写出函数式

$$z=F(x_1, x_2, \cdots, x_n)$$

②对函数式求全微分，得

$$dz=\frac{\partial F}{\partial x_1}dx_1+\frac{\partial F}{\partial x_2}dx_2+\cdots+\frac{\partial F}{\partial x_n}dx_n$$

③代入误差传播定律公式，求出函数的中误差

$$m_z=\pm\sqrt{\left(\frac{\partial F}{\partial x_1}\right)^2 m_1{}^2+\left(\frac{\partial F}{\partial x_2}\right)^2 m_2^2+\cdots+\left(\frac{\partial F}{\partial x_n}\right)^2 m_n^2}$$

5.3.2 误差传播定律的应用

5.3.2.1 水准测量的精度

经 N 个测站测定 A、B 两水准点间的高差，其中第 i 站的观测高差为 h_i，则 A、B 两水准点间的总高差 h_{AB} 为：

$$h_{AB}=h_1+h_2+\cdots+h_N \tag{5-19}$$

设各测站观测高差是等精度的独立观测值，其中误差均为 $m_{站}$，则可由误差传播率得

h_{AB} 的中误差 m_{AB} 为：

$$m_{AB}=\pm\sqrt{m_{站}^2+m_{站}^2+\cdots+m_{站}^2}=\pm\sqrt{Nm_{站}^2}=\pm\sqrt{N}m_{站} \tag{5-20}$$

若水准测量区域较为平坦，各测站的距离 s 大致相等，设 A、B 间的距离为 S，则测站数 $N=\frac{S}{s}$，代入式(5-20)得：

$$m_{AB}=\pm\sqrt{\frac{S}{s}}m_{站} \tag{5-21}$$

如果 $S=1$ km，s 以 km 为单位，则 1 km 的测站数为：

$$N_{千米}=\frac{1}{s} \tag{5-22}$$

而 1 km 观测高差的中误差为：

$$m_{千米}=\pm\sqrt{\frac{1}{s}}m_{站} \tag{5-23}$$

所以，距离为 S km 的 A、B 两点的观测高差的中误差为：

$$m_{AB}=\pm\sqrt{S}m_{千米} \tag{5-24}$$

式(5-20)和式(5-24)是水准测量中计算高差中误差的基本公式。由式(5-20)可知，当各测站高差的观测精度相同时，水准测量高差的中误差与测站数的平方根呈正比；由式(5-24)可知，当各测站的距离大致相等时，水准测量高差的中误差与距离的平方根呈正比。

5.3.2.2 等精度独立观测值的算术平均值的精度

设对某量以等精度独立观测了 N 次，得观测值 L_1，L_2，…，L_N，它们的中误差均等于 m。则 N 个观测值的算术平均值 x 为：

$$x=\frac{1}{N}\sum_{i=1}^{N}L_i=\frac{1}{N}L_1+\frac{1}{N}L_2+\cdots+\frac{1}{N}L_N \tag{5-25}$$

由误差传播定律得，算术平均值 x 的中误差为：

$$m_x=\pm\sqrt{\frac{1}{N^2}m^2+\frac{1}{N^2}m^2+\cdots+\frac{1}{N^2}m^2}=\pm\frac{1}{\sqrt{N}}m \tag{5-26}$$

则 N 个等精度独立观测值的算术平均值的中误差等于各观测值的中误差除以 $\sqrt{N}$。

5.3.2.3 若干独立误差的联合影响

测量工作中会遇到这种情况：一个观测结果同时受到许多独立误差的联合影响。例如，照准误差、读数误差、目标偏心差和仪器偏心误差对测角的影响。在这种情况下，观测结果的真误差是各个独立误差的代数和，即

$$\Delta_z=\Delta_1+\Delta_2+\cdots+\Delta_n \tag{5-27}$$

由于这里的真误差是相互独立的，各种误差的出现都是纯属偶然的，因而得出观测结果的中误差为：

$$m_z=\pm\sqrt{m_1^2+m_2^2+\cdots+m_n^2} \tag{5-28}$$

5.4　测量平差原理

5.4.1　权及定权的方法

一定的观测条件对应着一定的误差分布，而一定的误差分布就对应一个确定的方差(或中误差)。因此，方差(或中误差)是表征精度的一个绝对的数字指标。为了比较各观测值之间的精度。除了应用中误差外，还可以通过方差之间的比例关系来衡量观测值之间的精度的高低。这种表示各观测值方差之间比例关系的数字特征称为权。权是表征精度的相对的数字指标。

在实际测量工作中，平差计算之前，精度的绝对数字指标(中误差)往往是不知道的，而精度的相对的数值(权)却可以根据事先给定的条件予以确定，然后根据平差的结果估算出中误差。因此，权在平差计算中具有很重要的作用。

5.4.1.1　权的定义

设有一组观测值 $x_i(i=1,\ 2,\ \cdots,\ n)$，其中误差为 $m_i(i=1,\ 2,\ \cdots,\ n)$，如选定任一常数 m_0，则定义

$$p_i = \frac{m_0^2}{m_i^2} \tag{5-29}$$

并称 p_i 为观测值 x_i 的权。

由权的定义式(5-29)可得各个观测值的权之间的比例关系为：

$$\begin{aligned} p_1 : p_2 : \cdots : p_n &= \frac{m_0^2}{m_1^2} : \frac{m_0^2}{m_2^2} : \cdots : \frac{m_0^2}{m_n^2} \\ &= \frac{1}{m_1^2} : \frac{1}{m_2^2} : \cdots : \frac{1}{m_n^2} \end{aligned} \tag{5-30}$$

可见，对于一组观测值而言，其权之比等于相应方差的倒数之比。这表明，中误差越小，其权越大；或者说，精度越高，其权越大。因此，权可以作为比较观测值之间精度高低的一种指标。

【例 5-5】某角度的三个观测值及其中误差分别为 $\beta_1=30°41'20''$，$m_1=\pm 2''$；$\beta_2=30°41'26''$，$m_2=\pm 4''$；$\beta_3=30°41'16''$，$m_3=\pm 1''$。现分别取 $m_0=2''$、$m_0=4''$，试计算三个观测值的权。

解：按照权的定义，当 $m_0=2''$时：

$$p_1=\frac{m_0^2}{m_1^2}=\frac{4}{4}=1,\ p_2=\frac{m_0^2}{m_2^2}=\frac{4}{16}=\frac{1}{4},\ p_3=\frac{m_0^2}{m_3^2}=\frac{4}{1}=4$$

按照权的定义，当 $m_0=4''$时：

$$p_1=\frac{m_0^2}{m_1^2}=\frac{16}{4}=4,\ p_2=\frac{m_0^2}{m_2^2}=\frac{16}{16}=1,\ p_3=\frac{m_0^2}{m_3^2}=\frac{16}{1}=16$$

通过以上的计算可以看出，观测值的权随 m_0 的不同而不同，但不论 m_0 选用何值，观测值的权之间的比例关系始终不变：

$$p_1 : p_2 : p_3 = \frac{1}{m_1^2} : \frac{1}{m_2^2} : \frac{1}{m_3^2} = \frac{1}{4} : \frac{1}{16} : \frac{1}{1}$$

因此，权的意义，不在于它们本身数值的大小，重要的是它们之间所存在的比例关系。

5.4.1.2 单位权

从以上所述来看，m_0 只起着一个比例常数的作用，一旦 m_0 的取值选定，它还有着具体的含义。

在【例 5-5】中，当 $m_0 = m_1 = 2''$时，$p_1 = 1$；当 $m_0 = m_2 = 4''$时，$p_2 = 1$。由此可见，凡是中误差等于 m_0 的观测值，其权必然等于 1。因此，通常称 m_0 为单位权中误差，等于 1 的权称为单位权。

5.4.2 测量中定权的常用方法

5.4.2.1 水准测量的权

如图 5-3 所示的水准网，A 为已知点，p_1，p_2，p_3 为未知点，有五条水准路线，沿每条路线测定两点间的高差，得各路线的观测高差为 h_1，h_2，…，h_5，各路线的测站数分别为 N_1，N_2，…，N_5。设每测站观测高差的精度相同，其中误差均为 $m_站$，根据误差传播定律得到各路线的观测高差的中误差为：

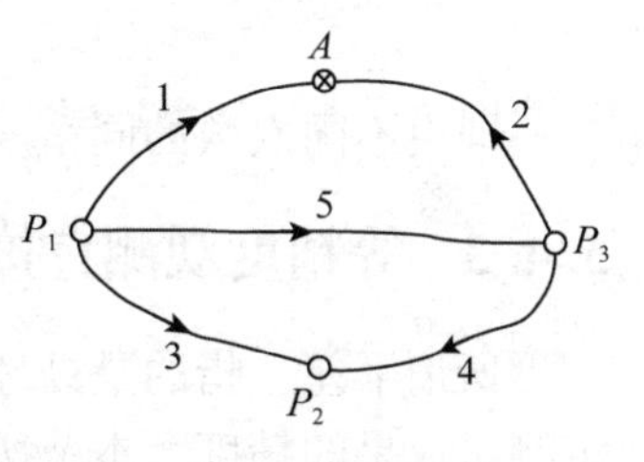

图 5-3 水准路线图

$$m_i = \sqrt{N_i}\, m_{站} \quad (i=1,\ 2,\ \cdots,\ 5) \tag{5-31}$$

若令

$$m_0 = \sqrt{C}\, m_{站} \quad (C\ 为常数)$$

则根据权的定义式可得：

$$p_i = \frac{m_0^2}{m_i^2} = \frac{C m_{站}^2}{N_i m_{站}^2} = \frac{C}{N_i} \quad (i=1,\ 2,\ \cdots,\ 5) \tag{5-32}$$

各路线观测高差的权之间的比为：

$$p_1 : p_2 : \cdots : p_5 = \frac{C}{N_1} : \frac{C}{N_2} : \cdots : \frac{C}{N_5} = \frac{1}{N_1} : \frac{1}{N_2} : \cdots : \frac{1}{N_5} \tag{5-33}$$

式(5-32)就是水准测量用测站数定权的公式。当各测站的观测高差为同精度时，各路线的权与测站数呈反比。

如果每千米的观测高差中误差均相等，设为 $m_{千米}$，各水准路线的距离为 S_1，S_2，…，S_5，令 $m_0 = \sqrt{C}\, m_{千米}$（C 为常数），同理可推出按水准路线长度定权的公式：

$$p_i = \frac{C}{S_i} \quad (i=1,\ 2,\ \cdots,\ 5) \tag{5-34}$$

各路线观测高差的权之间的比为：

$$p_1 : p_2 : \cdots : p_5 = \frac{C}{S_1} : \frac{C}{S_2} : \cdots : \frac{C}{S_5} = \frac{1}{S_1} : \frac{1}{S_2} : \cdots : \frac{1}{S_5} \tag{5-35}$$

即，当每千米观测高差为同精度时，水准测量各路线观测高差的权与路线长度呈反比。

5.4.2.2 同精度观测值的算术平均值的权

设有 L_1，L_2，…，L_N，它们分别是 N_1，N_2，…，N_N 次同精度观测值的平均值，若每次观测值的中误差均为 m，则由式(5-12)可知，L_i 的中误差为：

$$m_i=\frac{m}{\sqrt{N_i}} \quad (i=1,\ 2,\ \cdots,\ n) \tag{5-36}$$

令

$$m_0=\frac{m}{\sqrt{C}}$$

则由权的定义式可得 L_i 的权 p_i 为：

$$p_i=\frac{N_i}{C} \quad (i=1,\ 2,\ \cdots,\ n) \tag{5-37}$$

即由不同次数的同精度观测值所算得的算术平均值，其权与观测次数呈正比。

5.4.3 等精度观测直接平差

所谓平差，指的是处理一系列带有偶然误差的观测值，求出未知量的最佳估值，并评定测量成果的精度。本节所介绍的平差仅对一个未知量的平差，而对于多个未知量的平差问题不予讨论。

5.4.3.1 等精度观测值的最或然值

设对某未知量进行了一组等精度观测，其真值为 X，观测值为 l_1，l_2，…，l_n，相应的真误差为 Δ_1，Δ_2，…，Δ_n，则

$$\left.\begin{aligned}\Delta_1&=l_1-X\\ \Delta_2&=l_2-X\\ &\vdots\\ \Delta_n&=l_n-X\end{aligned}\right\} \tag{5-38}$$

将上式取和再除以观测次数 n，得

$$\frac{[\Delta_i]}{n}=\frac{[l_i]}{n}-X=x-X \tag{5-39}$$

式中，x 为 l_1，l_2，…，l_n 的算术平均值，显然

$$x=X+\frac{[\Delta_i]}{n} \tag{5-40}$$

将上式两边取极限得：

$$\lim_{n\to\infty}x=\lim_{n\to\infty}\left(X+\frac{[\Delta_i]}{n}\right)=X+\lim_{n\to\infty}\frac{[\Delta_i]}{n} \tag{5-41}$$

根据偶然误差的第四个特性，得

$$\lim_{n\to\infty}\frac{[\Delta_i]}{n}=0 \tag{5-42}$$

将式(5-42)带入式(5-41)得

$$\lim_{n\to\infty} x = X \tag{5-43}$$

从上式可以看出，当观测次数 n 趋向无穷大时，算术平均值就趋向于未知量的真值。因此，对于实际上有限的观测次数 n，通常取算术平均值作为未知量的最或然值，作为未知量的最后结果。

5.4.3.2 等精度观测值的中误差

前面已经介绍了用真误差求观测值中误差的公式，即

$$m = \pm\sqrt{\frac{[\Delta^2]}{n}} \tag{5-44}$$

式中

$$\Delta_i = l_i - X \tag{5-45}$$

一般情况下未知量的真值 X 是不知道的，因此，真误差 Δ_i 也无法求得，此时就不能直接应用上式来求观测值的中误差。但未知量的最或然值 x 与观测值 l_i 之差是可以求得的，即

$$v_i = x - l_i \quad (i = 1,\ 2,\ \cdots,\ n) \tag{5-46}$$

式中 v_i——观测值的改正数。

只要找出真误差与改正数的关系，就可以导出用改正数求中误差的公式。将式(5-45)、式(5-46)相加得：

$$-\Delta_i = v_i + (X - x) \quad (i = 1,\ 2,\ \cdots,\ n) \tag{5-47}$$

上式两边平方并求和，得

$$[\Delta\Delta] = [vv] + 2[v](X - x) + n(X - x)^2 \tag{5-48}$$

等式两边除以 n，并估计 $[v]=0$，则有

$$\frac{[\Delta\Delta]}{n} = \frac{[vv]}{n} + (X - x)^2 \tag{5-49}$$

式中

$$\begin{aligned}(X-x)2 &= (X-\frac{[l]}{n})^2 \\ &= \frac{1}{n^2}(nX-[l])^2 \\ &= \frac{1}{n^2}(X-l_1+X-l_2+\cdots+X-l_n)^2 \\ &= \frac{1}{n^2}(\Delta_1+\Delta_2+\cdots+\Delta_n)^2 \\ &= \frac{[\Delta\Delta]}{n^2}+\frac{2(\Delta_1\Delta_2+\Delta_1\Delta_3+\cdots)}{n^2}\end{aligned}$$

根据偶然误差的特性，当 $n\to\infty$ 时，$\dfrac{2(\Delta_1\Delta_2+\Delta_1\Delta_3+\cdots)}{n^2}$趋近于0，所以

$$(X-x)^2=\frac{[\Delta\Delta]}{n^2}$$

将上式代入式(5-49)得

$$\frac{[\Delta\Delta]}{n}=\frac{[vv]}{n}+\frac{[\Delta\Delta]}{n^2} \tag{5-50}$$

对照中误差定义式得：

$$m^2=\frac{[vv]}{n}+\frac{m^2}{n} \tag{5-51}$$

移项并整理后得：

$$m=\pm\sqrt{\frac{[vv]}{n-1}} \tag{5-52}$$

式(5-52)即为用观测值的改正数求等精度观测值中误差的公式，称为贝塞尔公式。

观测值的算术平均值 $x=\frac{[l_i]}{n}=\frac{1}{n}l_1+\frac{1}{n}l_2+\cdots+\frac{1}{n}l_n$，根据误差传播定律，可以求出算术平均值的中误差：

$$m_x=\pm\sqrt{\left(\frac{1}{n}\right)^2m_1^2+\left(\frac{1}{n}\right)^2m_2^2+\cdots+\left(\frac{1}{n}\right)^2m_n^2} \tag{5-53}$$

因为是等精度观测值，所以设各观测值的中误差均为 m，则

$$\begin{aligned} m_x &= \pm\sqrt{\left(\frac{1}{n}\right)^2m^2+\left(\frac{1}{n}\right)^2m^2+\cdots+\left(\frac{1}{n}\right)^2m^2} \\ &= \pm\frac{m}{\sqrt{n}}=\pm\sqrt{\frac{[vv]}{n(n-1)}} \end{aligned} \tag{5-54}$$

式(5-54)即为算术平均值中误差的计算公式。

【例 5-6】设某一水平角等精度观测了 6 个测回，观测值见表 5-3。试计算该角的算术平均值、观测值的中误差及算术平均值的中误差。

表 5-3　等精度观测

测回	观测值(l)/° ′ ″	精度评定
1	62　50　36	算术平均值：$x=\frac{[l_i]}{n}=60°50'34''$
2	62　50　30	
3	62　50　32	观测值中误差：$m=\pm\sqrt{\frac{[vv]}{n-1}}=\pm2.8''$
4	62　50　34	
5	62　50　38	算数平均值中误差：$m_x=\pm\sqrt{\frac{[vv]}{n(n-1)}}=\pm1.2''$
6	62　50　34	

5.4.4　不等精度观测直接平差

在测量实践中，除了等精度观测外，还有不等精度观测。评定不等精度观测值的精度就要用到前面讲过的相对数字指标——权。

5.4.4.1 不等精度观测值的最或然值

设对某未知量进行了一组直接观测，观测值为 l_1，l_2，…，l_n，各观测值的精度不等，它们的权分别为 p_1，p_2，…，p_n，设未知量的最或然值为 x，观测值改正数为 v_1，v_2，…，v_n，则改正数为：

$$\left.\begin{array}{l} v_1=x-l_1 \\ v_2=x-l_2 \\ \quad\vdots \\ v_n=x-l_n \end{array}\right\} \tag{5-55}$$

按最小二乘原理，改正数必须满足：

$$[pvv]=p_1(x-l_1)^2+p_2(x-l_2)^2+\cdots+p_n(x-l_n)^2=\text{最小}$$

对未知量 x 取一阶导数，并令其为零，即

$$\frac{\mathrm{d}[pvv]}{\mathrm{d}x}=2p_1(x-l_1)+2p_2(x-l_2)+\cdots+2p_n(x-l_n)=2\sum_{i=1}^{n}p_i(x-l_i)=0$$

解之，得

$$x=\frac{\sum pl}{\sum p}=\frac{[pl]}{[p]} \tag{5-56}$$

上式即为不等精度观测值最或然值的计算公式。x 也称为加权算术平均值。

5.4.4.2 精度评定

(1)单位权中误差

根据权的定义式得 $m_0^2=p_im_i^2$，对同一量的 n 各不同精度的观测值，则有

$$\left.\begin{array}{l} m_0^2=p_1m_1^2 \\ m_0^2=p_2m_2^2 \\ \quad\cdots \\ m_0^2=p_nm_n^2 \end{array}\right\} \tag{5-57}$$

上式等号两边相加，得

$$nm_0^2=[p_im_i^2] \tag{5-58}$$

即

$$m_0^2=\frac{[pmm]}{n}$$

式中，$[pmm]$ 可近似地用 $[p\Delta\Delta]$ 来代替，于是得：

$$m_0=\pm\sqrt{\frac{[p\Delta\Delta]}{n}} \tag{5-59}$$

式中的真误差为：

$$\Delta_i=l_i-X$$

当观测值的真值 X 不知道时，可用非等精度观测值的改正数来计算单位权中误差，即

$$v_i=x-l_i \tag{5-60}$$

$$m_0=\pm\sqrt{\frac{[pvv]}{n-1}} \tag{5-61}$$

(2)不等精度观测值最或然值的中误差

$$x=\frac{[pl]}{[p]}=\frac{1}{[p]}p_1l_1+\frac{1}{[p]}p_2l_2+\cdots+\frac{1}{[p]}p_nl_n \tag{5-62}$$

根据误差传播定律，得

$$m_x^2=\frac{1}{[p]^2}(p_1^2m_1^2+p_2^2m_2^2+\cdots+p_n^2m_n^2) \tag{5-63}$$

根据权的定义式 $p_i=\frac{m_0^2}{m_i^2}$ 得 $m_i^2=\frac{m_0^2}{p_i}$，将其代入上式，得

$$\begin{aligned} m_x^2 &=\frac{1}{[p]^2}\left(p_1^2\frac{m_0^2}{p_1}+p_2^2\frac{m_0^2}{p_2}+\cdots+p_n^2\frac{m_0^2}{p_n}\right) \\ &=\frac{m_0^2}{[p]^2}(p_1+p_2+\cdots+p_n) \\ &=\frac{m_0^2}{[p]} \end{aligned} \tag{5-64}$$

所以，

$$m_x=\pm\frac{m_0}{\sqrt{[p]}} \tag{5-65}$$

【例5-7】某角度用同样的仪器及方法分别进行三组观测，各组的测回数和观测值见表5-4，试计算该角度的最或然值及最或然值的中误差。

表5-4 角度观测记录表

组别	测回数	观测值/° ′ ″
1	2	60 20 14
2	4	60 20 16
3	6	60 20 18

解：设一个测回的权为单位权，即取 $C=1$，按公式 $p_i=\frac{N_i}{C}$ 得各组观测值的平均值的权分别为：

$$p_1=\frac{N_1}{C}=\frac{2}{1}=2;\ p_2=\frac{N_2}{C}=\frac{4}{1}=4;\ p_3=\frac{N_3}{C}=\frac{6}{1}=6$$

最或然值：

$$x=\frac{[pl]}{[p]}=60°20'16.7''$$

$$v_1=2.7'',\ v_2=0.7'',\ v_3=-1.3''$$

单位权中误差：

$$m_0=\pm\sqrt{\frac{[pvv]}{n-1}}=\pm\sqrt{\frac{26.68}{3-1}}=\pm3.7''$$

最或然值中误差：

$$m_x = \pm\frac{m_0}{\sqrt{[p]}} = \pm\frac{3.7}{\sqrt{12}} = \pm 1.1''$$

思考题与习题

1. 测量误差产生的原因有哪些？

2. 试述偶然误差的特性。

3. 精度的含义是什么？常用的衡量精度的指标有哪些？

4. 有一段距离，其观测值及其中误差为320.645 mm±15 mm。试估计这个观测值的真误差的实际可能范围是多少？并求该观测值的相对中误差。

5. 下列各式中的$L_i(i=1, 2, 3)$均为等精度独立观测值，其中误差为m，试求X的中误差：(1)$X=\frac{L_1+L_2}{2}+L_3$，(2)$X=\frac{L_1L_2}{L_3}$

6. 在水准测量中，设每站观测高差的中误差均为±1cm，今要求从已知点推算待定点的高程中误差不大于±5cm，问可以设多少站？

7. 有一个角度观测了4测回，得中误差为±0.42″，问再增加多少测回其中误差为±0.28″？

8. 权的定义是什么？以相同精度观测∠A和∠B，其权分别为$P_A=\frac{1}{4}$，$P_B=\frac{1}{2}$，已知$m_B=\pm 8''$，求∠A得中误差m_A。

9. 某水平角等精度观测了5次，观测结果为45°00′06″，44°59′58″，45°00′04″，45°00′02″，45°00′08″，试求该角度的最或然值及最或然值的中误差。

第 6 章　控制测量

测量的基本工作是确定地物和地貌特征点的位置，即确定空间点的三维坐标。若从一个起点开始，逐步依据前一个点来测定后一点的位置，前一个点的误差传递到后一个点上。这种测量方法会导致误差逐步积累，为保证所测点位置的精度，减少误差积累，测量工作必须遵循“从整体到局部”“先控制后碎部”“由高级到低级”的组织原则，即先在测区内测定有代表性的控制点，建立统一的平面和高程系统。

6.1　概述

由控制点互相联系形成的网络，称为控制网。根据控制网的精度不同，可以分为基本控制网和图根控制网；后者是在前者的基础上补充加密而来，精度比前者低。控制网按其作用又分为平面控制网和高程控制网。测定控制点平面位置的工作称为平面控制测量，测定控制点高程的工作称为高程控制测量。控制测量的主要工作内容包括：依据控制点的用途和作用在测区内布设控制网；进行外业测量；内业计算出待定点的平面坐标和高程，并对测量成果进行精度评定。

6.1.1　平面控制测量

平面控制测量是确定控制点的平面位置。建立平面控制网的常规方法有三角测量和导线测量。如图 6-1 所示，控制点相互之间构成三角形，观测所有三角形的内角，并至少测量其中一条边长作为起算边，通过计算就可以获得它们之间的相对位置。三角形的顶点称为三角点，构成的网形称为三角网，这种测量工作即为三角测量。

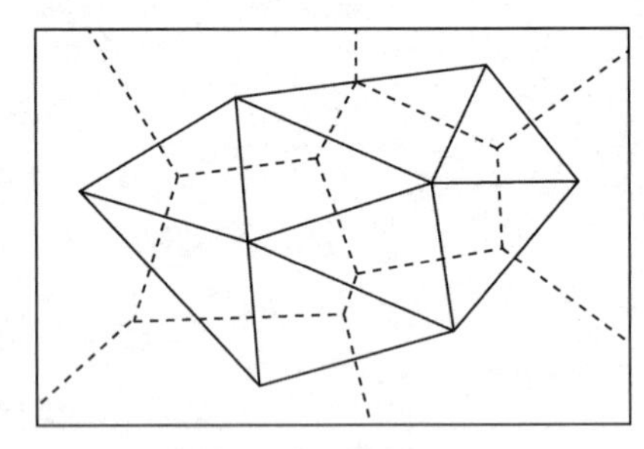

图 6-1　三角网

如图 6-2 所示，控制点用折线连接起来，测量各边的长度和各转折角，通过计算同样可以获得它们之间的相对位置。这种控制点称为导线点，进行这种控制测量称为导线测量。

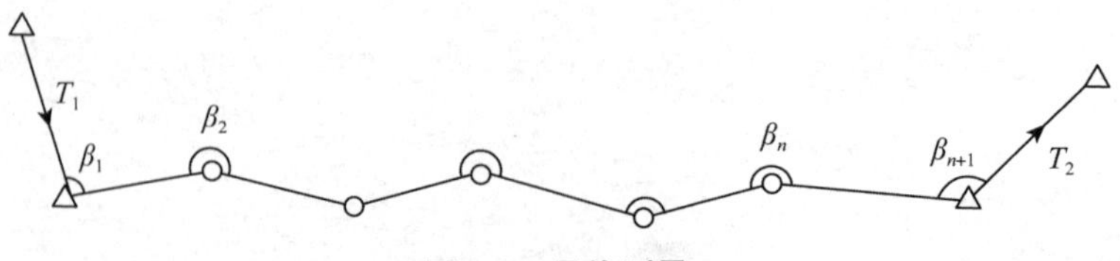

图 6-2　导线测量

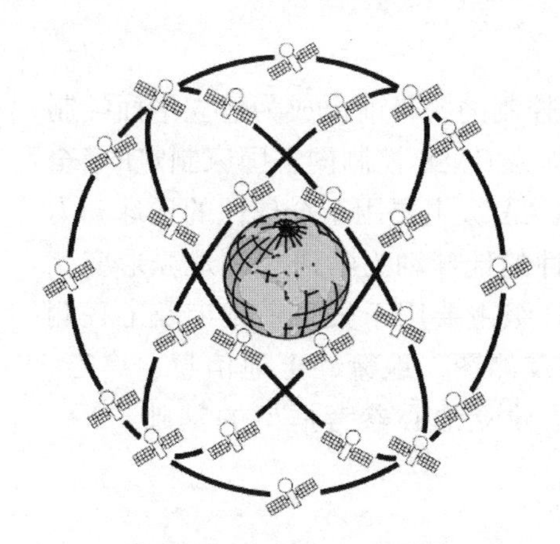

图 6-3 GNSS 卫星定位

除经典的三角测量和导线测量、交会定点外，平面控制测量方法还包括卫星大地测量。目前应用最广泛的是全球导航卫星系统（Global Navigation Satellite System，GNSS），如图 6-3 所示。

6.1.1.1 国家平面控制网

在全国范围内布设的平面控制网，称为国家平面控制网。它是全国各种比例尺测图和工程建设的基本控制，也为空间科学技术和军事需求提供精确的点位坐标、距离、方位信息，并为研究地球的大小和形状、地震预报等提供重要资料。

国家平面控制网采用逐级控制、分级布设的原则，根据精度不同，分为一、二、三、四等。如图 6-4 所示，一等三角网为条带形的锁状，称一等三角锁，沿着经纬线方向纵横交叉地布满全国，锁长 200~250 km，构成许多锁环，形成统一的骨干控制网。在一等锁环内逐级布设二、三、四等三角网。一等三角网的精度最高，除作低等级的平面控制外，还为研究地球的大小和形状，以及人造卫星的发射等科研问题提供资料；二等三角网作为三、四等三角测量的基础；三、四等三角网是测图时加密控制点和其他工程测量的基础；各点均有埋设标石。

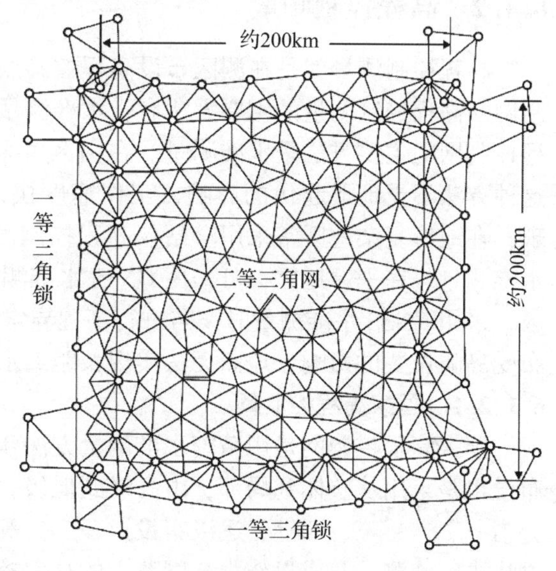

图 6-4 国家一二等三角网

6.1.1.2 城市平面控制网

在城市地区为满足大比例尺测图和城市建设施工的需要，布设了城市平面控制网。城市平面控制网在国家控制网的基础上布设，由平面框架网、基本网和加密网构成，一般逐级布设。平面框架网由在其服务范围内分布较均匀、并与国家高等级大地控制点进行联测的卫星导航定位基准站网点构成；平面基本网可基于框架网利用 GNSS 测量方法加密而成；平面加密网可基于平面基本网利用 GNSS 测量或导线测量方法加密扩展而成，根据城市规模分为四等、一级、二级和三级。

6.1.1.3 小区域控制网

在小于 10 km^2 的范围内建立的控制网，称为小区域控制网。在这个范围内，水准面可视为水平面，不需要将测量成果归算到高斯平面上，而是采用直角坐标，直接在平面上计算坐标。在建立小区域平面控制网时，应尽量与已建立的国家或城市控制网联测，将国家或城市高级控制点的坐标作为小区域控制网的起算和校核数据。如果测区内或测区周围无高级控制点，或者是不便于联测时，也可建立独立平面控制网。

6.1.1.4 GNSS 控制网

20世纪80年代末，GNSS开始在我国用于建立平面控制网，目前已成为建立平面控制网的主要方法。应用GNSS卫星定位技术建立的控制网称为GNSS控制网，国家制定的《全球定位技术测量规范》将GNSS控制网分成AA~E六级。AA级主要用于全球性的地球动力学研究、地壳形变测量和精密定轨；A级主要用于区域性的地球动力学研究和地壳形变测量；B级主要用于局部形变监测和各种精密工程测量；C级主要用于大、中城市及工程测量的基本控制网；D、E级主要用于中、小城市、城镇及测图、地籍、土地信息、房产、物探、勘测、建筑施工等的控制测量；AA、A级可作为建立地心参考框架的基础；AA、A、B级可作为建立国家空间大地测量控制网的基础。

6.1.2 高程控制测量

高程控制测量就是在测区布设高程控制点，用精确方法测定它们的高程，构成高程控制网。高程控制测量的主要方法有：水准测量、三角高程测量和GNSS水准测量。建立高程控制网的主要方法是水准测量。在山区可采用三角高程测量的方法来建立高程控制网，这种方法不受地形起伏的影响，工作速度快，但其精度较水准测量低；由于全站仪的出现，在地形复杂地区常采用全站仪高程控制测量或称EDM高程控制测量来代替二等以下水准测量。在平原地区，可采用GNSS水准测量代替四等水准测量，在地形比较复杂的地区，采用GNSS水准测量时，需进行高程异常改正；海上高程测量由于控制点和测量点分布受岛屿位置的影响，地面无法实现长距离水准测量，因此可优先采用GNSS水准测量。

6.1.2.1 国家高程控制网

国家高程控制网是用精密水准测量方法建立的，所以又称国家水准网。国家水准网的布设也是采用从整体到局部，由高级到低级，分级布设、逐级控制的原则。国家水准测量分为一、二、三、四等，逐级布设。一、二等水准测量是用高精度水准仪和精密水准测量方法进行施测，其成果作为全国范围的高程控制之用。三、四等水准测量除用于国家高程控制网的加密外，在小地区可作为首级高程控制网。

一等水准网是沿平缓的交通路线布设成周长约1000~2000 km的环形路线。一等水准网是精度最高的高程控制网，它是国家高程控制的骨干，也是地学科研工作的主要依据。二等水准网是国家高程控制的全面基础，布设在一等水准环线内，形成周长为500~750 km的环线。三、四等级水准网是直接为地形测图或工程建设提供高程控制点。三等水准网一般布置成附合在高级点间的附合水准路线，并尽量交叉，环线长不超过300 km，单独的附合路线不超过200 km。四等水准网一般为附合在高级点间的附合水准路线，长度不超过80 km。

6.1.2.2 城市高程控制网

为了城市建设的需要所建立的高程控制称为城市水准测量，按其精度可划分为二、三、四等水准测量及等外水准测量；根据测区的大小，各级水准均可首级控制，首级控制网应布设成环形路线，加密时宜布设成附合路线或结点网。在丘陵或山区，高程控制测量可采用三角高程测量。

表 6-1 水准测量主要技术要求(一)

等级	视线长度/m	前后视距较差/m	前后视距累积差/m	视线离地面最低高度/m	黑红面读数较差/mm	黑红面所测高差较差/mm
二等	50	1	3	0.5	0.5	0.7
三等	75	2	5	0.3	2.0	3.0
四等	100	3	10	0.2	3.0	5.0
等外	100	大致相等	—	—	—	—

表 6-2 水准测量主要技术要求(二)

等级	每千米高差中误差/mm	路线长度/km	水准仪的型号	水准尺	观测次数		往返较差、附合或环线闭合差	
					与已知点联测	附合路线或环线	平地/mm	山地/mm
二等	2	—	DS_1	铟瓦	往返各一次	往返各一次	$4\sqrt{L}$	—
三等	6	≤50	DS_3	双面	往返各一次	往返各一次	$12\sqrt{L}$	$4\sqrt{n}$
四等	10	≤16	DS_3	双面	往返各一次	往一次	$20\sqrt{L}$	$6\sqrt{n}$
等外	15	—	DS_3	单面	往返各一次	往一次	$40\sqrt{L}$	$12\sqrt{n}$

注：①结点之间或结点与高级点之间，其路线的长度，不应大于表中规定的0.7倍；②L为往返测段，附合或环线的水准路线长度(km)；n为测站数。

6.2 导线测量

导线测量主要用于带状地区（如公路、铁路和水利）、隐蔽地区、城建区、地下工程等控制点的测量。

6.2.1 导线测量概述

导线是由若干条直线连成的折线，每条直线称为导线边，相邻两直线之间的水平角称为转折角。测定了转折角和导线边长之后，即可根据已知坐标方位角和已知坐标算出各导线点的坐标。根据测区的条件和需要，导线可以布置成下列几种形式。

6.2.1.1 附合导线

导线起始于一个已知控制点和已知方向，经过若干导线点，最后附合到另一个已知控制点和已知方向上。它有三个检核条件：一个坐标方位角及两个坐标增量条件。附合导线多用于带状地区作测图控制，如水利、公路、铁路等工程的勘测与施工。

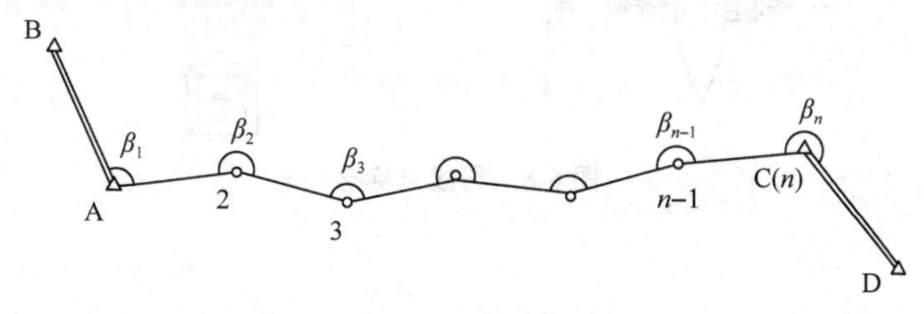

图 6-5 附合导线

6.2.1.2 闭合导线

由一个已知控制点和已知方向出发，经过若干点最后仍回到起始点，形成一个闭合多边形。它有三个检核条件：一个多边形内角和及两个坐标增量条件。闭合导线多用于面积较大的独立地区作测图控制。

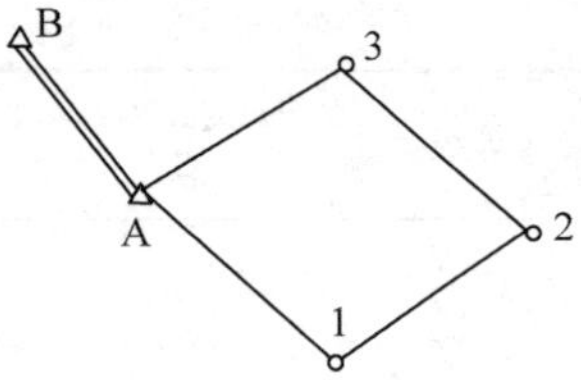

图 6-6 闭合导线

6.2.1.3 支导线

从一个已知控制点及已知方向出发，既不附合到另一个控制点，也不回到原来的起始点。由于支导线只有必要的起算数据，没有检核条件，故一般只限于地形测量的图根导线中采用。

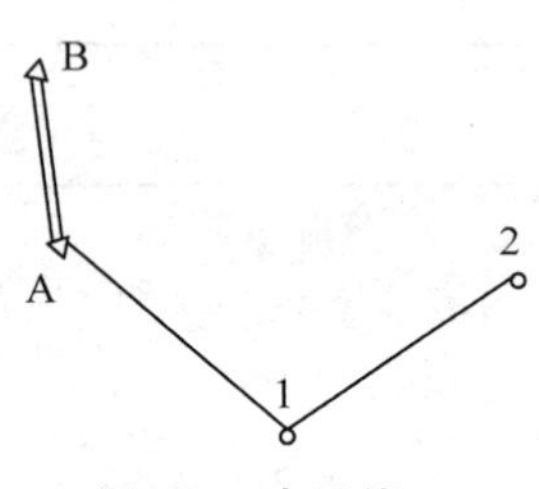

图 6-7 支导线

6.2.2 导线测量的外业工作

导线测量的外业包括踏勘、选点、埋石、造标、测角、测边和测定方向。

6.2.2.1 踏勘、选点及埋设标志

踏勘是为了解测区范围、地形及控制点情况，以便确定导线的形式和布置方案；选点应考虑便于导线测量、地形测量和施工放样。实地选点时，应注意下列几点：

①相邻导线点间必须通视良好，便于测角和测距；

②导线点应选在地势高、视野开阔便于碎部测量的地方；

③导线点应选在土质坚硬的区域，易于保存、寻找和安置仪器；

④导线点应有足够的密度，分布较均匀，便于控制整个测区，导线边长大致相同，避免过长或过短，相邻边长之比不应超过3倍。

导线点位置选定后，要在每一点位上打一个木桩，在桩顶钉一小钉，作为点的标志，也可在水泥地面上用红漆划一圆，圆内一小点，作为临时标志；需要长期保存的导线点应埋设混凝土桩，并在桩顶嵌入带“+”字的金属标志，作为永久性标志，埋桩后统一进行编号。为了今后便于查找，应量出导线点至附近明显地物的距离，绘出草图，注明尺寸，制作点之记。

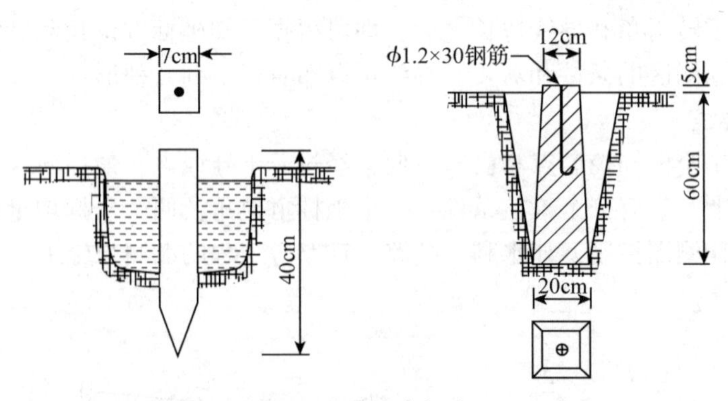

图 6-8 导线点标志

6.2.2.2 测角

用测回法施测导线左角(位于导线前进方向左侧的角)或右角(位于导线前进方向右侧的角)；一般在附合导线中，测量导线左角，在闭合导线中均测内角。

6.2.2.3 测边

传统导线边长可采用钢尺、测距仪(气象、倾斜改正)等方法进行测量。随着测绘技术的发展，目前全站仪已成为距离测量的主要手段。

6.2.2.4 测定方向

测区内有国家高级控制点时，可与控制点联测推求方位，包括测定连接角和连接边；当联测有困难时，也可采用罗盘仪测磁方位角或陀螺经纬仪测定方向。

6.2.3 导线测量的内业计算

6.2.3.1 坐标的正算和反算

导线测量的主要目的是通过测量和计算求出导线点的坐标，导线点的坐标是根据边长及方位角计算出来的。

(1)坐标正算

根据已知点的坐标和已知点到待定点的坐标方位角、边长计算待定点的坐标，称为坐标正算。

如图 6-9 所示，已知 A 点的坐标为 x_A、y_A，A 到 B 的边长和坐标方位角分别为 D_{AB} 和 α_{AB}，则待定点 B 的坐标为：

$$\left.\begin{aligned} x_B &= x_A + \Delta x_{AB} \\ y_B &= y_A + \Delta y_{AB} \end{aligned}\right\} \qquad (6\text{-}1)$$

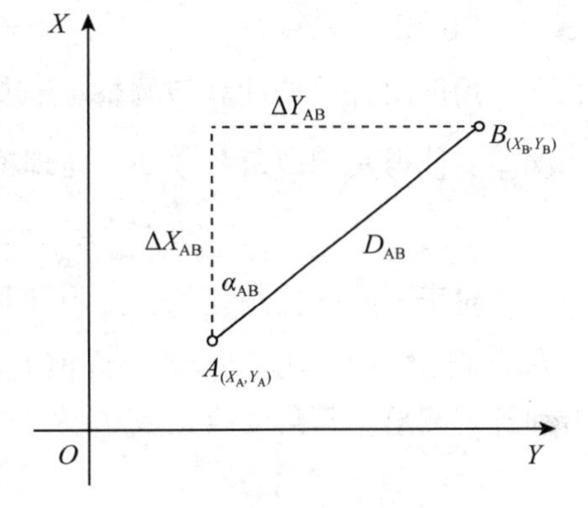

图 6-9 坐标正反算

式中，Δx_{AB}，Δy_{AB} 分别称为纵坐标增量和横坐标增量，是边长在坐标轴上的投影，即

$$\left.\begin{aligned} \Delta x_{AB} &= D_{AB}\cos\alpha_{AB} \\ \Delta y_{AB} &= D_{AB}\sin\alpha_{AB} \end{aligned}\right\} \qquad (6\text{-}2)$$

Δx_{AB}，Δy_{AB} 的正负取决于 $\cos\alpha_{AB}$、$\sin\alpha_{AB}$ 的符号，要根据 α_{AB} 的大小、所在象限来判别(表 6-3)。

(2)坐标反算

根据已知两点的平面直角坐标计算其坐标方位角和边长，称为坐标反算。如已知 A、

表 6-3 坐标增量符号表

坐标方位角/°	所在象限	坐标增量的正负号	
		Δx	Δy
0~90	Ⅰ	+	+
90~180	Ⅱ	−	+
180~270	Ⅲ	−	−
270~360	Ⅳ	+	−

B 两点的坐标，则可计算 AB 边的坐标方位角 α_{AB} 和边长 D_{AB}。

$$\tan\alpha_{AB} = \frac{y_B - y_A}{x_B - x_A} = \frac{\Delta y_{AB}}{\Delta x_{AB}} \tag{6-3}$$

$$D_{AB} = \frac{\Delta x_{AB}}{\cos\alpha_{AB}} = \frac{\Delta y_{AB}}{\sin\alpha_{AB}} \quad 或 \quad D_{AB} = \sqrt{(\Delta x_{AB})^2 + (\Delta y_{AB})^2} \tag{6-4}$$

应当指出，式(6-3)计算的角是象限角 R，应根据 Δx_{AB}、Δy_{AB} 的正负号，确定所在象限，再将象限角换算为方位角，两者的换算关系见第4章4.4.2.3。因此，式(6-3)还可表示为：

$$R_{AB} = \arctan\frac{y_B - y_A}{x_B - x_A} = \arctan\frac{\Delta y_{AB}}{\Delta x_{AB}} \tag{6-5}$$

6.2.3.2 导线的坐标计算

导线计算的目的是推算各导线点的坐标 x、y。计算前必须按技术要求对观测成果进行检查和核算。然后将观测的转折角、边长、起始边方位角和起点坐标值填入计算表，并绘出导线草图。

(1)闭合导线

角度闭合差的计算与调整　n 边形内角和的理论值 $\sum\beta_{理} = (n-2)\cdot 180°$。由于测角误差，使得实测内角和 $\sum\beta_{测}$ 与理论值不符，其差值称为角度闭合差，以 f_β 表示，即

$$f_\beta = \sum\beta_{测} - \sum\beta_{理} = \sum\beta_{测} - (n-2)\cdot 180° \tag{6-6}$$

对于不同的控制等级，f_β 有不同的规定，如图根导线角度闭合差容许值为 $f_{\beta容} = \pm 40''\sqrt{n}$。当 f_β 小于角度闭合差容许值 $f_{\beta容}$ 时，可进行闭合差调整，将 f_β 以相反的符号平均分配到各观测角。其角度改正数 v_β 为：

$$v_\beta = -\frac{f_\beta}{n} \tag{6-7}$$

当 f_β 不能整除时，则将余数凑整到测角的最小单位分配到短边大角上去。改正后的角值为 $\beta_{改} = \beta_{测} + v_\beta$。

①各边坐标方位角推算　根据导线点编号，导线内角改正值和起始边方位角，即可按第4章式(4-22)依次推算各边坐标方位角。经校核无误，方可继续往下计算。

②坐标增量计算及其闭合差调整　如图6-10所示，根据各边长及其方位角，即可计算出相邻导线点的坐标增量。闭合导线纵、横坐标增量的总和的理论值应等于零，即

$$\left.\begin{aligned}\sum\Delta x_{理} = 0\\ \sum\Delta y_{理} = 0\end{aligned}\right\} \tag{6-8}$$

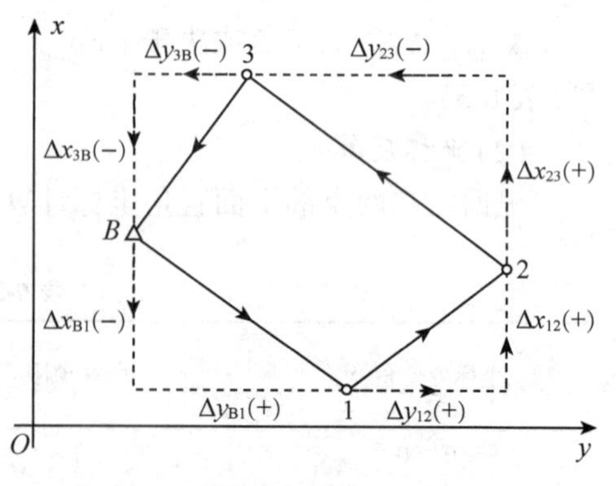

图6-10　闭合导线坐标增量示意

由于测边误差和改正角值的残余误差，其计算的观测值 $\sum \Delta x_{测}$、$\sum \Delta y_{测}$ 不一定等于零，其与理论值之差，称为坐标增量闭合差，如图 6-11 用 f_x、f_y 表示，即

$$\left.\begin{aligned} f_x &= \sum \Delta x_{测} - \sum \Delta x_{理} = \sum \Delta x_{测} \\ f_y &= \sum \Delta y_{测} - \sum \Delta y_{理} = \sum \Delta y_{测} \end{aligned}\right\} \tag{6-9}$$

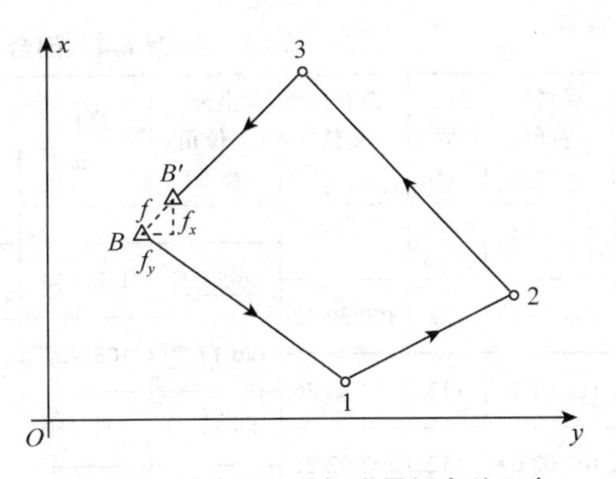

图 6-11 闭合导线坐标增量闭合差示意

由于 f_x、f_y 的存在，使得导线不闭合，称为导线全长闭合差 f：

$$f = \sqrt{f_x^2 + f_y^2} \tag{6-10}$$

f 值与导线长短有关，仅从 f 值的大小还不能反映导线测量的精度，应该将 f 与导线全长 $\sum D$ 相比，以分子为 1 的分数 K 来表示，K 称为导线全长相对闭合差。

$$K = \frac{f}{\sum D} = \frac{1}{\dfrac{\sum D}{f}} \tag{6-11}$$

以导线全长相对闭合差 K 来衡量导线测量的精度，K 的分母越大则精度越高。不同等级的导线有不同的导线全长相对闭合差容许值。当 K 在容许值范围内，可将 f_x、f_y 以相反符号按边长呈正比分配到各增量中去，其改正数为：

$$\left.\begin{aligned} v_{xi} &= -\frac{f_x}{\sum D} \cdot D_i \\ v_{yi} &= -\frac{f_y}{\sum D} \cdot D_i \end{aligned}\right\} \tag{6-12}$$

式中 D_i——导线某边长（$i=1, 2, 3, \cdots$）。

按增量的取位要求，改正数凑整至 cm 或 mm，凑整后的改正数总和必须与反号的增量闭合差相等。

③坐标计算 根据起点已知坐标和改正后的增量，用式（6-13）依次推算其余各点坐标直至回到起点的坐标，其值应与原有的数值相等，以作校核。

$$\left.\begin{aligned} x_{前} &= x_{后} + \Delta x_{改} \\ y_{前} &= y_{后} + \Delta y_{改} \end{aligned}\right\} \tag{6-13}$$

闭合导线的坐标计算过程详见表 6-4。

（2）附合导线

附合导线的坐标计算步骤与闭合导线完全相同，但由于两者形式不同，致使角度闭合差和坐标增量闭合差的计算有区别。

表 6-4 闭合导线坐标计算表

点名	观测角（右角）/° ′ ″	改正数/″	改正后角值/° ′ ″	坐标方位角/° ′ ″	边长/m	增量计算值 Δx/m	增量计算值 Δy/m	改正后的增量值 Δx/m	改正后的增量值 Δy/m	坐标 x/m	坐标 y/m
1										2540.380	3236.700
				46 57 02	158.710	+0.002 +108.340	−0.010 +115.980	+108.342	+115.970		
2	100 39 30	+12	100 39 42							2648.722	3352.670
				126 17 20	108.431	+0.001 −64.176	−0.007 +87.400	−64.175	+87.393		
3	117 05 24	+12	117 05 36							2584.547	3440.063
				189 11 44	109.450	+0.001 −108.043	−0.007 −17.491	−108.042	−17.498		
4	102 02 09	+12	102 02 21							2476.505	3422.565
				267 09 23	133.115	+0.002 −6.604	−0.009 −132.951	−6.602	−132.960		
5	124 02 42	+12	124 02 54							2369.903	3289.605
				323 06 29	88.120	0.001 +70.476	−0.006 −52.899	+70.477	−52.905		
1	96 09 15	+12	96 09 27							2540.380	3236.700
				46 57 02							
2											
Σ	539 59 00	+60	5400000		597.826	−0.007	+0.039	0	0		

辅助计算：

$f_\beta = \sum\beta_{测} - (5-2)\cdot 180 = -60''$ $f_x = -0.007\text{m}$

$f_y = +0.039\text{m}$ $f = \sqrt{f_x^{\ 2} + f_y^{\ 2}} = 0.040m$

$f_{\beta容} = \pm 40''\sqrt{n} = \pm 89''$

$K = \dfrac{f}{\sum D} = \dfrac{0.039}{597.826} \approx \dfrac{1}{15100}$ $K_{容} = \dfrac{1}{4000}$

导线略图

①角度闭合差的计算 如图 6-5 所示附合导线 B、A、…、C、D 中，根据起始边 BA 的坐标方位角 α_{BA} 及观测的左角（包括连接角 β_1 和 β_n）可以推算出终边 CD 的坐标方位角 α'_{CD}。

$$\alpha_{A2} = \alpha_{BA} + 180° + \beta_1$$
$$\alpha_{23} = \alpha_{A2} + 180° + \beta_2$$
$$\vdots$$
$$+)\ \alpha'_{CD} = \alpha_{n-1C} + 180° + \beta_n$$
$$\alpha'_{CD} = \alpha_{BA} + n \cdot 180° + \sum\beta_{测}$$

写成一般公式则有：

$$\alpha'_{终} = \alpha_{起} + n \cdot 180° + \sum\beta_{测} \tag{6-14}$$

式中 n——观测角的个数。

若观测右角，则通式为

$$\alpha'_{终} = \alpha_{起} + n \cdot 180° - \sum\beta_{测} \tag{6-15}$$

所推算的终边方位角 $\alpha'_{终}$ 与已知方位角 $\alpha_{终}$ 之差称为角度闭合差，以 f_β 表示，即

$$f_\beta = \alpha'_{终} - \alpha_{终} \tag{6-16}$$

若 f_β 不超过 $f_{\beta容}$ 时，当导线观测角为左角时，角度改正值与 f_β 反号；导线为右角时，角度改正值与 f_β 同号。

②坐标增量闭合差的计算　附合导线的起点和终点坐标均已知，因此，理论上导线各边坐标增量之代数和应等于终点与起点已知坐标之差，即

$$\left.\begin{aligned}\sum \Delta x_{理} = x_{终} - x_{始}\\ \sum \Delta y_{理} = y_{终} - y_{始}\end{aligned}\right\} \tag{6-17}$$

由于测量存在误差，不满足式(6-17)，其差值即为坐标增量闭合差，以 f_x、f_y 表示。

$$\left.\begin{aligned}f_x = \sum \Delta x_{测} - (x_{终} - x_{始})\\ f_y = \sum \Delta y_{测} - (y_{终} - y_{始})\end{aligned}\right\} \tag{6-18}$$

附合导线的全长闭合差、全长相对闭合差和容许闭合差的计算，以及坐标增量闭合差的调整均与闭合导线相同。附合导线坐标计算过程详见表 6-5。

表 6-5　附合导线坐标计算表

点名	观测角值 /° ′ ″	改正数 /″	改正后角值 /° ′ ″	坐标方位角 /° ′ ″	边长 /m	坐标增量		改正后坐标增量		坐标	
						Dx/m	Dy/m	Dx/m	Dy/m	x/m	y/m
A											
				135 20 00							
B	114 15 06	−9	114 14 57							515.483	488.797
				69 34 57	104.707	0.009 +36.528	0.012 +98.129	+36.537	+98.141		
1	236 24 30	−9	236 24 21							552.020	586.938
				125 59 18	98.120	0.007 −57.657	0.010 +79.392	−57.650	+79.402		
2	115 12 18	−9	115 12 09							494.370	666.340
				61 11 27	98.455	0.007 +47.445	0.010 +86.269	+47.452	+86.279		
3	248 47 24	−9	248 47 15							541.822	752.619
				129 58 42	86.382	0.006 −55.500	0.009 +66.193	−55.494	+66.202		
C	92 36 00	−9	92 35 51							486.328	818.821
				42 34 33							
D											
Σ	807 15 18	−45	807 14 33		387.664	−29.184	+329.983	−29.155	+330.024		

辅助计算：

$\sum \beta_{测} = 807°15'18''$　　$f_x = -0.029\text{m}$　　$f_y = -0.041\text{m}$

$\sum \beta_{理} = 807°14'33''$　　$f = \sqrt{f_x^2 + f_y^2} = 0.050\text{m}$

$f_\beta = \sum \beta_{测} - \sum \beta_{理} = +45''$　　$f_{\beta容} = \pm 40''\sqrt{5} = \pm 89''$

$K = \dfrac{f}{\sum D} \approx \dfrac{1}{7750}$

导线略图：

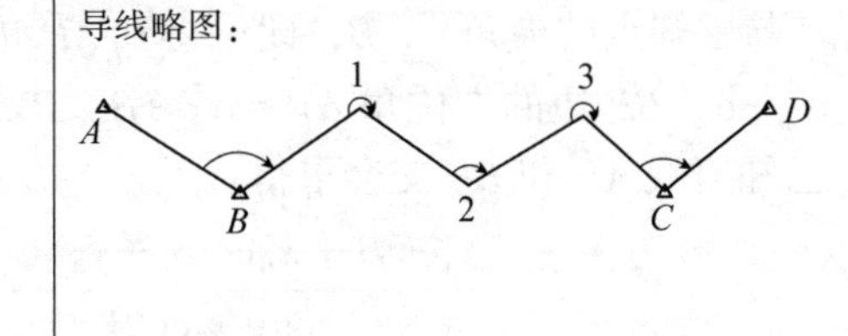

（3）查找导线测量错误的方法

经内业计算，若角度闭合差或全长相对闭合差超过其容许范围时，很可能是测角或测边发生了错误，也可能在计算坐标增量时用错了边的坐标方位角或边长。测角错误将首先表现为角度闭合差超限，而边长错误及用错边的坐标方位角则将表现为全长相对闭合差的超限。

当发现闭合差超过容许范围时，首先应检查原始记录手簿数据有无错误，然后再检查

全部计算有无错误。下面介绍查找导线错误的简略方法。

①查找测角错误的方法　设欲确定如图6-5所示附合导线 B、A、…C、D 中的测角错误时，可根据未经改正的角度由 A 向 C 计算各边的坐标方位角和各导线点的坐标，并同样由 C 向 A 进行推算。如果只有一点的坐标极为接近，而其他各点均有较大差异，即表示在坐标很接近的这一点上，其测角有错。如果错误较大(如5°以上)，直接用图解方法亦可发现错误所在，即由 A 向 C 用量角器和比例尺按角度和边长画导线，然后再由 C 向 A 画导线，两条导线相交的导线点即测角错误的地方。

对于闭合导线也可采用此法检验，由一点开始按顺时针方向和逆时针方向按同法做对向检查。

②查找测边错误的方法　如果导线角度闭合差在容许范围内，导线全长相对闭合差大大超出容许范围时，极可能是边长测量有错误。为了确定错误所在，先确定导线全长相对闭合差的方向。根据计算可得导线全长相对闭合差的坐标方位角为：

$$\alpha = \arctan \frac{f_y}{f_x} \tag{6-19}$$

根据公式计算的 α，将其与各边的坐标方位角相比较。如有某一导线边的坐标方位角与其很接近，则该导线边可能是测量错误的边。

6.3 交会定点

交会定点是加密控制点常用的方法，它可以采用在数个已知控制点上设站，分别向待定点观测方向或距离，也可以在待定点上设站向数个已知控制点观测方向或距离，然后计算待定点的坐标。交会定点方法有前方交会法、后方交会法和自由设站法等。下面介绍常用的前方交会法和后方交会法。

6.3.1 前方交会

如图6-12所示，在已知点 A、B 上设站测定待定点 P 与已知点的夹角 α、β，即可得到 AP 边的方位角 $\alpha_{AP}=\alpha_{AB}-\alpha$，$BP$ 边的方位角 $\alpha_{BP}=\alpha_{BA}+\beta$。$P$ 点的坐标可由两已知直线 AP 和 BP 交会求得。

$$\left.\begin{aligned} x_p &= \frac{x_A\cot\beta + x_B\cot\alpha - y_A + y_B}{\cot\alpha + \cot\beta} \\ y_p &= \frac{y_A\cot\beta + y_B\cot\alpha + x_A - x_B}{\cot\alpha + \cot\beta} \end{aligned}\right\} \tag{6-20}$$

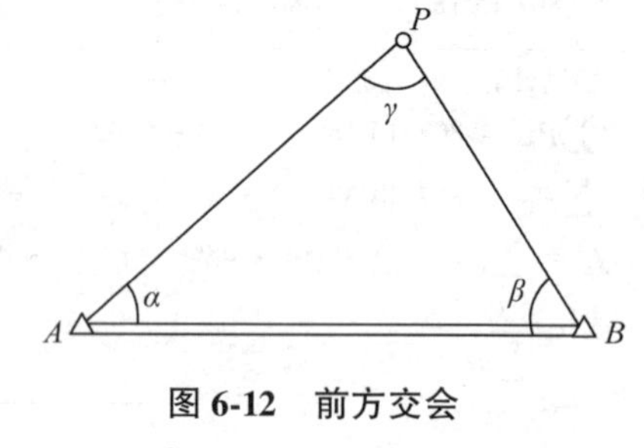

图6-12　前方交会

式(6-20)因用到了观测角的余切，也称余切公式。

前方交会中，由未知点至相邻两起始点方向间的夹角 γ 称为交会角。交会角过大或过小都会影响 P 点位置测定精度，要求交会角一般应大于30°并小于150°。一般测量中，都布设三个已知点进行交会，这时可分两组计算 P 点坐标，当两组计算 P 点的坐标较差 ΔD 在容许限差内，则取它们的平均值作为 P 点的最后坐标。

6.3.2 测边交会

除测角交会法外，还可测边交会定点，通常采用三边交会法。如图 6-13 所示，图中 A、B、C 为已知点，a、b、c 为测定的边长。由已知点反算边的方位角和边长为 α_{AB}、α_{CB}、S_{AB} 和 S_{CB}，三角形 ABP 中，

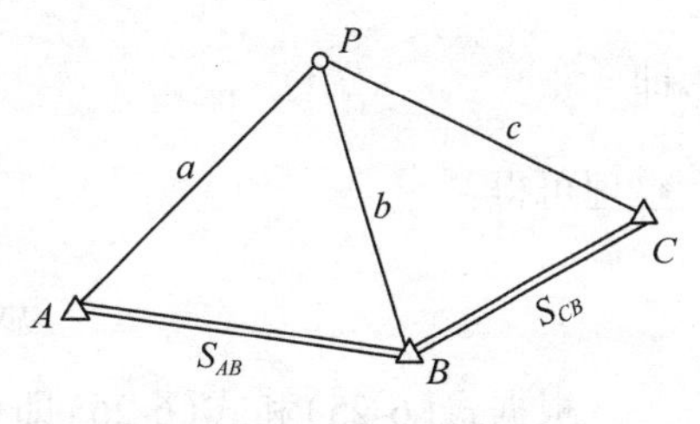

图 6-13 测边交会

$$\cos\angle A=\frac{S_{AB}^{2}+a^{2}-b^{2}}{2\cdot S_{AB}\cdot a} \tag{6-21}$$

则

$$\alpha_{AP}=\alpha_{AB}-\angle A$$

$$\left.\begin{aligned} x'_{p}&=x_{A}+a\cdot\cos\alpha_{AP}\\ y'_{p}&=y_{A}+a\cdot\sin\alpha_{AP}\end{aligned}\right\} \tag{6-22}$$

同样，在三角形 CBP 中，

$$\cos\angle C=\frac{S_{CB}^{2}+c^{2}-b^{2}}{2\cdot S_{CB}\cdot c} \tag{6-23}$$

$$\alpha_{CP}=\alpha_{CB}+\angle C$$

$$\left.\begin{aligned} x''_{p}&=x_{C}+c\cdot\cos\alpha_{CP}\\ y''_{p}&=y_{C}+c\cdot\sin\alpha_{CP}\end{aligned}\right\} \tag{6-24}$$

按上式计算的两组坐标，其较差在容许限差内，则取平均值作为 P 点的坐标。

6.3.3 后方交会

如图 6-14 所示，在未知点 P 设站，向已知点 A、B、C、D 观测夹角 γ_1、γ_2、γ_3，然后根据已知点的坐标计算出 P 点的坐标，简称后方交会。

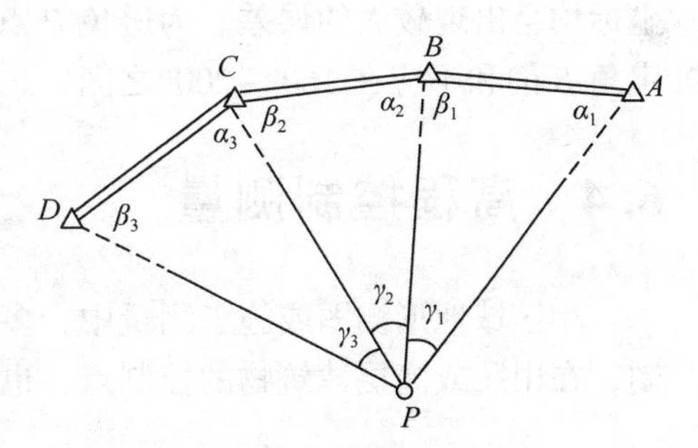

图 6-14 后方交会

后方交会计算待定点 P 的方法很多，这里介绍一种较为实用的计算方法——余切公式。

由余切公式(6-20)可知，计算后方交会点 P 坐标关键是如何求得 α_i 和 β_i。角度 α_i 和 β_i 计算的计算步骤如下。

利用坐标反算公式计算 AB、BC 和 CD 的水平距离。

①计算 α_1 和 β_2　由图(6-14)可知：

$$\angle B=\beta_1+\alpha_2=\alpha_{BC}-\alpha_{BA}$$

$$\alpha_1+\angle B+\beta_2+\gamma_1+\gamma_2=360°$$

令

$$\alpha_1+\beta_2=360°-(\angle B+\gamma_1+\gamma_2)=\theta$$

则

$$\beta_2=\theta-\alpha_1 \tag{6-25}$$

在△APB 和△BPC 中，根据正弦定理可得：

$$\frac{S_{AB}\sin\alpha_1}{\sin\gamma_1}=\frac{S_{BC}\sin\beta_2}{\sin\gamma_2}=\frac{S_{BC}\sin(\theta-\alpha_1)}{\sin\gamma_2}$$

即

$$\sin(\theta-\alpha_1)=\frac{S_{AB}\sin\alpha_1\sin\gamma_2}{S_{BC}\sin\gamma_1}$$

整理可得：

$$\cot\alpha_1=\frac{S_{AB}\sin\alpha_1\sin\gamma_2}{S_{BC}\sin\gamma_1\sin\theta}+\cos\theta \tag{6-26}$$

根据式(6-25)和式(6-26)即可求出 α_1 和 β_2。

②计算 β_1 和 α_2

$$\beta_1=180°-(\alpha_1+\gamma_1) \tag{6-27}$$

$$\alpha_2=180°-(\beta_2+\gamma_2) \tag{6-28}$$

β_1 与 α_2 之和应等于∠B，以此作为检验。

③计算 α_3 和 β_3

$$\alpha_3=(\alpha_{CD}-\alpha_{CB})-\beta_2=\angle C-\beta_2 \tag{6-29}$$

$$\beta_3=180°-(\alpha_3+\gamma_3) \tag{6-30}$$

求出 α_i 和 β_i 之后，即可利用式(6-20)计算 P 点的坐标。如果由△CPD 计算的坐标与前两个三角形算得的 P 点坐标平均数之差符合要求，则取三组坐标的平均值作为 P 点的坐标。

后方交会中，若 P 点恰好位于 A、B、C 三点的外接圆上，P 点无论在该圆周的任何位置上，所测夹角 γ_1、γ_2 均不会改变，因此 P 点坐标无法计算，测量上把通过已知点 A、B、C 的外接圆称为危险圆。若 P 点落在危险圆附近一定环形面积范围内，计算出的 P 点坐标均会出现较大的误差。为避免 P 点落在危险圆附近，后方交会的交会角 γ_1 和 γ_2 与固定角 B 的和不应在160°~200°之间。

6.4 高程控制测量

小区域地形测图或施工测量中，多采用三、四等水准测量作为高程控制测量的首级控制，在山区或高层建筑物的控制点，也可采用三角高程测量方法。

6.4.1 三、四等水准测量

三、四等水准测量除用于国家高程控制网加密外，还常用于建立局部区域地形测量、工程测量高程首级控制，其高程应由就近的国家高一级水准点引测。根据测区条件和用途，三、四等水准路线可布设成闭合或附合水准路线，水准点应埋设普通标石或做临时水准点标志，也可与平面控制点共享。

6.4.1.1 技术要求

三、四等水准测量的技术要求见表6-6和表6-7。

表 6-6 三、四等水准测量测站技术要求

等级	水准仪型号	水准尺	视线离地面高度/m	视线长度/m	前后视距差/m	前后视距累积差/m	红黑面读数差/mm	红黑面高差之差/mm
三	DS_3	双面	≥0.3	≤75	≤2.0	≤5.0	≤2	≤3
四	DS_3	双面	≥0.2	≤100	≤3.0	≤10.0	≤3	≤5

表 6-7 三、四等水准路线的技术要求

等级	水准仪型号	水准尺	路线长度/km	观测次数		附合或闭合路线闭合差	
				与已知点联测	附合或闭合路线	平地/mm	山地/mm
三	DS_3	双面	≤50	往返各一次	往返各一次	$\pm 12\sqrt{L}$	$\pm 4\sqrt{n}$
四	DS_3	双面	≤16	往返各一次	往一次	$\pm 20\sqrt{L}$	$\pm 6\sqrt{n}$

注：计算往返较差时，L 为附合路线环线长度，单位为 km；n 为测站数。

6.4.1.2 外业观测

三、四等水准测量采用成对双面尺观测。测站观测程序如下，观测手簿见表 6-8。

①安置水准仪，整平；

②瞄准后视尺黑面，读取上、下、中丝的读数，记入手簿(1)、(2)、(3)栏；

③瞄准前视尺黑面，读取上、下、中丝的读数，记入手簿(4)、(5)、(6)栏；

④瞄准前视尺红面，读取中丝的读数，记入手簿(7)栏；

⑤瞄准后视尺红面，读取中丝的读数，记入手簿(8)栏；

以上观测程序归纳为“后—前—前—后”，可减小仪器下沉误差的影响。四等水准测量也可按“后—后—前—前”程序观测。

表 6-8 三、四等水准测量手簿

测站编号	测点编号	后尺 上丝 / 下丝 后视距/m 视距差 Δd/m	前尺 上丝 / 下丝 前视距/m $\sum \Delta d$/m	方向及尺号	中丝读数/m 黑面	中丝读数/m 红面	K+黑-红/mm	高差中数/m	备注
		(1)	(4)	后	(3)	(8)	(13)	(18)	
		(2)	(5)	前	(6)	(7)	(14)		
		(9)	(10)	后-前	(15)	(16)	(17)		
		(11)	(12)						
1	BM_1 | TP_1	1.872	1.040	后 K_1	1.685	6.372	0	+0.8325	K_1=4.687 K_2=4.787
		1.498	0.664	前 K_2	0.852	5.640	-1		
		37.4	37.6	后-前	+0.833	+0.732	+1		
		-0.2	-0.2						

（续）

测站编号	测点编号	后尺 上丝 下丝 后视距/m 视距差 Δd/m	前尺 上丝 下丝 前视距/m ΣΔd/m	方向及尺号	中丝读数/m 黑面	中丝读数/m 红面	K+黑-红/mm	高差中数/m	备注
2	TP_1 | TP_2	2.432	2.507	后 K_2	2.245	7.032	0	-0.0745	
		2.058	2.132	前 K_1	2.319	7.007	-1		
		37.4	37.5	后-前	-0.074	+0.025	+1		
		-0.1	-0.3						
3	TP_2 | TP_3	2.013	2.154	后 K_1	1.825	6.512	0	-0.1405	
		1.638	1.777	前 K_2	1.965	6.753	-1		
		37.5	37.7	后-前	-0.140	-0.241	+1		
		-0.2	-0.5						
4	TP_3 | BM_2	2.266	2.442	后 K_2	2.133	6.920	0	-0.1745	
		2.001	2.175	前 K_1	2.308	6.994	+1		
		26.5	26.7	后-前	-0.175	-0.074	-1		
		-0.2	-0.7						
每页检核	Σ(9)=138.8 -Σ(10)=139.5 =-0.7 =末站(12) 总视距=Σ(9)+Σ(10) =278.3			Σ(3)=7.888 -Σ(6) =7.444 =+0.444 =Σ(15) [Σ(15)+ Σ(16)]/2=+0.443 =Σ(18)			Σ(8)=26.836 -Σ(7) =26.394 =+0.442 =Σ(16)		

6.4.1.3 测站计算与检核

上述观测完成后，应立即进行测站计算与检核，满足规范的限差要求后，方可迁站。

(1)视距计算与检核

后视距 $d_{后}$：(9)= [(1)-(2)]×100；

前视距 $d_{前}$：(10)= [(4)-(5)]×100；

前后视距差 Δd：(11)= (9)-(10)；

前后视距累计差 $\sum\Delta d$：(12)=上站(12)+本站(11)。

以上计算的 $d_{后}$、$d_{前}$、Δd、$\sum\Delta d$ 均应满足规范的规定。

(2)读数检核

设后、前视尺的红、黑面零点常数分别为 K_1(如4.687)、K_2(如4.787)，同一尺的黑、红面读数差校核。

前视尺(14)= (6)+K_2-(7)；

后视尺(13)= (3)+K_1-(8)。

(13)、(14)之值均应满足表6-6的要求，即三等水准测量不大于2 mm，四等水准测量不大于3 mm；否则应重新观测。满足上述要求即可进行高差计算。

(3)高差计算与检核

黑面高差：(15)= (3)-(6)；

红面高差：(16)= (8)-(7)；

黑红面高差之差(较差)：(17)= (15)-[(16)±0.100] = (13)-(14)。(17)对于三等水准测量应不大于 3 mm，四等水准测量不大于 5 mm。上式中 0.100 m 为前、后视尺红面的零点常数 K 的差值。正、负号可将(15)和(16)相比较确定，当(15)小于(16)且接近 0.100 m 时，取负号；反之取正号。上述计算与检核满足要求后，取平均值作测站高差，即

$$(18) = [(15) + (16) \pm 0.100]/2 \tag{6-31}$$

6.4.2 三角高程测量

三角高程测量是根据两点间的水平距离或倾斜距离以及竖直角按照三角公式来求出两点间的高差。如图 6-15 所示，已知 A 点高程 H_A，欲求 B 点高程 H_B。在 A 点安置仪器，仪器高为 i，在 B 点设置觇标或棱镜，其高度为 v，若测出 A、B 两点间的水平距离为 D，望远镜瞄准觇标或棱镜的竖直角为 α。

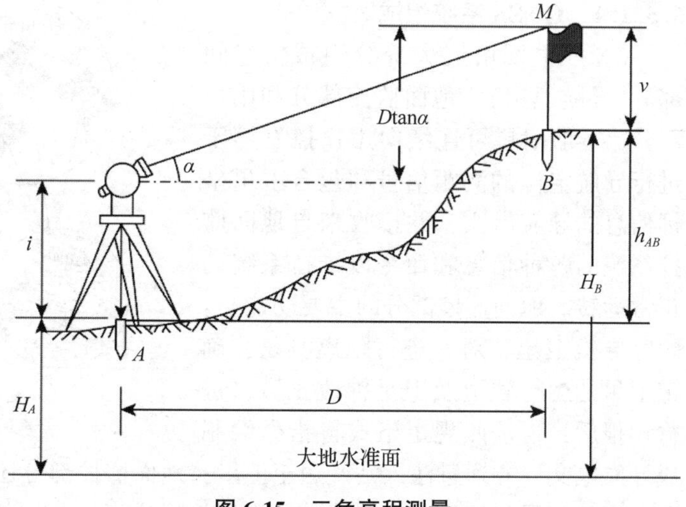

图 6-15 三角高程测量

则 AB 两点的高差为：

$$h_{AB} = D\tan\alpha + i - v \tag{6-32}$$

B 点高程为：

$$H_B = H_A + h_{AB} = H_A + D\tan\alpha + i - v \tag{6-33}$$

若仪器架设在已知高程点，观测该点与未知高程点之间的高差称为直觇；若仪器架设在未知高程点，观测该点与已知高程点之间的高差称为反觇。直觇和反觇称为对向观测。由于地球表面曲率变化及大气密度的不均匀，当距离较长(大于 300 m)时，必须考虑地球曲率差和大气折射差对其结果的影响。一般采用对向观测的方法消除或削弱球气差的影响。即由 A 向 B 观测得 h_{AB}，再从 B 向 A 观测得 h_{BA}，当两高差的校差在容许值内，则取其平均值。

当三角高程线路形成闭合或附合路线时，路线高差闭合差 $f_{h容} = \pm 0.1H\sqrt{n}$(式中，$H$ 为基本等高距；n 为边数)，配赋方法参照第 2 章水准路线闭合差配赋改正。

6.5 GNSS 测量

GNSS 是一种空间无线电导航和定位系统，为用户提供地球上任何位置或近地空间的

全天候三维坐标、速度和时间信息。GNSS广泛用于航空、导航、通信、人员跟踪、消费娱乐、测绘、定时、车辆监控和管理、车辆导航和信息服务等领域，已成为世界各国重大空间和信息化基础设施，也标志着现代大国地位和综合国力，各国都在积极建设和发展属于自己的卫星导航系统。

6.5.1 GNSS概述

GNSS主要包括美国的全球定位系统(GPS)、俄罗斯的格洛纳斯系统(GLONASS)、中国的北斗卫星导航系统(BeiDou)和欧洲的伽利略卫星导航系统(Galileo)。其中，GPS系统是全世界最早部署实施的卫星导航系统，也是目前世界领先的卫星导航系统。目前，日本的QZSS准天顶卫星系统，印度的IRNSS区域导航卫星系统和其他区域导航系统也已经开始建立。

6.5.1.1 GNSS系统组成

GNSS主要由三大部分组成：空间部分(导航卫星)、地面监控部分和用户部分。导航卫星可连续向用户播发用于进行导航定位的测距信号和包含卫星坐标信息的导航电文，并接收来自地面监控系统的各种信息和命令以维持系统的正常运转。地面监控部分的主要功能是：跟踪导航卫星，对其进行距离测量，确定卫星的运行轨道及卫星钟改正数，进行预报后，再按照规定格式将指令编制成导航电文，并通过注入站发送至卫星；地面监控部分还能通过注入站向卫星发送各种指令，调整卫星的轨道及时钟读数、修复故障或启用备用件等。用户则使用GNSS接收机来测定从接收机至GNSS卫星的距离，并根据卫星星历所给出的观测瞬间卫星在空间的位置等信息求出自己的三维位置、三维运动速度和钟差等参数。

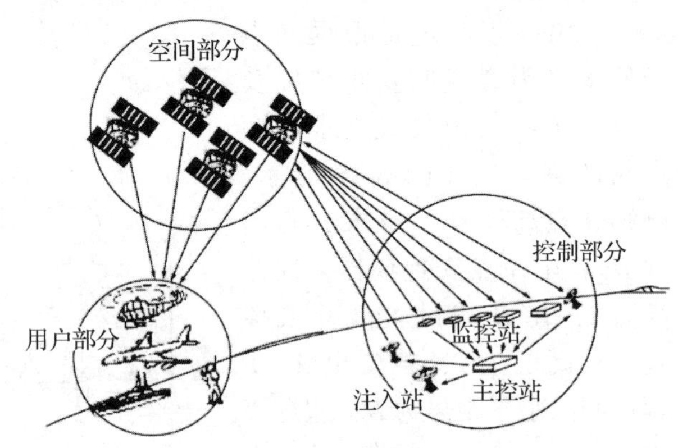

图6-16 GNSS系统组成

6.5.1.2 GNSS定位原理

利用GNSS进行定位的基本原理是空间后方交会，即以GNSS卫星和用户接收机天线之间的距离(或距离差)的观测量为基础，根据已知的卫星瞬时坐标来确定用户接收机所对应的点位，即待定点的三维坐标(X，Y，Z)。GNSS定位的关键是测定用户接收机天线至GNSS卫星之间的距离。距离观测分为伪距测量和载波相位测量两种；伪距测量利用卫星发播的测距码测量距离，而载波相位测量则是利用GNSS卫星发射的高频载波作为测距信号。由于载波的波长比测距码波长要短得多，利用载波进行距离测量可以得到更高精度；但载波相位测量只能测定不足一个整周期的相位差，无法直接测得相位的整周期数N，因此载波相位测量的定位解算相对复杂。基于伪距及相位观测值的基本观测方程如下：

$$\left.\begin{aligned} P_{g,r}^{s} &= \rho_{r}^{s} + c \cdot dt_{r} - c \cdot dt^{s} + dTrop_{r}^{s} + dIon_{1,r}^{s} + \varepsilon_{g,r}^{s} \\ L_{g,r}^{s} &= \rho_{r}^{s} + c \cdot dt_{r} - c \cdot dt^{s} + dTrop_{r}^{s} + dIon_{1,r}^{s} + \lambda_{g} N_{g,r}^{s} + \delta_{g,r}^{s} \end{aligned}\right\} \qquad (6\text{-}34)$$

式中 g——表示观测频率；

r，s ——分别为接收机和卫星标识；

$P^s_{g,r}$，$L^s_{g,r}$——分别是伪距和相位观测值；

ρ^s_r——表示信号发射时刻的卫星位置到信号接收时刻接收机位置之间的几何距离；

dt_r，dt^s——分别表示接收机和卫星钟差；

$dIon^s_{1,r}$——表示电离层延迟；

$dTrop^s_r$——表示对流层延迟；

$N^s_{g,r}$——表示整周模糊度；

$\varepsilon^s_{g,r}$，$\delta^s_{g,r}$——分别表示伪距和相位观测值中其他未模型化误差。

6.5.1.3 GNSS 误差来源及处理方法

GNSS 测量的误差主要来源包括与卫星有关的误差、与信号传播有关的误差及与接收设备有关的误差三大方面，下面简述各类型误差影响及其处理方法。

(1)与卫星有关的误差

与卫星有关的误差包括卫星星历误差、卫星钟差、相对论效应等。

①卫星星历误差　卫星星历误差是指卫星星历给出的卫星位置和速度与卫星实际位置和速度之差，所以又称为卫星轨道误差。星历误差的大小主要取决于卫星定轨系统的质量，如定轨站的数量及其地理分布、观察值的数量及精度、定轨时所用的教学力学模型和定轨软件的完善程度等，与星历的外推时间间隔也有直接关系。一般短基线用导航星历，长基线用精密星历减弱星历误差的影响。

②卫星钟差　在 GNSS 定位中，无论是码相位观测或是载波相位观测，均要求卫星钟与接收机时钟保持严格的同步。实际上，尽管 GNSS 卫星均采用高精度的原子钟(铷钟和铯钟)，但它们与理想的 GNSS 时之间仍存在一定的偏差和漂移。对于卫星钟的这种偏差，一般可由卫星的主控站，通过对卫星钟运行状态的连续监测确定，并通过卫星的导航电文提供给接收机。在相对定位中，卫星钟差可通过观测量求差(或差分)的方法消除。

③相对论效应　由于卫星钟所处的状态(运动速度和重力位)导致的卫星钟频率变化，即为相对论效应。相对论效应对测码伪距观测值和载波相位观测值的影响是相同的，相对论效应的影响，一般通过模型法进行修正。

(2)与信号传播有关的误差

与信号传播有关的误差包括电离层延迟误差、对流层延迟误差等。

①电离层延迟误差　处于 60~1000 km 的大气部分称为电离层，气体分子和原子在各种因素作用下被电离，形成正离子和自由电子。带电离子可使电磁波信号的传播速度发生变化，传播路径发生弯曲，从而使计算得到的卫星至地面接收机之间的距离与实际距离不相符。该误差大小与信号的频率有关，对载波和伪距观测值的影响可认为大小相等，符号相反。消除或减弱电离层误差的方法包括：i. 采用双频接收机观测；ii. 利用两台或多台接收机，对同一卫星的同步观测的求差；iii. 利用电离层模型加以修正。

②对流层延迟误差　对流层是高度在 50 km 以下的大气层。对流层折射对观测值的影响，可分为干分量与湿分量。干分量主要与大气的湿度与压力有关，而湿分量主要与信号传播路径上的大气湿度有关。对流层延迟对测码伪距观测值和载波相位观测值的影响是相同的。干分量可按照经验模型，结合地面的大气资料进行修正。当观测站间相距不远

(<20 km)时，由于信号通过对流层的路径相近，对同一卫星的同步观测值求差，可以明显减弱对流层折射的影响。

③多路径效应　经某些物体表面反射后到达接收机的信号与直接来自卫星的信号叠加干扰后进入接收机，就将使测量值产生系统误差，这就是所谓的多路径效应。多路径效应具有周期性的特征，由于多路径效应与卫星信号方向、反射系数以及反射物到测站的距离有直接关系，因此测站的选择要与较强的反射面(如平静水面、建筑物表面等)保持一定的距离、选择造型适宜且屏蔽良好的天线；实行静态定位时，可通过观测较长的时间来有效降低多路径效应误差的影响。

(3)与接收设备有关的误差

与接收设备有关的误差包括观测误差、接收机钟差、天线的相位中心位置偏差等。

①观测误差　观测误差包括观测的噪音误差和接收机天线相对于测站点的安置误差。用接收机进行GNSS测量时，由于仪器设备及外界环境影响而引起随机测量误差，其值取决于仪器性能及作业环境的优劣。一般来说，测量噪声的值远小于上述各种系统性偏差值。安置误差主要是指接收机天线几何中心与标石中心不在同一铅垂线上，两者的平面位置不重合，其包括天线置平和对中误差以及量取天线高的误差。在精密定位工作中，必须认真，仔细操作，以尽量减小这种误差的影响。

②接收机钟差　接收机钟差是指接收机钟与标准GPS时之间存在的同步差。目前，GNSS接收机钟大多采用的是石英钟，其性能远远低于卫星上的原子钟。该误差主要取决于钟的质量，与使用的环境也有一定的关系。处理接收机钟差比较有效的方法是在每个测站上引入一个钟差参数作为未知数，在数据处理中与观测站的未知参数一并求解。在精密相对定位中，还可利用观测值求差的方法有效地消除接收机钟差。

③天线的相位中心位置偏差　在GNSS测量中，观测值是以接收机天线的相位中心位置为准的，而天线的相位中心与几何中心在理论上应保持一致。但实际上，受制作工艺限制，天线的相位中心与几何中心一般不完全相符，且相位中心会随着信号输入的强度和方向不同而有所变化。在实际工作中，如果使用同一类型的天线，在相距不远的两个或多个观测站上，同步观测同一组卫星，便可通过定向安置天线、观测值间求差，以削弱相位中心偏移的影响。

(4)其他误差

除上述三类误差的影响之外，GNSS信号还还会受到一些其他误差的影响，如地球自转、固体潮、海潮等，在精密定位中必须予以修正。

6.5.1.4　GNSS定位模式

在GNSS导航定位中，采用不同的数据处理方法，能够获得不同精度、时效性、应用范围的定位结果，目前常采用的高精度定位模式主要包括以下几种。

(1)静态相对定位

相对定位是用两台GNSS接收机，分别安置在基线的两端，同步观测相同的卫星，通过两测站同步采集GNSS数据，通过求差法消除绝大多数观测值误差，最终获得基线两端点的相对位置或基线向量，该测量过程可以推广到多台接收机安置在若干条基线的端点，通过同步观测相同的GNSS卫星，以确定多条基线向量。在观测过程中，设置在基线两端点的接收机相对于周围的参照物固定不动，通过连续观测获得充分的多余观测数据，解算基线向量，称为静态相对定位。这也是当前 GNSS 定位中精度最高的一种方法。

(2)动态相对定位

动态相对定位，是将一台接收机设置在一个坐标已知的固定观测站(基准站)，另一台接收机安装在运动的载体上(移动站)，载体在运动过程中，其上的 GNSS 接收机与基准站上的接收机同步观测 GNSS 卫星，以确定运动载体在每个观测历元的瞬时位置。在动态相对定位过程中，如果基准站接收机能够通过实时数据链发送修正数据，移动站则可实时接收该修正数据并对测量结果进行改正处理，以获得精确的实时定位结果，这就是实时动态相对定位(RTK)。

(3)精密单点定位

精密单点定位(Precise Point Positioning，PPP)是利用单台接收机的观测数据，结合精密的卫星轨道和卫星钟差产品，来独立确定该接收机在地球坐标系统中的绝对精确坐标的方法。与相对定位方式不同，PPP 的误差来源无法通过差分模式消除，只能通过产品改正、模型改正等方法消除，如卫星轨道、时钟误差、对流层延迟等误差项。

6.5.2 GNSS 平面控制测量

一般采取静态相对定位模式进行 GNSS 控制测量。按其工作性质可分为外业和内业两大部分。外业工作主要包括选点、埋石、建立测站标志、野外观测作业以及成果质量检核等；内业工作主要包括技术设计、数据处理以及技术总结等。按照 GNSS 测量实施的工作程序，大体分为几个阶段：GNSS 控制网优化设计、选点与埋石、外业观测、成果检核、数据处理及编制报告等。

6.5.2.1 GNSS 网的技术设计

(1)GNSS 测量的分级及其用途

GNSS 控制网技术设计及测量的主要依据是 GPS 测量规范(规程)和测量任务书。我国现行的《全球定位系统(GPS)测量规范》(GB/T 18314—2009)中，将 GPS 控制测量依其精度划分为 A、B、C、D、E 五个等级，各等级 GPS 测量的主要用途见表 6-9。美国 1988 年公布的 GPS 相对定位精度标准中有 AA 级，此等级网一般为全球性的坐标框架。

为了适应经济建设的需要，有关部门制定了《全球定位系统城市测量技术规程》(CJJ 73—2010)。在此规程中，将城市控制网、城市地籍控制网、工程控制网划分为二、三、四等和一、二级。在布网时，可以逐级布网、越级布网或者布设同级全面网。

表 6-9 各等级 GPS 测量的主要用途

级 别	用 途
A	国家一等大地控制网，全球性地球动力学研究，地壳形变测量和精密定轨等
B	国家二等大地控制网，地方或城市坐标基准框架，区域性地球动力学研究，地壳形变量，局部形变监测和各种精密工程测量等
C	三等大地控制网，区域、城市及工程测量的基本控制网等
D	四等大地控制网。
E	中小城市、城镇及测图、地籍、土地信息、房产、物探、勘测、建筑施工等的控制测量

(2)GNSS控制网的精度及技术要求

A级GPS网由卫星定位连续运行基准站构成，其精度应不低于表6-10的要求；B、C、D、E级GPS网的精度应不低于表6-11的要求。而且，用于建立国家二、三、四等大地控制网的GPS测量，在满足表6-11所规定的B、C、D级精度要求的基础上，其相邻点距离的相对精度应分别不低于1×10^{-7}、1×10^{-6}、1×10^{-5}。

表6-10 A级GPS网的精度要求

级别	坐标年变化率中误差		相对精度	地心坐标各分量年平均中误差/mm
	水平分量/(mm/a)	垂直分量/(mm/a)		
A	2	3	1×10^{-8}	0.5

表6-11 B、C、D、E级GPS网的精度要求

级别	相邻点基线分量中误差		相邻点平均距离/km
	水平分量/mm	垂直分量/mm	
B	5	10	50
C	10	20	20
D	20	40	5
E	20	40	3

A级GPS网观测的技术要求按《全球导航卫星系统连续运行参考站网建设规范》(CH/T 2008—2005)的有关规定执行；B、C、D、E级GPS网观测的基本技术规定应符合表6-12的要求。

表6-12 GPS各等级网的基本技术要求

项目	级别			
	B	C	D	E
接收机类型	双频/全波长	双频/全波长	双频或单频	双频或单频
观测量至少有	L1、L2载波相位	L1、L2载波相位	L1载波相位	L1载波相位
同步观测接收机数	≥4	≥3	≥2	≥2
闭合环或附合路线的边数/条	≤6	≤6	≤8	≤10
卫星截止高度角/°	10	15	15	15
有效观测卫星总数	≥20	≥6	≥4	≥4
观测时段数	≥3	≥2	≥1.6	≥1.6
时段长度	≥23h	≥4h	≥60 min	≥40 min
采样间隔/s	30	10~30	5~15	5~15

各等级城市 GPS 测量的相邻点间基线长度的精度以式(6-35)计算，具体要求见表 6-13。

$$\sigma = \sqrt{a^2 + (bd)^2} \tag{6-35}$$

式中 σ——基线向量的弦长中误差(mm)；

a——固定误差(mm)；

b——比例误差系数(1×10^{-6})；

d——相邻点的距离(km)。

表 6-13 城市 GPS 测量精度要求

等 级	平均距离/m	a/mm	$b/10^{-6}$	最弱边相对中误差
二等	9	≤10	≤2	1/12 万
三等	5	≤10	≤5	1/8 万
四等	2	≤10	≤10	1/4.5 万
一级	1	≤10	≤10	1/2 万
二级	<1	≤15	≤20	1/1 万

注：当边长小于 200 m 时，边长中误差应小于 20 mm。

(3)密度指标要求

根据 GB/T 18314—2009 规定，各级 GPS 网中相邻点间的距离最大不超过该等级网平均距离的 2 倍。根据 CJJ 73—2010 要求，二、三、四等网相邻点最小边长不小于平均边长的 1/2，最大边长不超过平均边长的 2 倍；一、二级网最大边长可在平均边长的基础上放宽 1 倍。

《全球定位系统(GPS)测量规范》中关于 GPS 测量等级的划分，而且不同等级有不同的精度和密度指标要求，都是针对一般情况制定的，并不适合所有场合。在特殊情况下，测量单位仍需按照测量任务书或测量合同书提出的技术要求单独进行技术设计。

(4)GNSS 网的基准设计

GNSS 相对定位测量获得的是基线向量，它属于 WGS-84 坐标系的三维坐标差，然而实际需要的是国家坐标系或地方坐标系的坐标。所以在 GNSS 网的技术设计时，必须明确测量成果所采用的坐标系统和起算数据，即明确 GNSS 网采用的基准，这项工作就是基准设计。

GNSS 网的基准包括位置基准、方位基准和尺度基准。尺度基准一般由地面的光电测距边确定，也可由两个以上的起算点间的距离确定，同时也可由 GNSS 基线向量的距离确定。方位基准一般以给定的起算方位角确定，也可由 GNSS 基线向量的方位作为方位基准。位置基准一般由给定的起算点坐标确定。关于 GNSS 网的基准设计，实质上主要是指确定网的位置基准问题。

(5)GNSS 网的图形设计

GNSS 测量中就控制网的图形设计非常重要，且具有较大的灵活性。如图 6-17 所示，根据不同的用途，GNSS 网的图形布设通常有点连式、边连式、边点混合连接式、星形网、导线网和环形网。选择什么样的网形，取决于工程项目所要求的精度、野外条件及接收机

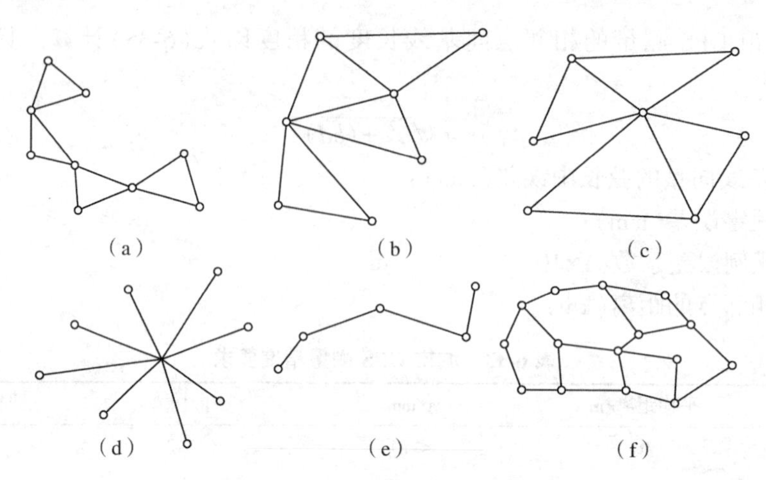

图 6-17 GNSS 网图形的基本形式

(a)点连式 (b)边连式 (c)边点混合连接式 (d)星形网 (e)导线网 (f)环形网

的数量等因素。其中点连式、星形网和导线网附合条件少，精度低；边连接式附合条件多，精度高，但工作量大；边点混合连接和环形网形式灵活，附合条件也多，精度较高，为常用的布设方法。

(6)GNSS 网的布网原则

为了用户的利益，GNSS 网的图形设计应遵循以下原则：

①GNSS 网应根据测区实际需要和交通状况，作业时的卫星状况、预期精度，成果的可靠性以及工作效率，按照优化设计原则进行；

②GNSS 网一般应通过独立观测边构成闭合图形，以增加检核条件，提高网的可靠性；

③GNSS 网的点与点之间不要求通视，但应考虑常规测量方法加密时的需要，可在网点附近布设一个以上的通视方向；

④GNSS 网点应尽量与原有地面控制网点相重合，重合点数一般不应少于 3 个，且应分布均匀，以便可靠地确定 GNSS 网与原有网之间的转换参数；

⑤GNSS 网点应利用已有水准点联测。

6.5.2.2 GNSS 测量的外业实施

(1)GNSS 网选点

由于控制网点位的合理选择对于保证观测工作的顺利进行和测量结果的可靠性有着重要的意义，因此在选点工作开始前，要充分收集和了解有关测区的地理情况、原有测量控制点分布状况，以便恰当地选定点位。GNSS 选点工作应遵守以下原则：

①点位应设在易于安装接收设备、视野开阔的较高位置上，地面基础稳定，易于保存；

②点位目标要显著，视野周围 15°以上不应有障碍物，以减小卫星信号被遮挡；

③点位附近不应有大面积水域和强烈干扰卫星信号接收的无线电发射源等物体，以减弱多路径效应的影响及电磁场对 GNSS 信号的干扰；

④点位应选在交通方便，有利于其他观测手段扩展与联测的地方，网形应有利于同步观测边、点连接；

⑤选点人员应按技术设计进行踏勘，在实地按要求选定点位；当利用旧点时，应对旧点的稳定性、完好性、可用性进行检查，符合要求方能利用。

(2)标志埋设

GNSS 网点一般应按规范埋设具有中心标志的标石，点的标石和标志必须稳定坚固以利长久保存和利用。各等级 GNSS 点的标石用混凝土灌制，其上嵌入金属标志。点名一般取村名、山名、地名和单位名，应向当地政府部门或群众进行调查后确定。不论是新选点还是利用的旧点位，均应绘填 GNSS 网点点之记并提交相应资料。

(3)观测工作

GNSS 观测是利用接收机接收来自卫星的调制信号，它是外业阶段的核心工作，包括准备工作、仪器安置、接收机操作、气象数据观测和测站记录等多项内容。为了保证 GNSS 控制网测量的精度，通常采用静态相对定位作业模式开展工作。

①天线安置　在正常点位，把接收机架设在三脚架上，并安置在标志中心的上方直接对中，调节基座脚螺旋整平接收机天线。安置好天线，在圆盘天线间隔 120° 的三个方向分别量取天线高，三次量取结果之差不应超过 3 mm，取其三次结果的平均值记入测量手簿，天线高记录取值 0.001 m。每个观测时段结束后，再同样量取一次天线高并记录。

②开机观测　将接收机设置为静态观测模式，然后开机观测作业至规定时间。观测作业的主要目的是捕获 GNSS 卫星信号，并对其进行跟踪、处理和量测，以获得所需要的定位信息和观测数据。

③观测记录　观测数据的记录由 GNSS 接收机自动进行，均记录在存储介质上；测量手簿是在接收机启动前及观测过程中，由操作人员填写。其记录格式在现行规范和规程中略有差别，视具体工作内容选择进行。

6.5.2.3 数据处理

GNSS 数据处理的基本流程主要包括：数据预处理、基线解算、网平差及坐标转换和报告输出。在数据预处理中，通过周跳探测等方式获得“干净”的观测值，再通过基线解算、网平差获得准确的基线向量以及平差后的坐标点位，最后通过坐标转换获得目标坐标系成果。

(1)基线解算

基线解算的目的是通过处理原始观测数据，获得观测站的坐标差，即基线向量，所采用的观测值主要是双差观测值。在基线解算时，一般分三个阶段进行，第一阶段进行初始平差，解算出整周未知数参数和基线向量的实数解(浮动解)；在第二阶段，将整周未知数固定成整数；在第三阶段，将确定了的整周未知数作为已知值，仅将待定的测站坐标作为未知参数，再次进行平差解算，求解出基线向量的最终解——整数解(固定解)。

基线解算中的控制参数用以确定数据处理软件采用何种处理方法来进行基线解算，设定基线解算的控制参数是基线解算时的一个非常重要的环节，通过控制参数的设定，可以实现基线的精化处理。基线解算完毕后，基线结果并不能马上用于后续的处理，还必须对基线的质量进行检验，只有质量合格的基线才能用于后续的处理，如果不合格，则需要对基线进行重新解算或重新测量。

(2)网平差

完成基线解算后，需要进行网平差，包括三维无约束平差、约束平差和联合平差。

三维无约束平差指的是在平差时不引入会造成 GNSS 网产生由非观测量所引起的变形的外部起算数据。三维无约束平差主要达到以下几个目的：评定 GNSS 网的内部符合精度，发现和剔除观测值中可能存在的粗差；调整各基线向量观测值的权，使得它们相互匹配。完成三维无约束平差后，可获得 GNSS 网中各点在导航星历坐标系下经过了平差处理的三维空间直角坐标。

在进行完三维无约束平差后，需要进行约束平差或联合平差，平差可根据需要在三维空间进行或二维空间中进行。约束平差指的是平差时引入了使得 GNSS 网产生由非观测量所引起的变形的外部起算数据，如使用了不同坐标系下的起算点坐标值。联合平差指的是平差时所采用的观测值除了 GNSS 观测值以外，还采用了地面常规观测值，包括边长、方位、角度等观测值。

思考题与习题

1. 控制测量包括哪些主要内容？一般可采用哪些测量技术？

2. 三、四等水准测量一测站的操作步骤如何？记录计算有哪些限差和规定？

3. GNSS 系统由哪几部分组成，并说明其作用。

4. 已知 A 点坐标 $X_A=437.620$，$Y_A=721.324$；B 点坐标 $X_B=223.370$，$Y_B=511.792$。求 AB 的坐标方位角及边长。

5. 如图 6-18 所示，已知 AB 坐标方位角 $\alpha_{AB}=15°36'27''$，$\beta_1=49°54'56''$，$\beta_2=203°27'36''$，$\beta_3=82°38'14''$，$\beta_4=62°47'52''$，$\beta_5=114°48'25''$，试推算各导线边 $A2$、23、34、$4C$、CD 的坐标方位角。

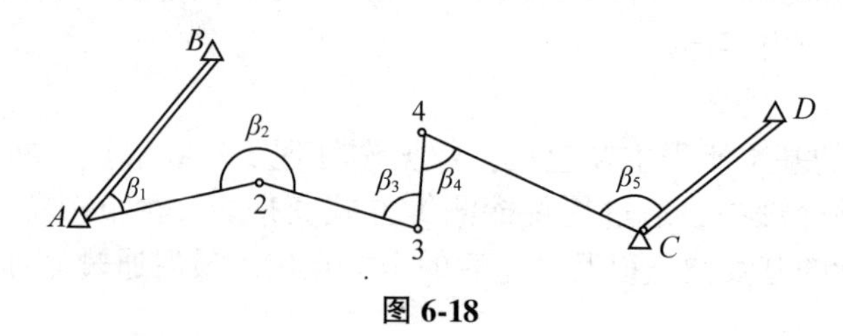

图 6-18

6. 图 6-19 是一闭合导线的已知数据及观测数据，列表计算 2、3、4 点的平面直角坐标。

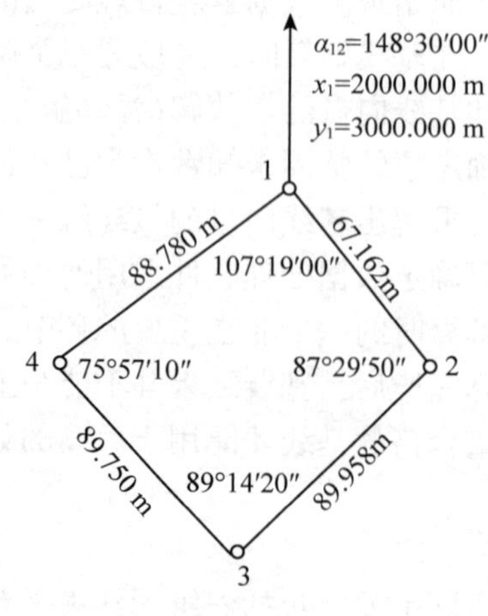

图 6-19

7. 试根据图 6-20 附合导线的已知数据和观测数据，列表结算 1、2 点的平面直角坐标。

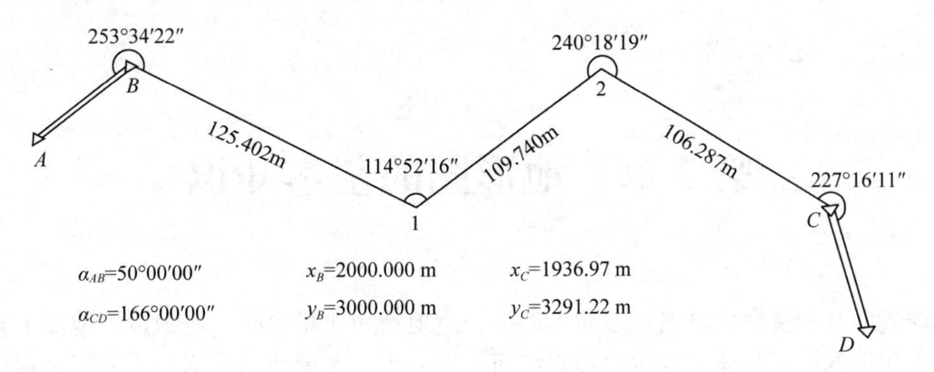

图 6-20

第7章　地形图的基本知识

地球表面复杂多样的自然形态即为地形，由地物和地貌构成。地物是指地面上自然形成或人工建造的固定物体，自然地物有江河、湖泊等，人造地物有运河、堤坝、房屋、道路等。地貌是指地面高低起伏的形态，如高山、丘陵、平原、盆地等。既表示地物平面位置，也用等高线表示地貌的正射投影图称为地形图。地形图详细地描述了地表三维形态，其绘制依据统一的数学框架和统一的地图图式符号系统。

7.1　地形图比例尺

测绘地形图时，考虑到图幅尺寸的限制，很难将地面上的地物、地貌按其真实大小绘图，而是按一定比例缩小并用规定的符号在图纸上表示地物、地貌的平面位置和高程。图上某一线段长度 d 与地面上相应线段实际水平距离 D 之比，称为地形图的比例尺，即

$$\frac{d}{D}=\frac{1}{D/d}=\frac{1}{M} \tag{7-1}$$

式中　M——比例尺分母，缩小倍数。

7.1.1　比例尺的种类

地形图比例尺的表现形式有多种，常见的有3种，分别为数字比例尺、图示比例尺(直线比例尺)和复式比例尺(斜线比例尺)。

7.1.1.1　数字比例尺

用分子为1的分数形式表示的比例尺称为数字比例尺，其表示方法为1∶M，如1∶500、1∶1000、1∶2000。比例尺分母 M 越大，分数值就越小，比例尺就越小；反之分母越小，比例尺就越大，如1∶500>1∶1000>1∶2000。地形图按比例尺大小分为大、中、小三种，通常将1∶500、1∶1000、1∶2000、1∶5000比例尺的地形图称大比例尺地形图；1∶1万、1∶2.5万、1∶5万、1∶10万比例尺的地形图称中比例尺地形图；1∶25万、1∶50万、1∶100万比例尺的地形图称小比例尺地形图。各种工程规划、设计常用的是大比例尺地形图。我国规定1∶5000、1∶1万、1∶2.5万、1∶5万、1∶10万、1∶25万、1∶50万、1∶100万这八种比例尺地形图为国家基本比例尺地形图。地形图的数字比例尺注记在图廓外正下方中央位置，如图7-1所示。

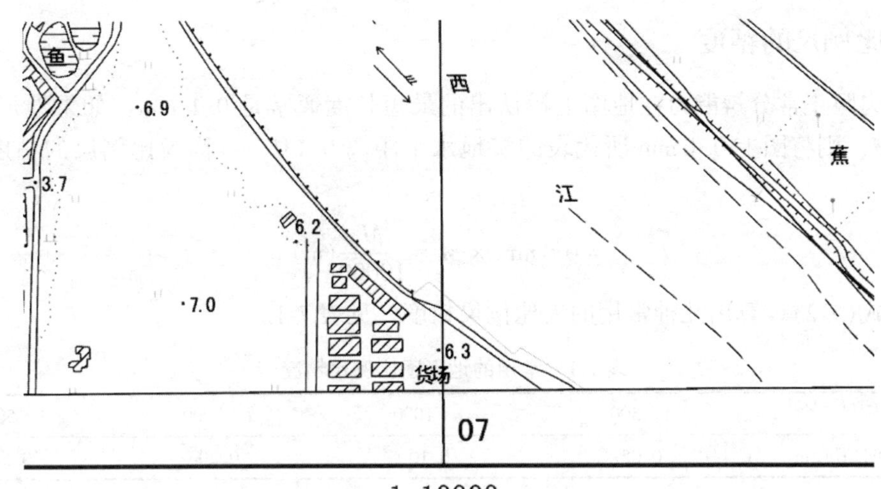

1:10000

图 7-1　地形图数字比例尺

7.1.1.2　图示比例尺

实际工作中为了用图方便，避免图纸伸缩引起的长度误差影响，通常还在地形图上绘制出图示比例尺。如图 7-2 所示为 1：10000 的图示比例尺，它是在直线上以 1 cm 或 2 cm 为基本单位，将直线分出若干大格并标注实际尺寸，最左边一段基本单位细分成 10 等份小格，每小格相当于实地 20 m，小格与大格的分界处标注 0 m。

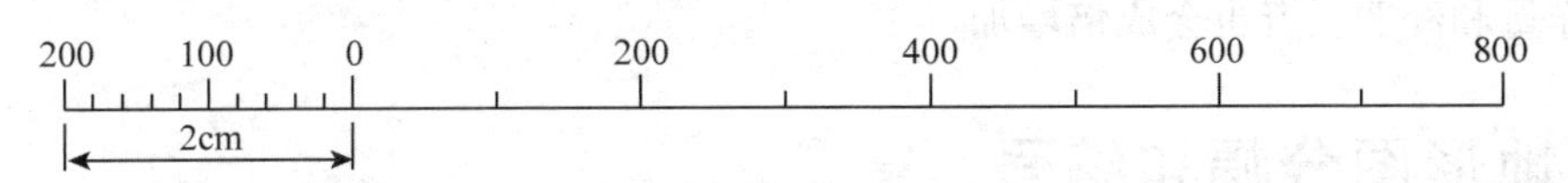

图 7-2　地形图直线比例尺

使用直线比例尺时，先用分规在图上量取线段的长度，再将分规的一个脚针对齐 0 分划右侧的一个整刻度分划，而将另一个脚针尖位于左侧的小格中，取分规两脚针尖读数之和就是所量线段的实地水平距离。

7.1.1.3　复式比例尺

正常情况下，人眼能够分辨的最小距离为 0.1 mm，为确保 0.1 mm 量取的准确性，人们根据平行线原理发明了复式比例尺，这种比例尺可将距离准确量取到 0.1 mm。复式比例尺其实也属于图示比例尺，亦称斜线比例尺，它的使用方法与直线比例尺类似，如图 7-3 中，线段 *kw* 的实地水平距离为 408 m，线段 *fg* 的实地水平距离为 216 m。

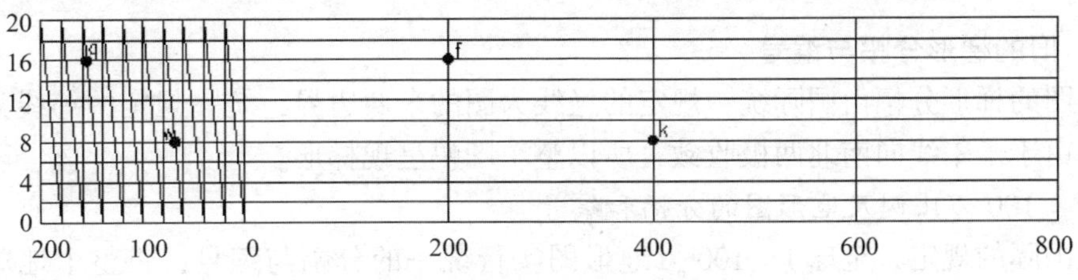

图 7-3　地形图复式比例尺

7.1.2 比例尺的精度

人的肉眼正常分辨能力在地图上辨认出的最短长度通常是0.1 mm，如果地形图比例尺为1：M，则将图上0.1 mm所代表的实地水平距离0.1M(m)称为比例尺的精度，用δ表示，即

$$\delta = 0.1\text{mm} \times M = \frac{M}{10000}(\text{m}) \tag{7-2}$$

根据式(7-2)计算出几种常用的大比例尺精度，见表7-1。

表7-1 常用的地形图比例尺精度

比例尺	1：500	1：1000	1：2000	1：5000
比例尺的精度/m	0.05	0.10	0.20	0.50

比例尺精度对测图和设计用图都具有重要意义。利用比例尺的精度，根据测图比例尺可以推算测图时量距应准确到什么程度，例如，测绘1：2000比例尺地形图时，其比例尺的精度为0.2 m，测量距离的精度只需准确到0.2 m，因为小于0.2 m的距离在图上很难表示出来。同样，当设计需求要在图上表示出实地最短长度时，根据比例尺精度可以确定测图的比例尺大小，例如，欲把实地最短长度为0.5 m线段表示在图纸上，则采用的测图比例尺不能小于1：5000。

因此，测绘地形图的比例尺越大，采集的数据信息越详细，测图要求的精度就越高，测图工作量和经费投资也会成倍增加。

7.2 地形图分幅和编号

为了便于大面积地形图的测绘、管理、检索和使用，需要将各种比例尺地形图进行统一的分幅和编号。每张地形图的图幅大小和图号编制规则有统一规定，地形图分幅的方法分为两类：一类是按经纬线分幅的梯形分幅法(又称国际分幅)，一般用于1：100万~1：5000比例尺地形图的分幅；另一类是按坐标格网划分的矩形分幅法，常用于工程建设中的大比例尺地形图的分幅。

梯形分幅法目前并行着两种分幅方法，即现行的1993年起采用的新的分幅方法和1993年前使用的旧的分幅方法。

7.2.1 梯形分幅和编号

7.2.1.1 旧的梯形分幅与编号

地形图的梯形分幅由国际统一规定的经线为图的东西边界，统一规定的纬线为图的南北边界，由于子午线向南北两极收敛，所以整个图幅呈现梯形。

(1)1：100万比例尺地形图的分幅和编号

按照国际的规定，全球1：100万地形图实行统一的分幅与编号，将整个地球表面自180°经线起算，由西向东每隔经差6°为一纵行，全球共分成60个纵行，依次用阿拉伯数

字 1~60 表示；同时又从赤道纬线 0°起，分别向南北极每隔纬差 4°划分为一横列，至南北纬 88°各为 22 横列，依次以英文大写字母 A，B，C，…，V 表示。以南、北极为中心，纬度 88°为界的圆为极圈，以 Z 标明，采用极方位投影单独成图。图 7-4 是北半球 1∶100 万比例尺地形图的国际分幅和编号。

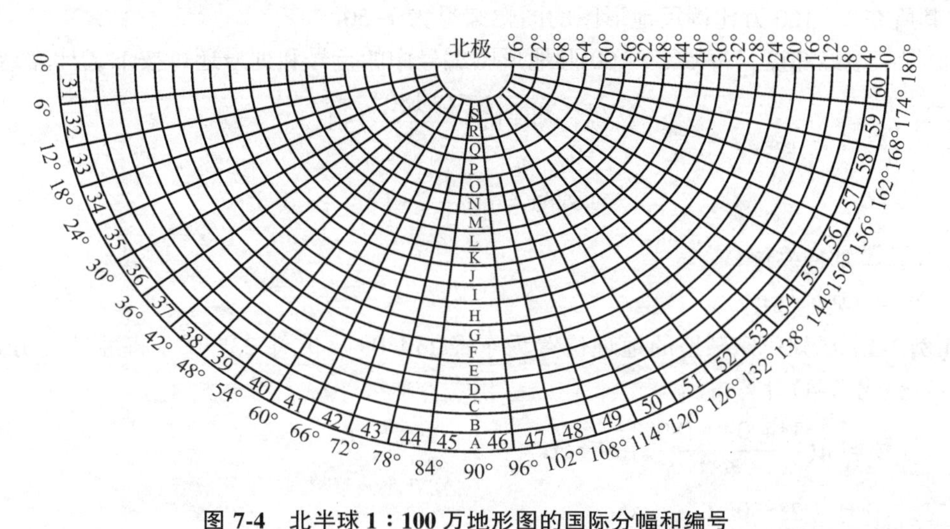

图 7-4 北半球 1∶100 万地形图的国际分幅和编号

由于南、北半球随着纬度升高，地图的面积迅速缩小，所以规定纬度在 60°~76°之间将两幅合并，即按纬差 4°，经差 12°分幅。在纬度 76°~88°之间则四幅合并，即每幅图纬

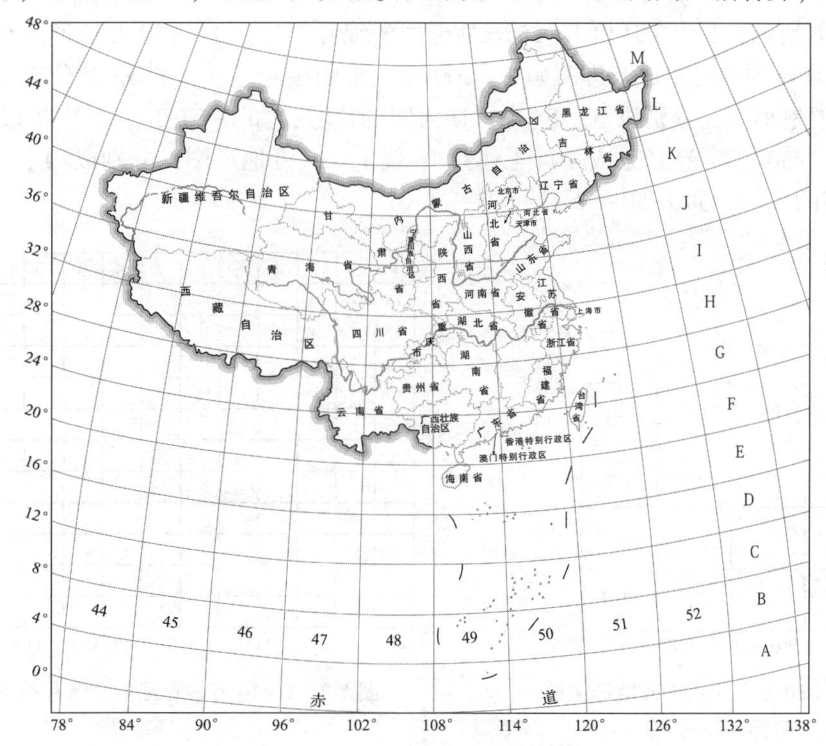

图 7-5 中国各地 1∶100 万地图的国际分幅和编号

差4°，经差24°。我国地理位置纬度均在60°以下，不存在合并图幅的问题。

这样，由相隔6°的经线和4°的纬线围成的梯形格即为一幅1∶100万地形图，每幅图的编号方法是用“横列—纵行”的代码组成。如图7-5所示，根据某地经纬度可在图中查出其所在的梯形格和编号。例如，我国北京某处的地理位置为东经116°24′30″，北纬39°55′58″，其所在1∶100万比例尺地形图的图幅编号为J-50。

根据某地经纬度，每幅1∶100万地形图编号中的行号和列号还可按下式计算

$$纵行号=\mathrm{int}(\frac{L+180°}{6°})+1$$

$$横列号=\mathrm{int}(\frac{B}{4°})+1$$

式中 L——某地经度；

B——某地纬度。

【例7-1】已知广东某地的地理位置为东经114°09′，北纬23°30′，将经纬度分别代入式(7-3)和式(7-4)计算得出

$$纵行号=\mathrm{int}(\frac{114°09'+180°}{6°})+1=50$$

$$横列号=\mathrm{int}(\frac{23°30'}{4°})+1=6\rightarrow F$$

所以其1∶100万地形图编号为F-50

(2)1∶50万、1∶25万、1∶10万地形图的分幅和编号

如图7-6所示，1∶50万和1∶25万地形图的编号都是在1∶100万地形图编号的基础上分别加上自己的代号组成，即每幅1∶100万地形图按经差3°、纬差2°分成2行2列共4幅1∶50万地形图，分别以A、B、C、D为图的代号，如J-50-B；每一幅1∶100万地形图按经差1°30′、纬差1°分成4行4列共16幅1∶25万地形图，分别以[1]，[2]，…，[16]表示图的代号，如J-50-[2]。

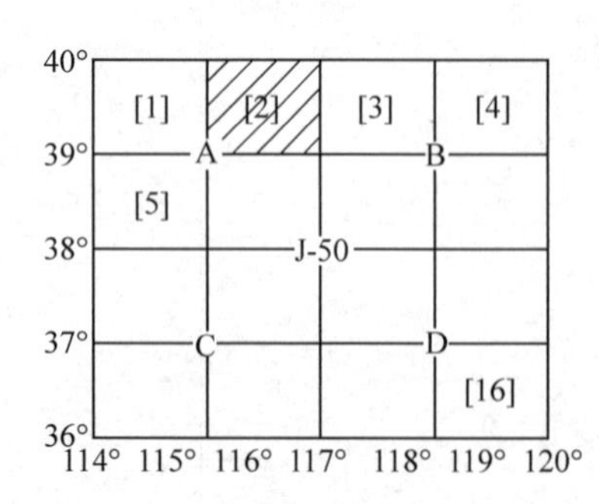

图7-6 1∶50万和1∶25万地形图的分幅和编号

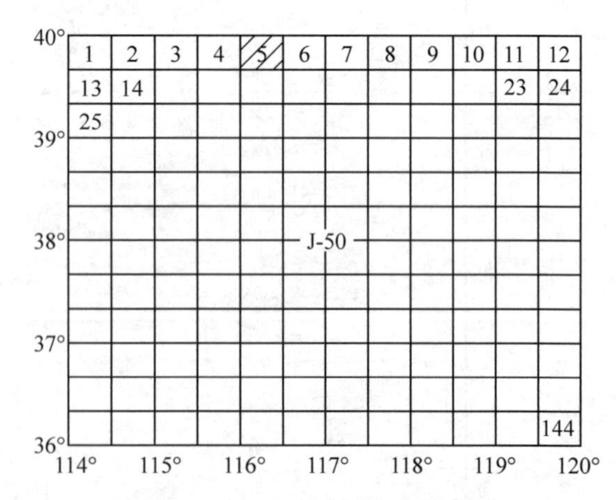

图7-7 1∶10万地形图的分幅和编号

1∶10万地形图的分幅和编号方法同上，把一幅1∶100万地形图，按经差30′、纬差20′分成12行12列144幅1∶10万地形图，在1∶100万地形图图号的后面分别以1，2，…，144表示。例如同，北京某地所在的1∶10万地形图的图号为J-50-5，如图7-7的阴影5。

(3)1∶5万、1∶2.5万和1∶1万地形图的分幅和编号

如图7-8所示，1∶5万、1∶2.5万和1∶1万地形图的编号都是在1∶10万地形图编号的基础上进行的。

每幅1∶10万地形图按经差15′、纬差10′可分成2行2列共4幅1∶5万地形图，在1∶10万地形图图号的后面分别以A、B、C、D表示，例如，北京某地所在的1∶5万地形图的编号为J-50-5-C。

每幅1∶5万地形图，按经差7.5′、纬差5′可分成4幅1∶2.5万地形图，在1∶5万地形图图号的后面分别以1、2、3、4表示，例如，北京某地所在的1∶2.5万地形图的编号为J-50-5-B-2。

每幅1∶10万地形图按经差3′45″、纬差2′30″可分成64幅1∶1万地形图，在1∶10万地形图图号的后面分别以(1)，(2)，…，(64)表示，例如，北京某地所在的1∶1万地形图的编号为J-50-5-(15)。

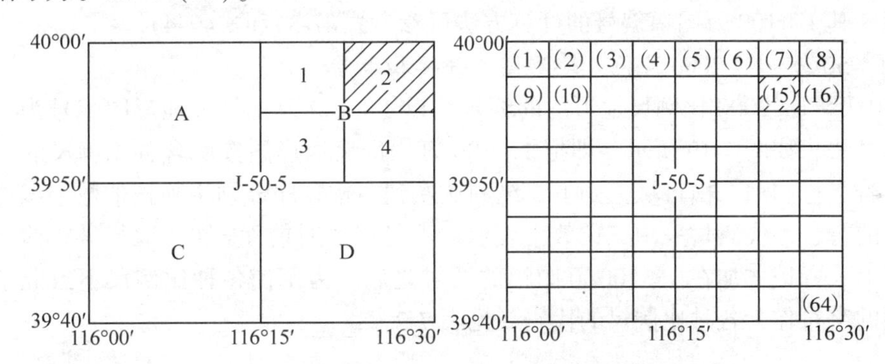

图7-8　1∶5万、1∶2.5万和1∶1万地形图的分幅和编号

(4)1∶5000地形图的分幅和编号

1∶5000地形图的分幅与编号是在1∶1万地形图的分幅与编号的基础上进行的。一幅1∶1万地形图按经差1′52.5″、纬差1′15″可分成4幅1∶5000地形图，在1∶1万地形图图号的后面分别以a、b、c、d表示，例如，北京某地所在的1∶5000地形图的编号为J-50-5-(15)-c。

7.2.1.2　新的国家基本比例尺地形图分幅与编号

我国1992年12月发布了《国家基本比例尺地形图分幅和编号》(GB/T 13989—1992)的国家标准，自1993年3月起实施。2012年10月1日起实施了GB/T 13989—2012国家标准，目前新测和更新的基本比例尺地形图，均须按照此标准进行分幅和编号。

国家基本比例尺地形图分幅是以1∶100万地形图为基础图幅，根据经差、纬差按横行、纵列逐次加密划分而成。编号时前面先写出基础图幅1∶100万图幅编号，后接比例尺代码及相应比例尺的行、列代码。如图7-9所示，所有1∶50万~1∶2000比例尺地形图

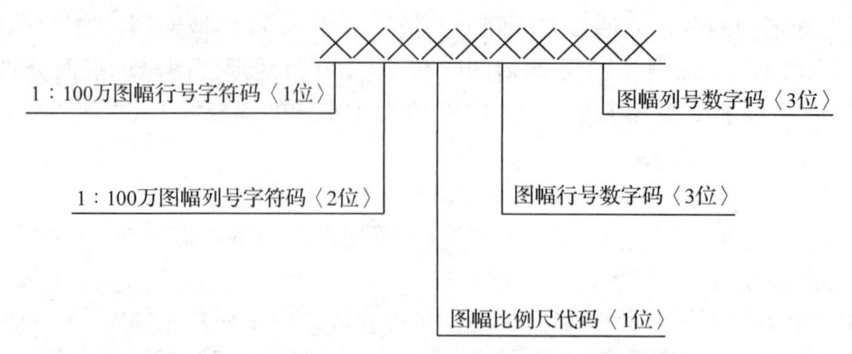

图 7-9 1：50 万~1：2000 地形图新编号构成

均由五个元素 10 位代码组成，编码长度相同，便于计算机处理。另外，1：1000 和 1：500 比例尺地形图是由五个元素 12 位代码组成。

(1)1：100 万比例尺地形图的分幅和编号

1：100 万地形图的分幅按照国际 1：100 万地图分幅的标准进行，其编号与国际分幅编号一致，图幅编号是由该图所在的列号(字符码)和行号(数字码)组合成，中间不再加“—”分隔，例如，北京所在 1：100 万比例尺地形图的分幅编号为 J50。如果知道某地的地理经纬度，其 1：100 万图幅编号的计算方法可参考式(7-3)和式(7-4)。

(2)1：50 万~1：2000 比例尺地形图的分幅和编号

1：50 万~1：2000 比例尺地形图的编号均以 1：100 万比例尺地形图编号为基础，采用行列编号法，如图 7-10 所示。即把 1：100 万比例尺地形图按所含各比例尺的经差和纬差划分成若干行和列，横行从上到下、纵列从左到右按顺序分别用阿拉伯数字编号。表示图幅编号的行、列代码均采用三位数字表示，不足三位时前面补 0，取行号在前、列号在后的排列形式标记，加在 1：100 万图幅的图号之后。为了使各种比例尺不致混淆，分别采用不同的字符作为各种比例尺的代码，见表 7-2。

表 7-2 1：50 万~1：500 地形图的比例尺代码

比例尺	1：50 万	1：25 万	1：10 万	1：5 万	1：2.5 万	1：1 万	1：5000	1：2000	1：1000	1：500
代码	B	C	D	E	F	G	H	I	J	K

1：50 万~1：5000 地形图图幅编号的行、列号计算公式为：

$$行号 = \mathrm{int}\left(\frac{B_N - B}{\Delta B}\right) + 1 \tag{7-5}$$

$$列号 = \mathrm{int}\left(\frac{L - L_E}{\Delta L}\right) + 1 \tag{7-6}$$

式中 L_E——基础图幅 1：100 万地形图图廓西北角的经度；

B_N——基础图幅 1：100 万地形图图廓西北角的纬度；

ΔL——各比例尺地形图分幅的经差；

ΔB——各比例尺地形图分幅的纬差。

①1：50 万比例尺地形图的分幅和编号 1：50 万地形图的分幅是将 1：100 万地形图

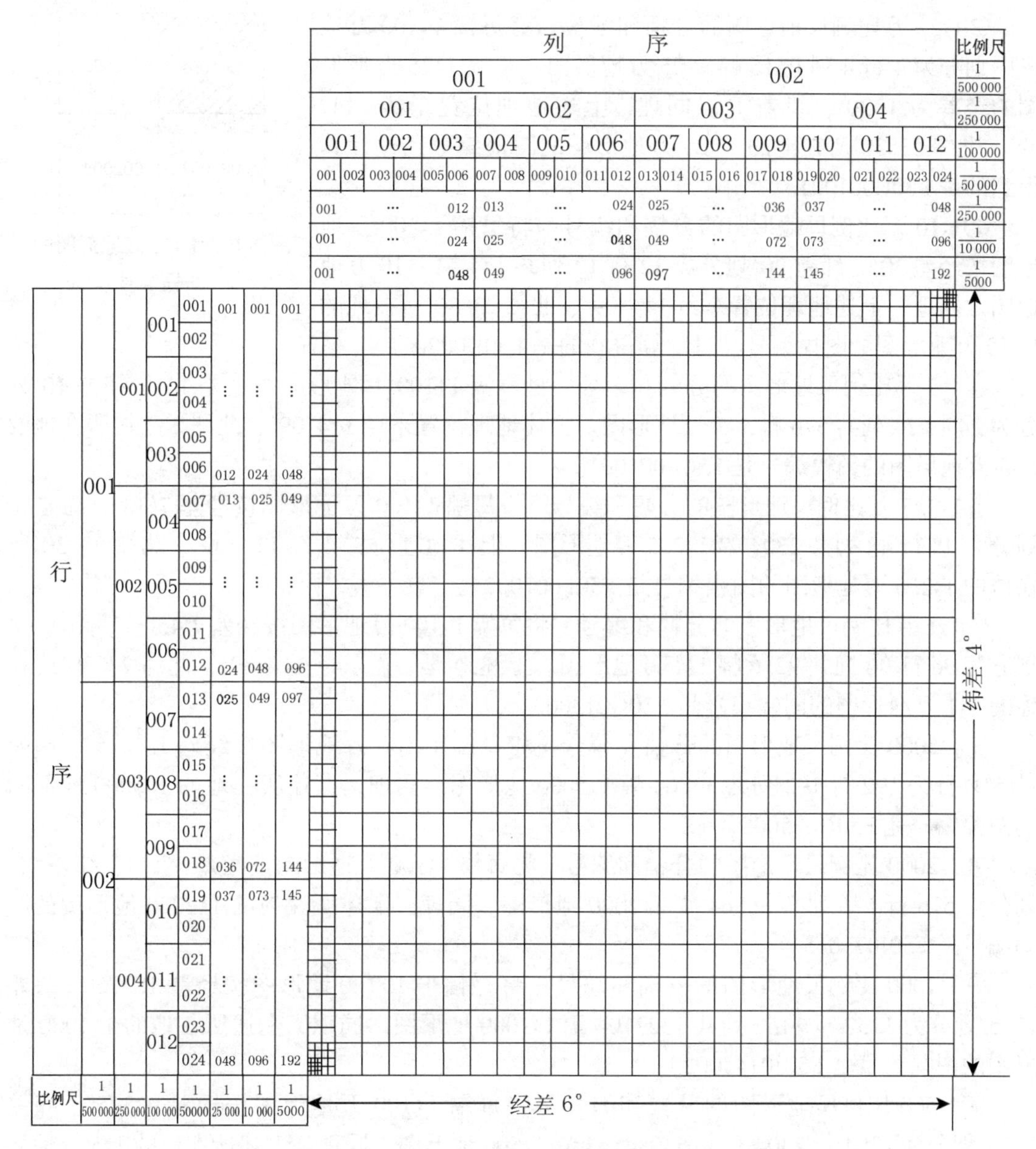

图 7-10 1∶50 万～1∶5000 比例尺地形图的行、列编号

划分为 2 行 2 列，共 4 幅 1∶50 万地形图，每幅 1∶50 万地形图的经差 $\Delta L = 3°$，纬差 $\Delta B = 2°$。已知广东某地地理位置为东经 114°09′，北纬 23°30′，其 1∶100 万地形图编号是 $F50$，基础图幅西北角经、纬度为 $L_E = 114°$、$B_N = 24°$，则代入式(7-5)和式(7-6)得：

$$行号 = \mathrm{int}\left(\frac{24° - 23°30'}{2°}\right) + 1 = 1$$

$$列号 = \mathrm{int}\left(\frac{114°09' - 114°}{3°}\right) + 1 = 1$$

那么该地所在的 1∶50 万地形图的图幅编号为 F50B001001，如图 7-11 所示。

②1:25 万比例尺地形图的分幅和编号　将每幅 1:100 万地形图划分为 4 行 4 列共 16 幅 1:25 万地形图，每幅 1:25 万地形图的经差为 1°30′、纬差 1°。同理，上述地理位置东经 114°09′、北纬 23°30′所在地的 1 :25 万地形图的图幅编号经过计算得到的是 F50C001001。

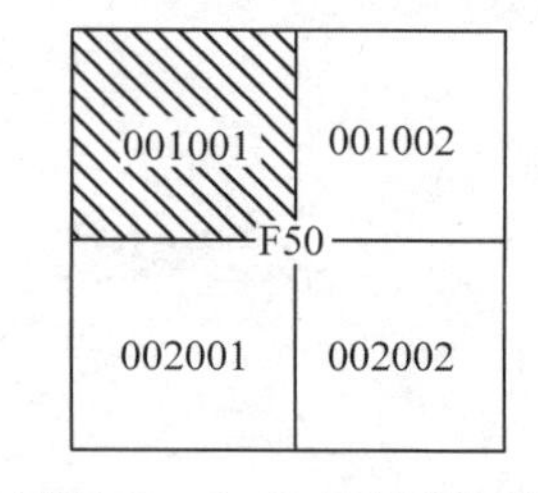

图 7-11　1 :50 万地形图的图幅编号

③1:10 万比例尺地形图的分幅和编号　将每幅 1:100 万地形图按经差 30′、纬差 20′划分成 12 行 12 列共 144 幅 1:10 万地形图。同理，上述地理位置东经 114°09′、北纬 23°30′所在地的 1 :10 万地形图的图幅编号经过计算得到的是 F50D002001。

④1:5 万比例尺地形图的分幅和编号　将每幅 1:100 万地形图按经差 15′、纬差 10′划分为 24 行 24 列共 576 幅 1:5 万地形图。上述地理位置东经 114°09′、北纬 23°30′所在地的 1 :5 万地形图的图幅编号是 F50E004001。

⑤1:2. 5 万比例尺地形图的分幅和编号　将每幅 1:100 万地形图按经差 7′30″、纬差 5′划分为 48 行 48 列共 2304 幅 1:2. 5 万地形图。上述地理位置东经 114°09′、北纬 23°30′所在地的 1:2. 5 万地形图的图幅编号是 F50F007002。

⑥1:1 万比例尺地形图的分幅和编号　将每幅 1:100 万地形图按经差 3′45″、纬差 2′30″划分为 96 行 96 列共 9216 幅 1:1 万地形图。上述地理位置东经 114°09′、北纬 23°30′所在地的 1:1 万地形图的图幅编号是 F50G013003。

⑦1:5000 比例尺地形图的分幅和编号　将每幅 1:100 万地形图按经差 1′52. 5″、纬差 1′15″划分为 192 行 192 列共 36864 幅 1:5000 地形图。同理，上述所在地的 1:5000 地形图的图幅编号是 F50H025005。

⑧1:2000 比例尺地形图的分幅和编号　将每幅 1:100 万地形图按经差 37. 5″、纬差 25″划分为 576 行 576 列共 36864 幅 1:2000 地形图。同理，上述所在地的 1:2000 地形图的图幅编号是 F50I073015。

⑨1:1000 比例尺地形图的分幅和编号　将每幅 1:100 万地形图按经差 18. 75″、纬差 12. 5″划分为 1152 行 1152 列共 1327104 幅 1:1000 地形图。同理，上述所在地的 1:1000 地形图的图幅编号是 F50J01450029。

⑩1:500 比例尺地形图的分幅和编号　将每幅 1:100 万地形图按经差 9. 375″、纬差 6. 25″划分为 2304 行 2304 列共 53084164 幅 1:500 地形图。同理，上述所在地的 1:500 地形图的图幅编号是 F50K02890058。

至此，将 1 幅 1:100 万比例尺的地形图划分成其他比例尺地形图的分幅情况见表 7-3。

表 7-3　1 :50 万~1 :500 比例尺地形图的分幅概况

比例尺	1 :50 万	1 :25 万	1 :10 万	1 :5 万	1 :2. 5 万	1 :1 万	1 :5000	1 :2000	1 :1000	1 :500
行列	2×2	4×4	12×12	24×24	48×48	96×96	192×192	576×576	1152×1152	2304×2304
图幅数	4	16	144	576	2304	9216	36864	331776	1327104	53084164
经差	3°	1°30′	30′	15′	7′30″	3′45″	1′52. 5″	37. 5″	18. 75″	9. 375″
纬差	2°	1°	20′	10′	5′	2′30″	1′15″	25″	12. 5″	6. 25″

7.2.2　矩形分幅和编号

为了满足自然资源管理、城市建设和工程设计、施工的需要，需测绘 1∶500、1∶1000、1∶2000 比例尺的地形图，有时也测绘小区域 15000 比例尺地形图。这些大比例尺地形图通常采用坐标格网的矩形分幅，图幅的大小一般采用 50 cm×50 cm、40 cm×50 cm 或 40 cm×40 cm 形式。矩形分幅时，最常用的地形图编号方法为：取图廓西南角以千米为单位的坐标数值进行编号，纵坐标 x 在前，横坐标 y 在后，中间用短线字符“—”连接。1∶500 比例尺地形图坐标单位取至 0.01 km；而 1∶1000、1∶2000 比例尺地形图坐标单位取至 0.1 km，如图 7-12 所示的图号为 63.0—15.0；1∶5000 比例尺地形图坐标单位则取至 1 km。

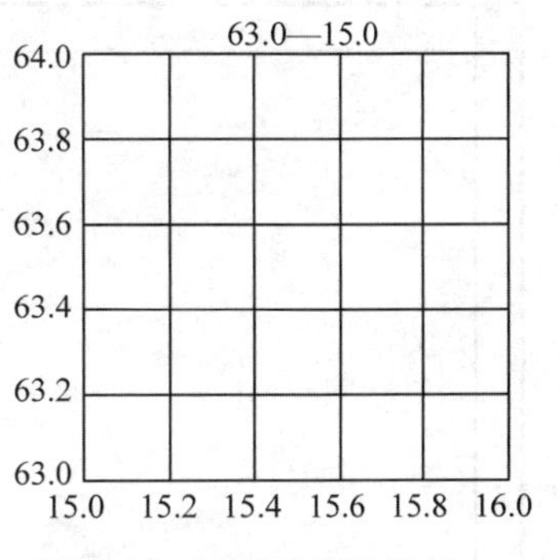

图 7-12　矩形分幅和编号

有些独立地区的测图，由于与国家和城市控制网没有联系、或者由于工程本身保密的需要、或者因为是小面积测区，也可以采用其他自行规定的编号方法。如用工程代号、测区名称加自然顺序号或按行列组数编号。图 7-13(a)的矩形图幅编号是以测区地名加统一自然顺序号，从左到右、从上到下编定；图 7-13(b)的矩形图幅编号是按行列编排，一般以字母代号为横行由上到下排序，以阿拉伯数字代号为纵列由左到右排序，先行后列。

	荷塘-1	荷塘-2	荷塘-3	荷塘-4	
荷塘-5	荷塘-6	荷塘-7	荷塘-8	荷塘-9	荷塘-10
荷塘-11	荷塘-12	荷塘-13	荷塘-14	荷塘-15	荷塘-16

(a)

A-1	A-2	A-3	A-4	A-5	A-6
B-1	B-2	B-3	B-4		
	C-2	C-3	C-4	C-5	C-6

(b)

图 7-13　矩形分幅的特殊编号

7.3　地形图的图外注记

为了方便图纸管理和使用，在地形图图廓外有许多注记，注记内容包括图号、图名、接图表、图廓、比例尺、坐标系、使用图式、等高距、测图日期、测绘单位、坐标格网、三北方向图和坡度尺等，它们分布于图廓线外四周合理位置。

7.3.1　图名、图号和接图表

每一幅地形图都编有不同的图名和图号，图名就是本幅图的名称，常以最著名的地名、村庄、名胜古迹、突出的地物地貌名称或厂矿企业的名称命名；图号即本幅图的分幅编号。如图 7-14 所示图名(油麻地)和图号(2670.700—587.200)标注在北图廓上方中央位

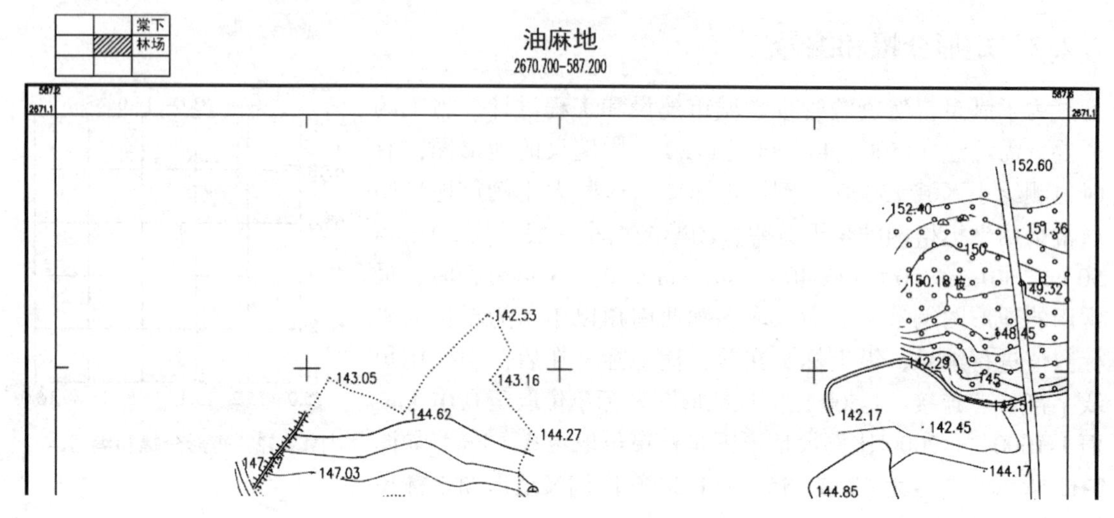

图 7-14 地形图的图名、图号和接图表

置，在北图廓的左上方绘有表示本幅图(阴影斜线部分)与周围四邻图幅位置关系的接图表，四邻图幅分别注明了相应的图名，以供查阅相邻图幅时使用。

7.3.2 比例尺

每幅地形图南图廓外的中央位置均标注有测图的数字比例尺，中、小比例尺地图的数字比例尺下方还绘制了图示比例尺，利用图示比例尺方便用图解法确定图上直线的距离。而一般在 1500、11000、12000 等大比例尺地形图上只注记数字比例尺。

7.3.3 图廓及其标注

图廓是本图幅四周的范围线，通常有内图廓和外图廓之分。在地形图中，内图廓为坐标网格线或经纬线；外图廓是相距内图廓外侧一定尺寸绘制的加粗实线，仅仅起装饰作用。

如图 7-14 所示，大比例尺地形图矩形图幅的内图廓外四角处标注有坐标值，并在内图廓内侧，每隔 10 cm 绘出 5 mm 长的短线，表示坐标格网线的位置，在图幅内部每隔 10 cm 绘制坐标网格十字线，十字线规定线长 10 mm。

如图 7-15 所示，本幅图的比例尺为 1∶10000，地形图采用梯形分幅，内图廓是由左、右两条经线和上、下两条纬线构成，经差 3′45″、纬差 2′30″。图中还标注有高斯平面直角坐标格网，它是平行于以投影带的中央子午线为 x 轴和以赤道为 y 轴的直线，其间隔 1 km，也称为千米格网。图中标注的高斯平面直角坐标 $y=38404$ km，其前两位数 38 为高斯投影统一 3°带带号，后三位数 404 为该纵线的横坐标值。依据图廓经纬线可以确定各点的地理坐标和任一直线的真方位角；依据千米格网可以确定图上任意一点高斯平面直角坐标和任一直线的坐标方位角。

7.3.4 三北方向图及坡度尺

在中、小比例尺地形图南图廓线的右下方，一般还绘制了真子午线、磁子午线和坐标

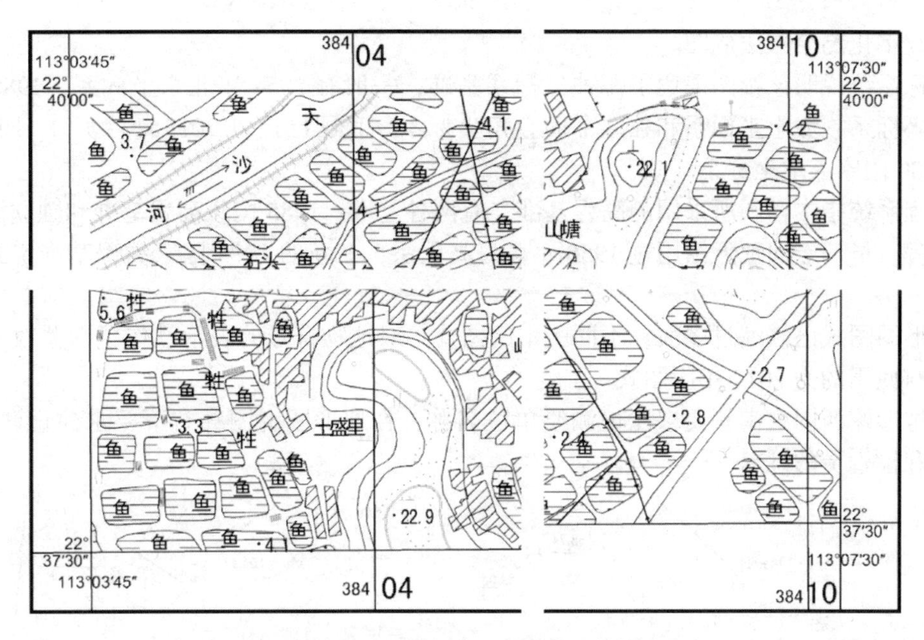

图 7-15 110000 地形图图廓及其标注

纵轴(中央子午线)三个方向之间的角度关系图，简称三北方向图。如图 7-16 所示，某图三北方向之间的角度关系中，磁偏角 δ 为$-2°16'$、子午线收敛角 γ 为$-0°21'$。利用三北方向图，可对地形图上任一方向的真方位角、磁方位角和坐标方位角三者之间进行互算。

如图 7-17 所示，坡度尺是用于中、小比例尺地形图上量测地面坡度和倾角的图解工具，一般绘制在地形图的南图廓外侧。利用坡度尺时，先用分规量取图上相邻等高线间的平距后，再在坡度尺上将分规的一个针尖对准底线，另一个针尖向上对准曲线，即可在坡度尺上读出相应的地面倾角数值。

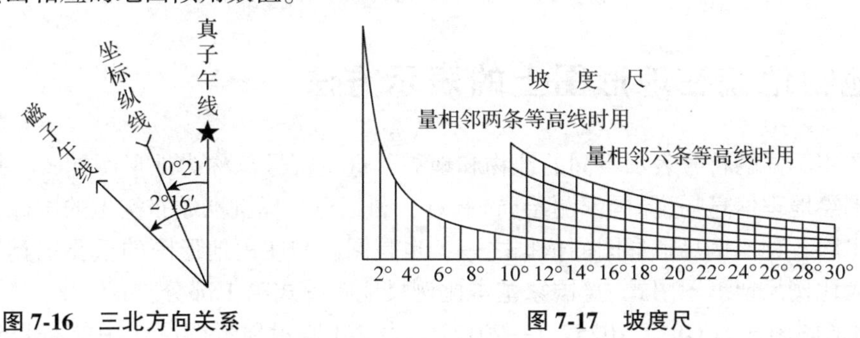

图 7-16 三北方向关系　　图 7-17 坡度尺

7.3.5 图廓外的文字说明

文字说明是了解图件来源及成图方法的重要资料。如图 7-18 所示，文字说明通常布局于图廓外下方或左、右两侧，包括测绘单位、成图方法和测绘年月、坐标系和高程系、图式版本、测量员、绘图员和检查员等，在图廓的右上角标注图纸的密级情况。

根据测图年月可以判断本图反映的是何时的现状，方便掌握用图需求信息的准确性；成图方法有几种，例如，航测成图、平板仪成图、经纬仪测绘法成图和数字测图，当前主要采用数字化测绘方法成图。

坐标系统说明该幅图采用了哪种坐标系基准，一般有1954年北京坐标系、1980年国家大地坐标系、城市坐标系和独立平面直角坐标系。我国已经自2018年7月1日起全面使用2000国家大地坐标系。

高程系统指本幅图所采用的高程基准，有两种基准：1985国家高程基准和独立测区的假定高程。早期老旧地形图用过1956年黄海高程系，在新的1985国家高程基准实施后已停用。

地形图图式已修编过多次，不同版本的图式，对地物符号的表示已作了一些改变和增添。目前使用的为2017年版图式。

在地形图西图廓南侧要求注记测绘单位名称；在地形图南图廓右下要求注记测量员、绘图员和检查员的姓名。

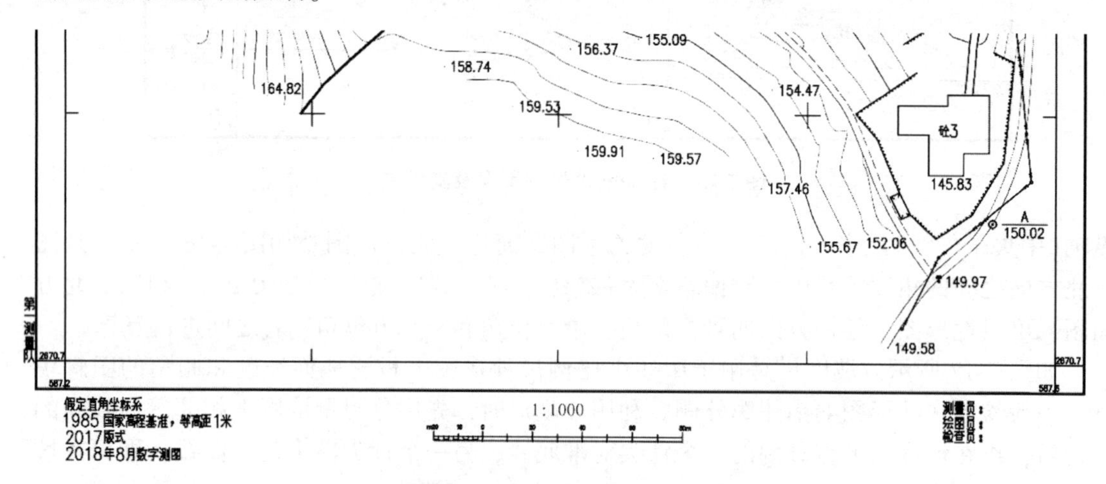

图7-18 地形图图廓外文字说明

7.4 地物地貌在地形图上的表示方法

地形图用不同的符号表示不同的地物和地貌，这些符号总称为地形图图式。地形图图式由国家测绘地理信息局(原国家测绘局)制订，国家标准局批准颁布实施的国标符号，它是测绘、出版各种比例尺地形图的依据之一，也是阅读和使用地形图的重要工具。我国当前使用的大比例尺地形图图式为《国家基本比例尺地图图式第1部分：1∶500 1∶1000 1∶2000地形图图式》(GB/T 20257.1—2017)。表7-4所示地形图图式中的符号较多，可分为3类：地物符号、地貌符号和注记符号。

7.4.1 地物的表示方法

地物可按铅垂投影的方法缩绘至平面图上，按照其特性和大小分别用比例符号、非比例符号、半依比例符号和注记符号表示。

7.4.1.1 比例符号

根据实际地物的大小，按测图比例尺缩绘于图上以表示地物大小、位置和轮廓特征的

表 7-4 常用地形图图式符号(部分)

编号	符号名称	1:500 1:1000	1:2000
1	一般房屋 混——房屋结构 3——房屋层数	混 3	1.6
2	简单房屋		
3	建筑中的房屋	建	
4	破坏房屋	破	
5	棚 房	45° 1.6	
6	架空房屋	砼4 1.0 砼 砼4	1.0
7	廊房	混 3 1.0	1.0
8	台阶	0.6 1.0 1.0	
9	无看台的露天体育场	体育场	
10	游泳池	泳	
11	过街天桥		
12	高速公路 a. 收费站 0——技术等级代码	a 0 0.4	
13	等级公路 2——技术等级代码 (G325)——国道路线编码	0.2 0.4 2(G325)	
14	乡村路 a. 依比例尺的 b. 不依比例尺的	a 4.0 1.0 0.2 b 8.0 2.0 0.3	
15	小路	1.0 4.0 0.3	
16	内部道路	1.0 1.0	
17	阶梯路	1.0	
18	打谷场、球场	球	
19	旱地	1.0 2.0 10.0 10.0	
20	花圃	1.6 1.6 10.0 10.0	
21	有林地	1.6 松6	
22	人工草地	2.0 3.0 10.0 10.0	
23	稻田	0.2 3.0 1.0 10.0 10.0	
24	常年湖	青湖	
25	池塘	塘	塘
26	常年河 a. 水涯线 b. 高水界 c. 流向 d. 潮流向 涨潮 落潮	a b 0.15 3.0 1.0 c 0.5 d 7.0	
27	喷水池	1.0 3.6	
28	GPS 控制点	B 14 / 495.267 3.0	

（续）

编号	符号名称	1∶500 1∶1000	1∶2000
29	三角点 凤凰山——点名 394.468——高程	凤凰山 / 394.468; 3.0	
30	导线点 116——等级、点号 84.46——高程	2.0 116 / 84.46	
31	埋石图根点 16——点号 84.46——高程	1.6 16 / 84.46; 2.6	
32	不埋石图根号 25——点号 62.74——高程	1.6 25 / 62.74	
33	水准点 Ⅱ京石5——等级、点名、点号 32.804——高程	2.0 Ⅱ京石5 / 32.804	
34	加油站	1.6 3.6 1.0	
35	路灯	2.0 1.6 4.0 1.0	
36	独立树 a. 阔叶 b. 针叶 c. 果树 d. 棕榈、椰子、槟榔	a 1.6 2.0 3.0 1.0 b 1.6 3.0 1.0 c 1.6 3.0 1.0 d 2.0 3.0 1.0	
37	上水检修井	2.0	
38	下水（污水）、雨水检修井	2.0	
39	下水暗井	2.0	
40	煤气、天然气检修井	2.0	
41	热力检修井	2.0	
42	电信检修井 a. 电信人孔 b. 电信手孔	a 2.0 b 2.0 2.0	
43	电力检修井	2.0	
44	污水篦子	2.0 2.0 1.0	
45	地面下的管道	污 4.0 1.0	
46	围墙 a. 依比例尺的 b. 不依比例尺的	a 10.0 b 10.0 0.3 0.6	
47	档土墙	1.0 0.3 6.0	
48	栅栏、栏杆	10.0 1.0	
49	篱笆	10.0 1.0	
50	活树篱笆	6.0 1.0 0.6	
51	铁丝网	10.0 1.0	
52	通信线地面上的	4.0	
53	电线架		
54	配电线地面上的	4.0	
55	陡坎 a. 加固的 b. 未加固的	2.0 a b	
56	散树、行树 a. 散树 b. 行树	a 1.6 b 10.0 1.0	
57	一般高程点及注记 a. 一般高程点 b. 独立性地物的高程	a 0.5 163.2 b 75.4	
58	名称说明注记	友谊路 中等线体4.0(18k) 团结路 中等线体3.5(15k) 胜利路 中等线体2.75(12k)	
59	等高线 a. 首曲线 b. 计曲线 c. 间曲线	a 0.15 b 0.3 c 1.0 6.0 0.15	
60	等高线注记	25	
61	示坡线	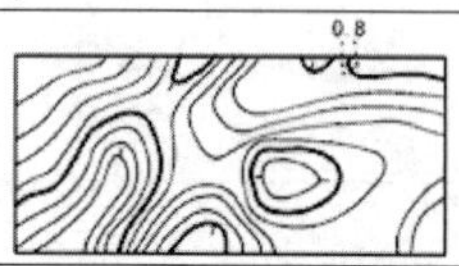 0.8	
62	梯田坎	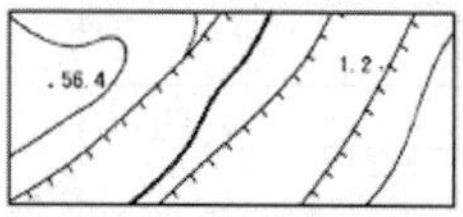 56.4 1.2	

符号称为比例符号。如房屋、池塘、湖泊、苗圃、公路等地物符号属于比例符号，这类符号与实际地物的形状相似。

7.4.1.2　非比例符号

有些具有特殊意义的地物，如三角点、导线点、水准点、路灯、烟囱、消防栓、水井等，其轮廓较小，不能按测图比例尺缩绘在图纸上时，则不考虑其实际大小，而是采用特定的符号表示。这类在图上只能表示地物的中心位置，不能表示其形状和大小的符号称为非比例符号。

非比例符号的中心位置与实际地物中心位置的关系随地物而异。规则的几何图形符号，如三角点、图根点、水准点等，几何图形中心即为地物的中心位置；底部为直角的符号，如独立树、加油站等，地物中心在该符号底部直角顶点处；下方没有底线的符号，如亭、窑洞等，地物中心在下方端点间的中点位置；宽底符号地物，如水塔、烟囱等，该符号底线的中心就是地物的中心位置；一些组合图形的符号，如消防栓、路灯等，地物中心在符号下方图形的中心点位置。

7.4.1.3　半依比例符号

对于一些距离长、宽度很短的线状地物，如电力线、围墙、管道、垣栅、铁丝网、小路等，其长度可按测图比例尺缩绘，但宽度却无法按比例缩小绘制，需用规定的符号表示，这类符号称为半依比例符号。

7.4.1.4　注记符号

有些地物地貌除了用一定的符号表示外，还需要加以文字说明或数字说明，以便更准确地反映地物的数量、属性情况，并且有利于地形图阅读和应用，这类符号称为注记符号。例如，用文字说明表达行政区、道路、单位、园地、河流等的名称；用数字说明反映房屋层数、水流的流速、水深、等高线等的高程。还有一些特定的注记符号，如说明水流方向的箭头符号、植被种类符号等。

7.4.2　地貌的表示方法

地貌的表示方法较多，有晕渲法、晕滃法、分层设色法和等高线法。晕渲法是根据光影原理，借助明暗色块，利用艺术手段，形象地描绘地面起伏的方法，体现出了很高的艺术性，但无法体现地面起伏的数值。晕滃法也是根据光影原理，借助疏密不同晕线，形象地描绘地面起伏的方法，相对降低了地貌描绘的艺术要求，但也无法体现地面起伏的数值。分层设色法是将地面高程按区域进行归类，用不同的颜色表达不同高程范围的地面起伏概貌，它表达地貌既不形象也不精细。等高线法是一种既形象又精细的表达地貌的方法，是在地形图上表达地貌的主要手段。如图 7-19 所示，上图使用了晕滃法展现地貌，下图是用绘制等高线方法表示地貌。

7.4.2.1　等高线表示地貌的原理

等高线是地面上高程相等的各相邻点圆滑连接而成的闭合曲线。为了形象地阐述等高线的原理，

如图 7-20 所示，设想有一座小山被一高程为 75 m 的静止水平面相截，产生的截交线为一条闭合曲线，并且这条曲线上的所有点的高程都等于 75 m。如果静止的水平面分别上

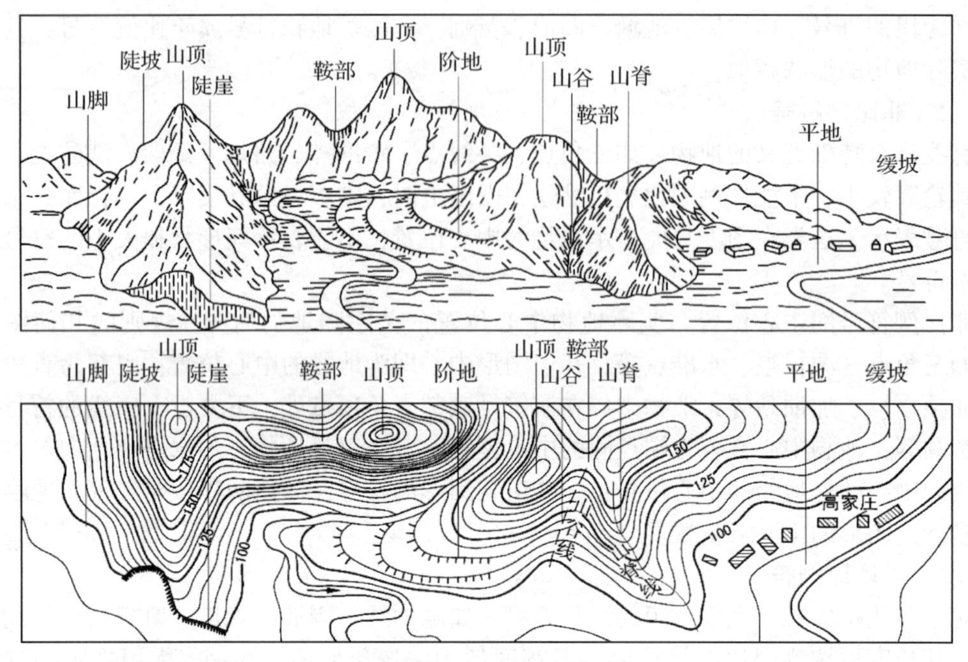

图 7-19 地貌的对照表示

升到 80 m、85 m、90 m、95 m、100 m 高程位置，则依次与山体截交形成 80 m、85 m、90 m、95 m 的等高线，与山顶相切点的高程为 100 m。将这些等高线垂直投影到同一个投影水平面上，并按一定的比例尺缩绘到图纸上构成了反映这座小山的一簇等高线，它客观地显示了小山的空间形态。

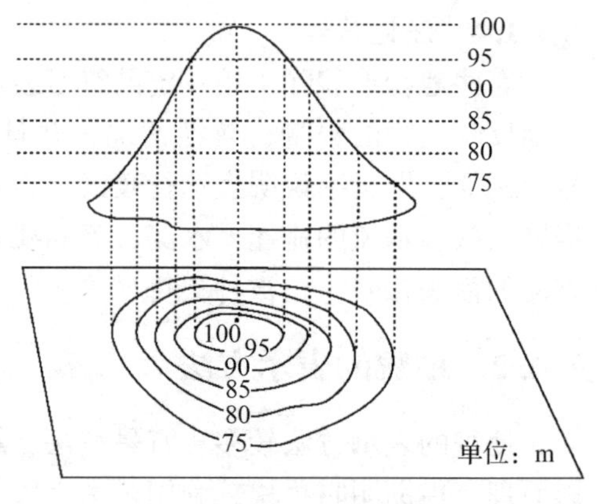

图 7-20 等高线表示地貌的原理

7.4.2.2 等高距和等高线平距

地形图上相邻两条等高线之间的高差称为等高距，亦称基本等高距，用 h 表示，常用等高距有 0.5 m、1 m、2 m、5 m、10 m 等几种，图 7-20 中等高线的等高距 h 为 5 m。同一幅地形图的等高距相同，显然等高距愈小，图上等高线愈密集，表示的地貌细部就愈详尽；等高距愈大，图上等高线愈稀疏，表示的地貌细部就愈粗略。然而等高距并非越小越好，等高距过小，则等高线会很密，这不但会大大增加测绘地形图的工作量，而且也会影响地形图图面的清晰和使用。因此，按《工程测量规范》的要求合理选择测图等高距，可根据地形类别情况、测图比例尺大小等因素综合考虑而确定，见表 7-5。

地形图上相邻两条等高线之间的水平距离称为等高线平距，以 d 表示，它随地面的起伏情况而变化。相邻等高线之间的地面坡度可表示为：

$$i = \frac{h}{d \times M} \tag{7-7}$$

表 7-5　大比例尺地形图基本等高距　m

地形类别	比例尺			
	1 : 500	1 : 1000	1 : 2000	1 : 5000
平地($\alpha<3°$)	0.5	0.5	1	2
丘陵地($3°\leqslant\alpha<10°$)	0.5	1	2	5
山地($10°\leqslant\alpha<25°$)	1	1	2	5
高山地($\alpha\geqslant25°$)	1	2	2	5

注：表中 α 为地面倾角。

式中　M——比例尺分母。

从地形图了解实际地貌的情况，是通过等高线的形状和等高线平距的变化来实现的。在同一幅地形图上，等高距为一个常数。由式(7-7)可知地面坡度 i 与等高线平距 d 呈反比关系，如图 7-21 所示，等高线平距愈小，等高线愈稠密，反映地面坡度愈大；反之，等高线平距愈大，等高线愈稀疏，反映地势愈平缓。因此，根据图上等高线的疏密程度，可以判断地势的陡缓。至于地貌的形状，可由等高线的形状反映出来，假如一座山呈现规则的圆锥形形状，那表示这座山的等高线就是同心圆；如果山体是向某一方向延伸，则等高线也必然向某一方向弯曲，山体的延伸程度不同，等高线弯曲大小也会随之相应改变。

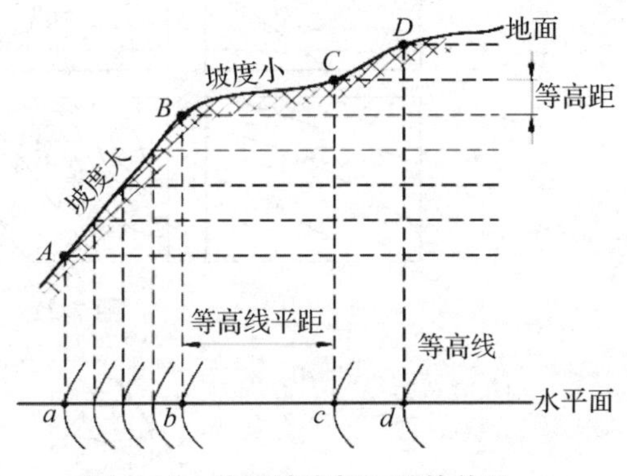

图 7-21　地面坡度与平距的关系

由此可见，地形图等高线不仅可以表达显示地面的高低起伏和地表形态分布，而且可根据地形图上的等高线判断地貌特征、实施地貌形体的定量分析。

7.4.2.3　几种典型地貌的等高线

如图 7-22 所示，高低起伏的地球表面虽然千姿百态、纷繁复杂，但归纳起来可由山头、洼地、山脊、山谷、鞍部、陡崖、峭壁、冲沟等典型地貌综合构成。熟悉这些典型地貌的等高线表示方法，会有助于测图、阅图和用图。

(1)山头和洼地

如图 7-23(a)所示，较四周明显凸起的高地称作山头，又称山丘，山的最高部位为山顶，有尖顶、圆顶、平顶等形状。山的倾斜坡面称山坡，山坡与平地的交界处称山脚。

如图 7-23(b)所示，四周高中间低的盆状地形称盆地，小范围的凹地又称洼地或坑洼。例如，塔里木盆地、准噶尔盆地、柴达木盆地和四川盆地是我国的四大盆地。

山头和洼地的等高线都是一组闭合曲线，区别两者的方法有：一种方法是根据等高线高程注记区分，山头的等高线高程注记值由外圈向内圈逐渐增加，洼地的等高线高程注记值由内圈向外圈逐渐增加。另一种方法是用示坡线来进行判别，图中垂直于等高线并且顺山坡向下画出的短线称为示坡线，用示坡线指示斜坡向下的方向。

(2)山脊和山谷

从山顶沿着某一方向延伸的窄长高地称为山脊，它是坡面走向发生改变后形成的，山

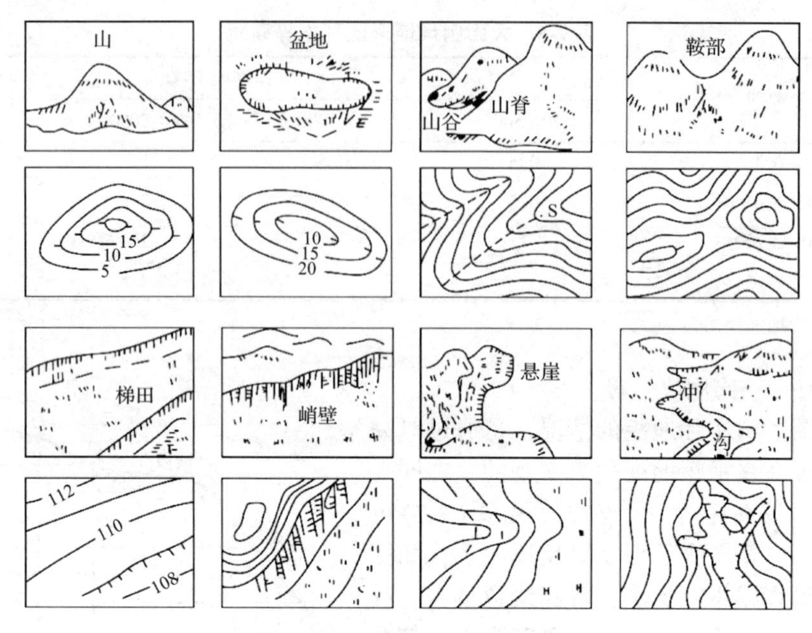

图 7-22 各种地貌及其等高线

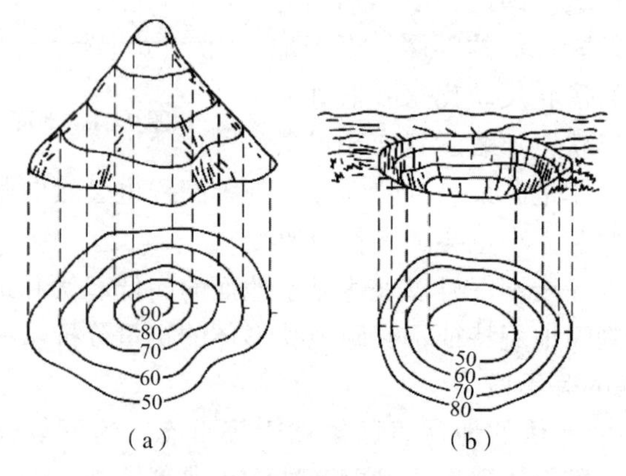

图 7-23 山头和洼地的等高线

脊最高点的连线称为山脊线，又称分水线。山脊的等高线均凸向下坡方向，如图 7-24 所示。

相邻两山脊间的低洼部称山谷，山谷的等高线均凸向高处。山谷线是谷底点的连线，也称集水线，如图 7-24 所示。

(3)鞍部

如图 7-25 所示，相邻两个山头之间形如马鞍的低凹部分称为鞍部，鞍部点位于两条山脊线与两条山谷线相交之处。鞍部的等高线是由两组呈对称状的山脊和山谷的等高线组成。鞍部也叫山垭口，是山区道路选线的重要位置。

(4)陡崖、绝壁和悬崖

坡度在 70°以上的陡峭山坡称为陡崖，近于垂直的崖壁称绝壁，有石质和土质之分。这种地貌若用等高线表示，将很密集或重叠，因此采用规定的陡崖地貌符号表示，如图 7-26(a)、(b)。

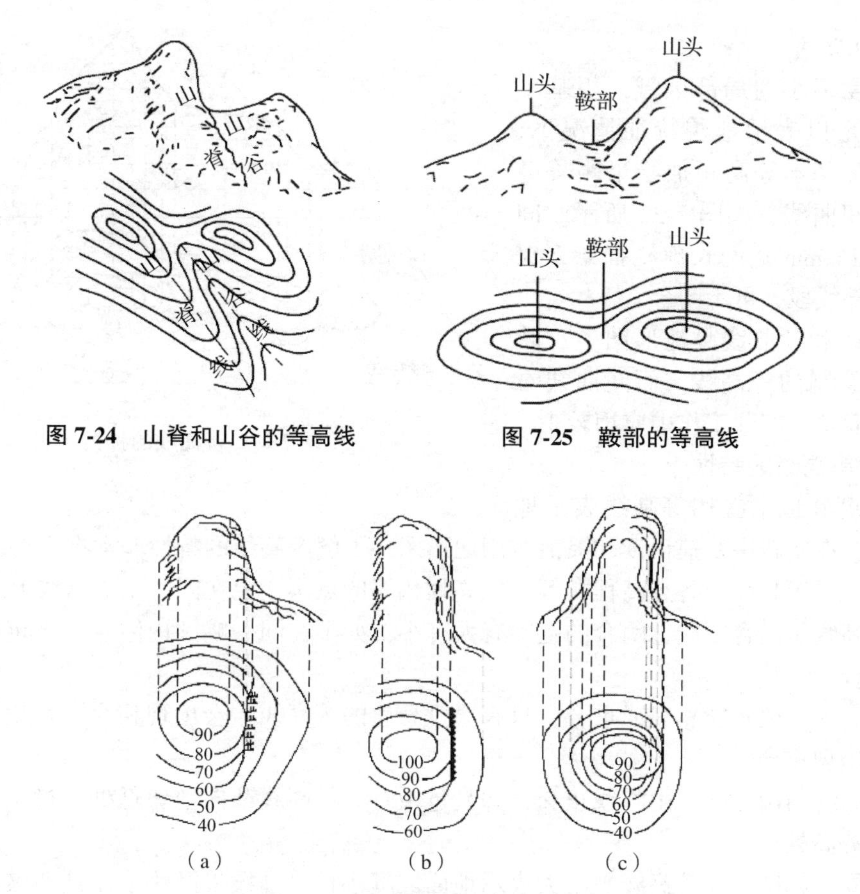

图 7-24　山脊和山谷的等高线

图 7-25　鞍部的等高线

图 7-26　陡崖、绝壁和悬崖的表示方法

悬崖是山体上部突出、下部收进的峭壁。如图 7-26(c)所示，悬崖上、下部的等高线投影到同一水平面时，会产生相交现象，因而下部被遮挡的等高线常采用虚线表示。

以上每种典型地貌形态都可近似地看作由不同方向、不同斜面组成的曲面，相邻斜面相交的棱线就是地貌特征线或称地性线，如山脊线、山谷线和山脚线。这些地性线构成了地貌的骨架，地性线的端点或其变坡处称地貌特征点，如山顶点、鞍部点、盆底点、坡度变换点等。地貌特征线和特征点都是测绘地形图的关键之处。

7.4.2.4　等高线的种类

为了识图方便和满足工程建设应用需要，地形图内表示地貌的等高线一般分为首曲线、计曲线和间曲线。

(1) 首曲线

按规定的等高距测绘的等高线，称为首曲线，亦是基本等高线。如图 7-27 所示，在绘制首曲线时，一般采用线宽 0.15 mm 的细实线勾绘，其上不注记高程。

(2) 计曲线

为了读图方便，从高程起算面始，每隔四条首曲线加粗一条等高线称为计曲线，也称加粗等高线。计曲线用 0.3 mm 宽的粗实线绘制，其高程往往是 5 倍等高距大小，并且被注记在计曲线的适当位置，高程注记字头朝向高处并与该计曲线垂直，如图 7-27 所示。

(3)间曲线

在坡度很小的局部区域，用基本等高线不足以表示地貌特征情况下，可以按1/2基本等高距加绘半距等高线，称为间曲线，如图7-27所示。间曲线用0.15 mm宽的长虚线描绘，仅须画出局部线段，可不闭合。

首曲线和计曲线是地形图上反映地貌必须绘制的等高线，而间曲线看地貌需要而定，实际工作中应用较少。

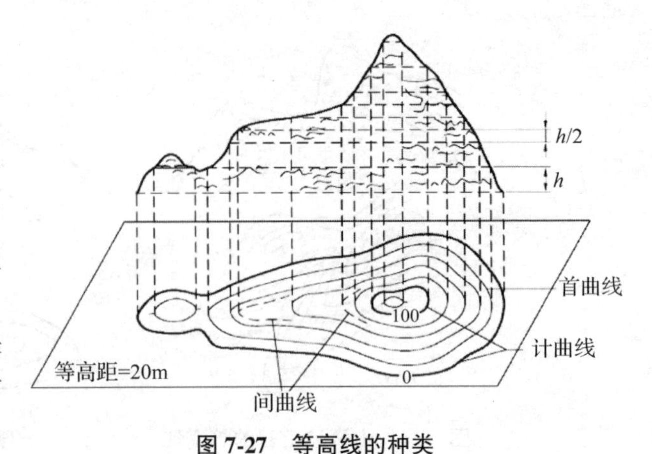

图7-27 等高线的种类

7.4.2.5 等高线的特性

为了更好地掌握用等高线表示地貌的规律，在实践中快速识读和灵活应用地形图，了解等高线的特性非常有必要。

①同一条等高线上各点高程相等，但高程相等的点不一定在同一条等高线上。

②等高线是闭合曲线，闭合的范围有大有小，如不在同一幅图内闭合，必定在相邻的图幅内闭合。

③等高线一般不能相交或重合，只有通过悬崖的等高线才会出现相交，在峭壁处的等高线容易出现重合。

④等高线与山脊线、山谷线正交，并且过山脊处等高线凸向地势低处，过山谷处等高线凸向地势高处。

⑤在同一幅图内，等高线平距大表示地面坡度小，等高线平距小表示地面坡度大，平距相等则坡度相同，倾斜平面的等高线互相平行而且为直线。

思考题与习题

1. 什么是比例尺精度？它对测图和用图有何作用？
2. 地形图分幅编号方法有哪几种？国家基本比例尺地形图按新的方法如何编号？
3. 地物符号分为哪些类型？
4. 何谓等高线、等高距、等高线平距？在同一幅地形图上，等高线平距与地面坡度的关系如何？
5. 地形图上有哪几种等高线？它们各自用于什么情况？
6. 典型地貌有哪些类型？它们的等高线各有何特点？
7. 等高线有哪些特性？
8. 试用等高线绘出山头、洼地、山脊、山谷、鞍部等典型地貌。

第8章 大比例尺数字地形图测绘

地形测图就是在已知控制点设站，利用测量仪器及工具测定控制点周围地形特征点的平面位置和高程，并按规定的图式符号将各种地物、地貌依比例缩小描绘成地形图的工作。根据测图使用的仪器工具不同，大比例尺地形测图的方法主要有两大类：一是传统的地形测图(白纸测图)；另一种是数字化测图。传统的白纸测图主要有经纬仪测绘法、大平板仪测图、小平板仪与经纬仪联合测绘法；数字化测图主要包括全站仪测图、RTK测图等。数字化测图无论在精度上还是在工作效率上都明显优于传统的测图方法。

8.1 大比例尺地形图传统测绘

传统的碎部测量方法实质上是图解法测图，将测量的碎部点展绘到图纸上，手工方式描绘地物地貌。

8.1.1 测图前的准备工作

在测区完成控制测量工作后，就可以测定的图根控制点为测站进行地形图的测绘，测图前应做好各项准备工作。

8.1.1.1 图纸准备

大比例尺地形图测绘一般都选用聚酯薄膜作为测制地形图的底图。聚酯薄膜厚度一般为0.07~0.1 mm，具有透明度高、伸缩性小、不怕潮湿等优点，便于野外作业，并能直接在铅笔图原图上着墨和复晒蓝图。当缺乏聚酯薄膜图纸时，也可选用优质的绘图纸作为原图进行测绘。

8.1.1.2 绘制坐标格网

为了能准确地将控制点展绘到图纸上，首先要精确地绘制直角坐标格网，每个方格10 cm×10 cm。可以购买印制好坐标格网的聚酯薄膜，印有坐标格网的图纸有两种规格：一种是50 cm×50 cm；另一种是40 cm×50 cm；也可以采用对角线法等进行绘制。

对角线法是根据矩形对角线相等且相互平行的性质来绘制的。如图8-1所示，绘制坐标格网时，先用直尺和铅笔在图纸轻画出两条对角线，设对角线的交点为O。过O点向各对角线截取相同的长度的a、b、c、d四点即得一矩形。再分别由a、b、d三点起，沿ab、ad、bc、dc线每隔10 cm截取一点，连接相应各点即成坐标格网。

方格网绘制的正确性直接影响控制点的展绘精度。因此，坐标格网绘好后应立即进行检查。检查方法是将直尺边缘沿方格网的对角线放置，各方格顶点应在一直线上，偏离值不得大于0.2 mm；其次是方格网对角线长度与理论长之差不得超过0.3 mm。超过容许值应修改方格网或重绘。

8.1.1.3 展绘控制点

展绘控制点时，首先要确定控制点所在的方格。如图8-1所示，设A为欲展绘的控制点，其坐标$x_A = 2618.51$ m，$y_A = 662.28$ m，因此确定其位置应在$plmn$方格内。分别从p、n两点以测图比例尺向上各量取18.51 m，定a'、b'两点，再分别从p、l两点以测图比例尺向右量取62.28 m，定两点c'、d'，连接$a'b'$和$c'd'$，其交点即为控制点A的图上位置。用同样的方法将其他控制点展绘到图纸上。

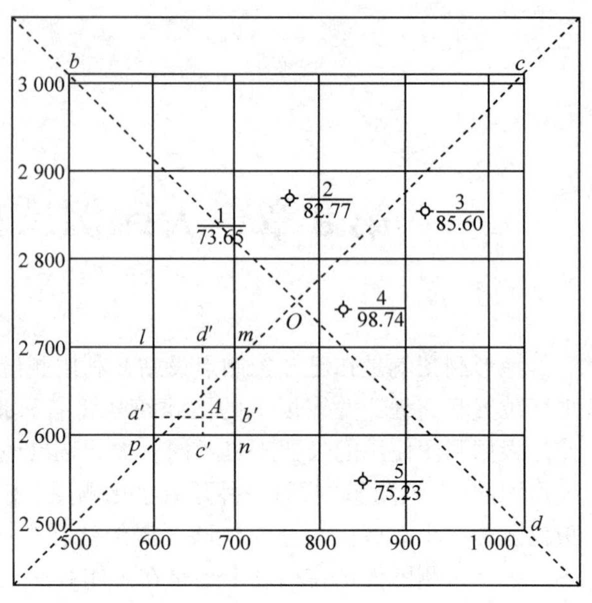

图8-1 对角线绘制方格网

控制点展绘要做到及时检核。当相邻点展出后，用比例尺量取它们的长度，与这两点实测的长度(或用坐标反算出的长度)之差不得超过图上±0.3 mm，若超限应检查原因并重新展绘。

为保证地形图的精度，测区内应有一定数量的图根控制点。相关规范规定，测区内解析图根点的个数不应少于表8-1中的要求。

表8-1 一般地区解析图根点个数

测图比例尺	图幅尺寸	解析图根点/个
1∶500	50 cm×50 cm	8
1∶1000	50 cm×50 cm	12
1∶2000	50 cm×50 cm	15

8.1.2 经纬仪测绘法

经纬仪测绘法的原理是极坐标法。将经纬仪安置在测站点上，绘图板安置在经纬仪旁，用经纬仪测量出测站至碎部点的视线边与定向边之间的水平角，用视距测量方法测定测站点至碎部点的水平距离和碎部点的高程，然后根据水平角和水平距离用量角器和比例尺把碎部点的平面位置展绘在图纸上，并在点的右侧标注其高程，最后对照实地勾绘地物轮廓线和地貌等高线。

8.1.2.1 碎部点选设

碎部点又称地形点，是地物特征点与地貌特征点的总称。碎部点的正确选择是保证成图质量和提高测图效率的关键。选择碎部点的根据是测图比例尺及测区内地物、地貌的状况。碎部点应选在能反映地物、地貌特征的点上。

(1)地物点的选择

地物特征点是指决定地物形状与大小的转折点、交叉点、曲线上的变换点和独立地物的中心点等。如建筑物、农田等面状地物的转角点；道路、河流等地物的转折点、交叉点；路灯、消防栓等独立地物的中心点。选择地物点，一般以图上和实地图形相似为条件，采用“直线段测两点”“曲线段至少测三点”的方法，以减轻碎部测量的工作量。连接这些地物的特征点，就能得到与实地相似的图形。由于地物的形状以及不规则，一般规定，建筑物轮廓线凹凸部分在图上大于0.4 mm时，都要表示出来，小于0.4 mm的可用直线连接。

(2)地貌点的选择

地貌特征点是指能决定地貌高低起伏形态的地形点。地貌点应选择在最能反映地貌特征的山脊线、山谷线等地性线的方向和坡度变换点上，以及山顶、鞍部、山脚、坡地等方向和坡度变换处。根据测绘的地貌特征点的坐标和高程，通过内插等高线，即可在图上表示出地貌的实际形状。为了能真实地表示地貌情况，在地面平坦或坡度无显著变化地区，地貌点仍要保证一定的密度，使相邻碎部点之间的最大点位间距不超过表8-2所列的数据。地形图上的高程注记点应均匀分布，丘陵地区的高程注记点间距宜符合表8-3中的规定。

表8-2　碎部点的最大间距和最大视距

测图比例尺	地貌点最大间距/m	最大视距/m			
		主要地物点		次要地物点和地貌点	
		一般地区	城市建筑区	一般地区	城市建筑区
1∶500	15	60	50	100	70
1∶1000	30	100	80	150	120
1∶2000	50	180	120	250	200

表8-3　丘陵地区高程注记点间距

测图比例尺	1∶500	1∶1000	1∶2000
高程注记点间距/m	15	30	50

8.1.2.2　一个测站的工作步骤

(1)安置仪器

如图8-2所示，安置经纬仪于测站点(控制点)A上，对中、整平后量取仪器高。绘图员在图板上与测站点同名的图根点上安置量角器。

(2)定向

照准另一已知点B，置水平度盘读数为0°00′00″。绘图员在图板上将测站点与定向点连线方向画一短线，短线应在量角器刻划附近并稍长于量角器的半径，作为量角器读数的起始方向线。

(3)立尺

立尺员依次将标尺立在地物、地貌特征点上。立尺前，立尺员要弄清施测范围和实地地形概略情况，选定立尺点，并与绘图员共同商定立尺路线。

(4)观测

观测员照准标尺，除读取上丝、下丝、中丝和竖盘读数外，还要读取水平度盘读数，该读数即为碎部点与已知方向间的夹角β。

(5)计算

记录员根据观测数据，按视距测量计算公式 $D=kl\cos^2\alpha$ 及 $H=H_{测站}+D\tan\alpha+i-v$ 计算出测站至碎部点的水平距离和碎部点高程。

(6)展绘碎部点

绘图员转动量角器，将量角器上等于β角值的刻划对准定向方向线(起始零方向)，此时量角器零刻划方向便是立尺点的方向。在该方向线上按测图比例尺截取测站至碎部点的水平距离，即定出碎部点的位置，并在点的右侧注记高程。

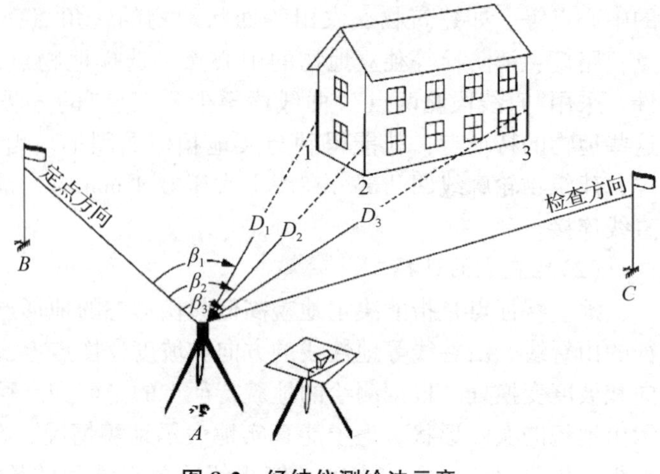

图 8-2 经纬仪测绘法示意

重复上述步骤，测出其余各碎部点的平面位置和高程，绘于图上。

为了保证测图质量，测图过程中要注意检查。一般每测15~20个碎部点后应重新瞄准定向目标，其归零差不得大于4′。若在限差内，则重新拨回0°00′00″继续观测后面的碎部点，若超限则应重新定向并检查更正已测过的点位再继续施测。仪器搬至下一测站时复测一点前站已测的明显地物点，与上站所测点位之差不大于图上0.3 mm时可施测新的碎部点，否则要查明原因并更正后再施测。

8.1.3 地物地貌的绘制

在测站上测出碎部点并展绘在图纸上后，即可对照实地着手描绘地物和勾绘等高线。

8.1.3.1 地物的描绘

地物的描绘，主要是连接地物的特征点。凡能按比例尺表示的地物，应将它们水平投影的几何形状相似地描绘到图纸上，如房屋、池塘、河流、道路等；不能按比例尺描绘的地物，则按《国家基本比例尺地图图式第1部分：1∶500 1∶1000 1∶2000地形图图式》所规定的非比例符号表示。

对于已测定的地物应连接起来的，要随测随连，以便将图上测得的地物与地面上的实体对照。

8.1.3.2 地貌的描绘

地貌在地形图上是用等高线表示的，在测出地貌特征点后就可以勾绘等高线。勾绘等高线时，首先用铅笔轻轻地描绘出地性线，如山脊线、山谷线等，再根据碎部点的高程内插勾绘等高线。不能用等高线表示的地貌，如悬崖、陡崖、冲沟等，应用地形图图式规定的符号表示。

由于碎部点是选在坡度变化处，因此相邻点之间可视为均匀坡度，这样可在两相邻碎部点的连线上，按平距与高差呈正比的关系，内插出两点之间各条等高线通过的位置。如图8-3所示，地面上两碎部点C和A的高程分别为202.8 m及207.40 m，若取等高距为

1 m，则其间有高程 203 m、204 m、205 m、206 m 及 207 m 等高线通过。根据平距与高差呈比例的原理，它们在地形图上的位置为 *m*、*n*、*o*、*p*、*q*。可根据此原理用目估法在相邻的特征点间按其高程之差来确定等高线通过之点。同法定出其他相邻特征点间等高线应通过的位置。将高程相等的相邻点用平滑的曲线连起来，即为等高线。勾绘等高线时，应对照实地情况，先画计曲线，后画首曲线，并注意等高线通过山脊线和山谷线的走向。

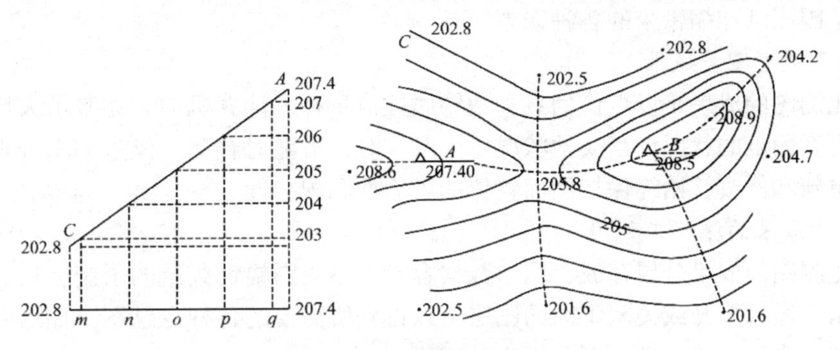

图 8-3 等高线勾绘示意

8.2 数字化测图概述

数字化测图是以计算机为核心，以全站仪、GNSS 等为数据采集工具，在软、硬件支持下，通过计算机对地形空间数据进行处理而得到数字地图。现已广泛用于测绘生产、城市规划、土地管理、军事工程等行业与部门。

广义的数字化测图主要包括：全野外数字化测图(亦称地面数字化测图、内外一体化测图)、利用手扶数字化仪或扫描数字化仪对纸质地形图的数字化、利用航摄影像或遥感影像进行数字化测图。在实际工作中，大比例尺数字化测图主要是指野外利用全站仪或 GNSS-RTK 等测量仪器实地测量成图，也称全野外数字化测图。

8.2.1 数字化测图的基本思想

传统的地形测图(白纸测图)是将测得的观测值用图解的方法转化为图形，其转化过程基本都是在野外手工实现的，且转化过程中还使测得数据精度大幅降低，劳动强度大，图形信息承载量少，变更或修改极为不便，难以适应当前经济建设发展的需要。

数字化测图就是要实现丰富的地形空间信息数字化和作业过程的自动化或半自动化，并尽可能缩短野外的作业时间，将大量的手工作业转化为计算机控制下的机械操作，既减轻了劳动强度，又不会降低观测精度。将采集的各种有关的地物、地貌信息转化为数字形式，经计算机处理得到内容丰富的电子地图。

8.2.2 数字化测图的优点

与传统图解法测图相比，数字化测图具有明显的优点，主要体现在以下几方面：

(1)点位精度高

数字化测图野外数据采集采用高精度电子仪器，测量数据作为电子信息可以自动记录、存储、处理和成图，减少了人为错误发生的机会，从而获得高精度的测量成果。在数字测图过程中，野外采集的数据精度毫无损失，也与图的比例尺无关。

(2)改进作业方式，提高作业效率

传统的作业方式是通过手工记录、绘图。数字化测图野外采集的数据可以自动记录、自动解算、自动绘图，出错概率小，作业效率高，且绘制的地形图精确、规范、美观，同时也避免了因图纸伸缩带来的各种误差。

(3)便于更新测量成果

数字化测图的成果是以点位信息和地物属性信息存入计算机的，克服了大比例尺白纸测图频繁更新困难的状况。当实地状况发生改变时，可随时补测，经过编辑处理，就能方便地做到更新和修改，始终保持图面整体的可靠性和现势性。

(4)便于成果的深加工利用

数字化测图的成果分层存放，图形数据容量可不受图幅负载量的限制，从而便于成果的加工利用，通过打开或关闭不同的图层可以得到所需要的各种专题图，如房屋图、道路图、管线图、水系图等，满足不同用户的需要。

(5)便于比例尺选择

数字地形图是以数字形式存储的1：1的地图，用户可根据需要，在一定比例尺范围内打印输出不同比例尺及不同图幅大小的地形图。

(6)可作为地理信息系统(GIS)的重要信息源

数字化测图能及时准确地提供各类基础数据，更新GIS的数据库，保证地理信息的可靠性和现势性，为GIS的辅助决策和空间分析发挥作用。

8.3 野外数据采集

各种数字测图系统必须首先获取地形要素的各种信息，然后才能据此成图。地形信息包括与成图相关的所有资料，如测量控制点资料、各种地物和地貌的位置数据、属性以及有关的注记等，这些地形要素的信息通常是以地形数据的形式来表达。地形数据主要是地物和地貌的特征点数据，即碎部点数据。

地面数字化测图主要采用全站仪测图和RTK测图。全站仪测图受通视条件限制，工作效率相对较低，但能适用于各种地形；RTK测图不受通视条件限制，作业效率高，但一般只能应用于地形开阔区域，对卫星信号接收不理想的区域测量很困难。在实际测量工作中，进行野外数据采集时通常根据实际情况两种方法结合使用。

8.3.1 野外数据采集模式

根据记录内容和图形绘制方法的不同，野外数据采集模式可分为草图法数字测记(俗称草图法)、编码法和电子平板测绘法。草图法工作方式要求外业工作时，除了测量员和立尺员外，还要安排一名绘草图的人员，在立尺员立尺时，绘图员要标注所测的是什么地物(属性信息)及记下所测点的点号(位置信息)，观测不到的点可结合丈量，并在草图上标注丈量数据；在测量过程中要和测量员及时联系，使草图上标注的某点点号和仪器里记录的点号一致，而在测量每一个碎部点时不用在电子手簿或仪器中输入地物编码，故又称无码方式。这种作业模式有专业绘制草图人员，内外业分工明确，具有较高的成图效率，是目前大多数野外数字测图作业的首选模式。本节介绍草图法。

8.3.2 全站仪数据采集

全站仪数字测图与常规测图的方法与步骤基本一致，主要采用极坐标法，应用全站仪的内部存储器，以数据文件形式存储观测点的点号、三维坐标等，具体步骤如下：

(1)安置仪器

将全站仪安置在已知控制点上，经对中、整平，量取仪器高。

(2)新建项目

一般全站仪都要进行这项工作，目的是建立一个文件目录用于存放数据。

(3)测站设置

将测站点的名称、坐标、高程、仪器高、目标高等数据输入全站仪。

(4)后视点设置

照准另一已知控制点作为后视方向，输入定向方位角或定向点的坐标值，待全站仪自动计算方位角之后再确认。

(5)检测

施测后视点或另一已知点，用来检核测量成果是否正确，检查无误后才能开始碎部点测量。

(6)碎部点测量

瞄准立于待测地物或地貌特征点上的反射棱镜，使用免棱镜全站仪时则直接照准特征点，测定其位置参数(坐标、高程)，显示观测数据于屏幕，并保存观测点的编号、坐标值等信息于当前工作文件中。

(7)绘草图

测量员每观测一个地物点，绘图员要标注出所测的是什么地物及记下所测点的点号。在测量过程中要和测量员保持及时联系，使草图上标注的点号与全站仪记录的点号一致。草图的绘制要绘得清晰、易读，相对位置尽量准确。

在一个测站上所有碎部点测完后，还要找一个已知点重测，以检查在施测过程中是否存在因操作错误、仪器触碰或出故障等原因造成的错误。检查确定无误后搬到下一测站，重新按上述采集方法和步骤进行施测。

8.3.3 GNSS-RTK 数据采集

实时动态测量(Real-time kinematic)，简称 RTK。RTK 技术是全球卫星导航定位技术与数据通信技术相结合的载波相位实时动态差分定位技术，包括基准站和移动站，其基本原理是在基准站安置一台 GNSS 接收机，对 GNSS 卫星进行连续观测，并将其修正数据通过无线电传输设备，实时地发送给移动站；在移动站位置，GNSS 接收机接收卫星信号的同时，也接收通过基准站传输过来的修正数据，实时地计算并显示用户观测站的三维坐标及精度。根据差分信号传播方式的不同，RTK 分为电台模式和网络模式两种，CORS 网络数据采集只需要一台 GNSS 接收机，同时接收卫星信号和 CORS 基站发射的差分信号，通过信号处理计算出待测点的坐标和高程。目前市场上使用的 GNSS 设备品牌、型号多种多样，本节以南方银河 1GNSS-RTK 为例，介绍内置电台模式自建基站野外数据采集过程。

GNSS-RTK 数据采集的基本操作过程为：设置基准站、设置移动站、新建工程、求参校正、数据采集和文件输出等。

8.3.3.1 基准站架设与设置

(1)基准站位置选择

为了获得更好的观测环境，基准站一定要架设在视野开阔、周围环境空旷、地势较高的地方。基准站的架设位置可以是已知点上，也可以是未知点上，为了野外工作方便，一般将基准站架设在未知点上。

(2)基准站架设

①将接收机设置为基准站内置电台模式；

②如图 8-4 所示，安置好三脚架，用测高片固定好基准站接收机(如果架设在已知点上，要用基座并进行严格的对中整平)，打开基准站接收机。

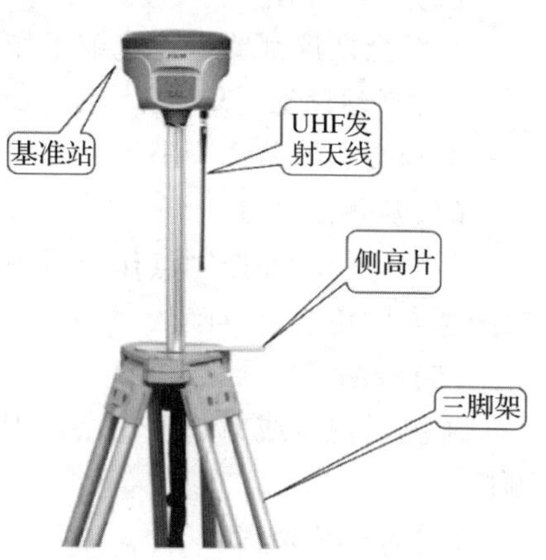

图 8-4 基准站电台内置模式

(3)启动基准站

第一次启动基准站时，需对启动参数进行设置，设置步骤如下：

①用蓝牙连接主机，使用手簿上的工程之星(安卓版)连接基准站；

②点击：配置\仪器设置\基准站设置(主机必须是基准站模式)；

③对基准站参数进行设置(一般的基站参数设置只需设置差分格式，其他使用默认参数)，如图 8-5 所示；设置完成后点击“启动”，会提示基准站启动成功；

④点击：配置\仪器设置\电台设置，设置电台通道，选择相应的电台通道发射。

< 基准站设置

差分格式	RTCM3 >
发射间隔	1 >
基站启动坐标	自动单点启动 >
天线高	测片，1.205 >
截止角	10 >
PDOP	3.0 >
数据链	内置电台 >
数据链设置	>
记录原始数据	

启动

图 8-5 启动基准站

8.3.3.2 移动站架设与设置

(1)移动站架设

确认基准站发射成功后，即可开始移动站架设。步骤如下：

①将接收机设置为移动站电台模式；

②将移动站主机连接在碳纤对中杆上，接上天线，同时将手簿托架安置在对中杆合适的位置，如图 8-6 所示。

(2)设置移动站

移动站架设好后需要对移动站进行设置才能达到

固定解状态，步骤如下：

①用蓝牙将手簿与移动站连接；

②点击：配置\仪器设置\移动站设置(主机必须是移动站模式)，设置移动站；

③对移动站参数进行设置，一般只需要设置差分数据格式的设置，选择与基准站一致的差分数据格式即可；

④点击：配置/仪器设置/电台通道设置，将电台通道切换为与基准站电台一致的通道号；移动站获得固定解后，即设置完毕。

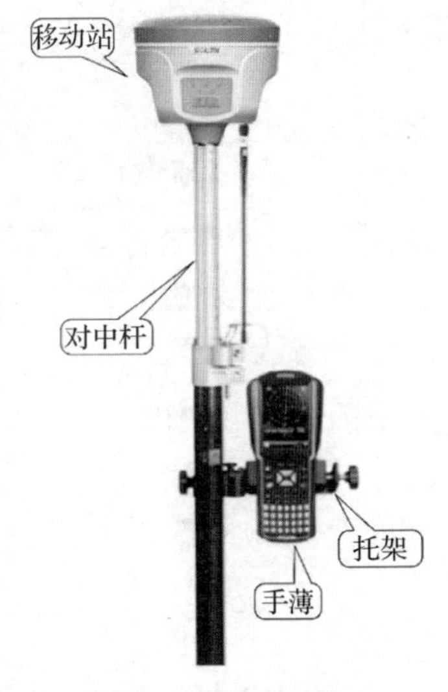

图 8-6　移动站示意

8.3.3.3　新建工程

在确保蓝牙连通和收到差分信号后，开始新建工程。点击：工程/新建工程，弹出新建工程对话框，输入工程名称，点击“确定”，弹出“坐标系统设置”对话框，如图 8-7 所示，在对话框中输入坐标系统名称，选择目标椭球，点击“设置投影参数”右侧的“高斯投影”，弹出“投影方式”对话框，输入投影参数(最重要的是输入当地中央子午线，其他一般按默认)，点击“确定”后系统返回到“坐标系统设置”界面，其他参数默认都是关闭的，再点击确定，系统弹出“确定将该参数应用到当前工程?”提示，点击“确定”即可。

< 坐标系统设置
坐标系统库
坐标系统名称　请输入信息
目标椭球　CGCS2000 >
设置投影参数　高斯投影 >
七参数　关闭 >
四参数　关闭 >
校正参数　关闭 >
高程拟合参数　关闭 >
垂直平差参数　关闭 >
求转换参数　取消　另存为　确定

图 8-7　坐标系统设置

8.3.3.4　求参校正

要将 GNSS 测量的 WGS-84 坐标转换为我国国家坐标系或地方坐标系坐标，需要求定两种坐标系的转换参数，有七参数和四参数两种，需根据测区范围的大小和地形情况选择合适的方法。这里介绍适合于小地区的四参数求取方法。

工程之星提供了两种求取参数的方法：一是利用控制点坐标库，即在未校正的情况下用接收机先采集两个或两个以上已知点的的 WGS-84 坐标，再打开控制点坐标库把相同点在两套坐标系统内的坐标依次输入，软件就会自动计算出四参数并给出点位精度；另一种方法是利用校正向导的多点校正方式，即输入控制点坐标后实时地读取当前点坐标，两个点及以上就可以求出四参数，保存后即可应用。这里介绍利用控制点坐标库求四参数的方法，步骤如下：

①首先测量已知点的 GPS 原始坐标：等移动站的解状态为固定的时候，到两个或两个以上的已知点测量并保存其坐标，测量的时候注意修改点名、天线高和天线高类型；

②测量完成后依次单击：输入/求转换参数/添加，弹出如图 8-8 所示“增加坐标”对话框，在对话框“平面坐标”下输入一个已知点的点名、北坐标、东坐标和高程；点击“大地坐标”右边的“更多获取方式”，弹出“外部获取”选项，选择“点库获取”即弹出“坐标管理库”窗口，选择与刚才输入已知坐标的已知点相匹配的 GPS 原始坐标，如图 8-9 所示，点击确定。至此，第一个已知点的两套坐标已添加完毕。以此方法依次增加其他已知点的

图 8-8 增加坐标对话框

图 8-9 已添加的两套对应坐标

两套坐标；

③已知点的两套坐标增加完成并检查无误后单击“计算”，如图 8-10 所示，系统自动计算并弹出“结果显示”框，如图 8-11 所示，查看计算出的参数，包括四参数以及将大地高转换为正常高的高程拟合结果；还可查看比例尺，其值越接近 1 越好，一般应在 0.999 * * * ~1.000 * * 之间。再点击确定，弹出“确定将该参数应用到当前工程?”提示，点击“确定”即可，也可以到第三个已知点上测量检核。

8.3.3.5 数据采集

将对中杆立在需要采集的碎部点上，点击：测量/点测量，当达到固定解状态时，点

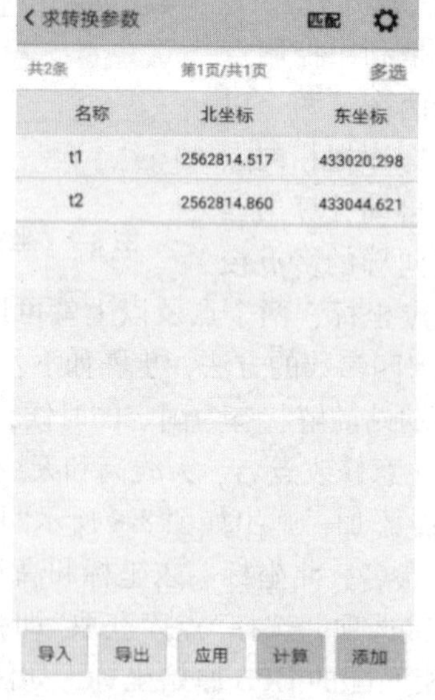

图 8-10 参数计算界面

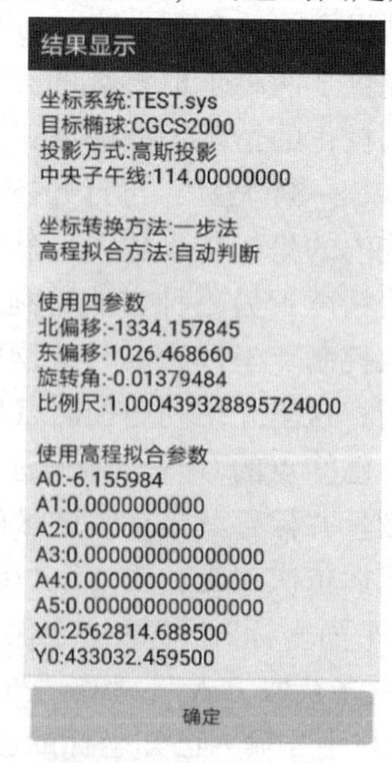

图 8-11 参数结果显示

击“保存”，如图 8-12 所示，进入界面后注意修改点名及杆高，所有信息确认无误后点击确定即可。

8.3.3.6 文件输出

外业采集数据完成后，需要将手簿中的数据传输到电脑，以便成图。在主界面点击：工程/文件导入导出/文件导出/选择要导出的数据格式(如南方 CASS 数据格式)/选择测量文件/输入成果文件名(不能与工程名同名)，点击“导出”，然后手簿插入 SD 卡复制或连接计算机复制到计算机上，即可利用地形图成图软件进行数字地形图的成图工作。

图 8-12 点测量界面

8.4 平面图绘制

8.4.1 数字化测图软件

目前，市场上比较成熟的数字化成图软件主要有南方数码集团的数字化地形地籍成图系统软件 CASS、清华山维新技术开发有限公司的 GIS 数据采集处理与管理系列软件 EPSW 等。CASS 软件是南方数码集团在 AutoCAD 软件平台上二次开发的一套集地形、地籍、空间数据库、工程应用等功能于一体的软件系统，广泛应用于地形成图、地籍成图、工程测量应用、空间数据建库等领域。本节介绍南方 CASS10.1 地形地籍成图系统，其主界面如图 8-13 所示。

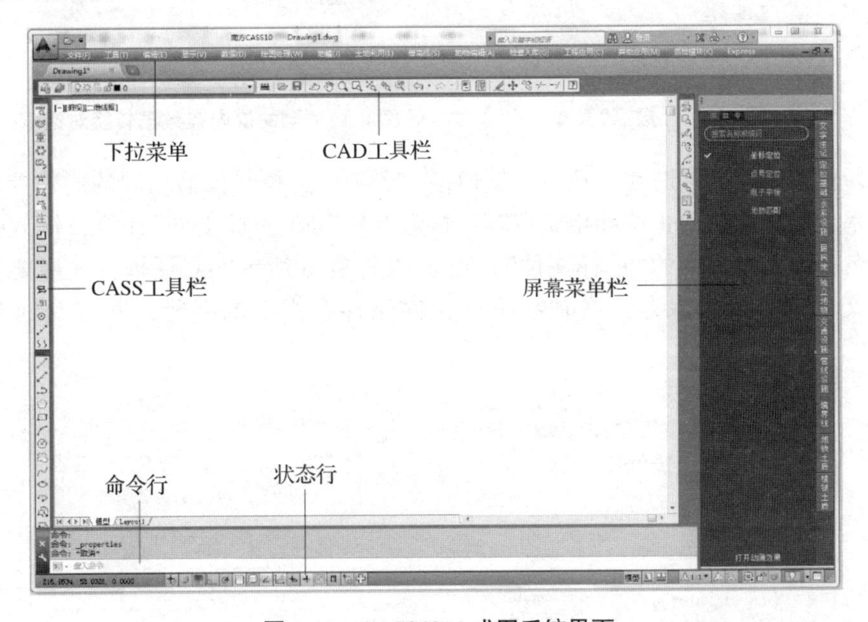

图 8-13 CASS10.1 成图系统界面

8.4.2 全站仪数据传输

全站仪野外采集的数据通常要传输到计算机进行处理，不同的全站仪有不同的随机软件。CASS10.1 提供与内存卡、电子手簿或带内存全站仪之间的数据传输功能。内存卡可直接插入全站仪插口读取，电子手簿或带内存的全站仪则需用通信电缆、蓝牙或红外传输等方式与计算机连接。这里介绍带内存的全站仪的数据传输，步骤如下：

①将全站仪匹配的通信电缆与计算机连接好；

②打开全站仪，调出输出参数设置状态，进行参数设置；再设置全站仪为数据输出状态，直至最后一步的前一项时等待；

③打开 CASS10.1 进入 CASS 系统主界面，移动鼠标至“数据”菜单处按左键，便出现如图 8-14 所示的下拉菜单；

④单击“数据”菜单下的“读取全站仪数据”选项，便出现如图 8-15 所示的对话框；

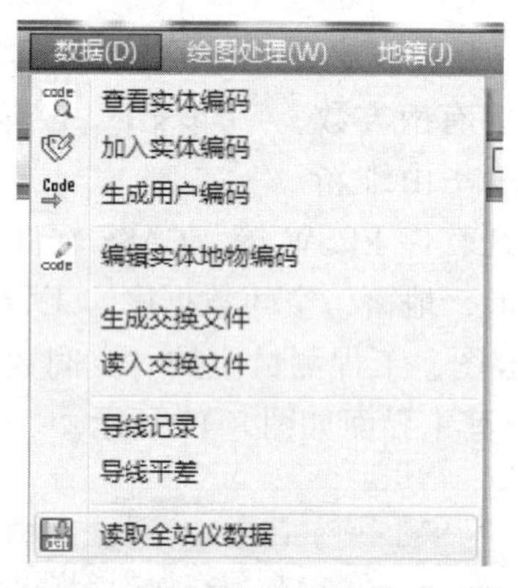

图 8-14 “数据”菜单

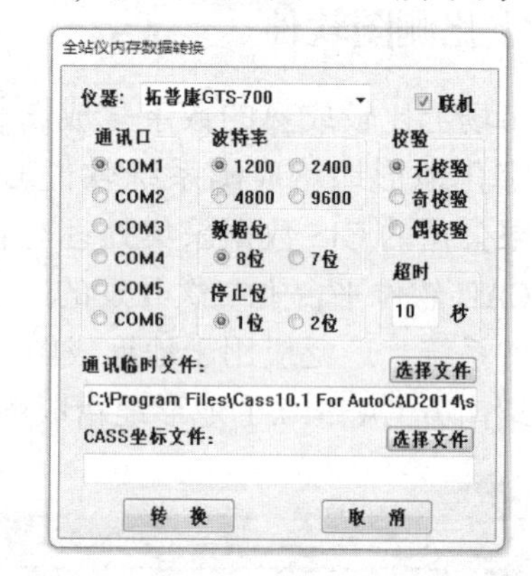

图 8-15 全站仪内存数据转换对话框

⑤选择仪器型号，同时在计算机数据通信设置项中选择与仪器相同的通信参数，如端口、波特率、数据位、停止位和检验位等；接着在“CASS 坐标文件”命令，输入保存的路径和文件名；或点击右侧的“选择文件”，出现如图 8-16 所示的对话框，选择要保存的路径和输入文件名，点击保存，这时系统将文件保存在指定的路径，并自动回到图 8-15 界面；

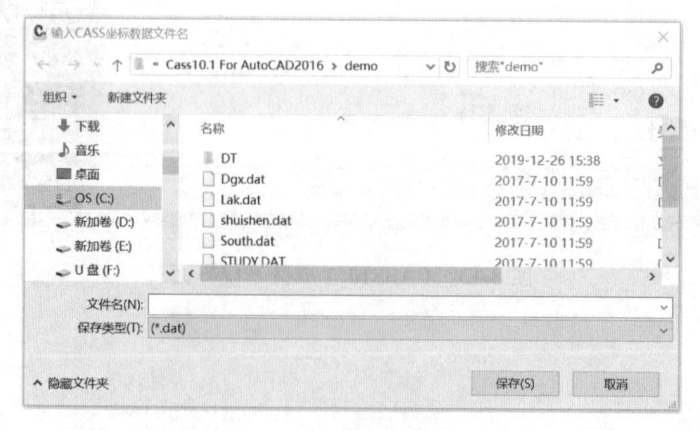

图 8-16 输入坐标数据文件

⑥鼠标点击图8-15的“转换”，便出现图8-17的提示框；

⑦按提示先在计算机上点击确定，再在一直处于等待状态的全站仪按确认键，即开始数据的传输，命令区便逐行显示点位坐标信息，直至通信结束，即可关闭全站仪；

⑧如果仪器选择错误会导致传输到计算机的数据格式不正确，这时会出现如图8-18所示的提示框。

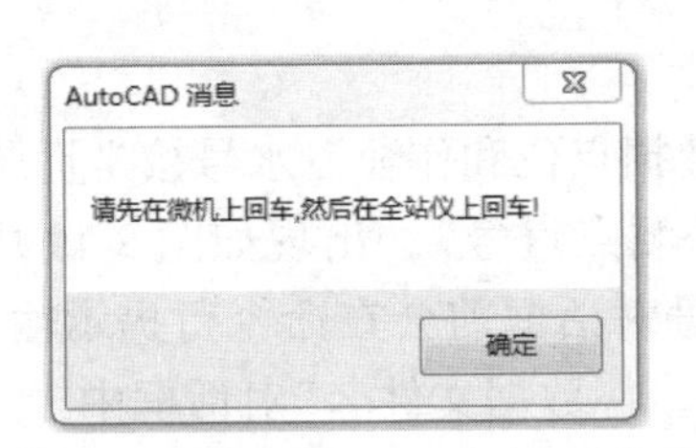

图8-17 计算机等待全站仪信号提示

图8-18 数据格式错误提示

若出现“数据文件内不含坐标”提示，有可能是数据通信的通路不通、通信参数设置不一致、仪器型号选择不正确或全站仪中传输的数据文件中没有包含坐标数据等。

CASS的坐标数据文件的扩展名是“. DAT”，具有统一的坐标数据文件格式，文件中的每项记录按行排列，标记如下：

点名(点号)，编码，Y(东)坐标，X(北)坐标，高程

每一行代表一个点，点的各项信息之间用逗号分开，逗号应在“半角”状态下输入，编码项可以为空，但要保留逗号。

8.4.3 平面图绘制

由于草图法工作方式(无码方式)外业工作时，没有输入描述各定位点之间相互关系的编码，而是以“草图”的形式记录点位之间的关系及所测地形、地物的属性信息，坐标文件中只有碎部点点号及测量坐标值，对于数据文件，系统不能自动处理编辑地形图，只能对照“草图”，在计算机上通过人机交互的方法，一步一步编辑成图。人机交互成图方式又分“点号定位”和“坐标定位”两种绘图定点方式。选择这两种方法只需点击屏幕右侧菜单区的“点号定位”或“坐标定位”选项即可。两者的区别在于“坐标定位”只能通过屏幕鼠标定点，而选择“点号定位”时，既可在图形编辑时以键盘输入点号定点，也可以切换到鼠标定点方式。一般来说，直接在屏幕上通过鼠标按点号定点绘图速度快，但是在测区地形复杂、测点众多时，在屏幕上寻找测点点号不太容易。“点号定位”和“坐标定位”方式相互切换的方法是在屏幕右侧菜单区选择“点号定位”方式，当要转入鼠标定点方式时，只要在绘图状态命令行键入“P”回车，就实行了切换。若要再次切换到点号定位时，重复上述操作即可，所以一般选择“点号定位”模式。

8.4.3.1 “点号定位”法的作业步骤

(1)定显示区

定显示区作用是根据坐标数据文件最大、最小坐标定出屏幕窗口的显示范围，以保证所有碎部点都能显示在屏幕上。

单击“绘图处理”菜单，在弹出的下拉菜单中点击“定显示区”命令，然后在弹出的“输入坐标数据文件名”对话框中，选择或输入已采集的原始坐标数据文件，单击打开后系统将自动检索文件中所有点的坐标，找出最大和最小坐标值，并在屏幕左下方显示坐标范围。如下显示：

最小坐标(米)：X＝xxxxx. xxx，Y＝xxxxx. xxx

最大坐标(米)：X＝xxxxx. xxx，Y＝xxxxx. xxx

(2)展野外测点点号

展野外测点点号的目的是把野外测量的数据点位和作业流水号按坐标展绘在屏幕上。

单击“绘图处理”菜单的下拉菜单“展野外测点点号”，出现如图 8-19 所示对话框，如果还没输入绘图比例尺，则在弹出展测点点号对话框前会在命令行提示输入绘图比例尺。直接输入比例尺分母，回车后在弹出的“输入坐标数据文件名”对话框中，选择或输入要展出的坐标数据文件名。然后单击“打开”，则数据文件中所有点以注记点号形式展现在屏幕上，如图 8-20 所示。

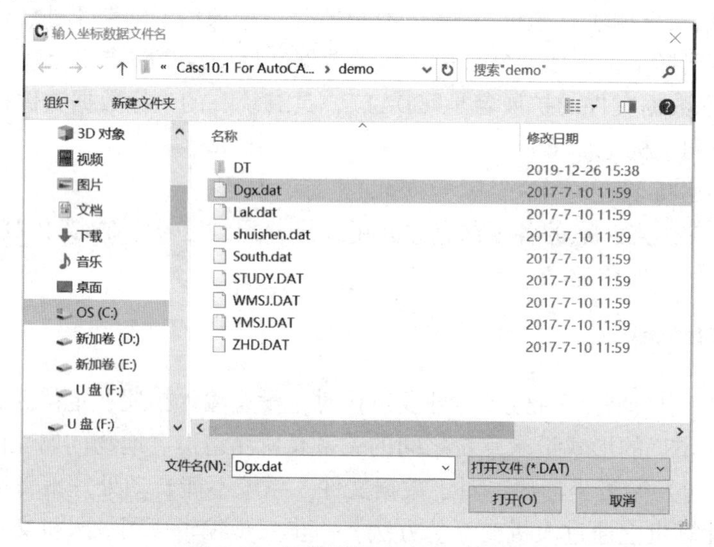

图 8-19 展野外测点点号对话框

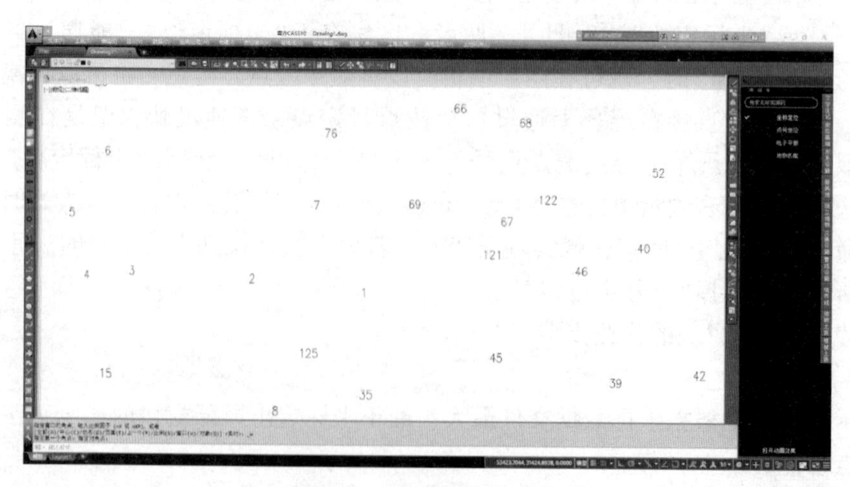

图 8-20 展测点点号示意

(3)选择定位方式

移动鼠标至屏幕右侧菜单区，选择“点号定位”，如图 8-21 所示。在弹出的对话框输入或选择相应的坐标文件。点击“打开”，此时屏幕左下方提示：

“读点完成！共读入 xxx 个点”。

(4)绘制平面图

根据野外作业时绘制的草图，移动鼠标至屏幕右侧菜单区，选择相应的地形图图式符号，然后在屏幕中将所有的地物绘制出来。数字测图软件系统一般均有地图符号库，根据地物类型不同分为 3 类，即点状地物、线状地物和面状地物，大致对应图式符号中的非比例符号、半依比例符号和比例符号。系统中所有地形图图式符号都是按照图层来划分的。例如，所有表示测量控制点的符号都放在“定位基础”这一层，所有表示独立地物的符号都放在“独立地物”这一层，所有表示植被的符号都放在“植被土质”这一层。对每类符号，分别举一个典型例子介绍。

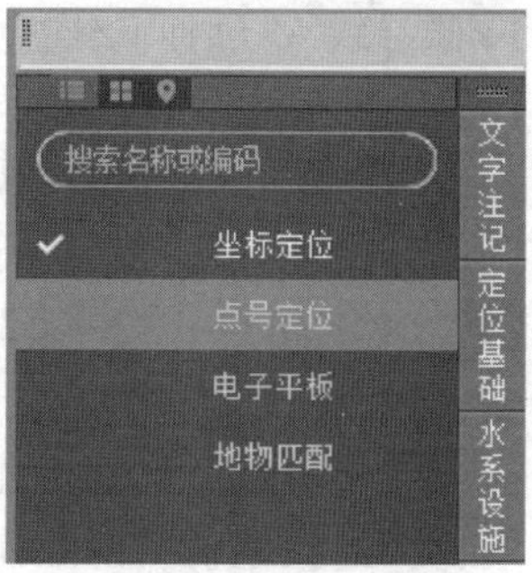

图 8-21 选择测点点号定位

①点状地物 点状地物在大比例尺地形图中用非比例符号表示，如控制点、路灯、电杆、消防栓等。非比例符号的绘制方法基本相同，如控制点的绘制步骤如下：

鼠标单击右侧屏幕菜单区中的“定位基础”菜单下的“平面控制点”，弹出平面控制点选择框，如图 8-22 所示。以埋石图根点为例说明其绘制过程。点击“埋石图根点”图标，命令行提示：

DD 鼠标定点 P/<点号>：用键盘输入控制点点号，回车。命令区提示：

DD 等级-点号：输入控制点点名，回车。系统将在相应位置上依图式绘出控制点的符号。

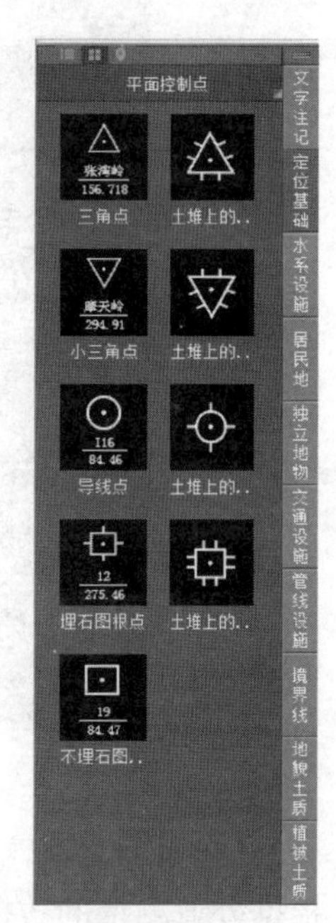

图 8-22 平面控制点图例

②线状地物 线状地物大部分用半依比例符号表示，如单线道路、管线、陡坎等；在大比例尺中也有用双线表示的，如道路、沟渠等。现以“平行县道乡道”举例如下：

移动鼠标至右侧屏幕菜单区点击“交通设施/城际公路”，系统弹出如图 8-23 所示选择框。点击“平行县道乡道”图标，此时命令区提示：

DL 请输入点号：用键盘输入第一点点号，回车。此时命令区提示：

DL 曲线 Q/边长交会 B/跟踪 T/区间跟踪 N/垂直距离 Z/平行线 X/两边距离 L/圆 Y/内部点 O 点 P/<点号> 按提示选择合适方式输入下一点位置。

DL 曲线 Q/边长交会 B/跟踪 T/区间跟踪 N/垂直距离 Z/平行线 X/两边距离 L/圆 Y/内部点 O 点 P/延伸 E/插点 I/回退 U/换向 H/反向 F 点 P/<点号> 按提示选择合适方式输入下一点位置。

DL 曲线 Q/边长交会 B/跟踪 T/区间跟踪 N/垂直距离 Z/平行线 X/两边距离 L/隔一点

J /微导线 A/延伸 E/插点 I/回退 U/换向 H/点 P/<点号>　按提示选择合适方式输入下一点位置。此提示反复出现，直至回车结束。此时命令区提示：

“DL 拟合线<N>?” 如不需拟合，直接回车即可，如需要拟合，输入 Y，然后回车。拟合的作用是对复合线进行圆滑。此时命令区提示：

DL1. 边点式/2. 边宽式/(按 ESC 键退出)：<1>　根据外业测量实际情况选择绘制方式，按默认选 1，回车。命令区提示：

对面一点：鼠标定点 P/<点号>　输入对面点点号回车即可。

③面状地物　以绘制四个角点的一般房屋为例说明绘制步骤。

移动鼠标单击右侧屏幕菜单区中“居民地/一般房屋”，弹出一般房屋选择框，如图 8-24 所示，选择“四点一般房屋”图标，点击“确定”按钮，此时命令区提示：

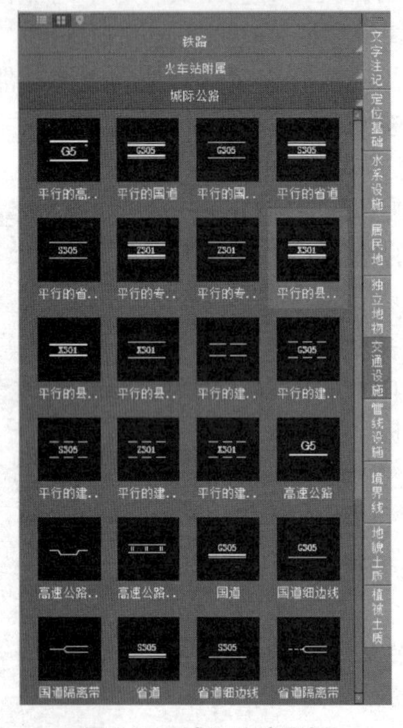

图 8-23　城际公路图例

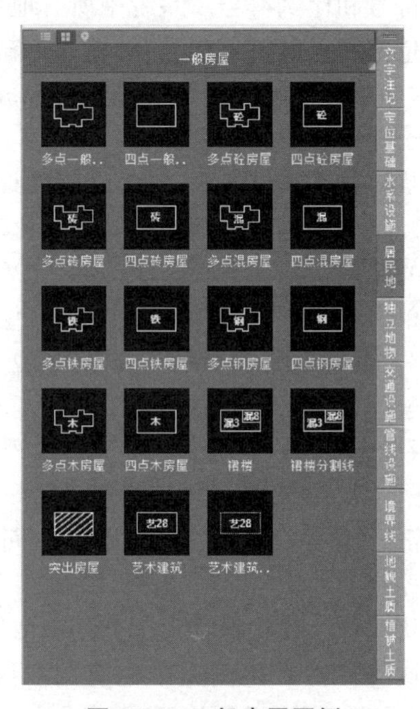

图 8-24　一般房屋图例

FOURPT1. 已知三点/2. 已知两点及宽度/3. 已知两点及对面一点/4. 已知四点<3>：根据外业测量的数据选择绘制方式，按默认选 3，回车。命令区提示：

第一点：FOURPT 鼠标定点 P/<点号>　用键盘输入第一点的点号，回车。命令区提示：

第二点：FOURPT 鼠标定点 P/<点号>　输入第二点的点号，回车。命令区提示：

第三点：FOURPT 鼠标定点 P/<点号>　输入第三点的点号，回车。即可完成四点房屋的绘制。

绘制房屋时，输入的点号必须按顺时针或逆时针的顺序输入，否则绘制出来的房屋是错的。

(5)注记符号

为方便地形图的阅读，在地形图中除了地物地貌符号之外，通常还用文字、数字或特定的符号对地物加以说明，如用文字注明地名、河流、房屋的材料等。CASS10.1 提供了强大的注记功能，包括文字注记、坐标注记和地坪高注记等。现以文字注记为例说明操作步骤。

移动鼠标至右侧屏幕菜单的“文字注记/通用注记”处单击左键，弹出如图 8-25 所示对话框，在“注记内容”中输入要注记的内容，在“注记排列”中选择文字排列方式，在“注记类型”中选择注记所属类型，这样注记的文字就会保存在这个对应的类型层里；最后确定文字大小及字头朝向。点击确定后命令区提示：

图 8-25 文字注记对话框

WZZJ 请输入注记位置(中心点)：在屏幕上点击文字注记的位置即可。

8.4.3.2 “坐标定位”法的作业步骤

“坐标定位”绘图步骤与“点号定位”相似。

(1)定显示区

此步操作与“点号定位”法的“定显示区”相同。

(2)展野外测点点号

此步操作也与“点号定位”法的“展野外测点点号”相同。

(3)选择定位方式

移动鼠标至屏幕右侧菜单区选择“坐标定位”。

(4)绘平面图

根据外业草图，移动鼠标至右侧屏幕菜单区选择相应的地形图图式符号在屏幕上将平面图绘出，区别在于不能通过直接输入测点点号来进行定位。同样以绘制四个角点的一般房屋为例说明绘制步骤。

移动鼠标单击右侧屏幕菜单区中“居民地/一般房屋”，弹出绘制一般房屋选择框，选择“四点一般房屋”图标，此时命令区提示：

FOURPT1. 已知三点/2. 已知两点及宽度/3. 已知两点及对面一点/4. 已知四点<3>：根据外业测量的数据选择绘制方式，按默认选 3，回车。命令区提示：

FOURPT 获取第一点：用鼠标指定或用键盘输入坐标。用鼠标指定时需打开对象捕捉中的捕捉节点功能来拾取点。回车。命令区提示：

FOURPT 指定下一点：同上输入下一点位置，回车。命令区提示：

FOURPT 指定下一点：同法输入下一点的位置，回车。即可完成四点房屋的绘制。

绘制房屋时，同样输入的点号必须按顺时针或逆时针的顺序输入，否则绘制出来的房屋不符合要求。

8.5 绘制等高线

在地形图中，地貌的高低起伏主要用等高线表示。在数字化自动成图系统中，等高线是由计算机自动绘制的。野外采集的地貌特征点一般是离散的数据点，采用离散高程点绘制等高线首先由离散点构建数字地面模型(DTM)，即规则的矩形格网和不规则的三角形格网(TIN)，然后在矩形格网或不规则的三角形格网上跟踪等高线通过点，最后利用适当的光滑函数对等高线通过点进行平滑处理，从而形成平滑的等高线。

8.5.1 建立数字地面模型(构建三角网)

DTM是在一定区域范围内规则格网点或三角网点的平面坐标(x，y)和其他地形属性的数据集合。如果此地形属性是高程Z，则此数字地面模型又称数字高程模型(DEM)。这个数据集合从微分的角度三维地描述了该区域地形地貌的空间分布。数字地面模型建立步骤如下。

8.5.1.1 展高程点

展高程点的作用是将CASS坐标文件中的点的三维坐标展绘在绘图区，并根据用户给定的间距注记点位的高程值。

单击主菜单“绘图处理”下的子菜单“展高程点”项，在弹出的“输入坐标数据文件名”对话框中，通过对话框上部的查找下拉框找到要展绘的野外测点文件，单击“打开”，此时命令行提示：

ZHKZD 注记高程点距离(米)<直接回车全部注记>，根据规范要求输入高程点注记距离(即注记高程点的密度)(如果直接回车默认为注记全部高程点高程)，这时所有高程点和控制点的高程均自动展绘到图上，如图8-26所示。

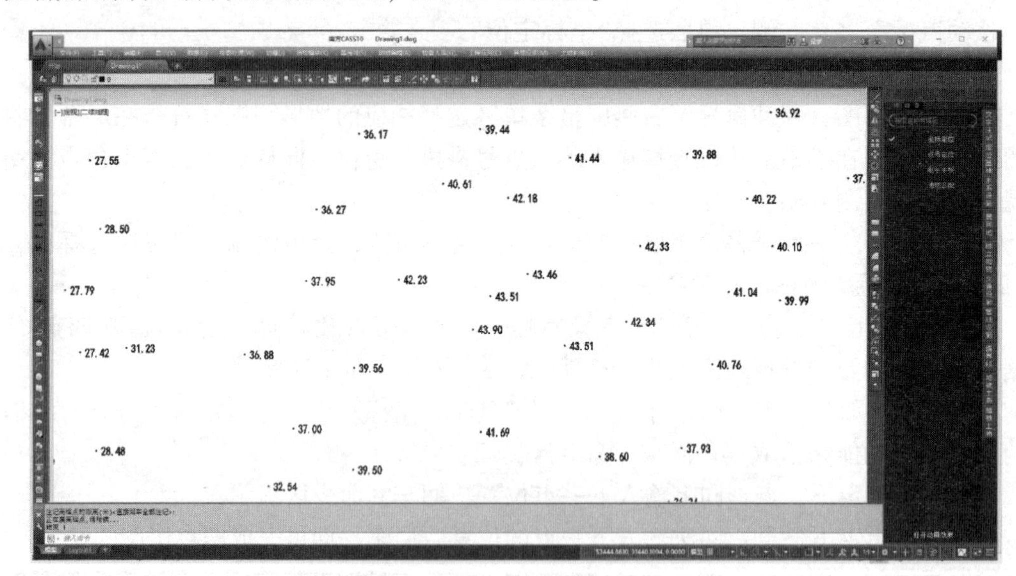

图8-26 展绘的高程点

8.5.1.2 建立DTM

鼠标点击主菜单“等高线”选项，弹出如图8-27所示的下拉菜单，点击“建立三角网”项，出现如图8-28所示对话框。

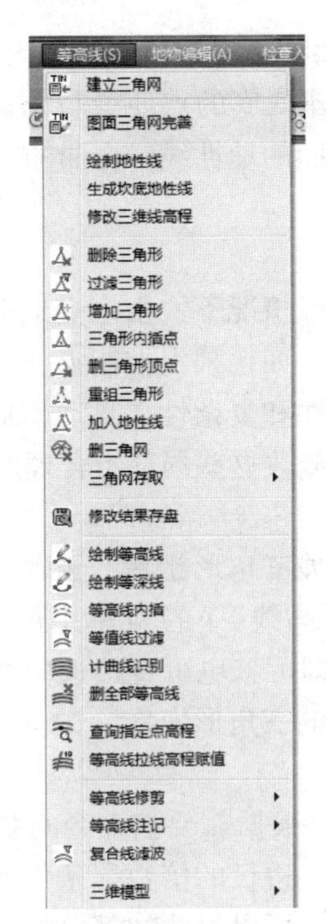

图 8-27　“等高线”下拉菜单

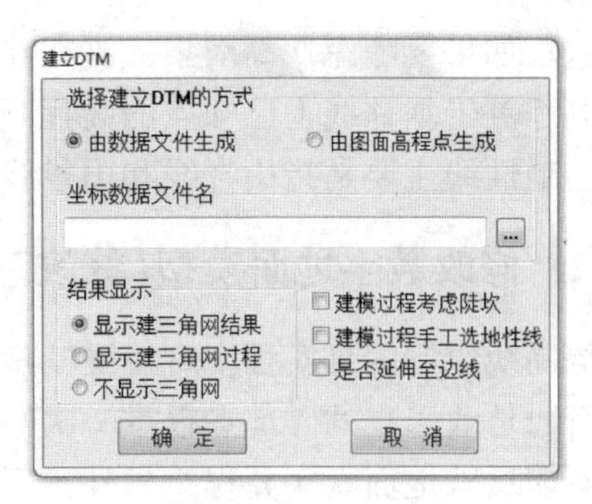

图 8-28　建立 DTM

首先要选择建立 DTM 的方式，建立 DTM 有“由数据文件生成”和“由图面高程生成”两种，可以根据实际需要选择。如果选择“由数据文件生成”，则在“坐标数据文件名”下选择对应的坐标数据文件；如果选择“由图面高程生成”，则在绘图区选择参加建立 DTM 的高程点。然后选择“结果显示”，分为 3 种：显示建三角网结果、显示建三角网过程和不显示三角网。最后选择在建立 DTM 时是否考虑陡坎和地性线。点击确定后生成如图 8-29 所示的三角网。

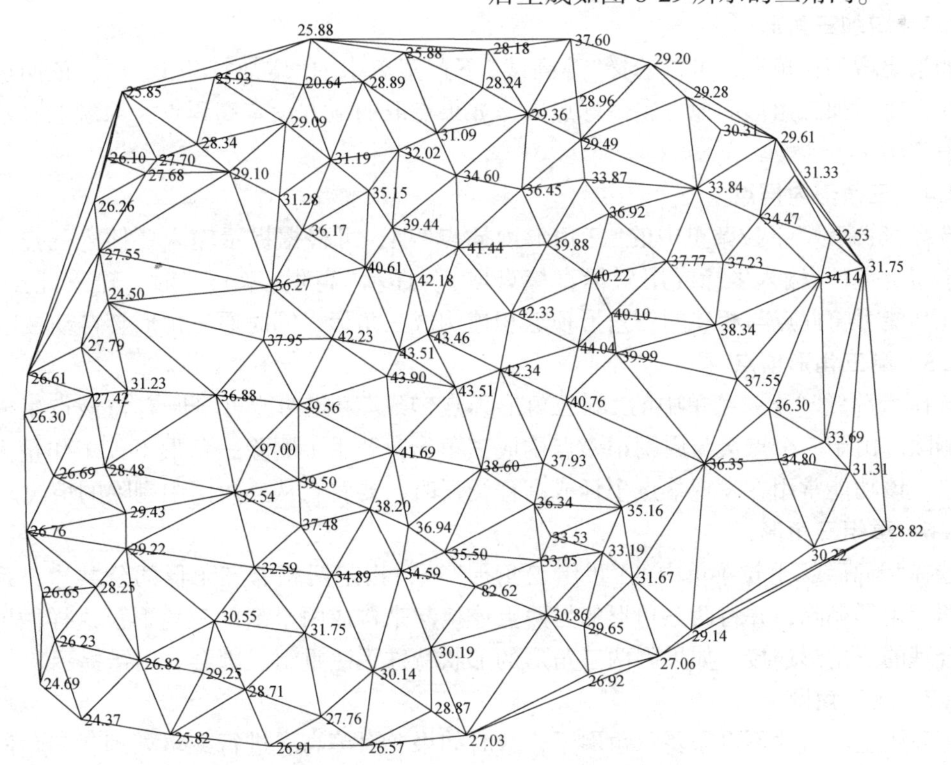

图 8-29　用“Dgx. dat”数据建立的三角网

这里如果要考虑坎高因素，则在建立 DTM 前系统自动沿着坎毛的方向插入坎底点(坎底点高程等于坎顶线上已知点的高程减去坎高)，这样新建坎底的点便参与构建三角网的计算。地性线主要是指山脊线和山谷线，等高线在通过不同的地性线时弯曲的方向不同。

8.5.2　修改数字地面模型(修改三角网)

等高线绘制的真实程度直接受三角网构建的影响。一般情况下，由于受地形条件的限制，有时外业采集的碎部点很难一次性生成理想的等高线，如楼顶上控制点、桥面上的点等，不能反映地面真实高程；另外，还因现实地貌的多样性和复杂性，自动构成的数字地面模型与实际地貌不太一致，这时可以通过修改三角网来修改这些局部不合理的地方。

8.5.2.1　删除三角形

如果某局部内部没有等高线通过，则可将其局部内相关三角形删除。删除三角形的操作方法：先将要删除三角形的地方局部放大，再选择“等高线”下拉菜单中的“删除三角形”项，命令区提示“选择对象”时，选择要删除的三角形即可，也可直接选中要删除的三角形，按“删除”键删除；如果误删，可用“U”命令将误删的三角形恢复。

8.5.2.2　过滤三角形

选择“等高线”下拉菜单中的“过滤三角形”项，用户可根据需要按命令行提示输入符合三角形最小角的度数，或三角形中最大边长最多大于最小边长的倍数等条件的三角形进行过滤。如果出现建立三角网后点无法绘制等高线的现象，可以过滤掉部分形状特殊的三角形。另外，如果生成的等高线不光滑，也可以用此功能将不符合要求的三角形过滤掉再生成等高线。

8.5.2.3　增加三角形

如果要增加三角形，可以选择“等高线”下拉菜单中的“增加三角形”项，依照屏幕的提示在需要增加三角形的地方用鼠标点取，如果点取的地方没有高程点，系统会提示输入高程。

8.5.2.4　三角形内插点

选择“等高线”下拉菜单中的“三角形内插点”项，可根据提示输入要插入的点。在三角形中指定点(可输入坐标或用鼠标直接点取)，提示“高程(米)=”时，输入此点高程。通过此功能可将此点与相邻的三角形顶点相连构成三角形，同时原三角形会自动被删除。

8.5.2.5　删三角形顶点

选择“等高线”下拉菜单中的“删三角形顶点”项，用此功能可将所有与该点生成的三角形删除。由于一个点会与周围很多点构成三角形，若手工删除三角形不仅工作量大且容易出错。该功能常用在发现某点坐标或高程错误时，要将它从三角网中剔除的情况。

8.5.2.6　重组三角形

选择“等高线”下拉菜单中的“重组三角形”项，指定两相邻三角形的公共边，系统自动将两三角形删除，并将两三角形的另两点连接起来构成两个新的三角形，这样做可以改变不合理的三角形连接。如果因两三角形的形状特殊无法重组，则会有出错提示。

8.5.2.7　删三角网

等高线生成后就不再需要三角网了，这时如果要对等高线进行编辑处理，三角网比较碍事，选择“等高线”下拉菜单中的“删三角网”，用此功能可将整个三角网删除。

8.5.2.8 修改结果存盘

以上命令修改了三角网后，选择“等高线”菜单下的“修改结果存盘”项，把修改后的数字地面模型存盘。这样，绘制的等高线不会内插到修改前的三角形内。当命令区显示“存盘结束!”时，表明操作成功。

注意：修改了三角网后一定要进行此步操作，否则修改无效。

8.5.3 绘制等高线

等高线的绘制可以在已绘出的平面图上叠加，也可以在“新建图形”的状态下绘制。如在“新建图形”下绘制，系统会提示输入绘图比例尺。

用鼠标选择“等高线”菜单下的“绘制等高线”项，弹出如图 8-30 所示对话框。

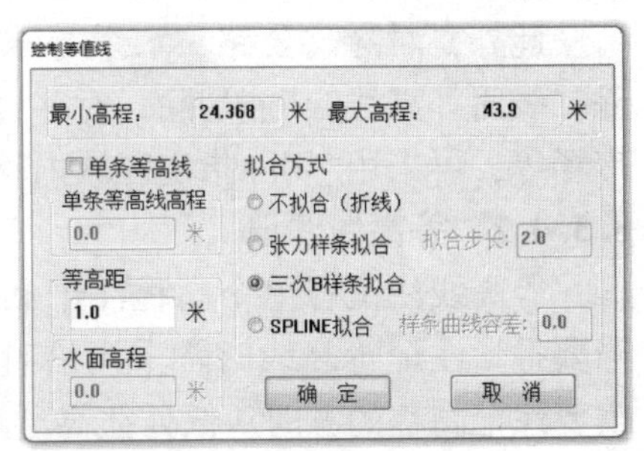

图 8-30 绘制等高线对话框

对话框中会显示参与生成 DTM 的最小高程和最大高程。如果只生成单条等高线，则勾选“单条等高线”，并在“单条等高线高程”中输入此条等高线高程；如果生成多条等高线，则在“等高距”中输入相邻两条等高线之间的高差值。最后选择等高线的拟合方式，共有 4 种拟合方式：不拟合(折线)、张力样条拟合、三次 B 样条拟合和 SPLINE 拟合，默认三次 B 样条拟合。单击确定，当命令区显示“绘制完成!”时，便完成等高线的绘制工作，如图 8-31 所示。

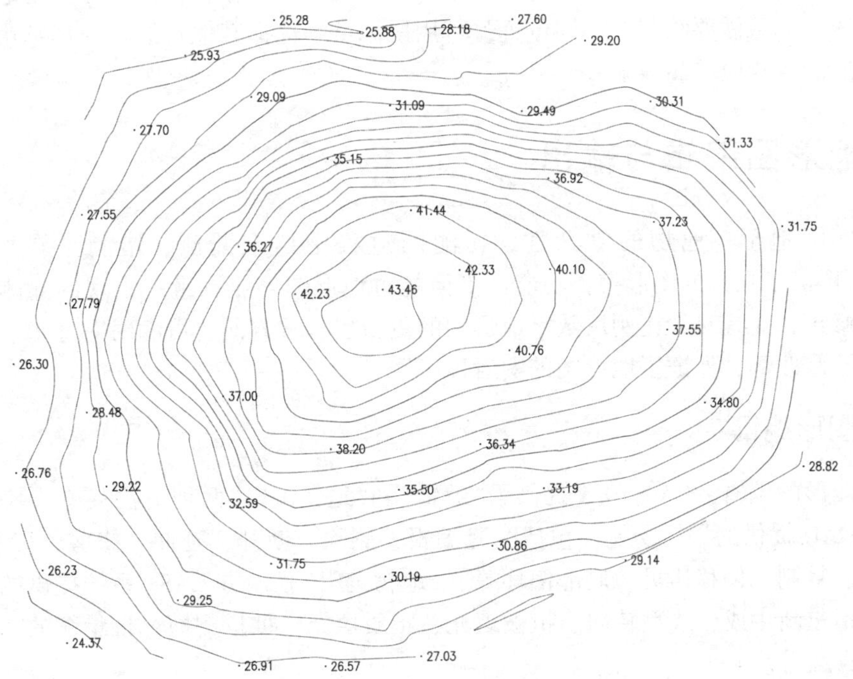

图 8-31 用“Dgx. dat”绘制的等高线

8.5.4 等高线修饰

8.5.4.1 等高线修剪

数字地形图对穿越各种符号、注记(如陡坎、双线地物、建筑物、高程点、等高线注记等)的等高线要进行修剪处理，以保持图面的清晰易读。CASS10.1等高线修剪有3种方式：批量修剪等高线、切除指定两线间等高线和切除指定区域内等高线。批量修剪等高线步骤如下：

单击“等高线/等高线修剪/批量修剪等高线”子菜单，弹出如图8-32所示对话框。根据实际情况选择修剪方式，点击确定后会根据输入的条件修剪等高线。

此外，对穿过公路、水系等二线间的等高线，可使用“切除二线间等高线”功能切除；对穿过封闭区域的等高线如房屋、广场等，可采用“切除指定区域内等高线”功能切除。

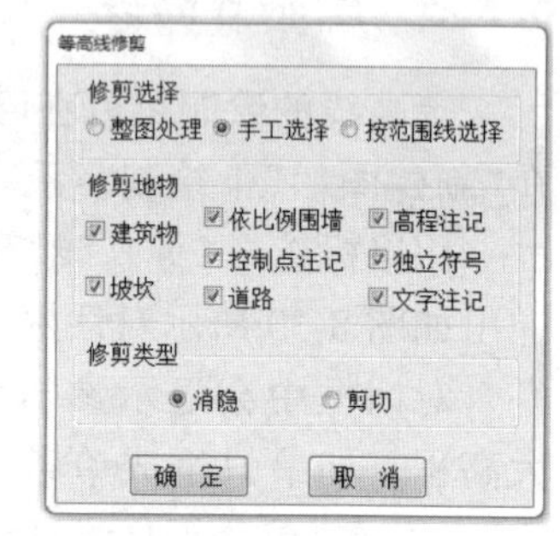

图8-32 等高线修剪对话框

8.5.4.2 等高线注记

等高线注记有单个高程注记和沿直线批量高程注记两种，当要批量注记等高线时常采用沿直线注记。可用pline命令在需要注记高程的方向从低处往高处画线(所画线要与等高线大致垂直)。单击“等高线/等高线注记/沿直线高程注记”子菜单，则命令行提示：

请选择：①只处理计曲线；②处理所有等高线<1> 可根据实际需要进行选择后回车。此时命令区提示：

选取辅助直线(该直线应从低往高画)：<回车结束> 用鼠标点击需要注记高程位置的所画直线；如果需要绘制在不同位置，可用鼠标继续选择其他直线。回车结束，则高程被注记在所画线相应等高线上。

8.6 地形图编辑与输出

由于实际地形、地物的复杂性，在测图过程中出现漏测、错测是在所难免的。CASS10.1提供了强大的图形编辑功能，不但能对地形图外业测量中出现的漏测错测进行补测后的修正，而且对大比例尺数字地形图的更新也非常方便，可随时对地形、地物的增加、删除、修改等，保证了地形图的实时性。

8.6.1 图形编辑

对于图形的编辑，CASS10.1提供了“编辑”和“地物编辑”两种下拉菜单，其中“编辑”是由AutoCAD提供的编辑功能，包括图元编辑、删除、断开、延伸、修剪、移动、旋转、比例缩放、复制、偏移拷贝、局部偏移等。“地物编辑”是南方CASS系统提供的地物编辑功能，包括重新生成、线型转向、植被填充、土质填充、批量删剪、批量缩放、复合线处理、局部存盘等。

数字地形图经编辑处理后，即可进行图形的分幅、图廓生成和绘图输出。

8.6.2　图形分幅

为便于地形图的输出、保存和管理，通常需对地形图进行分幅，如果测区范围不大，能在一张图纸上输出，则不必分幅，直接对地形图进行整饰即可；若测区较大，则需先分幅，再对每幅图进行整饰。

在图形分幅前，应做好分幅的准备工作，了解图形数据文件中的最小坐标和最大坐标。

将鼠标移至“绘图处理”菜单项，点击左键，弹出下拉菜单，选择“批量分幅/建方格网”项，命令区提示：

FENFU 请选择图幅尺寸：①50＊50(2)50＊40(3)自定义尺寸<1>　可根据需要选择，直接回车默认 1。命令区提示：

FENFU 输入测区一角：在图形左下角选取一点作为图幅的起点，也可以直接用键盘输入。命令区提示：

输入测区另一角：在图形右上角点取另一点与上一点构成矩形作为分幅边界，同样也可用键盘输入。此时命令区提示：

FENFU 输入测区另一角：是否去除坐标带号[(1)是(2)否]<2>　按默认直接回车，命令区提示：

FENFU 请输入批量分幅的取整方式<1>取整到图幅<2>取整到十米<3>取整到米<1>　可根据需要选取，直接回车默认 1。

这样就按要求把地形图分成了很多幅图，并自动以各个分幅图左下角的北坐标和东坐标结合起来命名。如果要求输出分幅图目录名时，直接回车，在弹出的对话框中确定输出图幅的存储目录名，单击“确定”按钮即可批量输出图形到指定目录中。

8.6.3　图幅整饰

把图形分幅时所保存的图形打开，根据分幅时图幅的实际大小，选择“绘图处理”菜单中的“标准图幅 50 cm×50 cm”或“标准图幅 40 cm×50 cm”或“任意图幅”项，便出现如图 8-33 所示对话框。在对话框中输入相关信息，如果是选择“任意图幅”的话，需要在图幅尺寸项“横向”和“纵向”栏输入相应的尺寸，在左下角坐标的“东”和“北”栏内输入相应的坐标，也可点击右侧的交叉拾取按钮直接在图上选取。同时还要选择取整方式、是否删除图外实体、十字丝取整、去除坐标带号等项。最后单击“确定”即可。

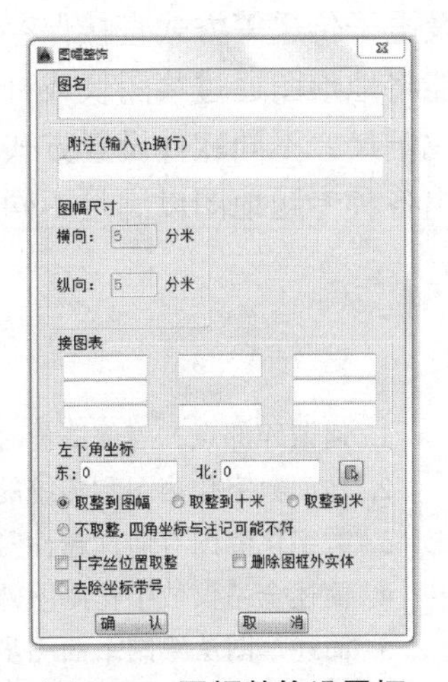

图 8-33　图幅整饰设置框

图廓内容包括内外图廓线、方格网、接图表、图廓间和图廓外的各种注记等。CASS10.1 数字测图软件提供了图廓的自动生成功能，在设置中输入图幅名称、测图日期、测图方法、坐标系统、高程系统、作图依据的图式版本、测图单位、相邻图幅的图名等即可自动生成图廓内容，如图 8-34 所示。

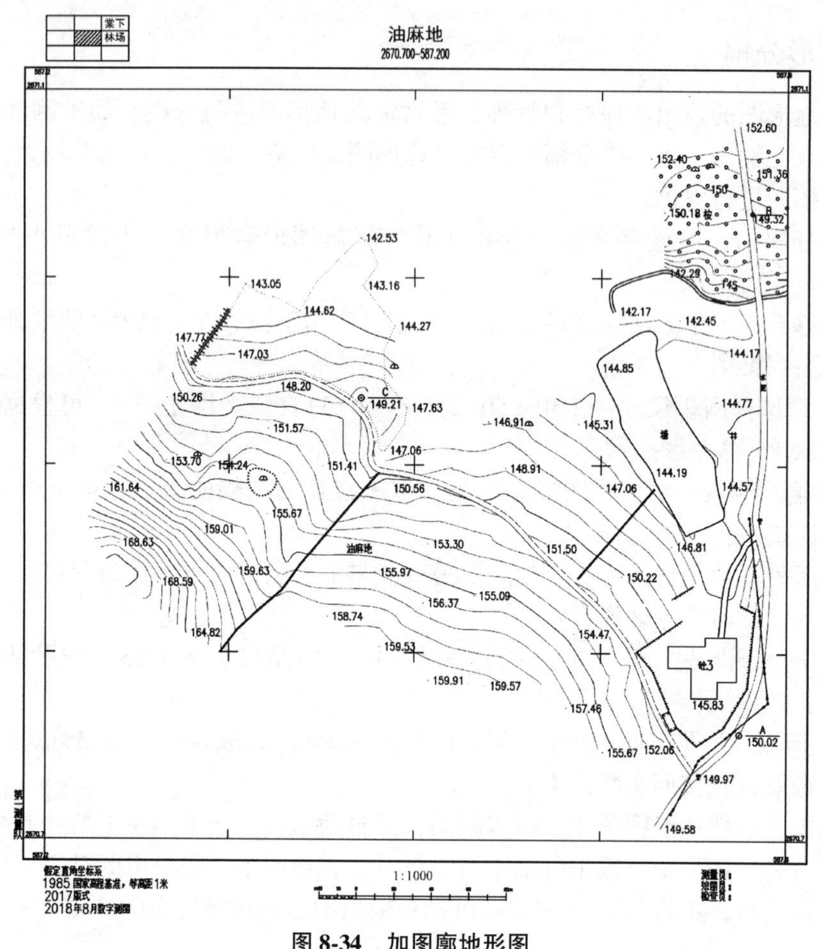

图 8-34 加图廓地形图

8.6.4 图形输出

地形图在完成编辑后，地形图输出可采用多种形式，可通过图形存盘、图形改名存盘及电子传递等方式直接保存图形信息，也可应用数字测图软件的“绘图仪或打印机出图”功能将地形图通过绘图仪或打印机直接输出到图纸上，方便使用。输出时应注意设置绘图的比例尺，不同软件设置方式不尽相同。此外，还可通过对数字地图的图层控制，编制和输出各种专题地图以满足不同用户的需要。

思考题与习题

1. 何谓碎部点？碎部测量时地物特征点和地貌特征点该如何选择？
2. 地面数字化测图和传统的模拟测图，在测量方法上有什么区别？
3. 数字化测图有何优越性？
4. 简述全站仪数字化测图外业数据采集过程。
5. 简述草图法绘制平面图步骤。
6. 简述 CASS10.1 软件自动绘制等高线的过程。

第 9 章　地形图的应用

地形图是各种地物、地貌在图纸上的概括反映，是各类工程建设在规划、设计、施工中不可缺少的重要资料。国土整治、资源勘查、土地利用、城乡规划、环境保护、军事指挥等均需从地形图上获取信息，作为决策和实施的重要依据。正确识读和应用地形图是工程技术人员必须具备的基本技能。

9.1　地形图的识读

地形图阅读就是要从地形图上获得有关研究区域内地物、地貌的分布位置及其属性等基本情况信息，通过分析，找出各要素间的相互关系，从而为规划、设计提供基础资料。识读地形图首先必须掌握地形图的基本知识，依据人们所掌握的地形图基本知识去判别和阅读地形图上所包含的内容，将地形图上的各种符号和注记变成实地的立体模型。阅读地形图的一般顺序是先了解全区的基本情况，然后再进一步分区分要素详细阅读。

9.1.1　图廓外注记阅读

图廓外要素是指内图廓之外的要素，是对地形图及地形图所表示的地物、地貌的必要说明。根据地形图图廓外注记，可以了解本幅图地形的基本情况，掌握图幅的范围，与相邻图幅的关系，地形图的比例尺、坐标系统、高程系统、等高距、测图日期等，它们分布在东、南、西、北四个面。

9.1.2　地物识读

地形图上地物符号是用《国家基本比例尺地形图图式》(GB/T 20257.1~4-2017)规定的符号绘制的。识读地物的主要目的是了解地物的大小、种类、位置和分布状况。识读的内容主要包括测量控制点、居民地、工业建筑、铁路、公路、管线、水系、境界、农作物种植情况等。通常按先主后次的程序，并顾及取舍的内容与标准进行。按照地物符号先识别大的居民地、主要道路和用图需要的地物，然后再扩大到识别小的居民点、次要道路、植被和其他地物。通过分析，就会对主、次地物的分布情况，主要地物的位置与大小有较全面的了解。

9.1.3　地貌识读

识读地貌的目的是了解各种地貌的分布和地面高低起伏情况。地貌在地形图上主要用等高线表示，地貌的阅读主要根据等高线特性和特殊地貌(如陡崖、冲沟等)符号来辨认和分析地貌，识读地貌变化情况。通常首先根据等高线形状和分布状态(如等高线疏密)判定地形陡峭状况，找出主要的地性线(如山脊线、山谷线)，识读山脉的连绵与水系分布；其次找出主要的典型地貌(如山头、鞍部、陡崖等)；最后将地物、地貌和注记综合在一起，整副地形图就会像立体模型一样展绘在眼前。

9.2 纸质地形图的基本应用

9.2.1 确定图上某点的平面坐标

欲确定地形图上某点的平面坐标，可根据格网坐标用图解方法求得。如图 9-1 所示，欲求图上 A 点坐标，首先找出 A 点所在小方格，绘出坐标方格 $abcd$，其西南角 a 的坐标为 x_a，y_a，再量取 ag 和 ae 的长度，即可获得 A 点的坐标。

$$\left.\begin{aligned} x_A &= x_a + ag \cdot M \\ y_A &= y_a + ae \cdot M \end{aligned}\right\} \tag{9-1}$$

为了校核，还应量取 ab 和 ad 的长度。由于图纸受温度影响会产生伸缩，使方格边长往往不等于理论长度 l(l 一般为 10 cm)。为了求得精确的坐标值，可采用式(9-2)计算 A 点的坐标。

$$\left.\begin{aligned} x_A &= x_a + \frac{ag}{ab} \cdot l \cdot M \\ y_A &= y_a + \frac{ae}{ad} \cdot l \cdot M \end{aligned}\right\} \tag{9-2}$$

式中 ag，ab，ae，ad——分别为图上长度(量至 0.1 mm)；

l——坐标格网边长；

M——比例尺分母。

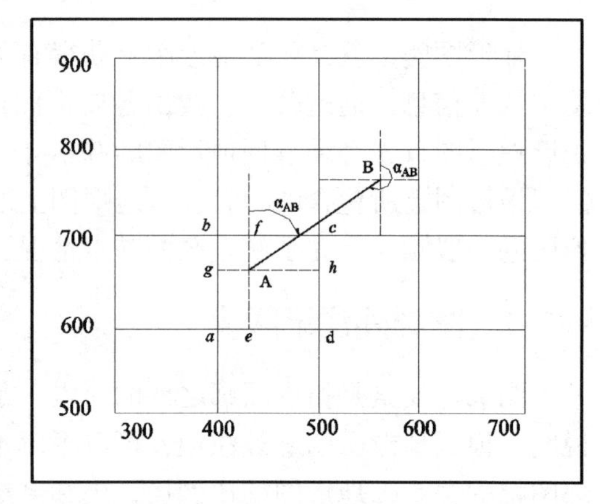

图 9-1 求图上任一点坐标

9.2.2 确定图上两点间的水平距离

如图 9-1 所示，欲求 A、B 两点间的直线距离，可采用下述两种方法。

9.2.2.1 直接量测

用直尺直接量取图上 A、B 间的图上长度 d_{AB}，再按比例尺换算为水平距离 D_{AB}，但会受图纸伸缩的影响。

$$D_{AB} = d_{AB} \cdot M \tag{9-3}$$

式中 M——比例尺分母。

9.2.2.2 根据两点的坐标计算

当距离较长，为了消除图纸变形的影响以提高精度，可用两点的坐标计算距离。如图

9-1所示，先求出A、B两点的坐标值(x_A，y_A)和(x_B，y_B)，然后按式(9-4)计算水平距离。

$$D_{AB}=\sqrt{(x_B-x_A)^2+(y_B-y_A)^2} \tag{9-4}$$

9.2.3 确定图上某直线的坐标方位角

9.2.3.1 图解法

如图9-1所示，欲确定直线AB的坐标方位角，可过A、B两点精确地作平行于坐标格网纵轴的直线，然后用量角器量测出AB的坐标方位角α_{AB}和BA的坐标方位角α_{BA}，即正、反坐标方位角。当两者相差除180°外不超过±1°，取平均值作为最后结果，即

$$\bar{\alpha}_{AB}=\frac{1}{2}[\alpha_{AB}+(\alpha_{BA}\pm180°)] \tag{9-5}$$

9.2.3.2 解析法

如图9-1所示，先求出A、B两点的坐标值(x_A，y_A)和(x_B，y_B)，然后按式(9-6)计算AB的坐标方位角。

$$\alpha_{AB}=\arctan\frac{y_B-y_A}{x_B-x_A}=\arctan\frac{\Delta y_{AB}}{\Delta x_{AB}} \tag{9-6}$$

9.2.4 确定图上某点的高程

地形图上地面点高程是根据等高线和高程注记来确定的。如所求点正好位于某一条等高线上，则该点的高程就等于这条等高线的高程。如图9-2所示，A点的高程$H_A=38$ m。如果所求点未处在等高线上，则应根据比例内插法确定点的高程。如图9-2所示，欲求B点的高程，首先过B点作大致垂直于相邻两条等高线的直线，分别交等高线于m、n两点，然后在图上量取mn和mB的长度，根据等高距即可求出B点的高程。

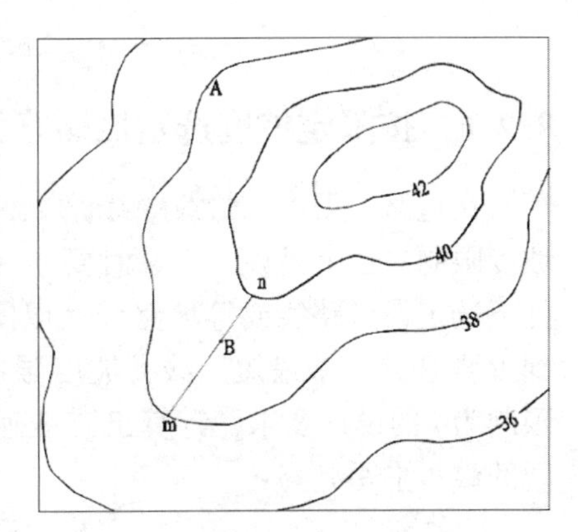

图9-2 求图上任一点的高程

实际工作中，当相邻两条等高线之间间隔不大时，常用目估确定，因为等高线本身就有一定的误差。

9.2.5 确定图上直线的坡度

地面上直线的坡度是两端点的高差与其水平距离之比。确定某直线的坡度，可先在图上求出两端点的高差h，再用上述求距离的方法求出该直线的水平距离D，则该直线的坡度i为：

$$i=\tan\alpha=\frac{h}{D}=\frac{h}{dM} \tag{9-7}$$

式中 i——坡度，通常用百分率或千分率表示；

α——倾斜角；

d——图上长度；

M——比例尺分母。

如果直线跨多条等高线，且相邻等高线之间的平距不等时，则所求的坡度是两点间的平均坡度。

除根据坡度的定义计算坡度外，对绘有坡度—平距关系曲线即坡度尺的地形图，也可根据随图绘制的坡度尺进行量算，坡度尺可量取2~6条等高线间的坡度。如图9-3所示，欲量取等高线上A、B两点的坡度，将两脚规分开对准欲测坡度的图上两点，然后把两脚规的一脚放在坡度尺的水平线上，另一脚放在坡度尺垂线或其延长线上平行移动，当两脚开度刚好和对应的等高线条数的某垂线长度相吻合时，则该垂线下方的度数和坡度，即为欲求的坡度角和坡度。

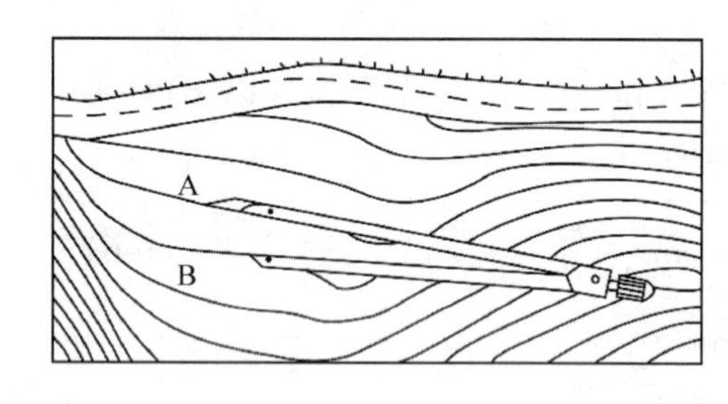

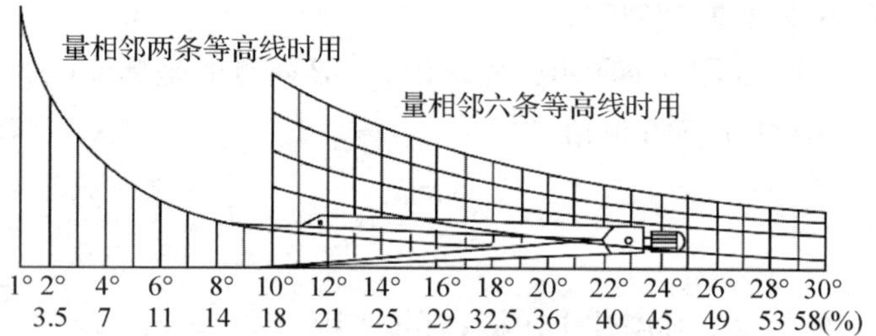

图9-3 坡度尺

9.2.6 按限定坡度选定最短路线

在道路、渠道、管线等线路工程的设计时，通常有纵坡度限制。也就是说，设计时要求在不超过某一坡度的条件下选定最短路线或等坡路线。以图9-4为例，欲从A点到B点选定一条最短路线，坡度限制为i，根据路线坡度限制为i的设计要求，计算出路线通过相邻两条等高线之间的最短平距d为：

$$d = \frac{h}{i \cdot M} \tag{9-8}$$

式中 h——等高距(m)；

i——设计坡度；

M——比例尺分母。

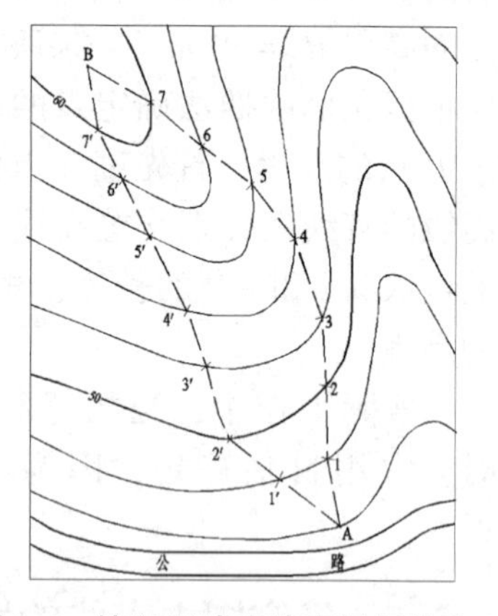

图9-4 按限制坡度选定最短线路

然后，以A为圆心、d为半径画圆弧，弧线与B点方向等高线交于1点，再以1点为圆心，d为半径画圆弧，弧线与B点方向另一等高线交于2点，如此进行直至B点，将相邻点连接起来，即可得到一条坡度限制不超过i的最短路线。一般从另一个方向还可以同样的方法得到另一条最短路线，最后通过实地调查比较，从中选定一条最合理的最短路线。

在作图过程中，如果出现半径小于相邻等高线平距时，即圆弧与等高线不能相交，说明该处的坡度小于规定的坡度，此时线路可按最短距离定线。

9.2.7 绘制某一方向断面图

在道路、管线等线路工程设计中，常需了解沿线路方向的地面起伏情况，为此可以利用地形图绘制沿线路方向的断面图(或称剖面图)。如图 9-5 所示，欲绘制 *MN* 方向的断面图，具体步骤如下：

①在图纸上绘制互相垂直的坐标轴，横轴表示水平距离，纵轴表示高程，水平距离比例尺与地形图比例尺一致；为使断面图上地势起伏的情况更为清晰的显示出来，通常高程比例尺比水平距离比例尺大 5~10 倍；

②在纵轴上标注高程，在横轴上适当位置标出 *M* 点，并将直线 *MN* 与各等高线的交点 *a*，*b*，*c*，…，*p* 以至 *N* 点，按其与 *M* 点的距离转绘在横轴上；

③根据横轴上各点相应的地面高程，在坐标系中标出相应的点位；

④把相邻的点用圆滑的曲线连接起来，便得到地面直线 *MN* 的断面图。

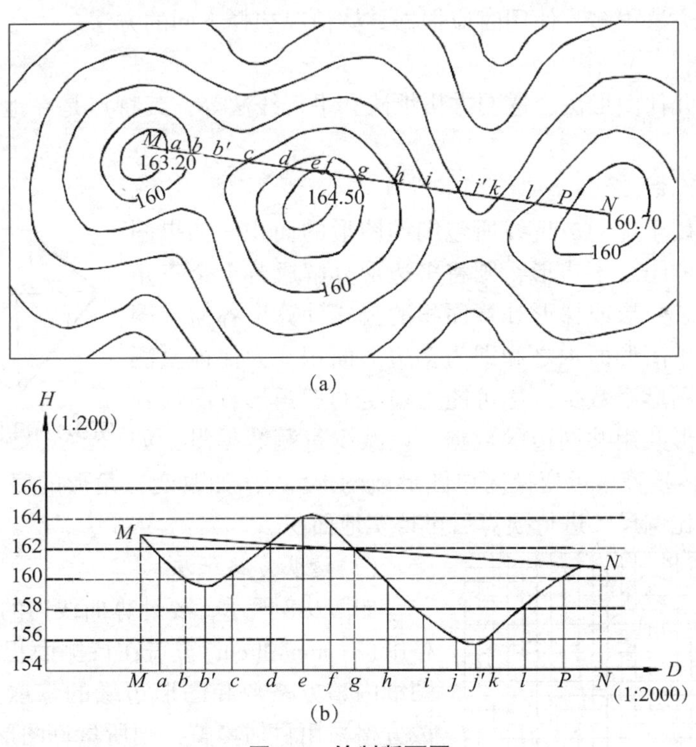

图 9-5 绘制断面图

9.2.8 在地形图上确定汇水面积

修筑铁路、公路时，要跨越河流或山谷需要建桥或涵洞，兴修水库必须筑坝拦水。而桥梁、涵洞孔径的大小、水坝的设计位置与坝高、水库的蓄水量等，都要根据汇集于这个区域的水流量来确定。汇集水流量的面积称为汇水面积。

由于雨水是沿山脊线(分水线)向两侧山坡分流，所以汇水面积的边界线是由一系列的山脊线连接而成的。如图9-6所示，一条公路跨越一山谷，欲在p处架桥或建造涵洞，其孔径大小应根据流经该处的水流量决定，而水流量又与山谷的汇水面积有关，从图中可看出，由山脊线(分水线)$mabcden$所围成的闭合图形就是p上游的汇水范围的边界线。区域汇水面积可通过面积量测方法得出。

确定汇水面积边界线时，应注意两点：一是边界线与山脊一致，且处处与等高线垂直；二是边界线是经过一系列的山脊线、山头和鞍部的曲线，应与山谷(河谷)的指定断面(公路或水坝中心线)闭合。

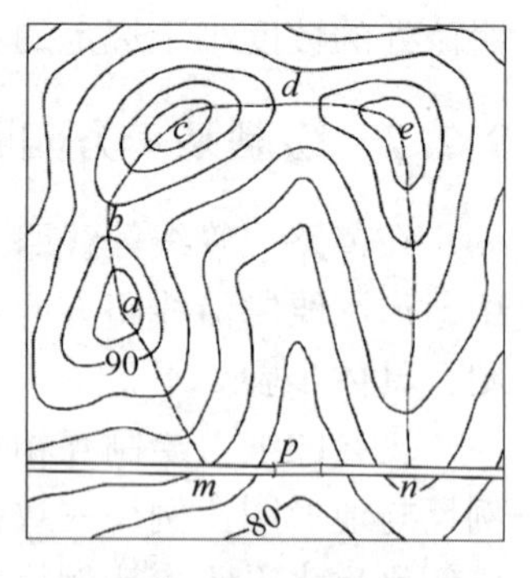

图9-6 确定汇水面积

9.2.9 在地形图上量算面积

在规划设计中，常需要在地形图上量算一定轮廓范围内的面积，如土地详查中要计算各类面积、平整土地时要计算填挖面积、林业生产和调查等都要了解各类土地面积的大小。面积量算的方法很多，使用时应根据具体情况选择不同的方法。

9.2.9.1 图解法

图解法包括几何图形法、透明方格纸法和平行线法等，其特点是在地形图上直接量测待测图形的面积。

(1)几何图形法

几何图形法用于量测被折线所包围的图形的面积。如果图形是由直线连接的闭合多边形，则将多边形分解成若干个三角形或梯形，利用三角形或梯形计算面积的公式计算出各简单图形的面积，各简单图形面积之和即为多边形面积。为保证量测精度，分解应使图形个数少，尽可能为稳定的三角形；图形强度较好，相邻图形共用共同边的数据，以减少量测数据量，如图9-7所示。如欲核算，可变换简单图形或图形元素(如改变三角形的底和高)进行重算。考虑到地形图的比例尺，进行换算后可得实地面积。

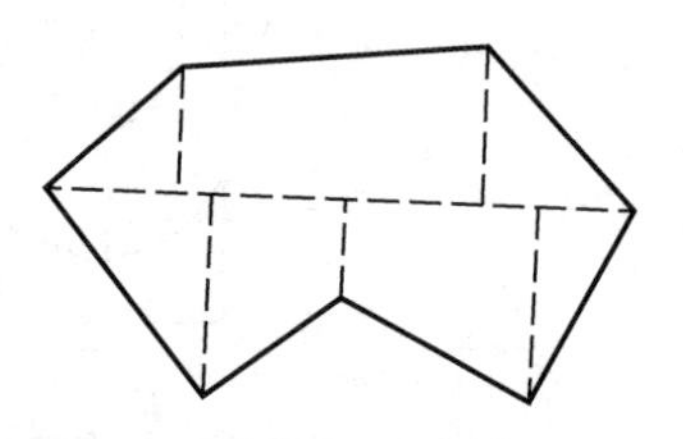
图9-7 几何图形法求算面积

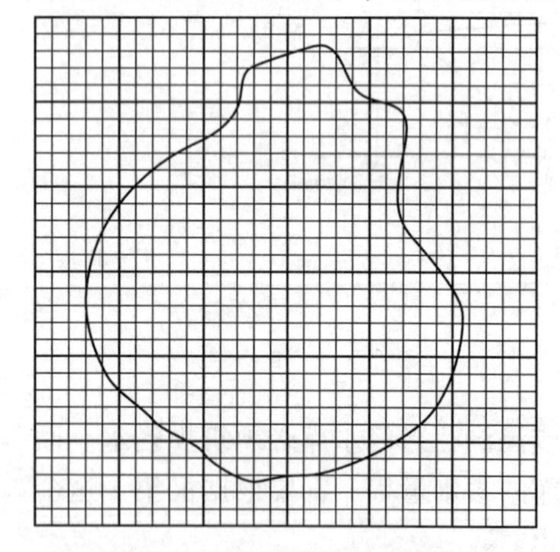
图9-8 透明方格纸法求算面积

(2)透明方格纸法

如图9-8所示，要计算曲线内的面积，将透明方格纸(有mm和cm)覆盖在待测面积的图纸上，数出图纸内整方格数和图形边缘的零散方格个数，对零散方格采用目估凑整，则所量算图形的实地面积为：

$$A = (n_{整} + \frac{1}{2}n_{零}) \cdot a^2 \cdot M^2 \tag{9-9}$$

式中 A——实地面积(m^2)；

$n_{整}$——整方格个数；

$n_{零}$——零散方格个数；

a——方格边长(m)；

M——比例尺分母。

(3) 平行线法

如图 9-9 所示，将绘有等距平行线的透明纸覆盖在待测面积的图纸上，转动透明纸使平行线与图形的上、下边缘相切，则相邻两平行线间截割的图形面积可近似视为梯形，梯形的高为平行线间距，图形截割各平行线的长度为 l_1，l_2，…，l_n，则各梯形的面积分别为：

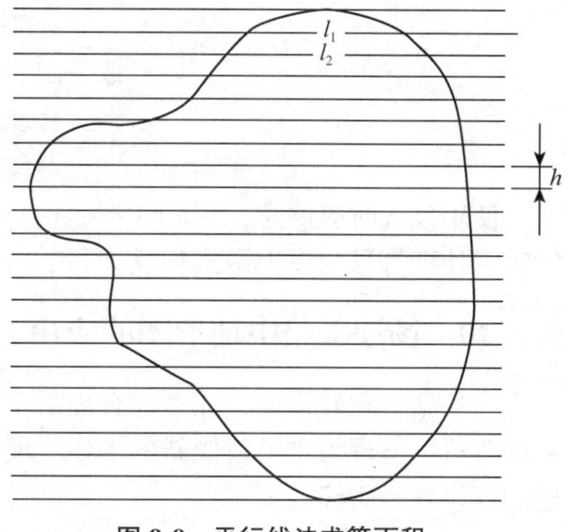

图 9-9 平行线法求算面积

$$
\left.\begin{aligned}
A_1 &= \frac{1}{2}(0 + l_1) \cdot h \cdot M^2 \\
A_2 &= \frac{1}{2}(l_1 + l_2) \cdot h \cdot M^2 \\
&\vdots \\
A_n &= \frac{1}{2}(l_n + 0) \cdot h \cdot M^2
\end{aligned}\right\} \tag{9-10}
$$

则图形实地总面积为：

$$A = (A_1 + A_2 + \cdots + A_{n+1}) = (l_1 + l_2 + \cdots + l_n) \cdot h \cdot M^2 \tag{9-11}$$

式中 A——实地面积(m^2)；

l_1，l_2，…，l_n——梯形底边长度(m)；

h——平行线间距(m)；

M——比例尺分母。

9.2.9.2 解析法

如果图形是任意多边形，且多边形各顶点的坐标已在图上量出或已在实地测出，可利用各点坐标计算图形的面积。如图 9-10 所示，任意四边形顶点 1、2、3、4 的坐标分别为(x_1，y_1)、(x_2，y_2)、(x_3，y_3)、(x_4，y_4)，过这些点作 x 轴的平行线与 y 坐标轴分别相交于 1′、2′、3′、4′。从图形可知，四边形 1234 的面积 A 等于梯形 122′1′与 233′2′的面积之和减去梯形 144′1′与 433′4′的面积之和，即

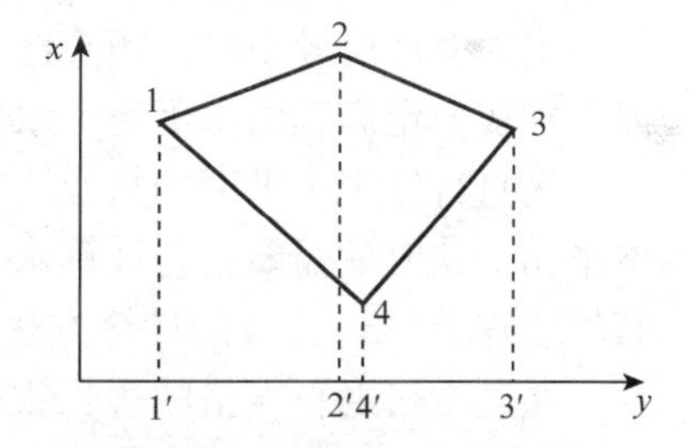

图 9-10 解析法求算面积

$$A = \frac{1}{2}[(x_1 + x_2)(y_2 - y_1) + (x_2 + x_3)(y_3 - y_2) - (x_1 + x_4)(y_4 - y_1) - (x_3 + x_4)(y_3 - y_4)]$$

展开整理可得：

$$A = \frac{1}{2}[x_1(y_2 - y_4) + x_2(y_3 - y_1) + x_3(y_4 - y_2) + x_4(y_1 - y_3)] \tag{9-12}$$

同理可得：

$$A = \frac{1}{2}[y_1(x_2 - x_4) + y_2(x_3 - x_1) + y_3(x_4 - x_2) + y_4(x_1 - x_3)] \tag{9-13}$$

对于由 n 个点组成的多边形，求算面积的公式为：

$$\left.\begin{aligned} A &= \frac{1}{2}\sum_{i=1}^{n} x_i(y_{i+1} - y_{i-1}) \\ &\text{或} \\ A &= \frac{1}{2}\sum_{i=1}^{n} y_i(x_{i+1} - x_{i-1}) \end{aligned}\right\} \tag{9-14}$$

使用公式时应注意，当 $i=1$ 时，$i-1$ 取 n；当 $i=n$ 时，$i+1$ 取 1。当点号的编号是逆时针时，计算符号与以上两式相反。

9.2.10 场地平整中地形图的应用

在各项工程建设中，除考虑合理的平面布置外，还应结合原有地形，对原地貌进行必要的改造，整理为水平或倾斜的场地，使改造后的场地适合于布置各类建筑，满足交通运输和埋设各类管线的要求。

在平整土地工作中，常需预算土、石方的工程量，即利用地形图进行填、挖土(石)方量的概算。其方法主要有方格网法、等高线法和断面法等。方格网法适用于大面积的土(石)方概算情况；等高线法适用于场地地面起伏较大，且全为挖方时采用；断面法通常适用于道路、管线等工程建设中，沿中线(或挖、填边线)至两侧一定范围内线状地形的土(石)方计算。

下面主要介绍方格网法，等高线法和断面法只作简要的介绍。

9.2.10.1 方格网法

(1)整理成一定高程的水平面

当地面坡度较小时，顾及已有建筑物和拟建建筑物或构造物的布置情况及特点，将地面平整成一定高程的水平面。水平面的高程可以事先指定，亦可自行拟定。

①自行拟定水平面的高程　在工程建设中，土地平整过程有时需要考虑填、挖方量基本平衡，这时就需要自行计算水平面的设计高程，并分别计算填、挖土(石)方量的大小，其填、挖土(石)方量的计算方法步骤如下。

绘制方格网：方格的边长视地形复杂情况及土(石)方量估算精度要求而定。一般取 10 m、20 m 或 50 m，根据地形图比例尺，在图上绘出方格并进行编号，如图 9-11 所示。为了计算的方便，在同一范围内，方格的边长一般取值相同，但在特殊地形，亦可采用不同的边长。

求各方格网顶点的高程：根据等高线和其他地形点的高程，采用目估内插法求出各方格顶点的地面高程，并标注于相应方格顶点的右上方，如图 9-11 所示。

计算设计高程：计算方法是先把每一方格四个顶点的高程相加除以 4，得到每一方格的平均高程，再把各方格平均高程加起来除以方格数，即得设计高程。经分析可知，计算设计高程时，方格网外围角点高程用一次，如 $A1$；边点高程用两次，如 $B1$；拐点高程用三次，如 $B4$；中点高程用四次，如 $B2$。因此，设计高程计算公式可写成：

$$H_{设} = \frac{\sum H_{角} + 2\sum H_{边} + 3\sum H_{拐} + 4\sum H_{中}}{4n} \tag{9-15}$$

式中　$H_{设}$——设计高程(m)；

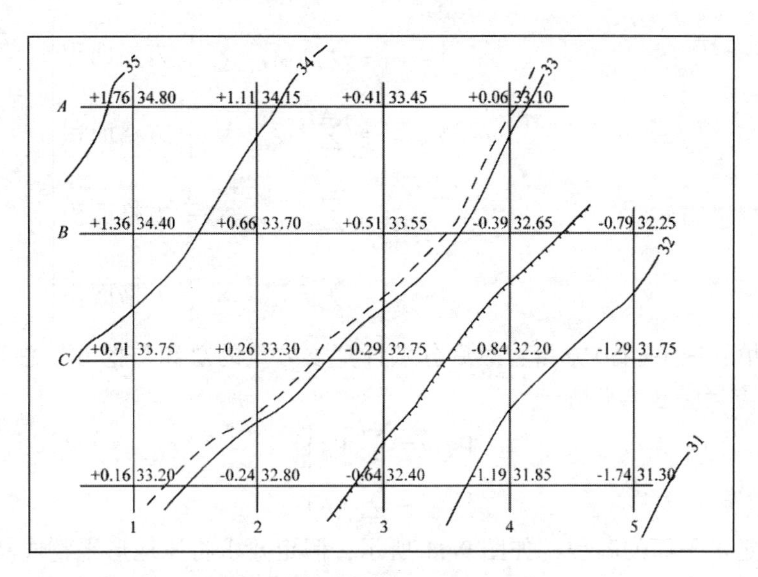

图 9-11 设计成水平面土方计算

$\sum H_{角}$，$\sum H_{边}$，$\sum H_{拐}$，$\sum H_{中}$——分别为各角点、边点、拐点和中点的高程之和(m)；

n——方格数。

将图 9-11 中各方格顶点高程代入式(9-15)，即可计算出设计高程为 33.04 m。

给定填、挖分界线：在地形图上根据等高线内插方法绘出高程 33.04 m 的等高线(图 9-11 中虚线)，在此线上所有的点既不填也不挖，亦称零等高线。

计算各方格顶点的填、挖高度：将各方格顶点的地面高程减去设计高程，即得各顶点的填、挖高度，并标注于相应顶点的左上方。“+”为挖深，“-”为填高，如图 9-11 所示。

计算各方格的填、挖土(石)方量的大小：当整个方格都是填(挖)方时，土(石)方量可用下式计算：

$$V_{填(挖)} = \frac{1}{4}(h_1 + h_2 + h_3 + h_4) A_{填(挖)} \tag{9-16}$$

式中 $V_{填(挖)}$——填(挖)方量(m^3)；

h_1，h_2，h_3，h_4——分别为某一方格 4 个顶点填(挖)的高度(m)；

$A_{填(挖)}$——对应方格的实地面积(m^2)。

当某个方格一部分为填方，另一部分为挖方时，应分别计算填、挖方土(石)方量的大小：

$$V_{填(挖)} = \frac{1}{n}\left(\sum_{i=1}^{n-2} h_i + 0 + 0\right) A_{填(挖)} \tag{9-17}$$

式中 n——填(挖)部分对应的多边形数；

h_i——顶点填(挖)的高度(m)；

$A_{填(挖)}$——对应多边形的实地面积(m^2)。

填、挖土(石)方量的计算也可按下式分别进行：

$$\left.\begin{aligned}&\text{角点：}\quad V_{\text{填(挖)}}=\sum h_{\text{填(挖)}}\times\frac{1}{4}\text{方格面积}\\&\text{边点：}\quad V_{\text{填(挖)}}=\sum h_{\text{填(挖)}}\times\frac{2}{4}\text{方格面积}\\&\text{拐点：}\quad V_{\text{填(挖)}}=\sum h_{\text{填(挖)}}\times\frac{3}{4}\text{方格面积}\\&\text{中点：}\quad V_{\text{填(挖)}}=\sum h_{\text{填(挖)}}\times\frac{4}{4}\text{方格面积}\end{aligned}\right\}\tag{9-18}$$

计算总的填、挖土(石)方量：最后分别计算填方量的总和与挖方量总和，计算结果填、挖土(石)方量应基本平衡。

$$\left.\begin{aligned}V_{\text{填总}}&=\sum V_{\text{填}}\\V_{\text{挖总}}&=\sum V_{\text{挖}}\end{aligned}\right\}\tag{9-19}$$

②预先指定水平面的高程　如图9-11所示，假定要求将原地形平整成高程为32.5 m的水平面，其填、挖土(石)方量的计算方法与前面基本相同。

确定填、挖边界线：设计平面的高程定为32.5 m，故32.5 m的等高线即为填挖边界线，图中用坎线表示。

其余步骤与“自行拟定水平面的高程”计算方法相同。

(2)整理成一定坡度的倾斜面

当地面坡度较大时，可根据设计要求并结合实地地形，按填、挖土(石)方量基本平衡的原则，将原地地形整理成某一坡度的倾斜面。但是，有时要求设计的倾斜面必须包含某些固定点位，如永久性或大型建筑物、构造物的外墙地坪高程点、已有城市道路的中线高程点等，此时应将这些固定点作为设计倾斜面高程控制点，然后再根据控制高程点的高程，确定设计等高线的平距和方向。

①整理成规定坡度的倾斜面　如图9-12所示，假设最大设计坡度为i_0，最大坡度方向为正南北方向，坡底设计高程为H_0，欲计算土(石)方量的大小，步骤如下：

绘制方格网：方格网的一边应与最大坡度方向一致，另一边垂直于最大坡度方向。

求各方格顶点的地面高程：方法同前。

计算各方格顶点的设计高程：各方格顶点高程按下式计算：

$$H_{\text{设}}=H_0+i_0\cdot D\tag{9-20}$$

式中　D——方格网顶点至坡底线的水平距离。

由式(9-20)可知，同一行上各方格顶点的设计高程相同，同一列上各相邻方格网顶点间的高差相同；

计算各方格顶点的填、挖高度：方法同前。

计算各方格的填、挖土(石)方量和总的填、挖土(石)方量：方法同前。

②整理成通过特定点的倾斜面　如图9-12所示，设K、P、Q三点为高程控制点，其地面高程分别为54.7 m、51.4 m和53.6 m。要求将原地形整理成通过K、P、Q三点的倾斜面，其土(石)方量的计算步骤如下：

确定倾斜面的坡度：根据P、K两点的高程，计算P、K间的平均坡度i_{PK}：

$$i_{PK}=\frac{h_{PK}}{D_{PK}} \tag{9-21}$$

式中 h_{PK}——P、K 两点间高差；

D_{PK}——P、K 两点间水平距离。

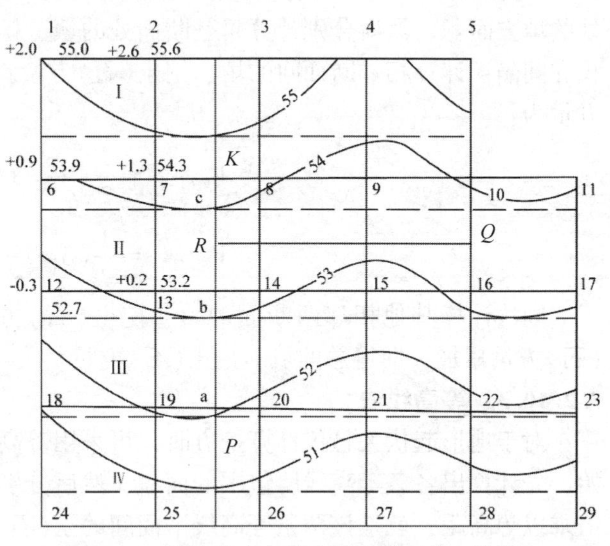

图 9-12 设计成一定坡度的倾斜面土方计算

确定设计等高线方向：首先在 PK 直线上内插出高程为 H_Q 的 R 点，然后过等高线与 PK 直线的交点 a、b、c、…作平行于 RQ 的直线，即为设计等高线方向。

绘制方格网：方格网的方向应与 PK 的方向一致。

确定各方格网顶点的地面高程：方法同前。

确定各方格网顶点的设计高程：根据设计等高线用内插法求得；

计算各方格网顶点的填、挖高度：方法同前。

计算各方格的填、挖土(石)方量和总的填、挖土(石)方量：方法同前。

9.2.10.2 断面法

方格网法适用于地形起伏不大或地形变化比较有规律的场地，而在地形起伏变化较大的山区，或者如道路、管线等线状建设场地，可采用断面法概算土(石)方量。

在施工场地范围内，利用地形图按一定间距绘制断面图，先计算出各断面由断面线与设计高程围成的填、挖方面积，再计算两相邻断面间的填、挖土(石)方量，最后分别求和即为总填、挖土(石)方量。

如图 9-13 所示，若地形图比例尺为 1∶1000，等高距为 1 m，矩形框为建设场地的边界线，设计高程为 48 m。先在地形图上欲进行概算土(石)方量的区域内绘出相互平行、间距为 d 的断面方向线 1-1、2-2、…、5-5，并绘制出相应的断面图，将设计高程展绘在断面图上，如图 9-13 所示。

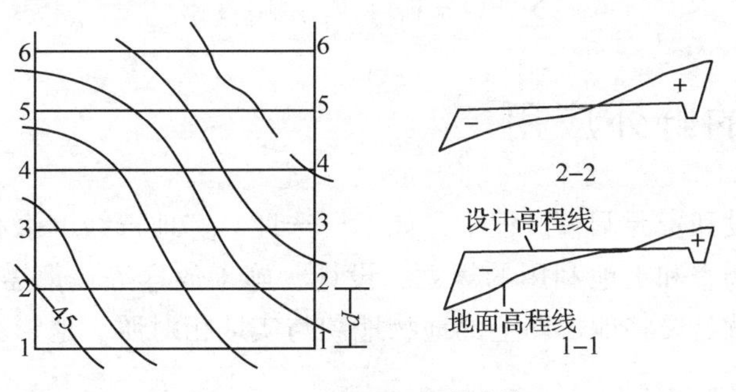

图 9-13 断面法土方计算

在每个断面上，凡是高程高于 48 m 的地面线与 48 m 设计高程线围成的面积即为该断面处的挖方面积；凡是高程低于 48 m 的地面线与 48 m 设计高程线围成的面积即为该断面处的填方面积。然后分别计算每一断面处的填、挖方面积，依相邻两断面处的填、挖方面积和间隔，计算相邻断面间的填、挖土(石)方量。图中1-1与2-2断面间的填、挖土(石)方量为:

$$V_{填(1-2)} = \frac{1}{2}(A_{填1} + A_{填2}) \cdot d \tag{9-12}$$

$$V_{挖(1-2)} = \frac{1}{2}(A_{挖1} + A_{挖2}) \cdot d \tag{9-13}$$

同法计算其他相邻两断面的填、挖土(石)方量，最后将所有填土(石)方量和挖土(石)方量累加，即得总的填、挖土(石)方量。

9.2.10.3 等高线法

对于地形起伏大且仅计算挖方时，可采用等高线法。此法从场地设计高程的等高线开始，先计算出各条等高线所包围的面积，然后分别计算相邻两条等高线所包围面积的平均值乘以等高距，就是该两条等高线平面间的土(石)方量，再求和即得总的挖方量。

如图9-14所示，地形图等高距为2 m，要求平整场地后的设计高程为45 m。先在图中内插设计高程45 m的等高线，再分别求出45 m、46 m、48 m、50 m、52 m五条等高线所围成的面积A_{45}、A_{46}、A_{48}、A_{50}、A_{52}，即可计算出每层土(石)方量为:

$$\left.\begin{aligned} V_1 &= \frac{1}{2}(A_{45} + A_{46}) \times 1 \\ V_2 &= \frac{1}{2}(A_{46} + A_{48}) \times 2 \\ &\vdots \\ V_5 &= \frac{1}{3}A_{52} \times 0.8 \end{aligned}\right\} \tag{9-24}$$

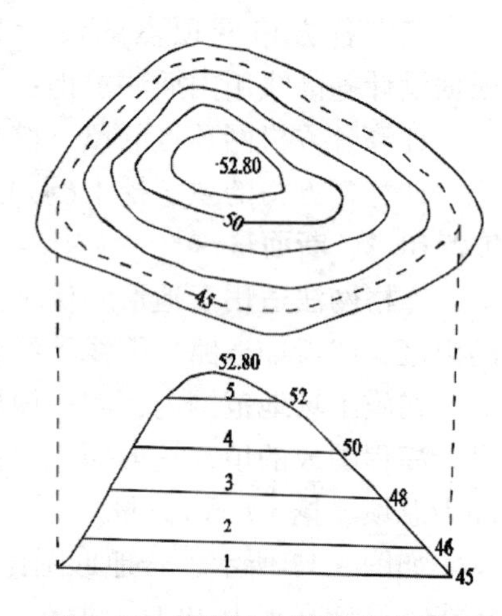

图9-14 等高线法计算土方量

V_5是52 m等高线以上山头顶部的土(石)方量。总挖方量为:

$$\sum V_{挖} = V_1 + V_2 + \cdots + V_5 \tag{9-25}$$

9.3 地形图的野外应用

在各种工程建设和资源调查过程中，如工厂选址、实地选线、森林资源调查、土壤调查、土地利用现状调查和土地利用的规划、设计、施工放样等，都需要持图到野外作业。野外使用地形图，就是要将地形图上的地物地貌与实地相对照。地形图野外应用中，重要的是先定向后定点位。

9.3.1 地形图定向的方法

地形图定向，就是使地形图图上相应的各方向线与实地一致，以便于读图和用图。地形图定向方法主要有根据地物定向和利用罗盘定向两种。

9.3.1.1 根据地物定向

首先在地形图找到与实地相应的明显地物，如铁路、高压线、公路、河流等线状地物，按特征点(拐弯点、交叉点、独立地物等)在实地找出其相应部分，然后在站立点转动地形图，使图上线段与实地相应线段重合或平行时，则图纸的方向就确定了，如图9-15所示。

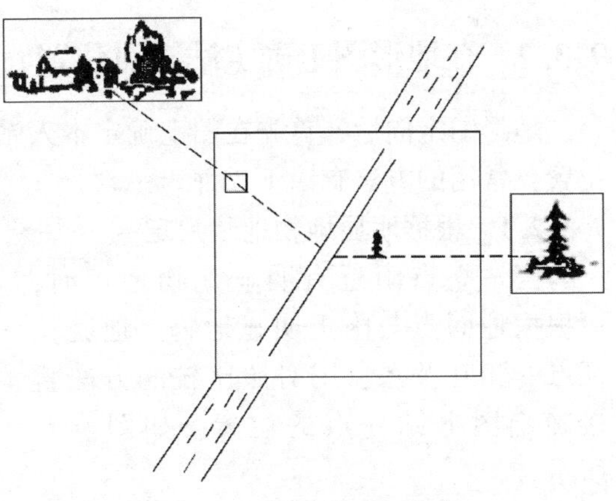

图 9-15 根据地物定向示意

9.3.1.2 利用罗盘定向

如果地形图上绘有三北方向图，或者绘有坐标方格网和磁子午线标记及分度带，可以根据磁针定向，也可以按真子午线或坐标纵线定向。

(1)按磁子午线定向

按磁子午线(即地形图南北内图廓线上标注有磁南和磁北或 P 与 P' 的连线)定向时，先将罗盘刻度盘上的北字指向北图廓，并使刻度盘上的南北线与图中磁子午线平行或重合，然后转动地形图，使磁针南北端与度盘南北端的连线一致，则地形图的方向与实地方向一致，如图9-16(a)所示。

(2)根据坐标纵线定向

根据三北方向图查得坐标纵线与磁子午线之间的夹角(方向改正角)，使罗盘上的度盘南北线与坐标纵线平行或重合，转动地形图，当磁针北端读数为方向改正角时，则地形图上的方向与实地一致，如图9-16(b)所示。

(3)按真子午线定向

使罗盘上的度盘南北线与东(或西)方向内图廓线(经线)平行或重合，转动地形图，当磁针北端读数为磁偏角时，则地形图的方向与实地一致，如图9-16(c)所示。

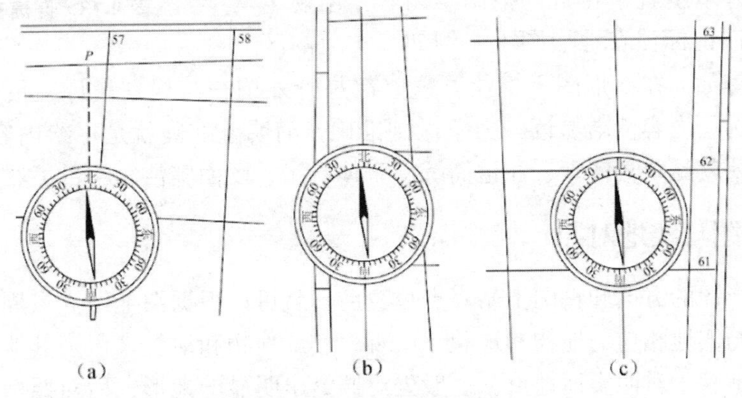

(a) (b) (c)

图 9-16 利用罗盘仪定向

9.3.2 在地形图上确定站立点位置

地形图定向后，首先在图上确定本人站立的位置，才能开展工作。确定图上站立点的位置，常用的方法有以下3种。

9.3.2.1 根据明显地物地貌判定

当站立点附近有明显地物地貌时，可根据地面点与附近明显地物、地貌特征点的相互关系，用对照比较的方法直接确定图上站立点的位置，如图9-17所示。

图9-17 根据明显地物地貌确定站立点

9.3.2.2 距离交会法

根据附近2~3个明显地物点至待测点的距离，在图上交会出点的平面位置。如图9-18所示，要在图上标出待定点P点的位置，先在实地上量测出P到房角A和路灯B的距离分别为D_{AP}和D_{BP}，然后按地形图比例尺算出相应图上距离，用两脚规在图上分别以A和B为圆心，D_{AP}和D_{BP}为半径画弧，即交出P点的位置。

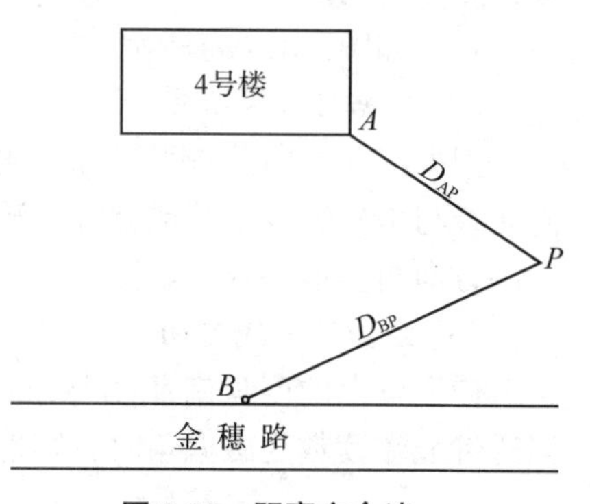

图9-18 距离交会法

9.3.2.3 用GNSS接收机定位

先用GNSS接收机测定站立点经纬度坐标，然后在图上确定其位置。这种方法是最精确、快捷的方法。

9.3.3 野外填图

在对站立点周围地理要素认识的基础上可以进行实地填图。野外填图就是在野外把调绘内容，用规定的符号或文字注记标注在地形图上。例如，实地的区划线、地类线等如何在地形图上标绘，这些都是野外调查与规划设计人员必须掌握的技术。填图要求标绘内容清晰易读，力争做到准确、简明。准确就是标绘内容位置要准确、图形正确；简明就是线划清晰、注记简练、字体端正、图面整洁、一目了然。

9.3.4 地形图与实地对照

确定了地形图的方向和在图上站立点位置后，就可以根据图上站立点周围的地物、地貌符号，找出与实地相应的地物和地貌，或观察实地地物和地貌来识别其他在地形图上所表示的地物和地貌。对照实地地形，一般先对照突出明显的地形，后对照一般地形，再由近及远、由点到线，后分片逐段对照。在山地、丘陵地对照时，可根据地貌形态、山脉走向，先对照高大明显山头、山脊，然后顺着山脊、鞍部、山脚的方向对照。也可根据远近山岭的颜色、植被、道路、河流分布等特征和地形间的相互关系进行对照，对照时要根据方位和距离仔细区分相似地形。通过地形图和实地对照，了解和熟悉周围地物、地貌情况，研究调查地区地形特点，比较出地形图上内容与实地地形所发生的变化。

9.4 数字地形图的应用

随着测绘技术的发展，目前测绘的地形图基本是数字地形图。本节以南方 CASS10.1 成图系统为例，介绍 CASS10.1 在数字地形图的工程应用，主要内容包括几何要素查询、土方计算、断面图绘制等。这些功能基本都集成在“工程应用”的菜单下，如图 9-19 所示。

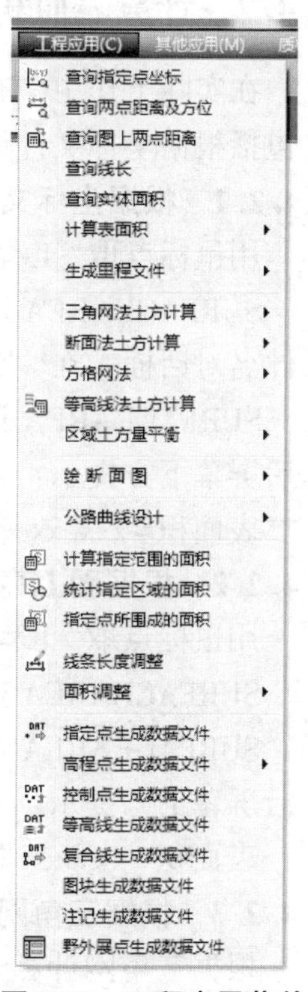

图 9-19 工程应用菜单

9.4.1 基本几何要素的查询

利用 CASS10.1 在数字地形图中可查询指定点的坐标、两点距离及方位、查询线长、封闭对象或指定区域的面积等。

9.4.1.1 查询指定点坐标

用鼠标点取“工程应用”菜单下的“查询指定点坐标”。命令区提示：

CXZB 指定查询点：用鼠标点取要查询的点，也可以先进入点号定位方式，再输入要查询的点号。屏幕下方提示：

指定查询点：

测量坐标：X=xxx.xxx，Y=xxx.xxx 米，H=xxx.xxx 米。

如果查询点是有高程数据的已知点时，能显示高程数据；如果查询点不是已知点，则高程值为 0。

9.4.1.2 查询两点距离及方位

用鼠标点取“工程应用”菜单下的“查询两点距离及方位”。命令区提示：

DISTUSER 第一点：用鼠标点取第一点，也可直接输入第一点坐标。

DISTUSER 第二点：用鼠标点取第二点，也可直接输入第二点坐标。屏幕下方提示：

两点间距离=xxx.xx，方位角=xxx 度 xx 分 xx.xx 秒。

9.4.1.3 查询线长

在实际应用中经常要了解某条曲线的长度（如一条道路、水系等），可利用查询线长功能。用鼠标点取“工程应用”菜单下的“查询线长”。命令区提示：

请选择要查询的线状实体：

GETLENGTH 选择对象：用鼠标点取图上对象。

GETLENGTH 选择对象：用鼠标点取图上其他对象，或回车结束选择。会弹出如图 9-20 所示对话框，给出查询的线长值。

9.4.1.4 查询实体面积

用鼠标点取“工程应用”菜单下的“查询实体面积”。命令区提示：

AREAUSER[①选择实体边线；②点取实体内部点(S)注记设置]<1> 按默认回车，

命令行提示：

AREAUSER 请选择实体：用鼠标点取封闭区域，屏幕左下方即显示所点击区域实体面积为 xxx. xx 平方米，并在图形区域内用蓝色字体标注 xxx. xx 平方米合 xx. xxxx 亩。

图 9-20 线体信息

9.4.2 计算表面积

在实际工作中，有时需要计算实体的表面积。计算表面积的方法包括根据坐标文件计算、根据图上高程点计算和根据三角网计算 3 种。

9.4.2.1 根据坐标文件计算

用鼠标点取“工程应用”菜单下的“计算表面积/根据坐标文件”。命令区提示：

SURFACEAREA 选择计算区域边界线　用鼠标点取封闭边界线，弹出输入高程点数据文件名对话框，在“文件名(N)：”中选择数据文件。点击“打开”后，命令区提示：

SURFACEAREA 请输入边界插值间隔(米)：<20>　默认 20 米，可根据需要调整。回车后屏幕下方提示：

表面积=xxx. xx 平方米，详见 surface. log 文件。

9.4.2.2 根据图上高程点计算

用鼠标点取“工程应用/计算表面积/根据图上高程点”。命令区提示：

SURFACEAREA 选择计算区域边界线　用鼠标点封闭边界线。命令区提示：

SURFACEAREA 请输入边界插值间隔(米)：<20>　默认 20 米，可根据需要调整。回车后屏幕下方提示：

表面积=xxx. xx 平方米，详见 surface. log 文件。

9.4.2.3 根据三角网计算

根据三角网计算时需先对图面建立 DTM，然后再根据已经构建的三角网计算表面积。建好三角网后，用鼠标点取“工程应用/计算表面积/根据三角网”。命令区提示：

SURFACEAREA 请选择三角网　选择需要计算表面积的三角网。

SURFACEAREA 选择对象：用鼠标选取，可点选、框选。

SURFACEAREA 选择对象：反复选取，直至把要计算表面积的三角网全部选定。回车后屏幕下方提示：

表面积=xxx. xx 平方米，详见 surface. log 文件。

9.4.3 土方量计算

CASS10. 1 提供了 5 种计算土方量的方法，分别是三角网法土方计算、断面法土方计算、方格网法、等高线法土方计算和区域土方量平衡。实际生产中，应结合实际地形情况选择最合适的计算方法。

9.4.3.1 三角网法土方量计算

三角网法土方量计算是根据实地测定的坐标(X，Y，Z)和设计高程，通过生成三角网来计算每一个三棱锥的填方量和挖方量，最后累计得到指定范围内的总填方量和总挖方量，并绘制出填挖方分界线。

三角网法土方计算包括根据坐标数据文件、根据图上高程和根据图上三角网 3 种计算方法。其中前两种算法包含重新建立三角网的过程，第三种方法直接采用图上的已有三角网，不再重建三角网。

(1)根据坐标文件计算

先用封闭的复合线画出要计算土方的区域，一定要闭合，尽量不要拟合。然后用鼠标点取“工程应用”菜单下的“三角网法土方计算/根据坐标文件”。命令区提示：

DTMTF 选择计算区域边界线　用鼠标点取所画封闭复合线，在弹出的“输入高程点数据文件名”对话框中选择或输入已知的坐标数据文件，单击“打开”后出现“土方计算参数设置”对话框，如图 9-21 所示。

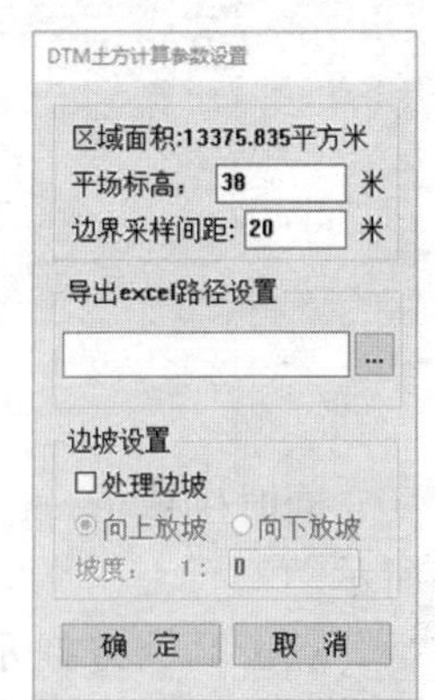

图 9-21　土方计算参数设置

在对话框中输入平场标高(设计标高)、边界采样间隔和导出 excel 的路径并输入 excel 文件名；如需考虑边坡，还需勾选边坡设置中的“处理边坡”，并对边坡进行设置。单击确定后，屏幕上显示填挖方的提示框，并绘出所分析的三角网、填挖方的分界线，如图 9-22 所示。屏幕下方则提示：

挖方量=xxxx. x 立方米，填方量=xxxx. x 立方米

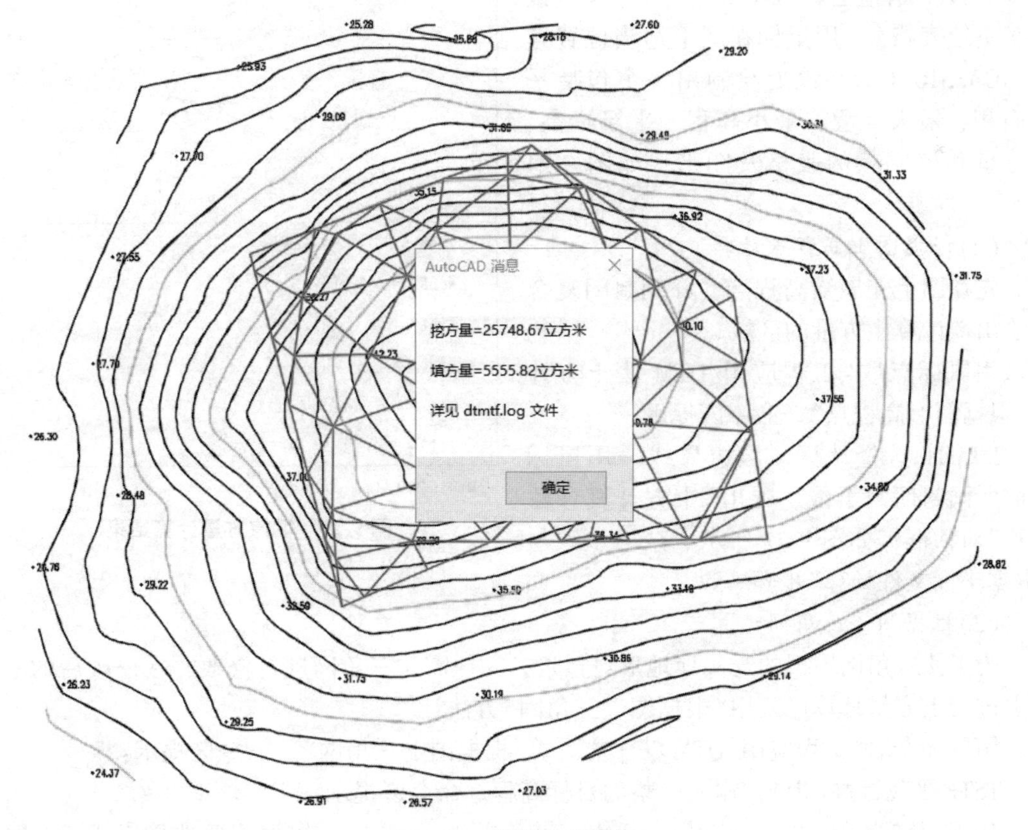

图 9-22　填挖方提示框

三角形编号	挖方	填方	三角形面积	三角形节点1			三角形节点2			三角形节点3			
				开挖前标高	设计标高	施工高差	开挖前标高	设计标高	施工高差	开挖前标高	设计标高	施工高差	平均高差
1	69.50	0.00	105.503	39.555	38.000	1.555	38.178	38.000	0.178	38.243	38.000	0.243	0.659
2	97.74	0.00	88.789	39.555	38.000	1.555	38.243	38.000	0.243	39.504	38.000	1.504	1.101
3	821.91	0.00	365.097	39.555	38.000	1.555	39.504	38.000	1.504	41.694	38.000	3.694	2.251
4	18.95	1.40	43.440	38.243	38.000	0.243	39.504	38.000	1.504	37.464	38.000	-0.536	0.404
5	1316.80	0.00	354.311	39.555	38.000	1.555	41.694	38.000	3.694	43.900	38.000	5.900	3.716
6	432.32	0.00	240.237	39.504	38.000	1.504	41.694	38.000	3.694	38.200	38.000	0.200	1.800
7	5.45	2.48	19.830	39.504	38.000	1.504	37.464	38.000	-0.536	37.482	38.000	-0.518	0.150
8	969.93	0.00	249.042	39.555	38.000	1.555	43.900	38.000	5.900	42.229	38.000	4.229	3.895
9	1309.18	0.00	260.068	41.694	38.000	3.694	43.900	38.000	5.900	43.508	38.000	5.508	5.034
10	69.81	5.22	163.409	39.504	38.000	1.504	38.200	38.000	0.200	37.482	38.000	-0.518	0.395
11	225.95	5.77	206.085	41.694	38.000	3.694	38.200	38.000	0.200	37.311	38.000	-0.689	1.068
12	0.00	22.78	15.065	37.464	38.000	-0.536	37.482	38.000	-0.518	34.518	38.000	-3.482	-1.512

图 9-23 土方计算表

同时生成 excel 土方计算表，如图 9-23 所示。

点击填挖方提示框“确定”后，命令行提示：

DTMTF 请指定表格左下角位置：<直接回车不绘表格> 用鼠标在图上适当位置点击，CASS10.1 会在该处绘制出一个包括平场面积、最大高程、最小高程、平场标高、填方量和挖方量的表格及图形，如图 9-24 所示。

平场面积 = 13375.8 平方米

最小高程 = 24.368 米

最大高程 = 43.900 米

平场标高 = 38.000 米

挖方量 = 25748.67 立方米

填方量 = 5555.82 立方米

计算日期：2018年4月2日 计算人：

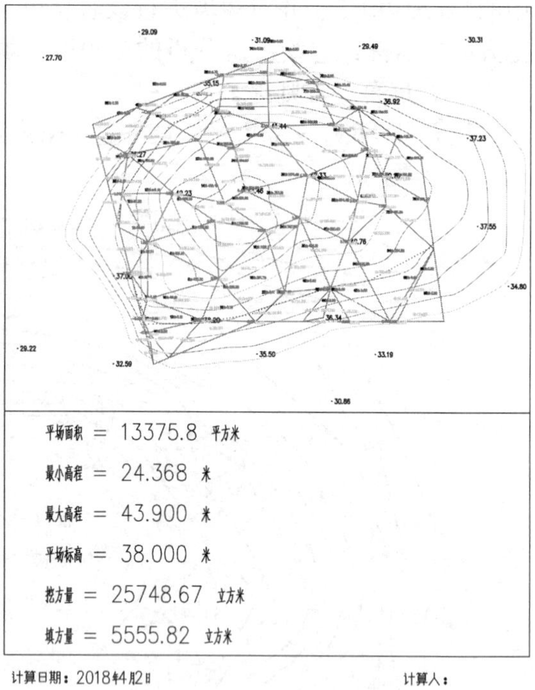

图 9-24 填挖方量计算结果

(2)根据图上高程点计算

先在图上先展绘高程点，并用封闭复合线绘出欲计算土方量的区域。

用鼠标点取“工程应用/DTM 法土方计算/根据图上高程点”。命令区提示：

DTMTF 选择计算区域边界线 用鼠标点取所画封闭复合线，弹出“土方计算参数设置”对话框，如图 9-21 所示。余下步骤与“根据坐标文件计算”步骤一致。

(3)根据图上三角网计算

为了使三角网模拟的与实地地形更接近，往往需对三角网进行修改，在修改后的三角网上进行土方量计算可采用“根据图上三角网”方法计算。

用鼠标点取“工程应用/DTM 法土方计算/根据图上三角网”。命令区提示：

TSTF 平场标高(米)：输入平整的目标高程。命令区提示：

TSTF 请选择：①同时导出 excel 表；②不导出 excel 表：根据需要选择①或②，回车后命令行提示：

TSTF 选择对象：用鼠标在图上选取三角形，可逐个选取也可拉框批量选取。回车后屏幕上显示填挖方量的提示框，并在图上绘出填挖方的分界线。

此外，CASS10.1 还能计算两期间土方量。两期土方量计算是指对同一区域进行两期测量，利用两次观测的高程数据建模后叠加，计算出两期之中的区域内土方变化情况。具体计算步骤这里不再赘述。

9.4.3.2 断面法土方计算

断面法土方计算主要用在公路土方计算和区域土方计算，对于特别复杂的地方可以用任意断面设计方法。断面法土方计算主要有道路断面、场地断面和任意断面 3 种计算土方量的方法。

(1) 生成里程文件

里程文件是用离散的方法描述了实际地形。土方计算的所有工作都是在分析里程文件里的数据后才能实现的。

CASS10.1 提供了 5 种生成里程文件的方法，分别是由纵断面线生成、由复合线生成、由等高线生成、由三角网生成和由坐标文件生成。其中由复合线生成、由等高线生成、由三角网生成 3 种方法只能生成纵断面里程文件，而由坐标文件生成必须对生成里程文件的简码数据文件比较熟悉。下面以“纵断面线生成”为例介绍生成里程文件的方法。

在生成里程文件之前，要事先用复合线绘制出纵断面线。再用鼠标点取“工程应用”菜单下的“生成里程文件/由断面线生成/新建”子菜单，命令行提示：

HDMCREATE 请选取断面线　用鼠标点取所绘断面线，弹出如图 9-25 所示对话框。

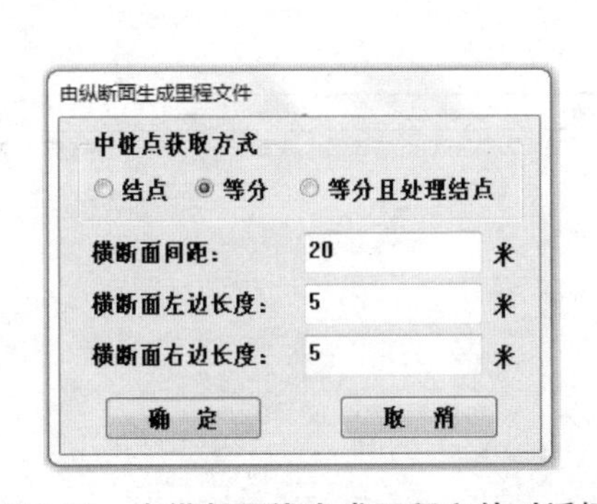

图 9-25　由纵断面线生成里程文件对话框

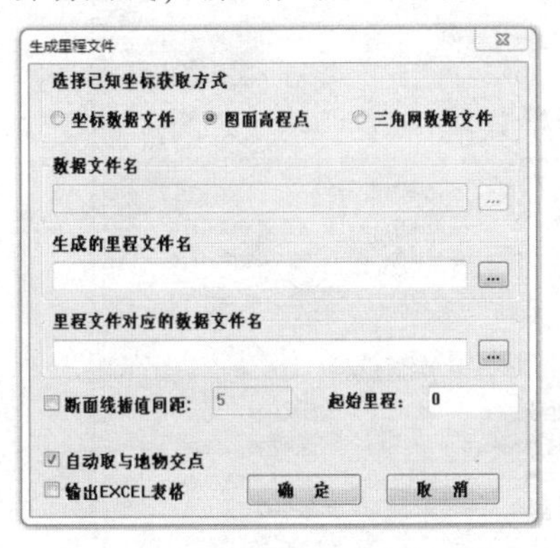

图 9-26　生成里程文件对话框

在对话框中根据实际情况选取中桩点获取方式，并输入横断面间距及横断面左右长度，单击“确定”后命令行提示：

HDMCREATE①按起始里程累加；②按起始里程取整累加<1>　按默认回车，系统自动沿纵断面线生成横断面线。

当横断面设计完成后，用鼠标点取“工程应用”菜单下的“生成里程文件/由断面生成/生成”子菜单，命令行提示：

FROMZDLINE 选择纵断面线　点击纵断面线后，系统弹出生成里程文件对话框，如图 9-26 所示。

在对话框中选择已知坐标获取方式、里程文件名称和存放位置等参数，点击“确定”，即可生成里程文件，如图 9-27 所示。

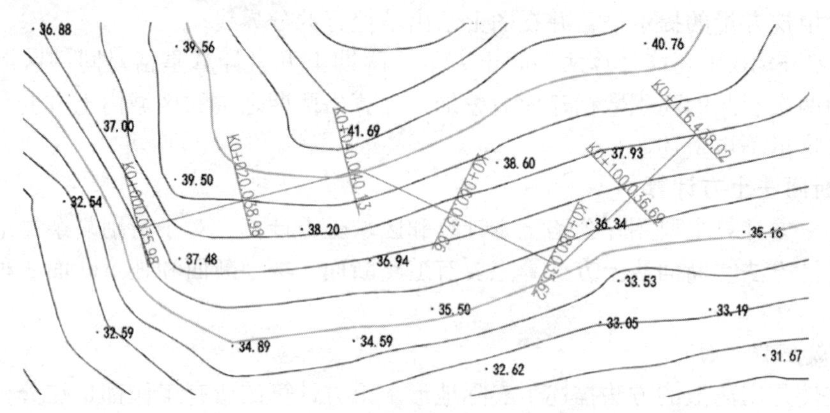

图 9-27 由纵断面生成的里程文件

(2) 选择土方计算类型并给定断面设计参数

用鼠标点取“工程应用/断面法土方计算/道路断面”子菜单，弹出如图 9-28 所示对话框。

①选择里程文件 点击“确定”左边的[...]按钮，出现“选择里程文件名”对话框。选定前面生成的里程文件。

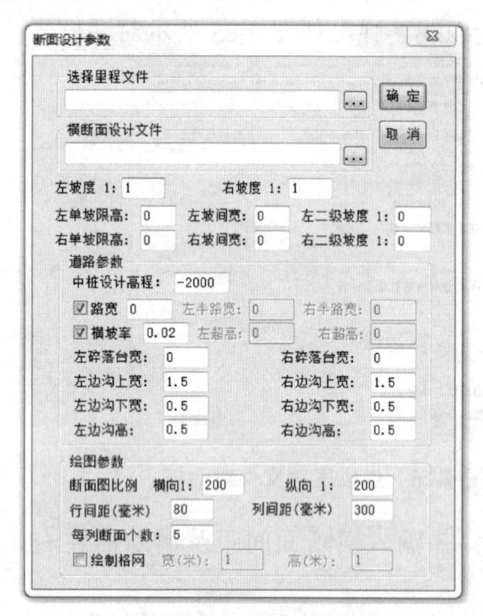

图 9-28 断面设计参数对话框

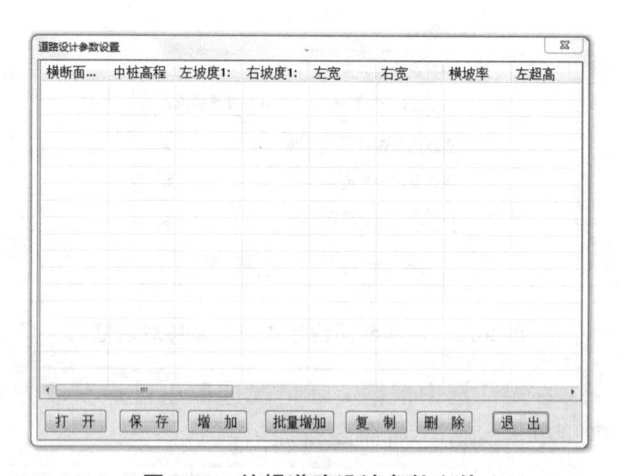

图 9-29 编辑道路设计参数文件

②横断面设计文件 横断面设计文件需预先编辑。点取“工程应用/断面法土方计算/道路设计参数文件”子菜单，弹出如图 9-29 所示对话框，直接在对话框中输入各设计参数并保存，计算土方时直接调用该文件即可。

如果不使用道路设计参数文件，则在图 9-28 中各相应的位置输入实际设计参数。点击“确定”按钮后，弹出图 9-30 对话框示，点击对话框“断面图位置”右下的[...]按钮，命令行提示：

TRANSECT 请指定断面图左下点：用鼠标点击存放断面图的位置，在对话框中对其他参数进行选择，系统会根据给定的比例尺，在图上指定位置绘出道路的纵断面图，如图 9-31 所示。此时命令行提示：

TRANSECT 指定横断面图起始位置：在图上空白位置用鼠标点击即可绘制横断面图，如图 9-32 所示。

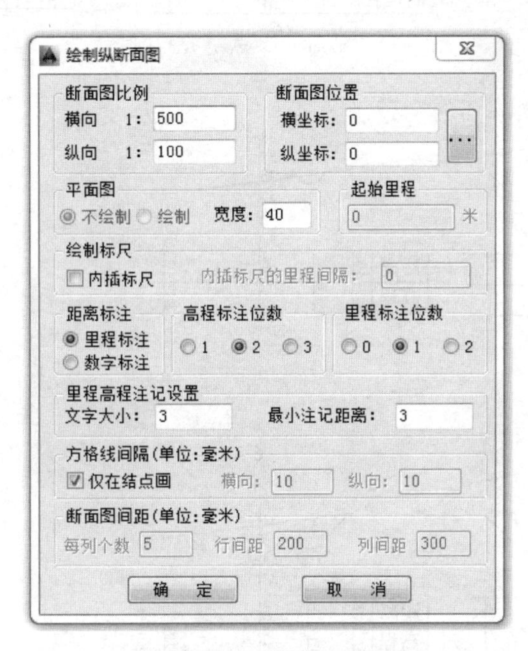

图 9-30　绘制纵断面图设置

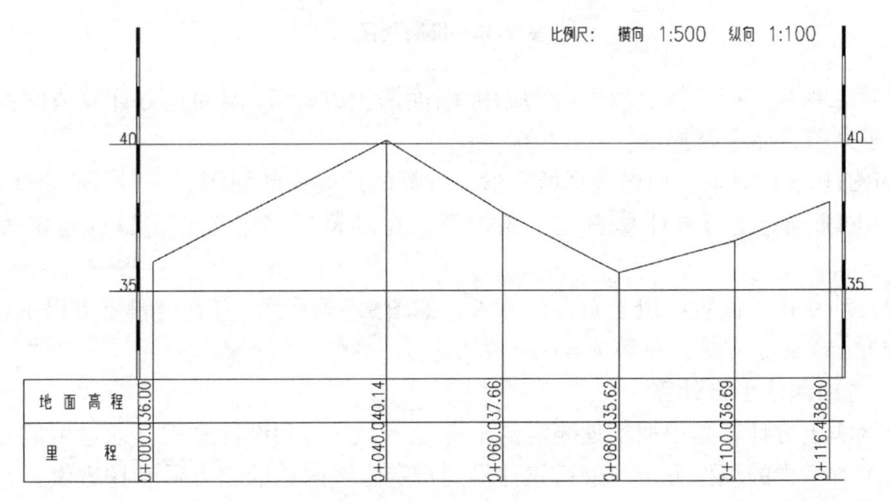

图 9-31　纵断面图

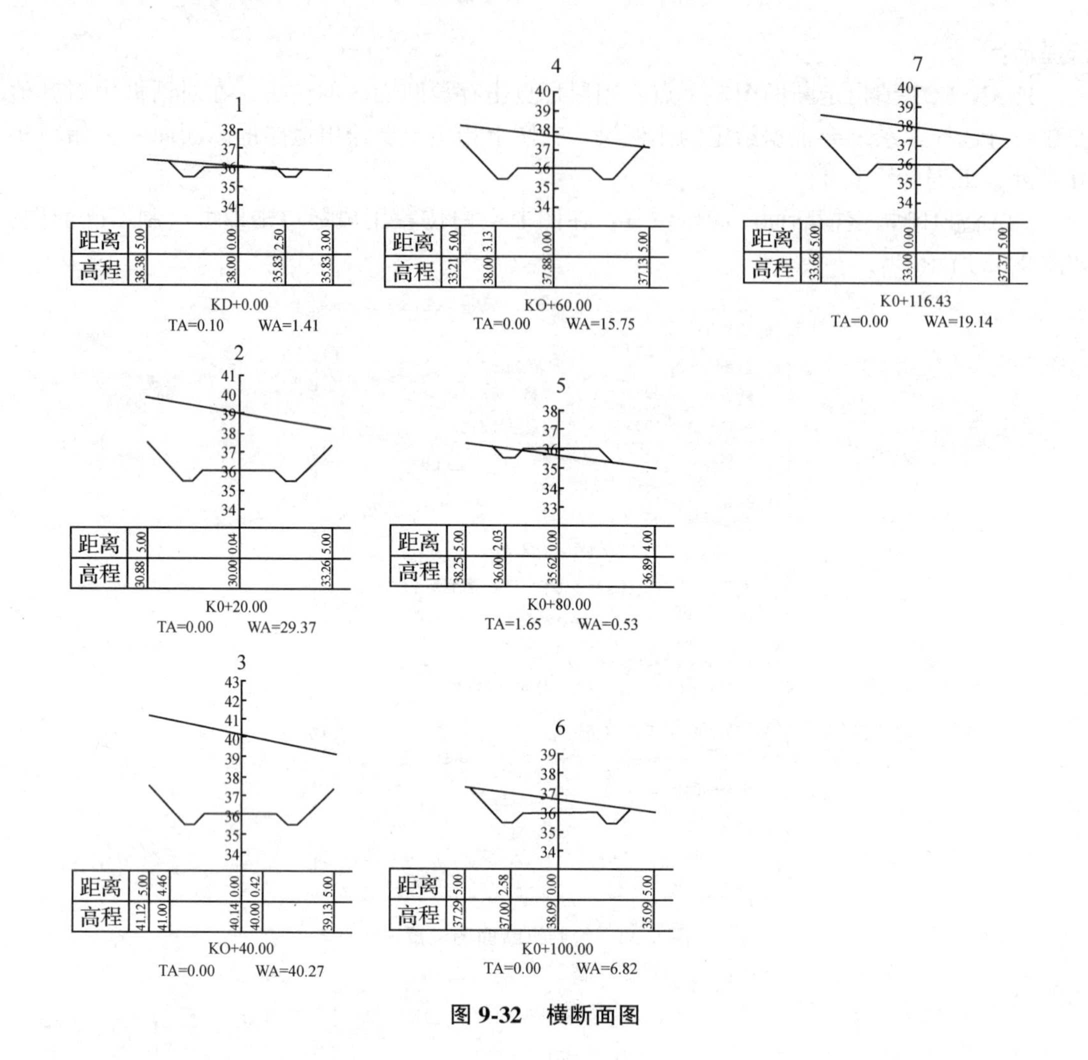

图 9-32 横断面图

③计算工程量 用鼠标点取“工程应用/断面法土方计算/图面土方计算或图面土方计算 excel”子菜单，命令行提示：

MAPRETF 选择对象：拖框选择所有参与计算的道路横断面图，回车后命令区提示。

MAPRETF 指定土石方计算表左上角位置：在屏幕适当位置点击鼠标指定表格绘制位置，

系统自动在指定位置绘出土石方计算表，如图 9-33 所示。并在屏幕下方提示：

总挖方 = xxxx 立方米，总填方 = xxxx 立方米

9.4.3.3 方格网法土方计算

方格网法土方计算是根据实地测定的坐标(X, Y, Z)和设计高程，通过生成方格网来计算每一个方格内的填挖方量，最后累计得到指定区域内总的填方量和挖方量，并绘出填挖分界线。

土石方数量计算表

量 程	中心高(m)		横断面积(m^2)		平均面积(m^2)		距离(m)	总数量(m^2)	
	填	挖	填	挖	填	挖		填	挖
K0+0.00	-0.00		0.10	1.41					
					0.05	15.39	20.00	1.04	307.78
K0+20.00			0.00	29.37					
					0.00	34.82	20.00	0.00	696.56
K0+40.00		4.13	0.00	40.27					
					0.00	28.01	20.00	0.00	560.20
K0+60.00		1.66	0.00	15.75					
					0.82	8.14	20.00	16.50	162.88
K0+80.00	0.38		1.65	0.53					
					0.82	3.68	20.00	16.50	73.53
K0+100.00		0.69	0.00	6.82					
					0.00	12.98	16.43	0.00	213.27
K0+116.43		2.00	0.00	19.14					
合 计								34.03	2014.01

图 9-33 土石方数量计算表

方格网法土方量计算首先是将方格的四个角点上高程相加(如果角点上没有高程点,通过周围高程点的内插得出其高程)取平均值减去设计高程,即得方格角点的填挖高度。然后通过指定的方格边长得到每个方格的面积,再用长方体的体积计算,得到填挖方量。由于方格网法简便直观又易于操作,在实际工作中被广泛应用。

方格网法计算土方量,设计面可以是平面,也可以是斜面或三角网。

(1)设计面是平面时的土方量计算

首先用封闭的复合线画出要计算土方的区域,一定要闭合,尽量不要拟合,因为拟合过的曲线在进行土方计算时会用折线迭代,影响计算结果的精度。

CASS10.1 方格网法土方计算包括方格网法土方计算和根据数据重新生成计算两种,现以方格网法土方计算为例介绍计算土方步骤。

选择主菜单“工程应用”菜单下的“方格网法土方计算”子菜单。命令行提示:

FGWTF 选择计算区域边界线 用鼠标点取土方计算区域的复合线。系统弹出“方格网土方计算”对话框,如图 9-34 所示。

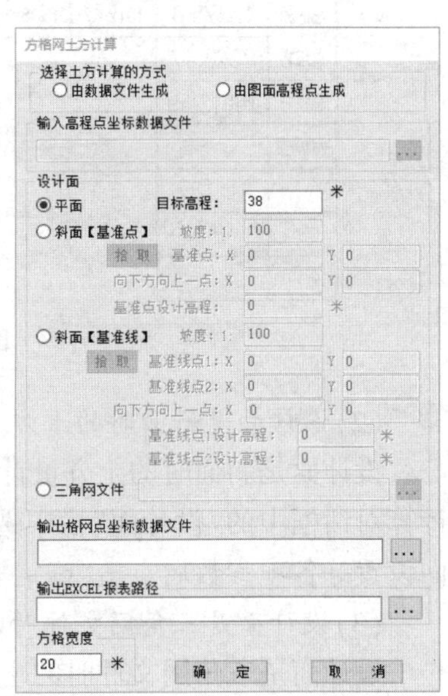

图 9-34 方格网法土方计算对话框

在对话框中选择或输入所需的坐标数据文件;在“设计面”栏选择“平面”,并输入目标高程;如果需要输出格网点坐标数据文件的话在“输出格网点坐标数据文件”和“输出 Excel 报表路径”栏输入相应的文件名;在“方格宽度”栏输入方格网的宽度,默认值为 20 m。方格网的宽度越小,计算精度越高。但如果给的宽度值太小,小于野外采集点的密度也没有实际意义。全部输入后点击“确定”,命令区显示:

最小高程=xxx.xxx,最大高程=xxx.xxx

FGWTF 请确定方格起始位置:<缺省位置> 根据需

要用鼠标点击选取方格网的起始位置。此时命令区提示：

FGWTF 请确定方格起始位置：<缺省位置> 根据需要选取方格网的起始位置。

FGWTF 请确定方格起始位置：<缺省位置>请指定方格倾斜方向：<不倾斜> 直接回车方格网不倾斜。此时屏幕下方提示：

总填方＝xxxx. x 立方米，总挖方＝xxxx. x 立方米

同时图上绘出所分析的方格网，填挖方的分界线(绿色折线)，并给出每个方格的填挖方量，每行的挖方和每列的填方。结果如图 9-35 所示，虚线为填挖方分界线。

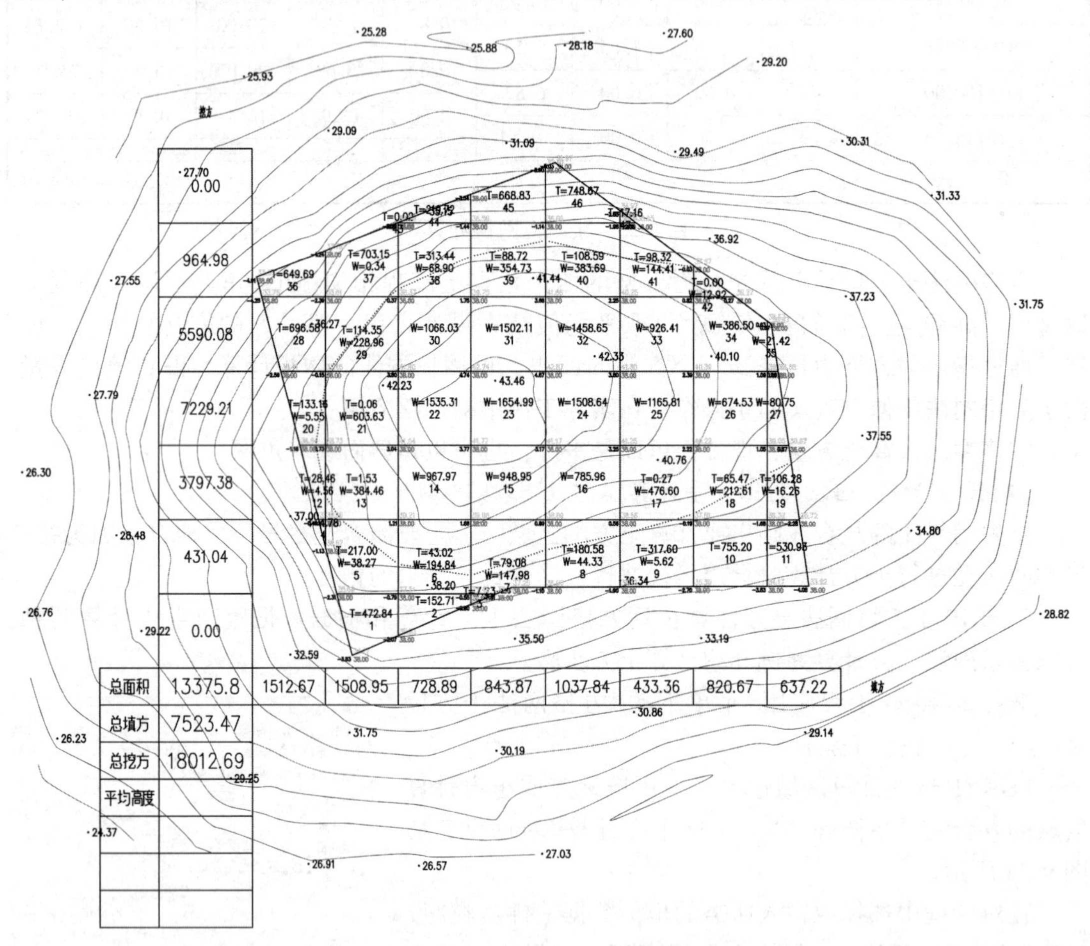

图 9-35 方格网法土方计算结果

(2)设计面是斜面时的土方量计算

设计面是斜面时的土方量计算步骤与设计面是平面基本相同，区别在于在方格网土方计算对话框中的“设计面”栏中选择“斜面【基准点】”或“斜面【基准线】”。根据选择的设计面设置好各项参数后点击“确定”按钮，即可进行方格网土方计算。

(3)设计面是三角网文件时的土方量计算

设计面是三角网文件时的土方量计算步骤与设计面是平面也大致相同，区别在于在方格网土方计算对话框中的“设计面”栏中选择“三角网文件，并单击其后的图标[...]，选择预

先生成的三角网文件。设置好后点击“确定”按钮，即可进行方格网土方计算。

9.4.3.4 等高线法土方计算

有些地形图没有高程数据文件，可利用“等高线法土方量计算”功能计算等高线间土方量，此法可计算任意两条等高线间的土方量，但所选等高线必须是闭合的。

点取“工程应用/等高线法土方计算”菜单，命令行提示：

选择参与计算的封闭等高线

DGXTF 选择对象：可逐个点取参与计算的等高线，也可拖框选取。回车。

DGXFT 输入最高点高程：〈直接回车不考虑最高点〉 回车后屏幕弹出如图 9-36 所示总方量消息框，单击“确定”后命令行继续提示：

图 9-36 等高线法土方计算总方量消息框

等高线法土石方计算

计算日期：2018年4月10日　　计算人：

计算公式：$V=(A1+A2+\sqrt{A1*A2})*(h2-h1)/3$

A1（平方米）	h2（米）	A2（平方米）	h1（米）	V（立方米）
24305.27	33.000	21390.15	34.000	22832
21390.15	34.000	18651.68	35.000	20005
18651.68	35.000	16039.96	36.000	17329
16039.96	36.000	13373.51	37.000	14687
13373.51	37.000	10632.02	38.000	11977
10632.02	38.000	8123.83	39.000	9350
8123.83	39.000	5949.78	40.000	7009
5949.78	40.000	3981.61	41.000	4933
3981.61	41.000	2235.30	42.000	3067
2235.30	42.000	750.76	43.000	1427
合　计				112615

图 9-37 等高线法土石方计算表

DGXFT 请指定表格左上角位置：<直接回车不绘表格> 在图上空白位置点击鼠标左键，系统将在该点绘出计算成果表格，如图 9-37 所示。

9.4.3.5 区域土方量平衡

在工程建设中，为减少土方的调拨，节约费用，常使平整区域内的填方量与挖方量相等，可以使用区域土方量平衡的功能加以实现。区域土方量平衡可根据坐标数据文件计算，也可根据图上高程点计算，两种计算方法类似。具体步骤如下：

先在图上展出高程点，并用封闭的复合线绘出需要进行土方平衡计算的边界线。

点取“工程应用/区域土方量平衡/根据坐标文件(图上高程)”菜单，命令行提示：

TFBALANCE 选择计算区域边界线：用鼠标点取事先绘好的封闭复合线(如果前面选择根据文件计算，此时还会弹出输入高程点数据文件对话框，选择对应的坐标文件，点击确定后)。命令行提示：

TFBALANCE 请输入边界插值间隔(米)：<20> 默认为20m，可根据实际需要调整。回车后弹出如图9-38所示对话框，同时屏幕下方提示：

土方平衡高度=xxx. x 米，挖方量=xxx. x 立方米，填方量=xxx. x 立方米

点击消息框的“确定”按钮，命令行提示：

请指定表格左下角位置：<直接回车不绘表格> 在图上合适位置点击鼠标左键绘出计算结果表格，如图9-39所示。

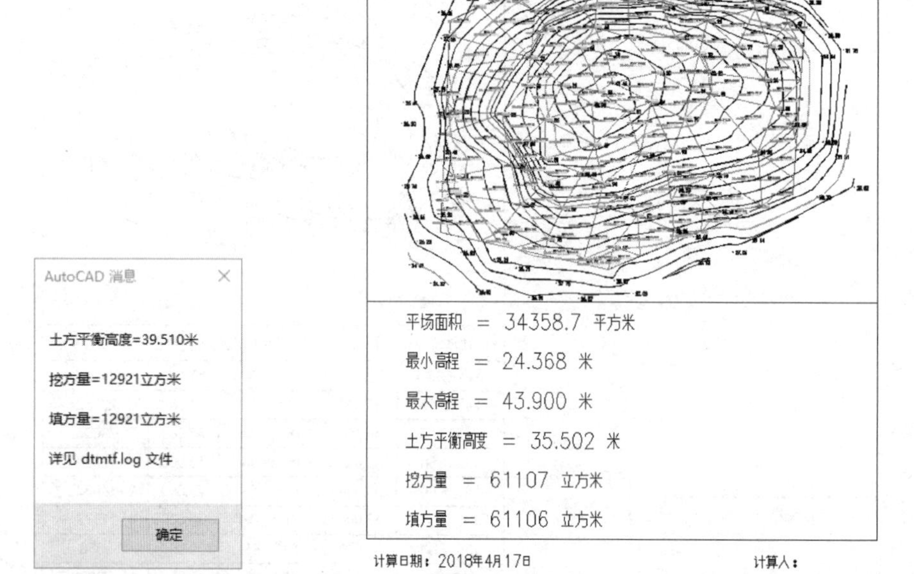

图9-38 区域平衡土方量计算消息框　　**图9-39 区域土方平衡计算结果**

9.4.4 绘制断面图

利用CASS10.1绘制断面图的方法包括根据已知坐标、根据里程文件、根据等高线和根据三角网4种。

9.4.4.1 根据已知坐标绘制

坐标文件是指野外数据采集得到的包含高程点的文件。绘制步骤如下：

先沿设计线位置画一条复合线，用鼠标点取“工程应用”菜单下的“绘断面图/根据已知坐标”功能。命令区提示：

DMT_ DAT 选择断面线 用鼠标点取所画复合线，屏幕弹出“断面线上取值”对话框，如图9-40所示。根据实际情况选择获取已知坐标方式，如果选择“由数据文件生成”，则在“坐标数据文件名”栏中选择高程点数据文件。如果选取“由图面高程点生成”，则在图

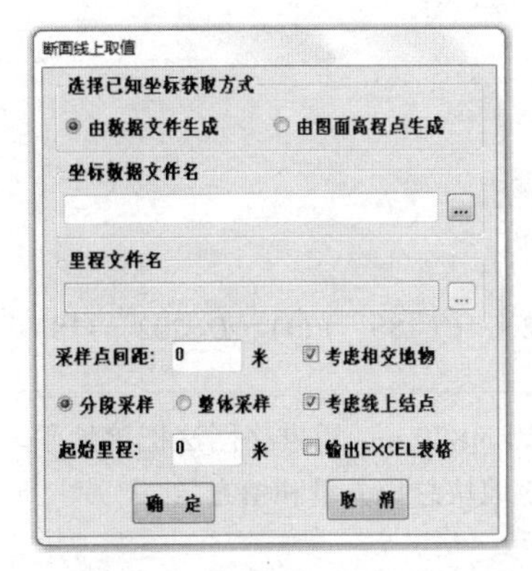

图 9-40　断面线上取值对话框

上选取高程点。在“采样点间隔”和“起始里程”栏根据实际情况输入相应的数据，其他选项可根据实际需要勾选。点击“确定”后，屏幕弹出“绘制纵断面图”对话框，如图 9-30 所示。

在对话框中输入相关参数，并指定断面图绘制位置。断面图位置可以手工输入，亦可图面上拾取。点击“确定”后，即在屏幕上出现所选断面线的断面图。

9. 4. 4. 2　根据里程文件

里程文件可通过“工程应用/生成里程文件”菜单生成。

选择“工程应用/纵断面图/根据里程文件”子菜单，弹出对话框，选择里程文件，点击“打开”，会弹出如图 9-30 所示的绘制纵断面图对话框，在对话框中输入设置参数，系统会根据里程文件按里程生成纵断面图。

9. 4. 4. 3　根据等高线

如果图面存在等高线，则可以根据断面线与等高线的交点来绘制纵断面图。

选择“工程应用/纵断面图 /根据等高线”子菜单，命令行提示：

DMT_ DAT 选择断面线：选择要绘制断面图的断面线，一般事先用复合线绘制。屏幕弹出绘制纵断面图对话框，如图 9-30 所示。在对话框中输入设置参数即可在指定位置绘制纵断面图。

9. 4. 4. 4　根据三角网

如果图面存在三角网，则可以根据断面线与三角网的交点来绘制纵断面图。

选择“工程应用/纵断面图 /根据三角网”子菜单，命令行提示：

DMT_ DAT 选择断面线：选择要绘制断面图的断面线，一般事先用复合线绘制。屏幕弹出绘制纵断面图对话框，如图 9-30 所示。在对话框中输入设置参数即可在指定位置绘制纵断面图。

9. 4. 5　三维显示

数字地形图不但能以二维平面图的形式显示，还能以三维立体方式逼真地再现空间地形结构，这是传统的纸质地形图无法实现的。三维建模的步骤如下：

单击“等高线/三维模型/绘制三维模型”，在弹出的对话框中选择或输入高程点数据文件。点击“打开”，命令行提示：

输入高程系数<1. 0>：系数越大，则高低的对比就越大，系统自动内插各点高程，然后根据方格各节点高程建立三维曲面。根据实际情况输入高程系数后回车，命令行提示：

输入格网间距<8. 0>：输入模拟的格网间隔，回车后命令行提示：

是否拟合？①是；②否<1>　可根据实地地形选择“1”或“2”后回车，即可生成三维模型，如图 9-41 所示。

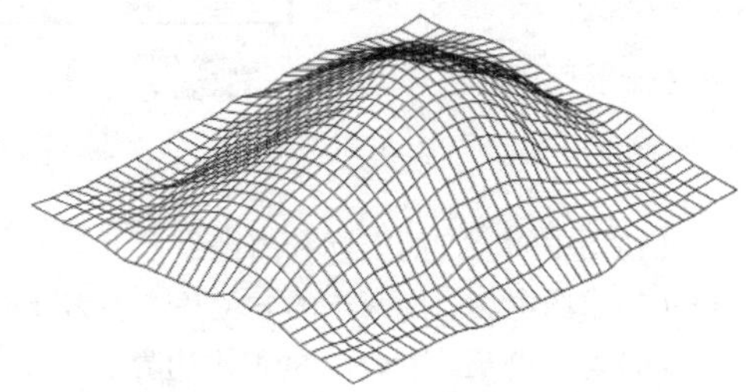

图 9-41　三维模型

思考题与习题

1. 利用数字地形图和数据，可以在 CASS10.1 中进行哪些应用？

2. 数字地形图计算土方有哪些方法？各适用于什么情况？

3. 已知某地块图上四个角点坐标依次为 $A(200, 164)$、$B(178, 162)$、$C(180, 120)$、$D(202, 118)$（单位：m），用解析法计算该地块面积。

4. 如图 9-42 所示，各方格顶点高程已标注在方格顶点上，方格为 20 m×20 m，用方格网法把该地平整成高程为 25 m 的水平面，试按方格网法计算土方的步骤分别计算出该地块总挖方量和填方量。

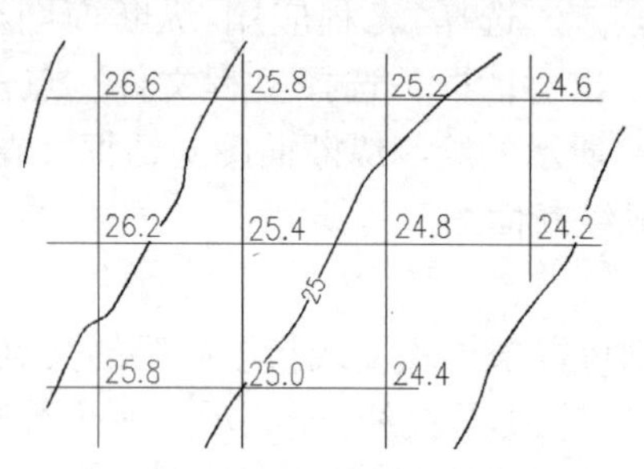

图 9-42　土方计算地形图

5. 图 9-43 为 1∶1000 地形图，试确定：

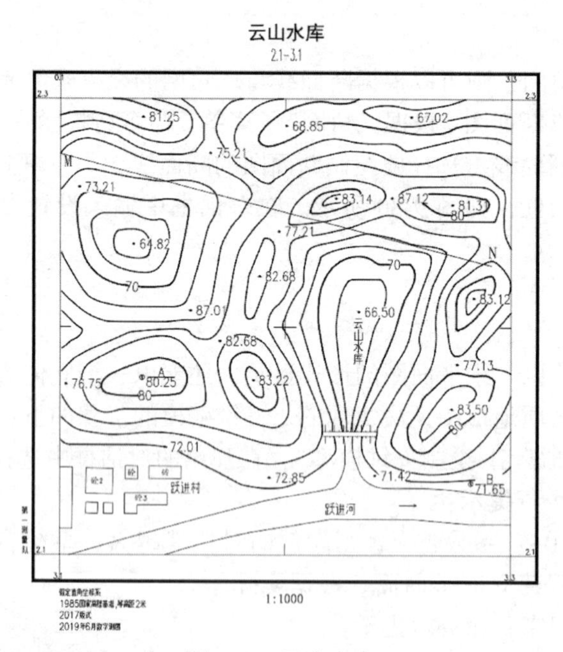

图 9-43　云山水库

(1)图中 M、N 的坐标和高程；

(2)求图中 M、N 两点的方位角、距离及坡度；

(3)勾绘出“云山水库”的汇水边界。

(4)绘制 MN 方向的纵断面图(水平距离比例尺 1∶1000，高程比例尺 1∶200)

第10章　施工测量的基本工作

10.1　概述

各种工程在施工过程中所进行的测量工作称为施工测量，该工作贯穿于施工的全过程。在施工准备工作阶段，需要建立施工控制网，进行场地的平整，将图纸上设计的建(构)筑物的位置在实地标出；在施工期间，需要标定基槽、墙身、建筑物构件安装等的轴线和标高，监测基坑的稳定性等工作；对于大型、高层或特殊建(构)筑物，在施工过程中和竣工后还需要进行变形监测，以判断工程使用期间的安全性；为便于建(构)筑物的管理、维护、扩建等，工程竣工后，需要编绘竣工图。

施工测量与施工进度、工程质量密切相关，其不仅遵循"由整体到局部，先控制后碎部"的测量基本原则，同时还有自身的特点：

①施工测量中的测设(又称施工放样)与测绘地形图(又称测定)的工作程序相反，前者是将图纸上的建(构)筑物按其设计位置标定到地面上，后者是将地面上的地物和地貌绘制到图上；

②施工测量的精度取决于工程的性质和设计的要求，如高层建筑的放样精度高于低层建筑；

③施工测量需要与施工进度、精度密切配合，为此，应根据工程实际和精度要求选择合适的仪器，制订施测方案，以保证工程质量；

④施工现场环境复杂，交叉作业频繁，因此，需要注意保护测量标志，并注意人身和仪器的安全。如发现测量标志损坏，应及时恢复。本章主要介绍测设的基本内容和方法。

10.2　测设的基本工作

测设是把图纸上设计的建(构)筑物的平面位置和高程，按设计要求以一定的精度在实地标定出来，作为施工的依据，是其他施工测量工作的重要保障。其中，测设点的平面位置通常是通过放样水平距离和水平角来完成。因此，测设的基本工作包括水平距离放样、水平角放样和高程放样。

10.2.1　水平距离放样

水平距离放样是将图纸上设计的已知距离在实地标定出来，即根据地面一个已知点和方向在实地定出另一端点。根据使用仪器的不同，水平距离放样有钢尺放样和光电测距仪放样。

10.2.1.1 钢尺放样

根据放样的精度要求不同，钢尺放样可分为一般方法和精密方法。

(1)一般方法

如图 10-1 所示，已知地面上 A 点，要求沿 AB 的方向在地面标定出 P 点的位置，使 AP 的水平距离等于设计的距离 D。首先利用钢尺沿 AB 的方向量取水平距离 D，定出 P 点，并在该点打桩。为了校核和提高放样精度，利用钢尺一般量距的方法量取 AP 的距离。若与设计长度不等，则应根据误差改动 P 点的位置，直到 AP 的距离与设计距离的较差满足放样的精度要求为止。

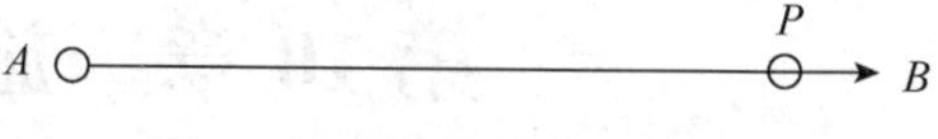

图 10-1 钢尺放样水平距离

(2)精确方法

由于钢尺量距受尺长误差、温度和倾斜误差的影响。当放样精度要求较高时，则必须对设计距离 D 进行尺长(Δl_d)、温度(Δl_t)和倾斜(Δl_h)三项改正，计算出改正后的距离 l'，即

$$l' = D - \Delta l_d - \Delta l_t - \Delta l_h \tag{10-1}$$

各项改正的计算方法见第 4 章 4.1.4，然后根据计算结果用钢尺在地面量取距离 l'。放样的作业方法与一般方法相同。

10.2.1.2 光电测距仪放样

随着光电测距仪的普及，目前水平距离的放样大多采用光电测距仪，特别是长距离的放样。如图 10-2 所示，将测距仪安置在 A 点上，一人拿着棱镜沿已知方向移动，当仪器显示的距离略大于放样距离时，在地面标定出 P 点，在该点安置棱镜，测出 AP 的倾斜距离 L 和棱镜高度处的竖直角 α，则 AP 的水平距离为 D'。计算放样长度和设计长度 D 的较差 ΔD，根据 ΔD 的符号和大小在已知方向上改动 P 点的位置至 P'，直到满足放样精度的要求。

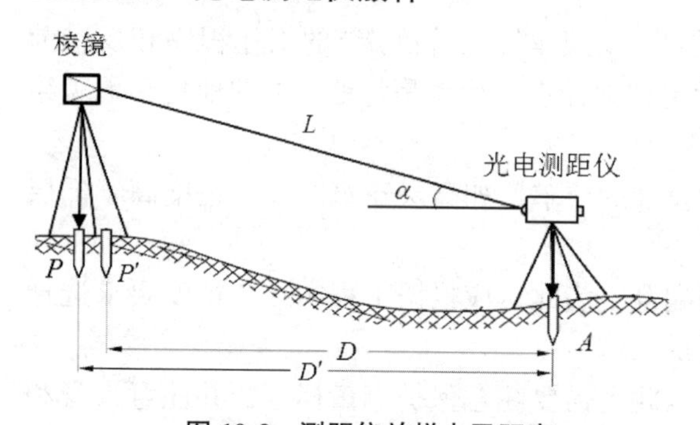

图 10-2 测距仪放样水平距离

10.2.2 水平角放样

水平角放样是根据一个已知方向定出另一个方向，使它与已知方向的夹角等于设计的角值。根据放样的精度要求不同，水平角放样有一般方法和精确方法。

10.2.2.1 一般方法

如图 10-3 所示，设地面上有 A、B 两个已知点，待放样水平角为 β，要求在地面定出一个点 P 使得 $\angle BAP=\beta$。放样时，在 A 点安置经纬仪，以盘左位置瞄准 B 点，读取水平度

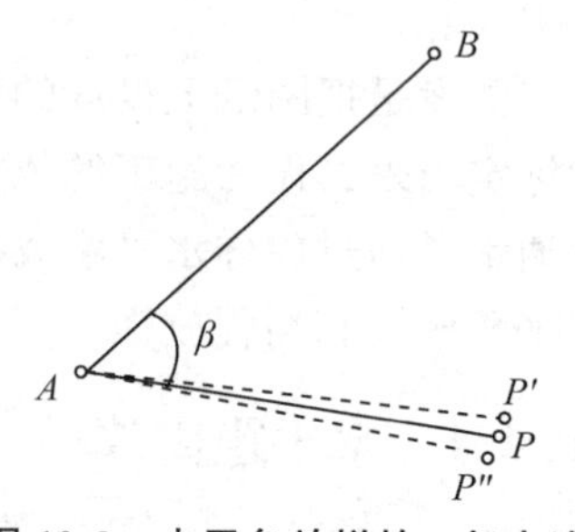

图 10-3 水平角放样的一般方法

盘读数 α。松开水平制动螺旋，转动照准部使水平度盘读数增加 β 值后，在视线方向定出 P'点。然后倒转望远镜，用盘右位置，采用相同的步骤定出 P''点，取 P'和 P''的中点 P，则$\angle BAP$ 即为要放样的 β 角。

10.2.2.2 精确方法

当放样精度要求较高时，通过垂向改正可以提高放样精度。如图 10-4 所示，在 A 点上安置经纬仪，按一般方法放样水平角 β，定出 P_1 点；用测回法测量$\angle BAP_1$，一般测量 3~4 个测回，计算平均角值为 β'，则设计角度与该值的较差 $\Delta\beta=\beta-\beta'$，同时测量出 AP_1 的水平距离，按下式计算 P_1 点与 AP_1 垂线的改正值 P_1P：

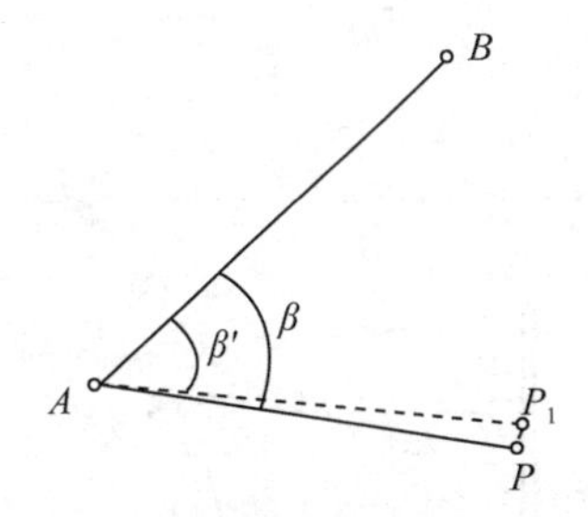

$$P_1P = AP_1 \times \tan\Delta\beta \approx AP_1 \times \left(\frac{\Delta\beta}{}\right) \qquad (10\text{-}2)$$

图 10-4 水平角放样的精确方法

式中 $\rho''=206265$。

从 P_1 点沿 AP_1 的垂直方向往外或往内调整 P_1P。若 $\Delta\beta>0$ 时，往外调整 P_1P 至 P 点。若 $\Delta\beta<0$ 时，则向内调整。

10.2.3 高程放样

在工程施工过程中，需要根据附近的水准点，将设计高程放样到现场作业面上。如道路施工需要放样路面、边坡的设计高程；基坑开挖过程中需要放样坑底高程等。高程放样就是根据已知水准点的高程，在实地定出与设计高程相应的水平线或待定点顶面。如图 10-5 所示，已知地面点 A 的高程为 H_A，要求在实地标定出 B 点的设计高程 H_B。放样时，在 A、B 之间安置水准仪，精平后读取 A 点上标尺的读数 a，则水准仪的视线高程为：

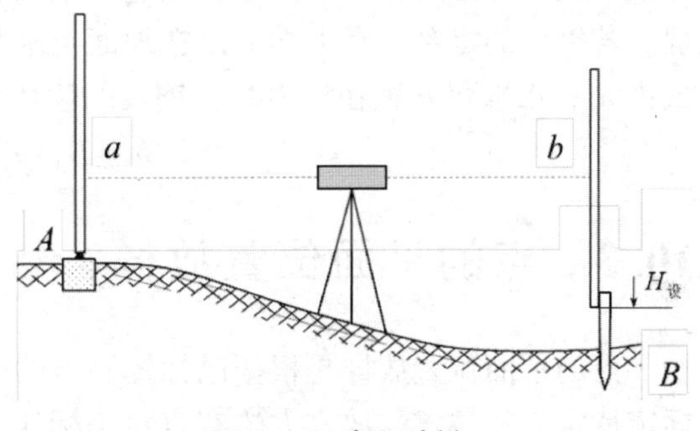

图 10-5 高程放样

$$H_i=H_A+a \qquad (10\text{-}3)$$

由图可知放样点 B 点上的水准尺读数 b 可由下式计算：

$$b = H_i - H_{设} = (H_A + a) - H_B \qquad (10\text{-}4)$$

在现场作业过程中，将水准尺紧贴 B 点木桩的侧面上下移动，直到尺上读数为 b 时，在尺底画一横线，即为放样设计高程 H_B 的位置。在建筑设计和施工中，通常把建筑物的室内设计地坪高程定为该建筑物独立高程系统的零点，用±0 标高表示。基础、门窗等的标高都是相对于室内地坪高程进行放样。现举例说明放样过程。

【例 10-1】 设已知 A 点高程为 $H_A=25.628$ m，欲放样的高程为 $H_B=26.050$ m，水准仪安置在 A、B 两点之间，读得 A 点标尺上的读数为 $a=1.508$ m。为了放样 B 点位置，首先根据式(10-3)计算 B 点标尺的前视读数：$b=25.628+1.508-26.050=1.086$ m，在 B 点木桩侧面上、下移动标尺，当水准仪在标尺上截取的读数恰好为 1.086 m 时，停止移动，并在紧贴尺底的木桩上划一横线，该横线即为设计高程 B 点的位置。

当设计高程 H_B 高于水准仪视线时(如放样隧道管顶标高)，可以将尺倒立，即用“倒尺”法进行放样，如图10-6所示。此时，标尺的前视读数：

$$b=H_B-(H_A+a) \tag{10-5}$$

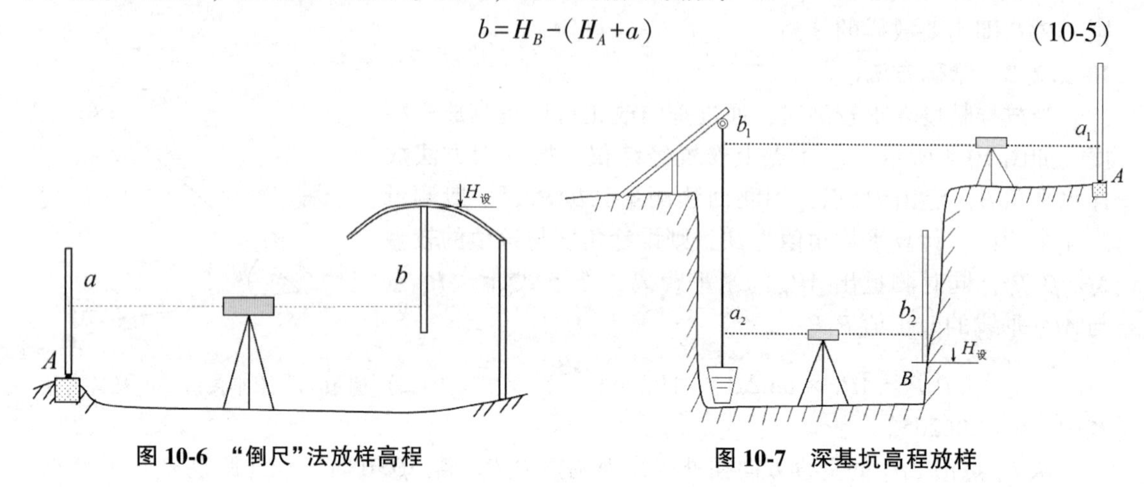

图10-6 “倒尺”法放样高程　　图10-7 深基坑高程放样

在深基坑或高楼施工过程中，放样的高程点与水准点高程相差很大，计算前视读数 b 超过标尺的长度，此时可以借助钢尺进行放样。如图10-7所示，在钢尺下端挂一个重量与钢尺鉴定时拉力相当的重物，通过在地面和基坑内各安置两次水准仪放样 B 点的设计高程。若钢尺的零刻线在下端，设在地面上水准仪精平时 A 点水准尺的读数为 a_1，钢尺的读数为 b_1；水准仪安置在坑内时，钢尺的读数为 a_2，则可由下式计算 B 点标尺的读数 b_2：

$$b_2=H_A+a_1-b_1+a_2-H_B \tag{10-6}$$

10.3 点的平面位置放样

点的平面位置放样是根据已知控制点的坐标与放样点的设计坐标，通过距离和角度来标定待定点的位置。放样方法有直角坐标法、极坐标法、交会法、全站仪坐标法、GNSS-RTK法等，采用的仪器有钢尺、经纬仪、全站仪、GNSS接收机等。放样时，根据控制点的分布，放样精度要求及施工现场环境等条件，选用合适的方法和仪器。

10.3.1 直角坐标法

如果施工控制网的控制点的连线平行于坐标轴，或施工场地已建立有相互垂直的主轴线和矩形方格网时，可以通过计算控制点与放样点的坐标差作为放样元素，用钢尺来定出放样点的位置。

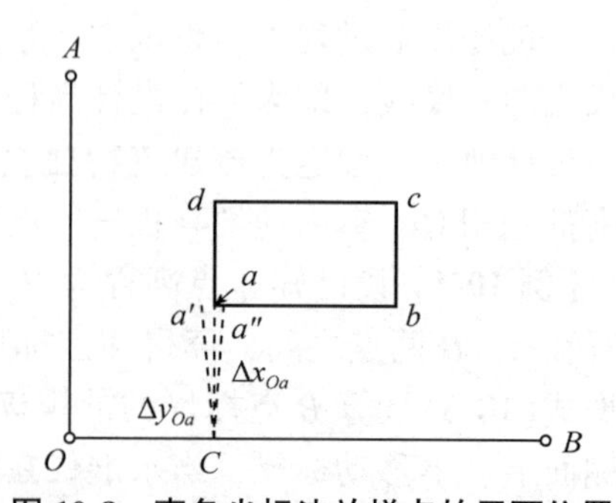

图10-8 直角坐标法放样点的平面位置

如图10-8所示，施工场地有互相垂直的方格网主轴线 OA 和 OB(或建筑物方格网点)，其坐标值已知。a、b、c、d 待放样建筑物的设计位置。下面以放样 $a(x_a,\ y_a)$ 点为例，说明放样方法。根据放样点的坐标和 $O(x_O,\ y_O)$ 点坐标可算出相应的坐

标增量 $\Delta x_{Oa}=x_a-x_O$，$\Delta y_{Oa}=y_a-y_O$。放样时，经纬仪安置在 O 点，照准 B 点，沿 OB 方向用钢尺放样 Δy_{Oa} 定出 C 点。将经纬仪移至 C 点，盘左照准 O 点，按顺时针方向水平转动 90°，沿此视线方向放样出 Δx_{Oa} 定 a'点，同法以盘右位置定出 a''点，取 a'、a''中点即为 a 点的位置。同此法可放样 d、b、c 点。所有放样点测设完成后，应检查边长是否与设计值相等，一般相对误差应达到 1/2000 以上。

10.3.2　极坐标法

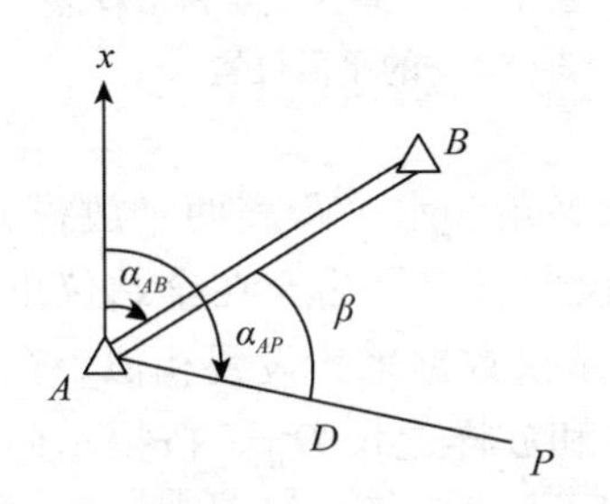

图 10-9　极坐标法放样点的平面位置

极坐标法是通过计算控制点和放样点的水平夹角和距离作为放样元素，在地面定出点的平面位置的一种方法。该方法适用于地势平坦，便于量距的地方。

如图 10-9 所示，A、B 为已知控制点，P 为放样点，其设计坐标已知。根据已知点坐标和放样点坐标按坐标反算的方法求出放样角 β 和放样边长 D。经纬仪安置在 A 点，按 10.2.2 放样角度的方法放样 β 角，定出 AP 方向，沿此方向放样水平距离 D_{AP}，得 P 点。

两个放样元素 D 和 β 的计算公式为：

$$\left.\begin{aligned}
D &= \sqrt{(x_P - x_A)^2 + (y_P - y_A)^2} \\
\alpha_{AB} &= \arctan\left(\frac{y_B - y_A}{x_B - x_A}\right) \\
\alpha_{AP} &= \arctan\left(\frac{y_P - y_A}{x_P - x_A}\right) \\
\beta &= \alpha_{AP} - \alpha_{AB}
\end{aligned}\right\} \tag{10-7}$$

10.3.3　距离交会法

距离交会法是通过计算两个控制点与放样点的距离作为放样元素，相交定点的一种方法。若用钢尺丈量距离，放样点与已知点的距离一般不超过一整尺段长度。该方法适用于放样点与控制点距离较近，且地面平坦，便于量距的场合。

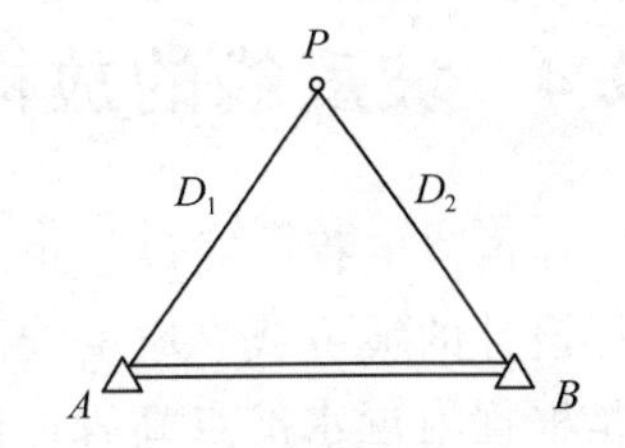

图 10-10　距离交会法放样点的平面位置

如图 10-10 所示，设 A，B 为控制点，P 为放样点。首先根据控制点和放样点坐标计算放样元素 D_1、D_2。然后以两个控制点为圆心，用钢尺以 D_1、D_2 为半径作圆弧，两弧线的交点即为 P 点。

10.3.4　角度交会法

角度交会法的放样元素为两个交会角，其值可通过控制点坐标和放样点坐标算得。在放样点离控制点较远或量距不方便的场合常用该方法放样。如图 10-11 所示，放样时，在两个控制点上架设两台经纬仪，分别放样相应的角度β_1和β_2。两台经纬仪视线的交点即为放样点P的平面位置。为了保证放样精度，还要从第三个控制点C放样β_3定出CP方向线作为检核。由于放样存在误差，三个方向线可能交会出三点，构成示误三角形。若三角形边长在限差范围内，则取三角形的重心作为放样点P的位置。

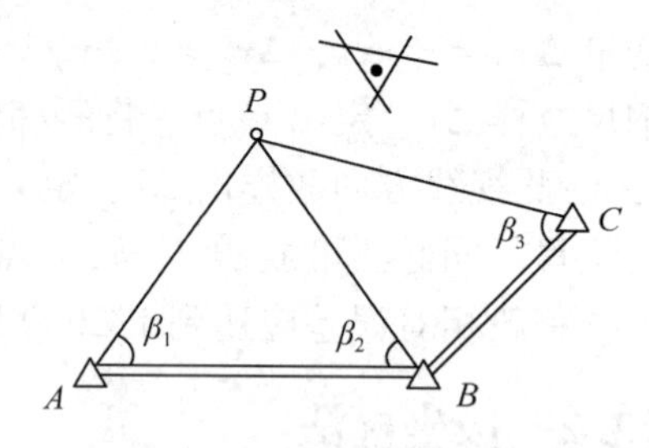

图 10-11 角度交会法放样点的平面位置

10.3.5 全站仪放样测量

全站仪放样是根据设计坐标和控制点坐标计算出水平夹角和水平距离两个放样元素。如图10-9所示，将全站仪安置在A点，后视点为B点。仪器安置好后，在全站仪里选择放样功能，测站设置与后视点设置步骤与第8章8.3.2全站仪数据采集设置相似。全站仪设置好后输入放样点P的坐标，仪器自动计算出放样角β和放样边长D_{AP}。按提示照准部转动β角，定出AP方向，观测者指挥持镜者沿此方向前后移动棱镜，接着观测距离，仪器自动计算距离差，按提示前后移动棱镜，直到放样出设计的距离。最后再测出AP的实际距离，检查放样精度。

若需要放样下一个点位，只要重新输入或调用待放样点的坐标重复上述操作即可。

10.3.6 GNSS-RTK 放样测量

GNSS-RTK放样是通过计算移动站与放样点的坐标差作为放样元素，利用移动站来定出放样点的位置。如南方银河1GNSS-RTK的放样步骤，首先完成第8章8.3.3 GNSS-RTK数据采集中基准站和移动站架设与设置、新建工程、求参校正几个步骤。然后，点击：测量/点放样，按提示将放样点坐标输入手簿，仪器自动计算坐标差。按提示调整移动站位置，当手簿显示坐标差为0时，即可定出待放样点的位置。

10.4 坡度线的放样

在道路工程、铺设管道时，常要放样设计的坡度线。坡度线的放样通常是根据附近水准点高程、设计坡度和距离，用水准测量的方法将坡度线上各点的设计高程标定在地面上。

如图10-12所示，已知地面上A点的高程为H_A，A、B的水平距离为D，现要从A点沿AB方向放样一条坡度为i的坡度线。

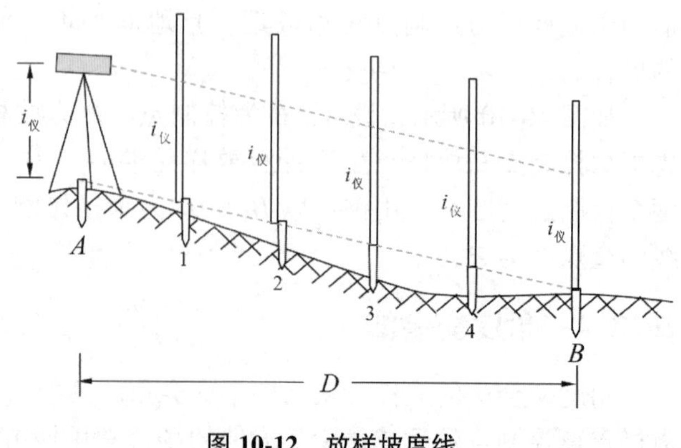

图 10-12 放样坡度线

首先，根据A点高程、设计坡度i和距离D计算B点的高程：

$$H_B = H_A + i \times D \tag{10-8}$$

按前述高程放样的方法在地面上放样出 B 点的高程，然后在 A 点上安置水准仪，使基座上一个脚螺旋在 AB 方向线上，其他两个脚螺旋的连线与 AB 线垂直，量取仪器高 $i_{仪}$。用望远镜照准 B 点上的水准尺，调整在 AB 方向上的脚螺旋，使 B 点上水准尺的读数等于 $i_{仪}$，此时仪器的视线与设计的坡度线平行。在 A、B 之间的 1、2、…各点打上木桩，并在桩的侧面立尺，上、下移动水准尺，直至尺上读数等于 $i_{仪}$，沿尺子底面在桩上画一横线，则各桩上横线的连线就是放样的坡度线。当坡度较大时，可用经纬仪定出各点。

思考题与习题

1. 何谓施工测量？施工测量有哪些特点？

2. 何谓施工放样？施工放样的基本工作有哪些？

3. 已知 A 点高程为 58. 157 m，欲放样 B 点的高程为 57. 895 m，水准仪安置在 A、B 两点之间，读得 A 点标尺上的读数为 1. 320 m，试计算 B 点标尺的前视读数并说明测设步骤。

4. 已知 A 点的坐标 x_A = 1012. 47 m，y_A = 1076. 21 m，B 点的坐标 x_B = 968. 50 m，y_B = 985. 24 m，若待放样点 P 的设计坐标 x_P = 955. 30 m，y_P = 1082. 51 m，试计算在 A 点用极坐标法放样 P 点的放样数据，并说明放样步骤。

第 11 章　工业与民用建筑施工测量

11.1　概述

工业与民用建筑包括工业厂区建筑、城市公共建筑和居民住宅建筑等，以高层建筑、高耸建筑和异构建筑为主要特点。测绘技术可以应用在工业与民用建筑方面的施工测量，同时为了保证施工测量的精度，还需实施以轴线定位为主要的施工测量方式。

11.1.1　施工测量目的

把图纸上已设计好的各种工程建(构)筑物，按照设计的要求测设到相应的地面上，并设置各种标志，作为施工的依据，以衔接和指挥各工序的施工，保证建筑工程符合设计要求。

11.1.2　测量内容

测量工作贯穿整个施工过程的各个阶段，其内容包括：场地平整、建立施工控制网、根据施工控制网进行建筑物放样、变形监测、竣工测量等。本章重点阐述如何建立施工控制网和建筑物放样等内容。

11.1.3　精度要求及注意事项

施工测量的精度取决于建筑物的大小、材料、用途和施工方法等因素。一般情况下，高层建筑物的测设精度高于低层建筑物；钢结构厂房的测设精度高于钢筋混凝土结构厂房；装配式建筑物的测设精度高于非装配式建筑物。建筑工程测量部分允许误差如表 11-1 所示。

在施工测量之前，测量人员应注意下列事项：

①应建立健全测量组织，严格遵守相关操作规程和检查制度；

②仔细核对设计图纸，检查总尺寸和分尺寸是否一致，总平面图和大样详图尺寸是否一致，不符之处应及时向设计单位提出，进行修正；

③检验和校正施工测量所用的仪器和工具；

④实地踏勘施工现场，根据实际情况编制测设详图，计算测设数据。

用全站仪或者 GNSS 接收机测量时，可预先把坐标数据上传到仪器内存或手簿里面。

表 11-1 建筑工程施工测量部分允许偏差值

序号	项目		允许偏差/mm
1	基槽(坑)底标高		±10
2	室内填土标高		±20
3	基础面标高		±10
4	墙边线对轴线的位移		±10
5	楼面标高		±10
6	砖砌房屋的大角倾斜量(或称垂直度偏差)	每一层	±5
		10 cm 以下	±10
		10 cm 以上	±20
7	毛石基础轴线位移		±20
8	现浇钢筋混凝土{柁子倾斜量 墙倾斜量}	5 cm 以下	±5
		5 cm 以上	±15
9	现浇杯形基础底标高		{+0 −10
10	基础轴线中心位移	独立基础	±15
		其他形式	±20
11	设备基础坐标位移		±20
12	设备基础上面标高		{+0 −20
13	吊装钢筋混凝土柱子的中心线对轴线的位移		±5
14	吊装结构上下柱头中心线偏移		±3
15	柱子吊装后倾斜量	5m 以下	±5
		5m 以上	±10
		10m 以上及多节柱	柱高的 1/1000 但不大于 25
16	柱上±0 标高		±3
17	柱子牛腿上表面标高	5m 以下	±5
		5m 以上	±8
18	吊车梁中心线对轴线的位移		±5
19	吊车梁面上标高		−5
20	吊车轨面标高		±2
21	吊车轨道跨距		±3~±5
22	屋架下弦中心线相对轴线的位移		±5
23	天窗架中心对轴线位移		±5
24	阳台、楼道对设计尺寸的位移		±10
25	阳台、楼梯对设计标高的偏差		±5
26	烟囱基础中心位置对设计坐标的位移		±15
27	烟囱筒身中心线的倾斜量	高 100m 以内	高度的 1.5/1000
		高 100m 以上	高度的 1/1000
28	管道中心线对轴线的位移		±30
29	管道标高(排水管)		±3

11.1.4 坐标转换计算

施工测量过程中，常常遇到建筑坐标与测量坐标的转换问题，少量的坐标点可以通过手工按以下公式计算，数据量大的坐标应编写计算机程序进行转换。

①如图 11-1 所示，P 点的建筑坐标(X_P，Y_P)需换算为测量坐标(x_P，y_p)时，可按下式计算：

$$\left.\begin{aligned} x_p &= x'_0 + X_p \cdot \cos\alpha - Y_p \cdot \sin\alpha \\ y_p &= y'_0 + X_p \cdot \sin\alpha + Y_p \cdot \cos\alpha \end{aligned}\right\} \quad (11\text{-}1)$$

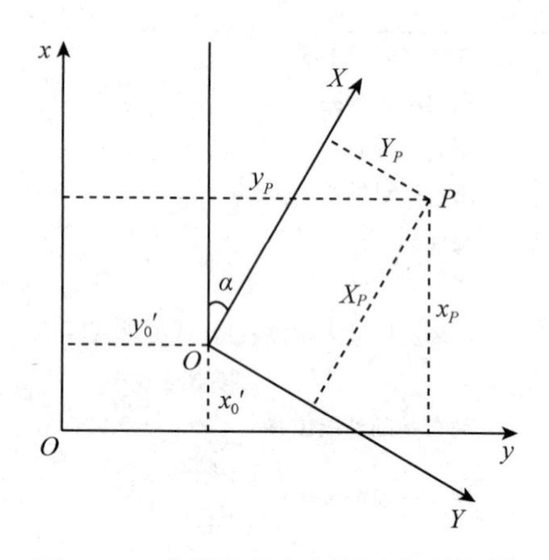

图 11-1 建筑坐标与测量坐标的换算

②如需将 P 点的测量坐标(x_P，y_p)需换算为建筑坐标(X_P，Y_P)时，可按下式计算：

$$\left.\begin{aligned} X_p &= (x_p - x'_0) \cdot \cos\alpha + (y_p - y'_0) \cdot \sin\alpha \\ Y_p &= -(x_p - x'_0) \cdot \sin\alpha + (y_p - y'_0) \cdot \cos\alpha \end{aligned}\right\} \quad (11\text{-}2)$$

11.2 施工控制测量

遵循“由整体到局部，先控制后碎部”的原则，施工控制测量的主要任务是建立施工控制网，以此为基础测设各建筑物的细部。若测图控制网的精度能满足施工放样的要求，则可利用原测图控制网进行放样。否则应重新建立施工平面控制网和施工高程控制网，以保证各个时期建设的各类建(构)筑物位置的正确性。

11.2.1 施工平面控制测量

施工平面控制测量的任务是建立施工平面控制网。建立方法有导线网、三角网和 GNSS 网，其原理和方法已在第 6 章作介绍。这里着重介绍建筑基线与建筑方格网。

11.2.1.1 建筑基线

当建筑场地的面积不大、地势较为平坦或民用建筑放样时，常设置一条或几条基线，作为施工测量的平面控制，这种基线称为建筑基线。

(1)建筑基线的设计

如图 11-2 所示，根据建筑物的分布、现场的地形条件等情况，建筑基线可布设成三点直线形、三点直角形、四点丁字形和五点十字形等形式。

为了便于采用直角坐标法进行房屋放样，通常在建筑场地中央测设一条长轴线和若干条与其垂直的短轴线，在轴线上布设所需的点位；建筑基线主点间应相互通视，边长一般为 100~500 m；点位应便于保存，且尽量靠近主要建(构)筑物。

(2)建筑基线的测设

根据建筑红线测设建筑基线 在城建区，建筑用地的边界由城市规划部门在现场直接

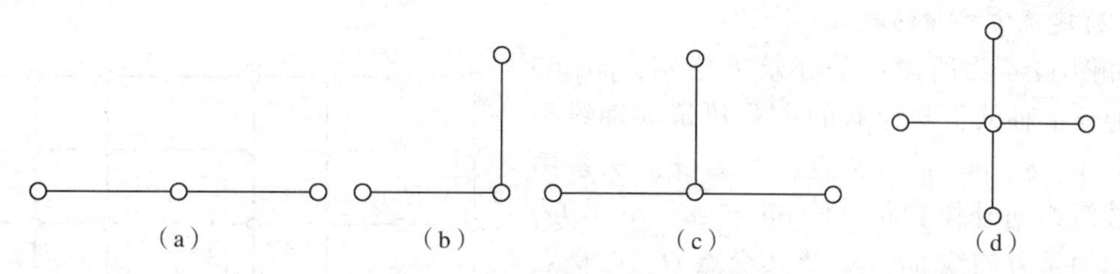

图 11-2 建筑基线布设形式示意

(a)三点直线形 (b)三点直角形 (c)四点丁字形 (d)五点十字形

标定。如图 11-3 中的 A、O、B 点是在地面上标定出来的边界点，其连线 AO、OB 通常是正交的直线，称为建筑红线。一般情况下，建筑基线与建筑红线平行或垂直，故可根据建筑红线用平行推移法测设建筑基线 $A'O'$、$O'B'$。当把 A'、O'、B' 三点在地面上用木桩标定后，安置经纬仪于 O' 点，观测 $\angle A'O'B'$ 是否等于 90°，其不符值不应超过±20″，量 $O'A'$、$O'B'$ 距离是否等于设计长度，其不符值不应大于 1/10000。若误差超限，应检查推平行线时的测设数据。若误差在许可范围之内，则适当调整 A'、B' 点的位置。

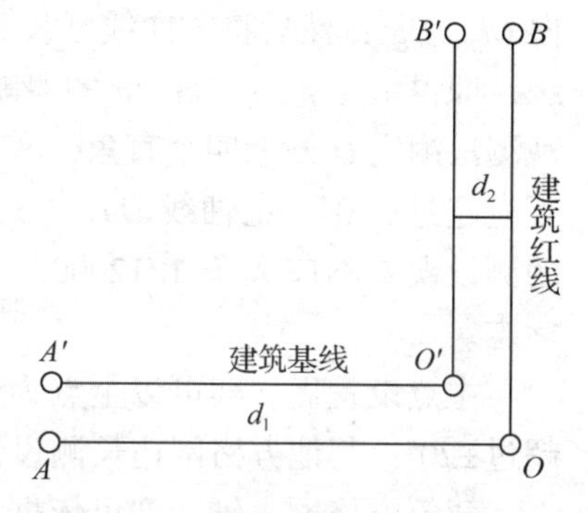

图 11-3 建筑红线与建筑基线

根据附近已有控制点测设建筑基线 视已知控制点的分布情况，可选用第 10 章测设点位的方法，将建筑基线主点测设于实地。主点桩标定后，应检查角度和距离，若误差未超限，则适当改正点位，并将临时标志换为固定标志。

11.2.1.2 建筑方格网

在建筑工地上，由矩形格网组成的施工平面控制网，称为建筑方格网。在地势平坦的新建或扩建的大中型建筑场地，常采用建筑方格网。

(1)建筑方格网的设计

建筑方格网布设应满足下列要求：

①方格网的主轴线应置于建筑场地的中央，并与主要建筑物的轴线平行或垂直，使控制点接近于测设的对象，特别是测设精度要求较高的工程对象；

②应使控制点位于测角、量距比较方便的地方，并使埋设标桩的高程与场地的设计标高不要相差太大，根据实际地形设计建筑方格网；

③控制点位置在施工期间不易被破坏，便于保存；

④方格网的边长一般应选为 100~200 m，亦可根据测设的对象而定，边长的相对精度一般为 1/10000~1/20000，点的密度根据实际需要而定，相邻方格网点之间应通视良好；

⑤方格网各交角应严格呈 90°；

⑥当场地面积较大时，应分两级布网，首级可布设成十字形、口字形或田字形的建筑主轴线，然后再加密二级方格网，若场地面积不大，则应尽量布设成全面方格网；

⑦最好将高程控制点与平面控制点埋设在同一块标石上。

(2) 建筑方格网的测设

如图 11-4 为所设计的建筑方格网，poq 和 nom 为其主轴线，与原有的主要建筑物轴线平行。o、p、q、m、n 为主点。其测设方法系由原有建筑物向外作支距，使 $ab = cd$，$ce = fg$，由此得两条方向线 bd、eg 及其交点 O，在交点处打大木桩以标定点位。安置经纬仪于 O 点，检测 $\angle bOg$，其与 90° 的不符值，平均改正于方向 Ob、Og；然后将方向线延长到场地四方的边缘，即得主点 p、q、m、n 的概略位置，用方向观测法测定 O 站上四个直角，其与 90° 的不符值不应超过 ±10″，主轴线 Op、Oq、Om、On 距离的测设误差不应大于 1/12000。若误差未超限，则适当改正点位，并在主点处埋设固定标志。

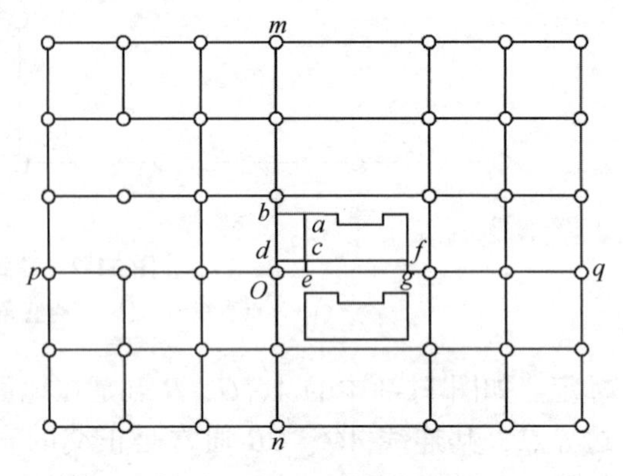

图 11-4 建筑方格网测设示意

主点设置后，即可以主点为依据测设其他各方格点。纵横轴线夹角与 90° 之差，不应超过±20″；其他方格网边长测设误差不应大于 1/8000。

建筑方格网主轴线亦可依据原测图控制点采用经纬仪或全站仪按极坐标法测设。

11.2.2 施工高程控制测量

施工高程控制测量的任务是建立施工高程控制网。主要方法是建立水准网，通常采用三、四等水准测量，其精度要求及施测方法可参阅本书第 6 章 6.4.1。此外，为了便于进行施工中的高程放样，常在建筑物内部或附近布设±0 水准点。

11.3 民用建筑施工测量

民用建筑有单层、低层(2~3 层)、多层(4~8 层)和高层(9 层以上)建筑。由于楼层不同，其施工测量方法及精度要求亦不相同。这里着重介绍多层民用建筑的施工测量。

11.3.1 民用建筑物定位

建筑物定位就是根据施工平面控制网(建筑基线、建筑方格网或施工导线图等)或地面上原有建筑物将拟建的建筑物基础轴线或边线的交点测设于地面上，然后根据这些点进行房屋细部放样。如图 11-5 所示，现根据施工导线点Ⅱ、Ⅲ用极坐标法测设房屋基础轴线 AB，将经纬仪或全站仪安置于Ⅱ点，后视Ⅲ点，测量 $360°-\beta_1$ 得ⅡA 方向，沿此方向测设距离 D_1，即可标定 A 点；再将仪器安置于Ⅲ点，后视Ⅱ点测设 β_2、D_2，即可标定 B 点。然后在 AB 线上，以 A 为起点，精确测设 AB 设计长度以校正 B 点位置。再分别安置仪器

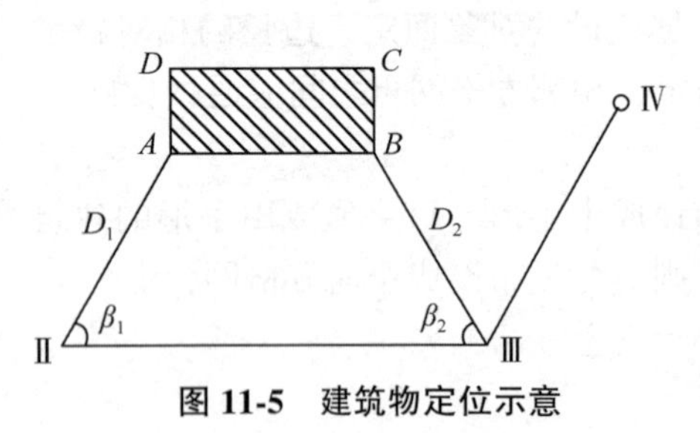

图 11-5 建筑物定位示意

于 A、B 测设 90°角，在 AD、BC 方向线上精确测设 AD、BC 的设计长度，标定 D、C 点。检核∠CDA、∠BCD 是否等于 90°，不符值不应超过±40″；DC 的长度误差不应大于 1/5000。

11.3.2　龙门板的设置

当基槽开挖后，所测设的轴线交点桩都将被挖掉，为便于随时恢复点位，就要在基槽以外一定距离(至少 1.5 m)处打下支桩，如图 11-6 所示，并在支桩上钉设龙门板。为了控制室内地坪标高，可用水准仪测设±0 标高线于支桩上，并使龙门板上边缘与支桩上室内地坪的标高线对齐。

为了控制房屋基础轴线，可用经纬仪将房屋墙的中线投射到龙门板上。投射的方法是：安置经纬仪于 A 点，严格对中，望远镜照准 D 点上测钎，转动望远镜在龙门板上用小钉标出 d 点；照准 B 点上测钎，转动望远镜在龙门板上用小钉标出 b'。依次安置经纬仪于 B、C、D，同法定出 a'、c、b、d' 、a、c′ 于龙门板上。所钉之小钉，称为轴线钉。在轴线钉之间拉紧钢丝，可吊垂球随时恢复房角点，如图 11-7 所示。

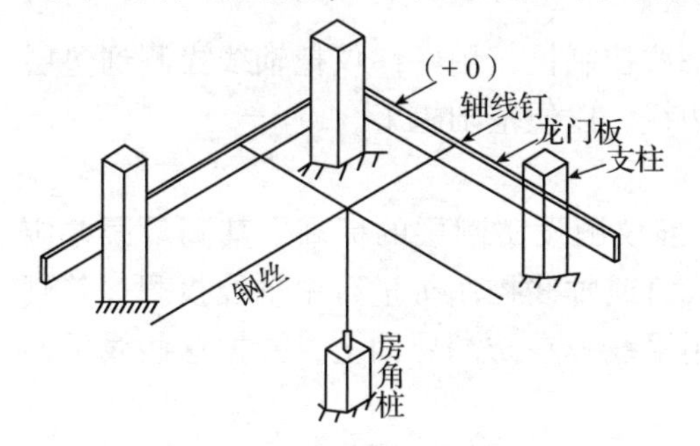

图 11-6　龙门板设置示意

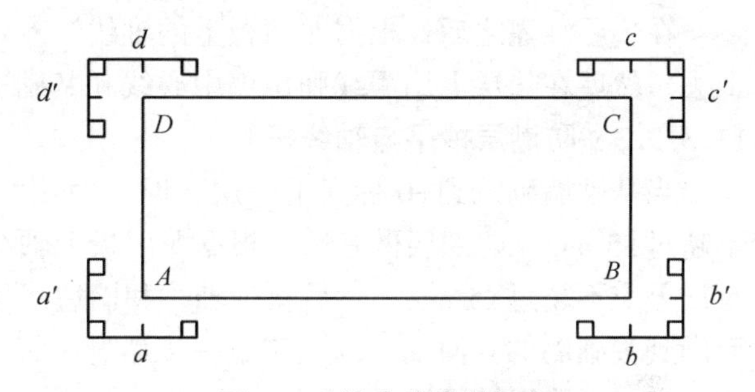

图 11-7　墙中线投射示意

应当指出，为了节约木材，目前常用轴线控制桩(又称引桩)来代替龙门板，如图 11-8 所示，轴线控制桩应设在轴线延长线上，在基槽开挖边界线外 2~4 m。可用经纬仪在轴线上钉设 1、2、3、4、…、16 等轴线控制桩。

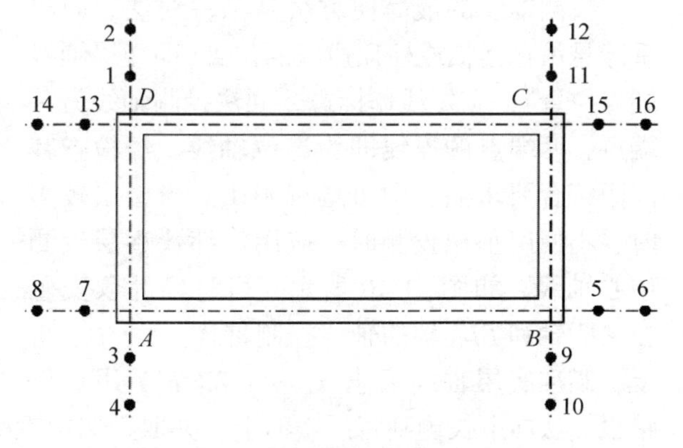

图 11-8　轴线控制桩设置示意

11.3.3　基础施工测量

基础开挖前，要根据龙门板或轴线控制桩的轴线位置和基础宽度，并考虑到基础挖深及放坡的尺寸，在地面上用白灰放出基础的开挖线。

11.3.3.1　基槽及基坑抄平

为了控制基槽开挖深度，当快挖到基底设计标高时，可用水准仪根据地面±0 水准点，在基槽壁上每隔 3~5 m 及转角处测设一个腰桩，如图 11-9 所示，使桩的上表面离槽底的

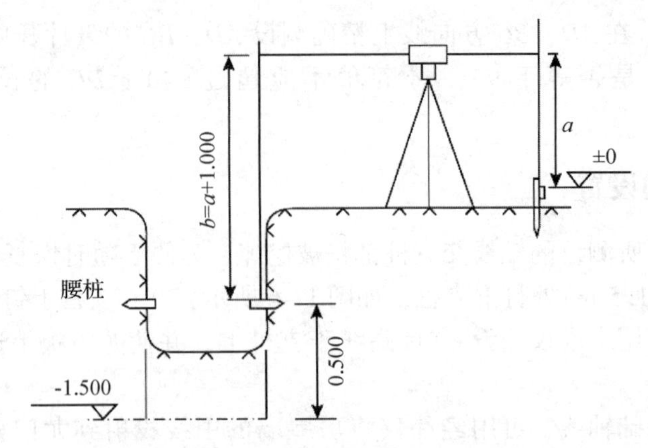

图 11-9 基槽及基坑腰桩设置示意

设计标高为整分米数(图中为 0.500 m)，以作为清理槽底和打基础垫层控制标高的依据，其测量限差一般为±10 mm。

11.3.3.2 垫层中线的测设

在垫层浇灌之后，根据龙门板上的轴线钉或轴线控制桩，用经纬仪把轴线投测到垫层上去。然后在垫层上用墨线弹出墙中心线和基础边线，以便基础施工。

11.3.3.3 防潮层抄平与轴线投测

当基础墙砌筑到±0 标高下一层砖时，使用水准仪测设防潮层的标高，其测量误差应不超过±5 mm。防潮层做好后，根据龙门板上轴线钉或轴线控制桩进行中轴线投测，其测量误差应不超过±5 mm。然后将墙轴线和墙边线用墨线弹在防潮层面上，并把这些线延伸和画到基础墙的立面上，以利于下一步墙身砌筑。

11.3.3.4 楼层轴线投测

投测轴线的最简便方法是吊垂线法。即将垂球悬吊在楼板或柱顶边缘的位置(即楼层轴线端点位置)，画短线作标志。同法投测轴线另一端点，两端点的连线即为定位轴线。经检查其间距符合要求后，即可继续施工。当楼层较多时，不便用垂球投测时，应用经纬仪逐层投测中心轴线。如图 11-10 所示，可将经纬仪安置在 AA' 轴和 BB' 轴的轴线控制桩 A、A'，B、B' 上，瞄准底层轴线标志 a、a'，b、b'，用正倒镜投点法向上投测到每层楼面上，并取正倒投镜所投点位的中点作为该层中心轴线的投影点，如图 11-10 中的 a_1、a_1'，b_1、b_1'，$a_1\ a_1'$ 和 $b_1\ b_1'$ 的交点 O' 即为该层的中心点。此时，轴线 $a_1O'a_1'$、$b_1O'b_1'$ 便是该层细部放样的依据。同法，随着建筑物的不断升高，可逐层向上投测轴线。

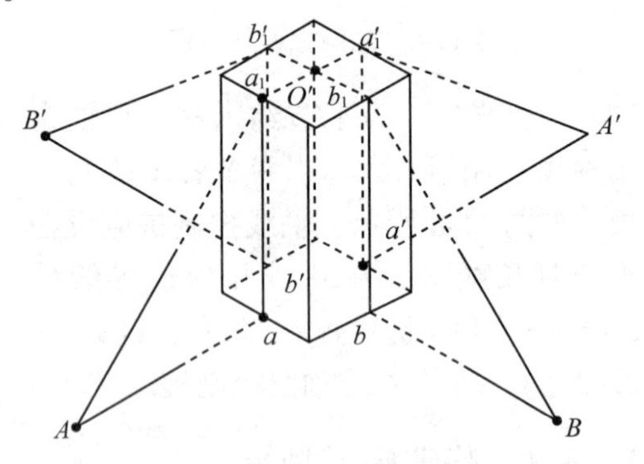

图 11-10 楼层轴线投测示意

11.3.3.5 楼层高程传递

楼层高程传递可使用水准仪和水准标尺，按照普通水准测量方法沿楼梯间将高程传递到各层楼面，在各层上设立临时水准点，然后以此为依据，测设各层细部的设计标高。如在楼梯间悬挂钢尺，用水准仪读数，也可将地面上水准点高程传递到各楼层上，如图 11-11。二楼楼面的高程 H_2 可根据一层楼面高程 H_1 求得：

$$H_2 = H_1 + a + (c - b) - d \tag{11-3}$$

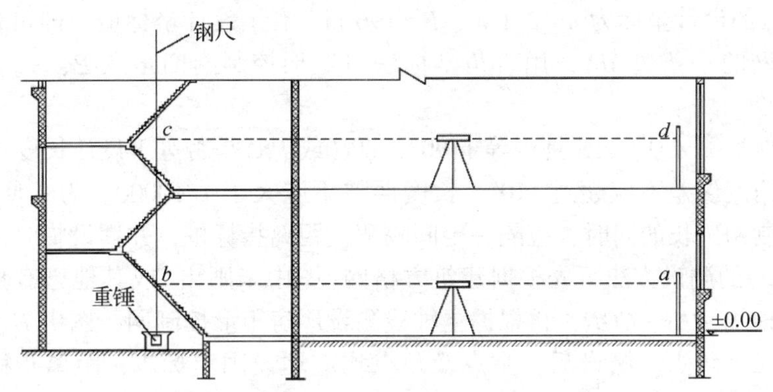

图 11-11　吊钢尺法传递高程

11.4　工业建筑施工测量

工业建筑以厂房为主体，工业厂房一般分为单层和多层厂房两种。本节主要介绍厂房的施工测量工作。

11.4.1　厂房矩形控制网的测设

由于厂房内部柱列轴线之间的测设精度要求较高，故应在现场施工平面控制网的基础上，建立厂房矩形控制网，作为测设厂房柱列轴线的依据。

对于单个的中小型厂房，仅测设一个矩形控制网，如图 11-12(a)所示，即可满足放样要求。对于大型厂房或连续生产线工程，则应测设由若干个矩形组成的控制网，如图 11-12(b)所示。

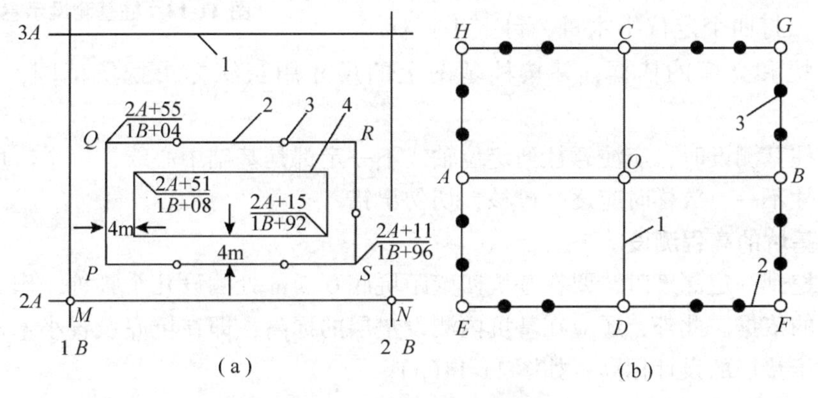

图 11-12　厂房矩形控制网示意

(a)测设一个矩形控制网
1. 建筑方格网　2. 矩形控制网
3. 距离指示桩　4. 冷作车间

(b)测设若干个矩形控制网
1. 主轴线　2. 矩形控制网
3. 距离指示桩

现以图11-12(a)为例简略介绍矩形控制网的设计和测设方法。

由于厂区先布设了100 m×100 m的建筑方格网1，再根据冷作车间4的房角点设计坐标，在基坑边线外4 m处布设厂房矩形控制网2(PSRQ)，角点Q的设计坐标为$A=255$ m，$B=104$ m；S点的设计坐标为$A=211$ m，$B=196$ m。有了设计坐标值，即可根据地面上已有的建筑方格网的一条边MN，用直角坐标法将矩形控制网四角点P、S、R、Q测设于实地。

测设后，应检测$\angle Q$、$\angle S$是否等于90°，QR(或PS)是否等于设计长度92 m，对于一般厂房来说，角度误差不应超过±10″，长度误差不应大于1/10000。为了便于测设细部，在测设矩形控制网边长的同时，应隔一定间隔测设距离指标桩，并埋设临时标志。

图11-12(b)的测设方法可先根据建筑方格网(图中未画出)或其他已有控制点测设厂房控制网的主轴线AOB、COD，再根据主轴线测设厂房矩形控制网，图中E、F、G、H是矩形控制网的四个角点。测设后，主点及角点均应埋设固定标志；距离指标桩埋设临时标志。

11.4.2 厂房柱列轴线和柱基的测设

11.4.2.1 柱列轴线的测设

根据柱列中心线与矩形控制网的尺寸关系，把柱列中心线一一测设在矩形控制网的边线上(距离应从靠近的距离指标桩量起)，并打下大木桩，以小钉标明点位，如图11-13中的A、A'，B、B'，1、1′，…，15、15′等点。然后以这些轴线控制桩为依据，测设柱基。

11.4.2.2 柱基的测设

用两台经纬仪安置在两条互相垂直的柱列轴线的轴线控制桩上，沿轴线方向交会出每一个柱基中心的位置，并在距柱基挖土开口线0.5~1 m处，打四个定位小木桩，钉上小钉标明，作为修坑和立模的依据，并按柱基图上的尺寸用灰线标出挖坑范围，如图11-13所示。

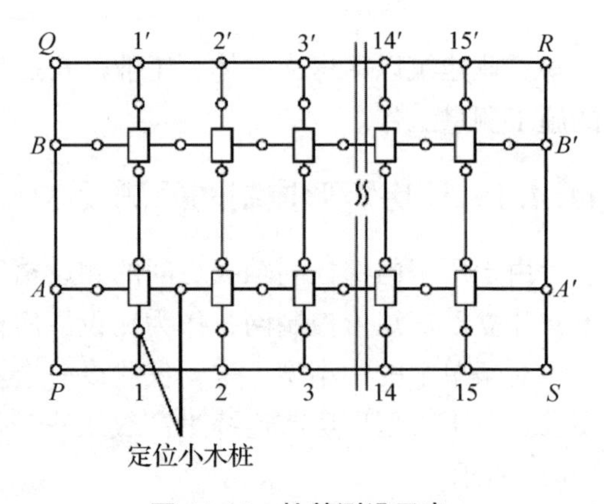

图11-13 柱基测设示意

在进行柱基测设时，应注意柱列定位轴线不一定都是基础中心线，一个厂房的柱基类型很多，尺寸不一，放样时应逐一校核，切勿出错。

11.4.2.3 基坑的高程测设

当基坑挖到一定深度时，要在基坑四壁距坑底0.5 m处测设几个腰桩，作为基坑修坡和检查坑深的依据。此外，还应在基坑内测设垫层的标高，即在坑底设置小木桩，使桩顶高程恰好等于垫层的设计标高，如图11-14(a)。

11.4.2.4 基础模板的定位

打好垫层后，根据坑边定位小木桩，用拉线的方法，吊垂球把柱基定位线投到垫层上，如图11-14(b)，用墨斗弹出墨线，用红漆画出标记，作为柱基立模板和布置钢筋的依

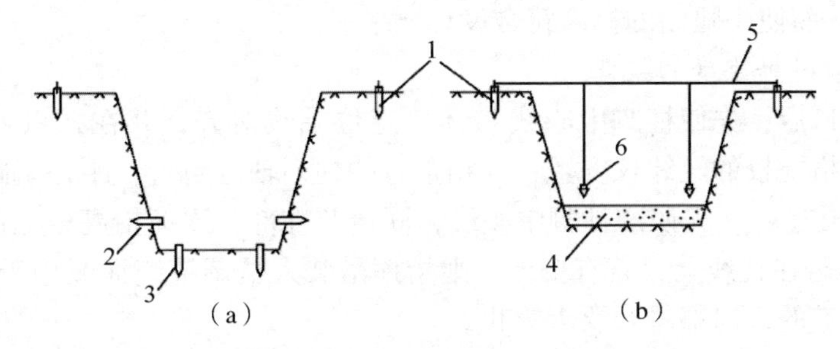

图 11-14 基础模板定位示意

1. 柱基定位小木桩 2. 腰桩 3. 垫层标高桩 4. 垫层 5. 钢丝 6. 垂球

据。立模板时，将模板底线对准垫层上的定位线，并用垂球检查模板是否竖直，最后将柱基顶面设计标高测设在模板内壁。

11.4.2.5 柱子吊装测量

(1)柱子吊装应满足的要求

①柱子中心线必须对准柱列轴线；

②柱身必须竖直；

③牛腿面标高必须等于它的设计标高。各项限差见表 11-1。

(2)吊装准备工作

①弹出杯口定位线和柱子中心线 根据轴线控制桩用经纬仪将柱列轴线投测在杯形基础顶面上作为定位线；当柱列轴线不通过柱子中心线时，应在杯基顶面上加弹柱子中心定位线，并用红漆画"▼"标明，如图 11-15 所示。另外，在柱子的三个侧面上弹出柱中心线，并在每条线的上端和近杯口处用红油漆画"▼"标志，以便校正时照准。

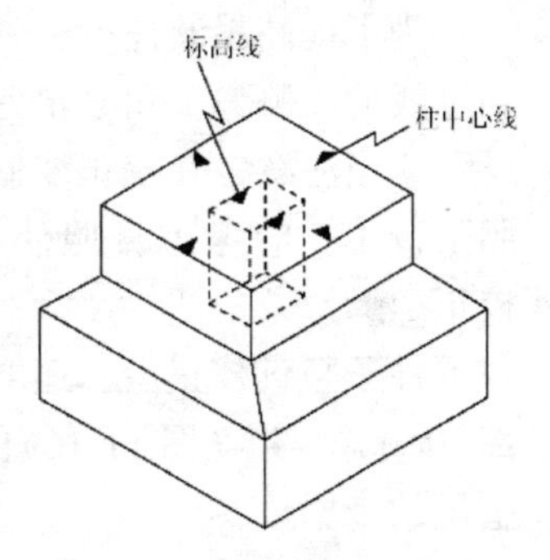

图 11-15 杯口定位线和柱子中心线

②在杯口内壁测设标高线 为了修平杯底标高，应在杯口内壁用水准仪测设一标高线，并画"▼"标志(图 11-15)，该线至杯底设计标高应为整分米数。

③柱身长度的检查与杯线找平 检查柱身长度的目的是使吊装后牛腿面标高等于其设计标高 H_2，由图 11-16 可知：

$$H_2 = H_1 + l \tag{11-4}$$

式中 H_1——杯底设计标高；

l——柱底到牛腿面的设计长度。

由于柱子预制及杯底的施工误差，式(11-4)往往不能满足，换言之，柱身实际长度不等于设计长度，为了解决这一矛盾，在浇筑基础时有意识地把杯形基础底面标高比原设计的标高降低 2~5 cm，然后用钢尺从牛腿顶面(或从柱身上±0 标志线)起，沿柱子四棱量距到柱底，将柱子四棱的实际长度，与杯底的设计标高 H_1(从±0 标志线算起，例如 H_1 为-1.60 m)相比较，其相差部分，用 1∶2 水泥砂浆在杯底进行找平(因四棱不等长，实

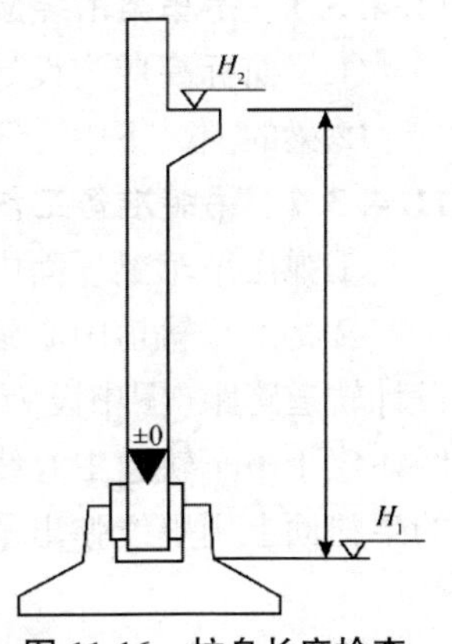

图 11-16 柱身长度检查

际上是找翘)，从而使牛腿面的标高符合设计要求。

(3)柱子吊装时垂直度的校正

柱子吊入杯口后，先使柱脚中心线与杯口定位轴线对齐，并在杯口处用木楔临时固定，两台经过严格检校的经纬仪安置在互相垂直的柱列轴线附近，距柱子距离约为桩高的1.5倍，如图11-17(a)。先照准柱脚中心线，固定照准部，逐渐抬高望远镜，检查柱上部中线“◣”标志是否在视线上，若有偏差，则指挥吊装人员调节缆绳或用千斤顶进行调整，直到两个互相垂直的方向都符合要求为止。

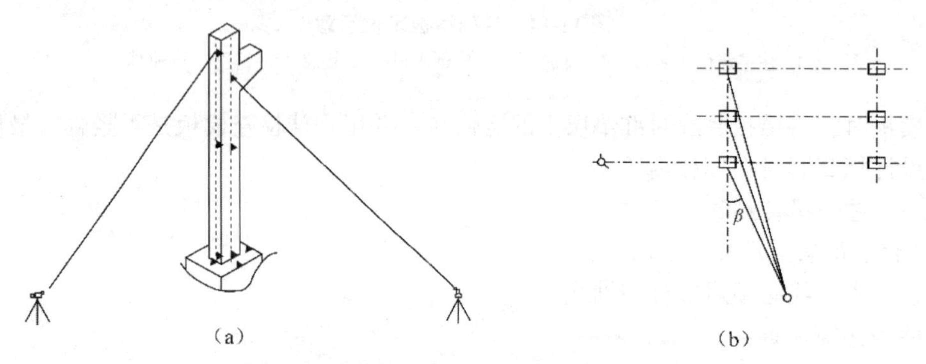

图11-17 柱子垂直度校正示意

为了提高吊装速度，常先将若干柱子分别吊入杯口内，临时固定，将经纬仪安置在柱列轴线的一侧，夹角β最好不超过15°，如图11-17(b)，然后成排进行校正。

应当注意，在校正变截面的柱子时，经纬仪必须安置在轴线上，以免发生差错；在日照下校正，应考虑日照使柱顶向阴面弯曲的影响，为避免此种影响，宜在早晨或阴天校正。

柱子竖直校正后，还要检查一下牛腿面的标高是否正确，方法是用水准仪检测柱身下部±0标志“▼”(图11-16)的标高，其误差即为牛腿面标高的误差，作为修平牛腿面或加垫块的依据。

11.4.3 吊车梁的吊装测量

11.4.3.1 吊车梁吊装应满足的要求

①梁面标高应与设计标高一致；

②梁的上、下中心线应与吊车轨道中心线在同一竖直面内。

11.4.3.2 吊装准备工作

①弹出吊车梁顶面中心线和吊车梁两端中心线；

②将吊车轨道中心线投测到牛腿面上，如图11-18(a)，利用厂房中心线A_1A_1，根据设计轨道跨距(图中设为$2d$)在地面上测设出吊车轨道中心线$A'A'$和$B'B'$。然后分别安装经纬仪于吊车轨道中心线的一个端点上，瞄准另一个端点，抬高望远镜，即可在每根柱子的牛腿面上用墨线弹出吊车轨道中心线。

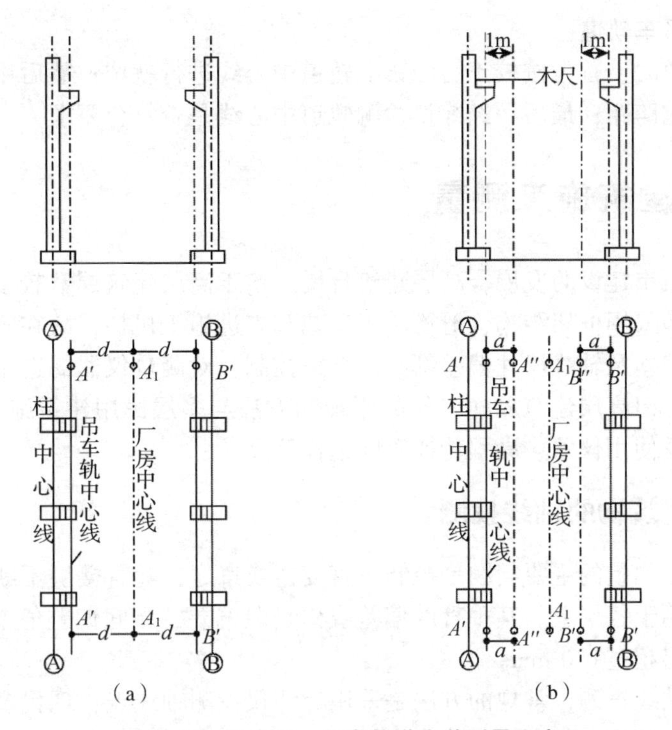

图 11-18 吊车梁、吊车轨道安装测量示意

11.4.3.3 吊装吊车梁

准备工作做好之后，吊装吊车梁时，使其两端的中心线与牛腿面上的中心线对齐即可。关于吊车梁的竖立校正，可用经纬仪进行，亦可用吊垂球的方法，使梁的上下中心线在同一竖直面内。

吊车梁吊装之后，可将水准仪直接放在吊车梁上检测梁面标高，每隔 3 m 测定一点，与设计标高的差值应在±5 mm 之内，然后在梁下用铁垫板调整梁的高度，使之符合设计要求。

11.4.4 吊车轨道的安装测量

11.4.4.1 轨道安装应满足的要求

①每条轨道的中心线应是直线，轨道长 18 m，允许偏差为±2 mm；

②每隔 20 m 检查一次跨距，与设计值较差，不得超过±3～±5 mm；

③每隔 6 m 检测一点轨顶标高，允许误差为±4 mm；

④两根钢轨接头处各测一点标高，允许误差为±1 mm。

11.4.4.2 准备工作

主要是对梁上的吊车轨道中心线进行检测，此项检测多用平行法(俗称借线法)。如图 11-18(b)，首先在地面上从吊车轨道中心线向厂房中心线量出 1 m 的平行线 $A''A''$、$B''B''$。然后安置经纬仪于平行线一端 A''或 B''上，瞄准另一端点，固定照准部，抬高望远镜投测，这时一人在梁上移动横放的木尺，当视线正对准木尺上 1 m 刻划时，尺的零点恰好在吊车轨道中心线上。若有误差应加改正，再弹出墨线。

11.4.4.3 安装吊车轨道

安装吊车轨道时，首先按校正后的梁上轨道中心线进行就位；然后用水准仪检测轨顶标高，用钢尺检测跨距；最后用经纬仪检测轨道中心线是否符合要求。

11.5 高层建筑施工测量

随着现代化城市建设的发展，高层建筑日增。鉴于高层建筑层数较多，高度较高，施工场地狭窄，且多采用框架结构、滑模施工工艺和先进施工机械，故在施工过程中，对于垂直度、水平度偏差及轴线尺寸偏差都必须严格控制，对测量仪器的选用和观测方案的确定有一定的要求。但高层建筑放样工作的原理和方法与多层民用建筑施工放样基本相同。本节就轴线投测及使用仪器、高程传递等问题作简介。

11.5.1 高层建筑物的轴线投测

高层建筑施工测量的主要问题是控制垂直度，换言之，随着楼层不断升高，如何将基础轴线精确地投测于各层上。其垂直度偏差或称竖向偏差，层间偏差值不超过±5 mm，全楼的累计偏差不得超过±20 mm。

高层建筑物轴线投测，常规的方法是采用经纬仪投测轴线点；现代多采用激光铅垂仪和光学垂准仪进行轴线点投测。

11.5.1.1 经纬仪投测法

高层建筑基础轴线的定位放样，与本章前面所述的民用房屋和工业厂房的定位放样相似。十层以下的楼层轴线投测方法与本章 11.3 所述方法相同(图 11-10)。至于楼层砌筑到十层以上时，如图 11-9 所示，鉴于原轴线控制桩 c、c'距建筑物较近，投测时望远镜的仰角较大，既操作不便又降低精度，为了便于操作和提高精度，须将原轴线控制桩引测到更安全的地方，或者引测到附近高楼的屋顶上 c_1。引测方法是：将经纬仪安置在第十层楼面轴线 $b_{10}b_{10}'$上，根据地面上原有的轴线控制桩 c、c'，分别用正、倒镜将轴线引测到附近楼顶上或较远处，定出 c_1、c_1' 等点，并埋设标志固定其点位，作为轴线延长线上的控制桩。十层以上的楼层轴线投测，便可将经纬仪安置在新的轴线控制桩上，根据 b_{10}、b_{10}'定向，然后逐层向上投测轴线，直至工程结束。高 110.75 m 的南京金陵饭店就是用常规方法进行施工放样的，放样精度获得了令人满意的成果。

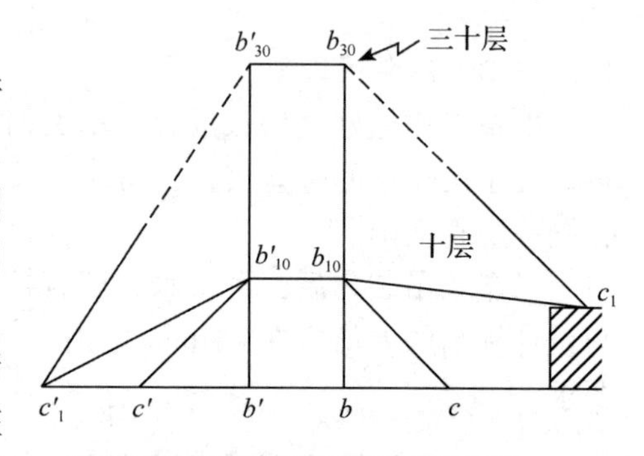

图 11-19 经纬仪投测法测量示意

投测前应注意严格检校仪器，使各种轴线满足应有的几何条件，尤其照准部水准管轴应严格垂直于竖轴，投测时应仔细整平仪器。在整个施工过程中应采用同一钢尺。

11.5.1.2 激光铅垂仪投测法

(1)激光铅垂仪(激光垂准仪)简介

激光铅垂仪是一种供竖直定位的专用仪器，适用于高层建(构)筑物的竖直定位测量。

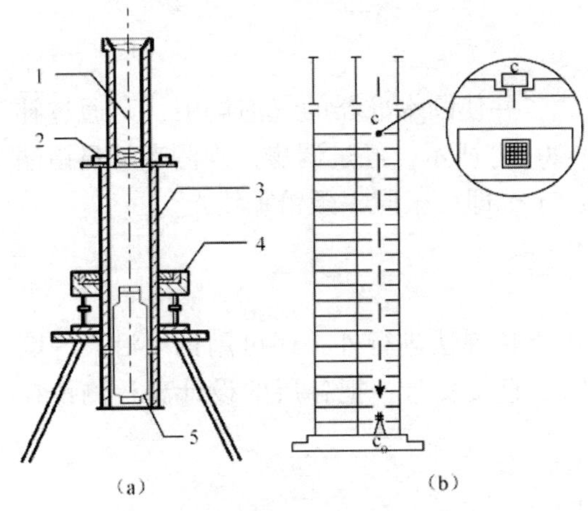

图 11-20 激光铅垂仪结构示意

1. 竖轴 2. 水准管 3. 发射望远镜 4. 基座 5. 氦氖激光器

它的外观及基本构造如图 11-20(a)所示，主要由氦氖激光器、竖轴、发射望远镜、水准器和基座等部件组成。

激光器通过两组固定螺钉固定在套筒内。仪器的竖轴是一个空心筒轴，两端有螺扣连接望远镜和激光器的套筒，将激光器安装在筒轴的下(或上)端，发射望远镜安装在上(或下)端，即构成向上(或下)发射的激光铅垂仪。仪器上设置有两个互成90°的水准器，其分划值一般为20″/2 mm。仪器配有专用激光电源，使用时利用激光器底端(全反射棱镜端)所发射的激光束进行对中，通过调节基座整平螺旋，使水准管气泡严格居中，接通激光电源启辉激光器，便可铅直发射激光束。

(2)利用激光铅垂仪投测轴线

为了把建筑物轴线投测到各层楼面上，根据梁、柱的结构尺寸，投测点距轴线500~800 mm为宜，每条轴线至少需要两个投测点，其连线应严格平行于原轴线。为了使激光束能从底层直接打到顶层，在各层楼面的投测点处，需预留孔洞，或利用通风道、垃圾道以及电梯井等。如图 11-20(b)所示，将激光铅垂仪安置在底层测站点 c_0，进行严格对中、整平，接通激光电源启辉激光器，即可发射出铅直激光基准线，在高层楼板孔上水平放置绘有坐标网的接受靶 c，激光光斑所指示的位置，即为测站点 c_0 的铅直投影位置。

通常采用激光铅垂仪观测高层建筑物的垂直度，其最大垂直偏差可为25 mm，约为总高度的1/6000。此法投测轴线精度高，速度快，具有广阔的应用前景。

11.5.1.3 光学垂准仪投测法

(1)光学垂准仪简介

光学垂准仪是一种光学垂直导向和在垂直线上测量微小距离的仪器。它相当于将经纬仪的望远镜竖直指向天顶，而将目镜改为与其成90°的方向。图 11-21 为德国蔡司厂生产的 PZL 型光学垂准仪的光路图，其各部件名称如图中所注。

此外，仪器还有光学对中器、圆水准器等装置。它的主要特点是利用固定在摆锤上的补偿棱镜，保证照准视线位置的铅垂性，其垂直投影精度可达1/100000。附有补偿器的摆锤用空气阻尼，在±10′倾斜角范围内工作，由补偿器引起的误差小于0.15″。望远镜放大率为31.5倍，照准的最短距离为2.2 m，最大距离

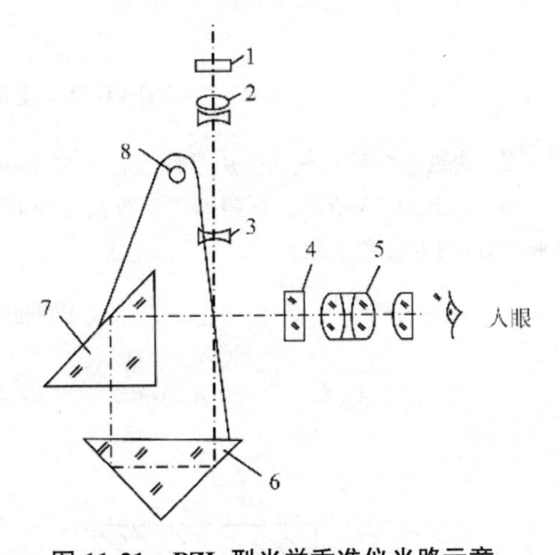

图 11-21 PZL 型光学垂准仪光路示意

1. 物镜保护玻璃 2. 物镜；3. 调焦透镜 4. 十字丝 5. 目镜 6. 补偿棱镜 7. 转向棱镜 8. 补偿器关节接头

为100 m。

(2)利用光学垂准仪投测轴线

投测时，只要将光学垂准仪对准底层测站点 c_0，并使圆水准器的气泡居中，则通过补偿棱镜，可得到一指向天顶的竖直光线，如图11-20(b)所示。经过调焦，观测者从目镜端可以指挥助手在高层楼板孔上标定一点 c，这样 c 与 c_0 即位于同一条铅垂线上。

11.5.2 楼层高层传递

高层建筑物各层楼面标高的测设，除用高程上下传递法进行外，还可用钢尺沿某一墙角自±0标高线(或从事先测设的+1m标高线)起向上直接丈量，把各层的设计高程测设在该层标高杆上。

思考题与习题

1. 施工测量的内容是什么？如何确定施工测量的精度？

2. 某建筑坐标系如图11-22所示，P 点在建筑坐标系的坐标为 P(80.00 m，40.00 m)，试将其转换成测量坐标。

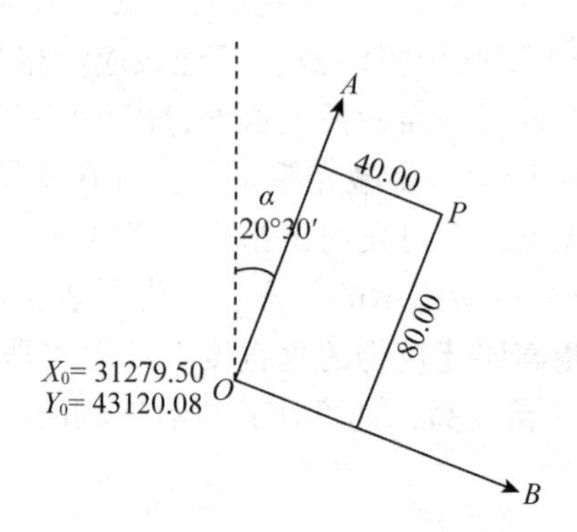

图11-22 建筑坐标转换成测量坐标

3. 建筑轴线控制桩的作用是什么？距离建筑外墙的边距如何确定？龙门板的作用是什么？

4. 如图11-23所示，按照拟建建筑物与原有建筑物(宿舍楼)之间的位置关系，简述测设拟建建筑物(*MNPQ*)的方法和步骤。

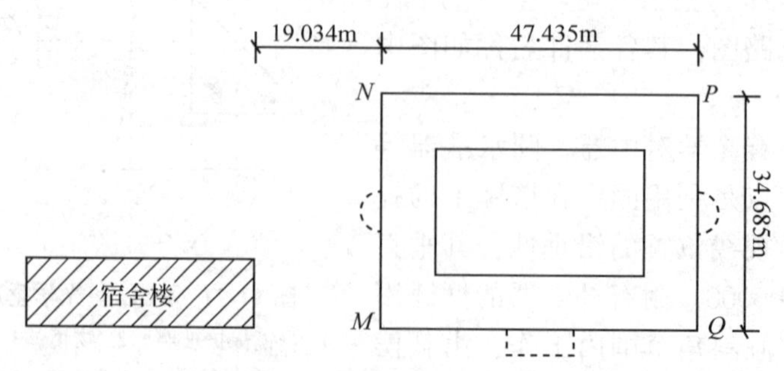

图11-23 拟建建筑物与原有建筑物(宿舍楼)之间的位置关系

5. 校正工业厂房柱子时，应注意哪些事项？

6. 高层建筑轴线竖向投测和高程竖向传递的方法有哪些？

7. 如图 11-24 所示，A、B 为已有平面控制点，E、F 为待测设的建筑物角点，试计算分别在 A、B 设站，应用全站仪极坐标法测设 E、F 点的方位角与平距，并将结果填入表 11-2 中(角度算至 1″，距离算至 1 mm)。

表 11-2　测设数据计算表

测站	放样点	方位角/ °′″	水平距离/m
A	E		
	F		
B	E		
	F		

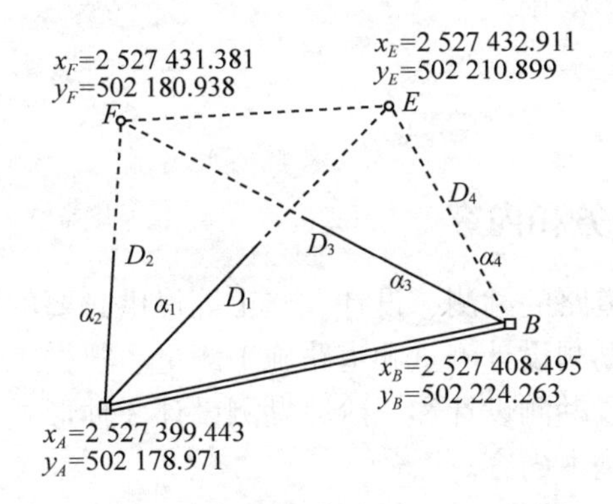

图 11-24　控制点与设计坐标点关系

第 12 章　道路工程测量

供各种车辆和行人等通行的工程设施称为道路。按其使用特点分为城市道路、城镇之间的公路、厂矿道路以及为农业生产服务的乡村道路等，由此组成全国道路网。道路运输在整个国民经济生活中起着重要作用。道路的新建和改、扩建(含桥梁、隧道、互通式立体交叉桥)等，测量工作必须先行。

12.1　概述

12.1.1　道路测量的任务和内容

道路测量的任务是为道路的勘测、设计、施工等提供必要的资料和保障施工质量，因此道路测量工作包括路线勘测设计测量和道路施工测量。根据工程的情况，路线勘测设计有一阶段勘测设计、二阶段勘测设计和三阶段勘测设计 3 种形式，广泛应用的二阶段勘测设计包括初测与定测两个基本内容。

初测阶段的测量任务是根据初步拟订的路线方案，实施控制测量和测绘路线带状地形图，目的是为交通路线工程提供完整的控制基准及详细的地形资料，为设计人员图上定线、编制比较方案、进行实地选线和初步设计提供依据。根据初步设计选定的方案，便可以转入定测工作。

定测阶段的测量任务是对选定设计方案的路线进行中线测量、纵横断面测量及局部地区的大比例尺地形图测绘等工作。为路线纵坡设计、工程量估算等道路技术设计提供详细的测量资料。经过道路技术设计，根据其平面线形、纵横断面等设计数据和图纸，便可进行道路施工。

一般的公路、铁路及桥梁、隧道要采用二阶段勘测设计；修建任务紧急，方案明确，工程简易的低等级公路可采用一阶段设计的技术过程。一阶段设计，一般是一次性提供道路施工的整套设计方案。作为与之相配合的勘测工作是一次性定测，亦即上述的初测、定测的连续测量过程。

道路施工测量的任务是按照设计图纸检查和恢复中线、测设路基、路面等，保证道路建设中各种建(构)筑物，包括桥梁、涵洞、隧道等，按设计位置准确施工。当施工逐项完工后，还应进行竣工验收测量，为工程使用和养护提供必要资料。

综上所述，道路测量技术主要包括以下基本内容：

①根据规划设计要求，在选定的中小比例尺地形图上确定规划线路的走向及相应的概略点位；

②根据图上设计在实地标出线性工程的基本走向，沿着基本走向进行必要的控制测量(平面控制和高程控制)；

③结合线性工程的需要，沿着线性工程的基本走向进行带状地形图或平面图的测绘，比例尺按不同线性工程的实际要求选定；

④根据规划设计的路线把路线中线的点位测定到实地中；

⑤测量线性工程的基本走向的地面点位高程，绘制线路基本走向的纵断面图，根据线性工程的需要测绘横断面图；

⑥按线性工程的详细设计进行道路中心线复测，测设施工控制桩和水准路线的复测；

⑦按照线性工程的详细设计进行路基边坡桩的放样和路面的放样；

⑧桥梁、涵洞、隧道等构筑物测设。

12.1.2 道路测量的基本特点

道路测量的基本特点包括下列几方面。

(1)全线性

道路测量技术工作贯穿于整个交通路线工程的性质，称为全线性。以公路测量为例，从规划到施工的整个过程，公路工程测量开始于整个公路的全局，深入于公路路面施工的具体点位，公路工程建设过程时时处处离不开测量技术工作；

(2)阶段性

这种阶段性既是测量技术本身的特点，也是路线设计过程的需要。图 12-1 表示道路设计与道路测量的先后关系，体现了道路测量的阶段性，反映了实地考察、平面设计、路面设计与初测、定测、放样各阶段的呼应关系。这种阶段性包括测绘与放样的反复程序，反映了道路建设与测量技术的密切关系。

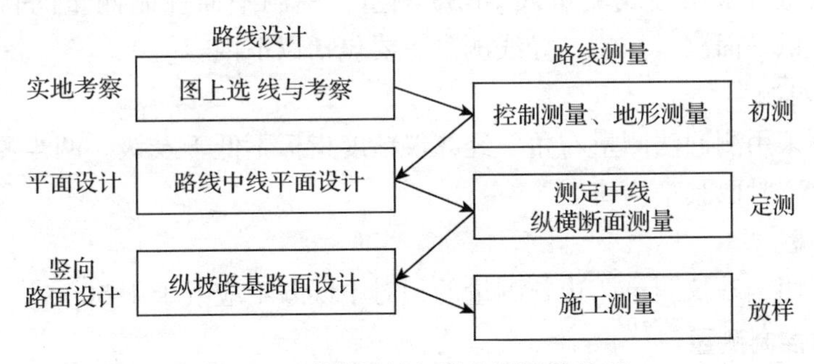

图 12-1 道路设计与道路测量的关系

(3)渐进性

无论是一阶段设计还是二阶段设计，道路工程建设从规划设计到兴建完工经历一个从粗到精的过程。从图 12-1 可以看出，道路的完美设计是在“从实践中来到实践中去”的过程中逐步实现的。需要道路勘测与设计的完美结合，设计技术人员懂测量会测量；道路测量技术人员懂设计，明了道路的设计思路。完美结合的结果便是道路测量使道路工程建设在越测越像的过程中实现。

12.2 新建道路初次测量

新建道路的初测在线路的全部勘测工作中占有重要的位置，它决定着线路的基本方向。其主要工作内容包括道路实地选线、初测控制测量和路线带状地形图测绘。

12.2.1 道路实地选线

道路实地选线也叫插大旗。所谓插大旗就是根据方案研究中在中小比例尺地形图上所选线路位置，在野外用“红白旗”标出其走向和大概位置，并在拟定的线路转向点和长直线的转向处插上标旗，为导线测量及各专业调查指出进行的方向。

在插旗的同时应进行初测导线的点位选择。导线点选择应满足以下几项要求：

①点位应靠近大旗线路的位置，以便于实测之用；

②桥梁及隧道两端附近，严重地质不良地段以及越岭垭口处均应设点；

③点位应选在地势较高、视野开阔、易于保存的地方，以保证前后通视及方便地形测量；

④导线点间距应采用400 m左右，以避免因边长过短而降低精度，使用全站仪时边长可增到1 km。

12.2.2 初测控制测量

初测控制测量包括平面控制测量和高程控制测量。

12.2.2.1 平面控制测量

平面控制测量可采用导线测量或GNSS测量，初测平面控制测量的目的是为地形测量、中线测量提供平面测量控制，导线测量主要包括以下内容。

(1)水平角观测

水平角观测采用测回法测量右角，经纬仪精度指标不低于6″级。两半测回间角值较差不超过±40″(6″级)时取其平均值。

(2)边长测量

导线边长采用全站仪测量。边长测量的相对中误差不应大于1/5000。

12.2.2.2 高程控制测量

初测高程控制测量通常采用水准测量方法，分两阶段进行，即基平测量和中平测量。

基平测量是沿着道路布设水准点，建立高程控制网。一般每隔2 km设立一个水准点，地形复杂路段可适当缩短水准点间距；另外，在300 m以上的大桥和隧道两端及特殊地物附近应加设水准点。水准点布设位置应离开线路中线一定距离，以50~100 m为宜，以免线路施工时破坏。水准点高程必须和国家水准点联测，取得国家统一高程。

中平测量在初测阶段的任务主要是测定沿线各导线点、百米桩及加桩点的高程，用以绘制线路纵断面图和专业调查。中平测量可采用单程水准测量，以基平测量所测水准点为基准布设成附合水准线路。中平测量允许的闭合差为$\pm 50\sqrt{L}$ mm。

12.2.3　道路带状地形图测绘

测绘道路带状地形图的目的是满足设计人员进行纸上定线和绘制路线平面图的需要。因此，测图比例尺和测图宽度应按设计要求而定，并且应充分利用现有各种大比例尺基本地形图。通常以设计的中线为准，向两侧各测出100~150 m。测图比例尺为1∶2000~1∶5000，在山区或丘陵地区时，测图比例尺较平原地区大，一般为1∶2000。在设置大型或重要的构筑物时，一般需测绘1∶500~1∶1000比例尺的地形图。此外，还需要沿中线两侧一定范围内进行土壤地质、桥涵、水文、边坡稳定等有关调查工作。地形图测绘可选用传统的测图方法、数字化测图或航空摄影测量方法。

12.3　道路定线测量

道路中线测量是把在带状地形图上设计好的道路中心线测设到实地上，并用木桩标定出来。道路中线的平面线形由直线和曲线组成，曲线又由圆曲线和缓和曲线组成，如图12-2所示。圆曲线是具有一定曲率半径的圆弧。缓和曲线是在直线与圆曲线之间加上的，曲率半径由无穷大逐渐变化为圆曲线半径的曲线。根据我国交通部《公路工程技术标准》(JTG B01—2014)规定，当平面曲线半径小于不设超高的最小半径时，应设缓和曲线。道路中线测量包括放线和中线桩测设两部分工作。放线是把纸上各交点间的直线段测设于地面上，中桩测设是沿着直线和曲线详细测设中线桩。

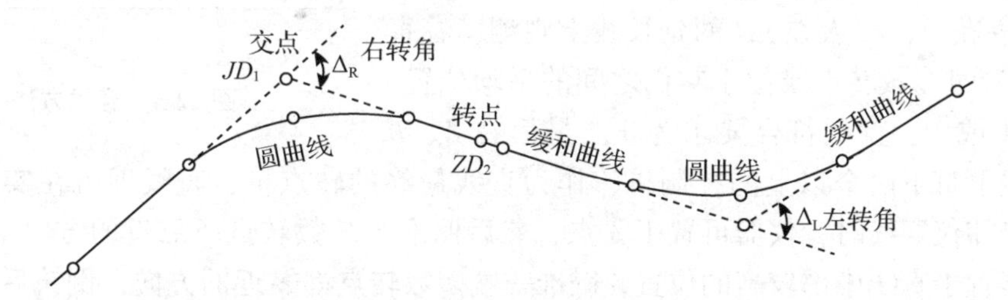

图12-2　道路中线

12.3.1　放线方法

放线常用的方法有穿线法、拨角法、交会法、极坐标法和GNSS-RTK法。

12.3.1.1　穿线定点法

这种方法是利用设计图上的初测平面控制点与设计的路线中线之间的角度和距离关系，在实地将线路中线的直线段测设出来，然后将相邻直线延长相交，定出交点桩的位置。具体步骤如下：

(1)室内选点

根据规划图上规划线路和初测控制点相互关系，选择定测中线的转点位置。转点位置一般应选在地势较高、与相邻转点通视、距离导线点较近、便于测设的位置上，并且设计线路的每条直线段最好有三个以上的转点。

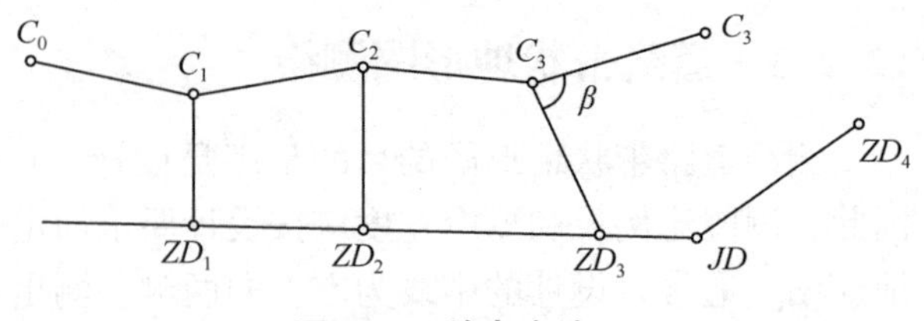

图 12-3 放点方法

图 12-3 中，C_0、C_1、…为初测导线点，JD 为图上设计的交点。从导线点作初测导线的垂线，与初步设计的线路中线相交于 ZD_1、ZD_2、…作为定测中线的转点。然后在图上量出导线点到相应转点的距离 L_1、L_2、…。但有时为使转点位于相互通视的位置，转点与导线点的连线并不垂直于初测导线，如图中的 ZD_3，此时量出 ZD_3 相对于导线点 C_3 的距离和极角 β。

(2) 实地放点

放点时，在现场找到相应的导线点，如果是支距点，如图 12-3 中的 C_2 点，瞄准 C_3 方向拨直角，在视线上丈量出该点的支距；如果是任意点，如图中 ZD_3，则用极坐标法放点，可将经纬仪安置在 C_3 点上，拨角 β 定出临时点方向，在视线方向上量出 ZD_3 相对于导线点 C_3 的距离定出点位。

(3) 穿线

由于图解数据和测设工作均存在误差，在图上位于同一直线上的各点放到实地后，一般不能准确位于同一直线上，因此必须对它们进行调整，定出一条尽可能多地穿过或靠近转点的直线。穿线方法可用花杆或经纬仪进行，穿出线位后在适当位置标定转点(小钉标点)，使中线的位置准确标定在地面上。

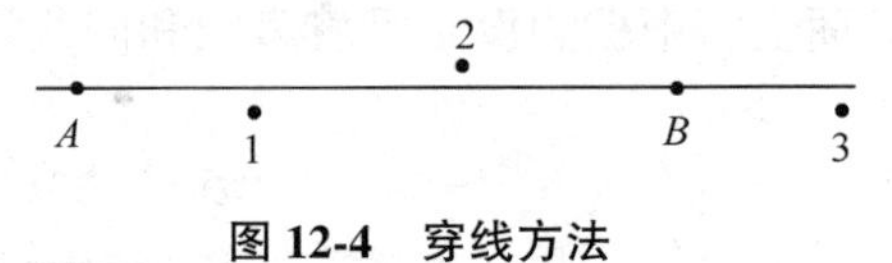

图 12-4 穿线方法

如图 12-4 所示，采用目估法先在适中位置选择 A、B 点竖立花杆，一人在 AB 的延长线上观测，看直线 AB 是否穿过多数转点或位于它们之间的平均位置。否则移动 A 或 B，直到符合要求为止。最后在 A、B 或其方向线上打下两个以上的控制桩，作为直线最终的转点桩，直线即可在实地标定出来。采用经纬仪穿线时，仪器可置于 A 点，然后照准大多数转点所靠近的方向定出 B 点。也可将仪器置于直线中部较高的位置，瞄准一端多数转点都靠近的方向，倒镜后如视线不能穿过另一端多数临时点所靠近的方向，则将仪器左右移动，重新观测，直到符合要求为止，最后定出最终直线转点桩。

(4) 线路交点的确定

当确定了线路中线上两条相邻直线段后，应依据经调整后的两直线段上的转点，定出两线的交点。如图 12-5 所示，确定交点 JD_1 的具体步骤如下：

①设图上 A、B 两点是调整后同一直线段上的两转点，延长 AB 至与相邻另一直线段的交点附近设骑马桩 B_1、B_2，其上钉上小钉并拉细线；

②延长与 AB 直线段相交的另一直线段 CD 至交点附近位置，设骑马桩 C_1、C_2，其上钉上小钉并拉细线；

③利用 B_1B_2 与 C_1C_2 连线的交会定出交点 JD_1，并在实地设立交点桩 JD_1 的桩位；

④在交点 JD_1 上安置经纬仪实测转角 Δ。所谓转角又称偏角，是线路由一个方向偏转到另一方向时所夹的角度。

在设置骑马桩的时候，可以采用正倒镜分中法，点间距应不大于 500 m，当采用全站仪施测时不宜大于 1000 m。正倒镜点位的横向偏差，每 100 m 不应大于 5 mm，当间距超过 400 m，不应大于 20 mm。在实测偏角的时候，通常观测线路的右角 β，如图 12-6 所示，按式(12-1)计算路线转角 Δ。观测 β 时采用两个半测回测量右角。两个半测回间应变动度盘位置，其观测值较差：当采用 6″级仪器时，不应大于±40″。

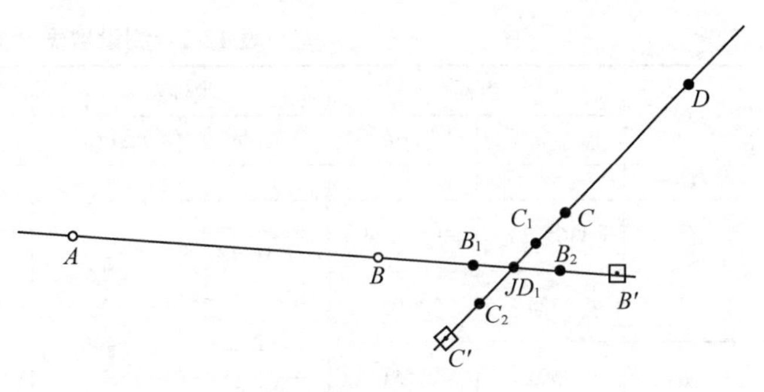

图 12-5 测设交点

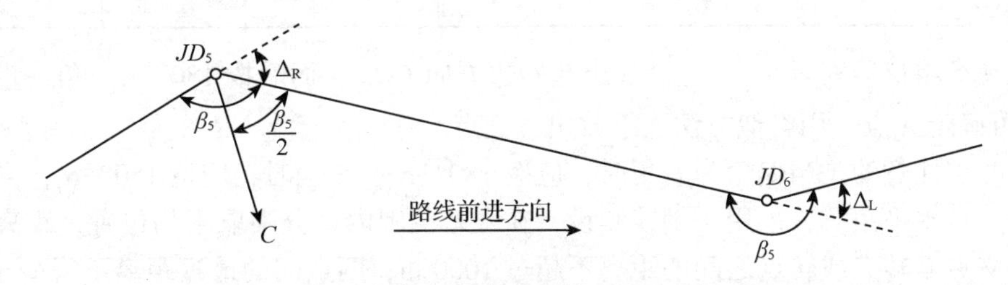

图 12-6 路线转角的定义

$$\left.\begin{array}{ll}\beta<180^\circ & \Delta_R=180^\circ-\beta\ (\text{右偏角})\\ \beta>180^\circ & \Delta_L=\beta-180^\circ\ (\text{左偏角})\end{array}\right\}\tag{12-1}$$

12.3.1.2 拨角放线法

拨角放线法是先在地形图上量出定线交点的坐标，预先在内业计算出两相交点间的距离及直线的转向角，然后根据计算资料在现场放出各个交点，定出中线位置。

拨角放线法测设道路交点的具体步骤如下：

①如图 12-7 所示，在地形图上量取各设计交点 A、B、C、…的坐标，依次填入测设数据计算表 12-1；

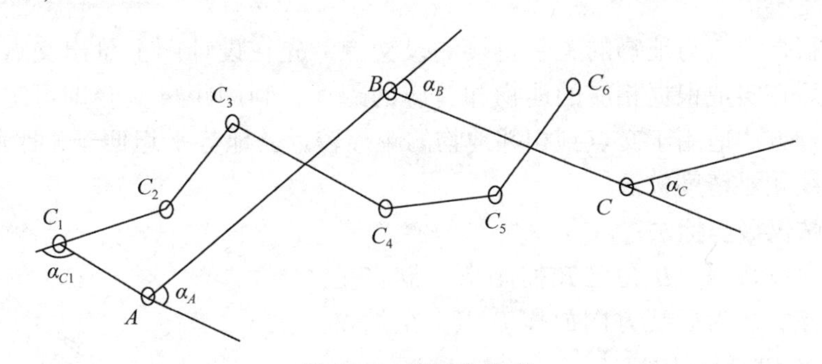

图 12-7 拨角法放样

②在表中计算相邻点间的坐标差 Δx、Δy；

③计算各边的方位角和距离；

④计算偏角(左偏) $\alpha_j=\alpha_{i,j}-\alpha_{i+1,j+1}$，($i\neq j$)；

表 12-1 测设数据计算表

点号	坐标		坐标差		方位角	距离	偏角
	x/m	y/m	Δx/m	Δy/m	α_{ij}	D_{ij}/m	α_j
C_2							
					244°25′06″		
C_1	3365.13	1070.24					112°34′18″
			−31.13	+34.76	131°50′48″	46.06	
A	3334	1105					71°47′55″
			+257	+446	60°02′53″	514.76	
B	3591	1551					51°21′54″
			−220	+516	111°24′47″	602.60	
C	3371	2112					
			⋮	⋮	⋮	⋮	
⋮	⋮	⋮					⋮

⑤在现场将仪器安置在 C_1 上，找出起始边方向 C_1C_2，而后拨 $180^{\circ}-\alpha_{C_1}$ 角，量取距离 C_1A，即可确定 A 点。用类似方法连续放出各交点。

拨角时需注意的是当偏角为右角时，应拨 $180°+\alpha_j$；左偏时，应拨 $180°-\alpha_j$，当使用全站仪观测交点水平角时，采用正倒镜测设，在限差范围内，分中取平均位置，距离采用往返观测。交点至转点或转点之间的距离不超过 1000 m；两点间的最短距离不得少于 50 m。当小于 50 m 时，应设置远视点。

钉设转点时，正倒镜的点位横向误差每 100 m 距离不应大于±5 mm；当点间距离大于 400 m 时，最大点位误差不应大于±20 mm，在限差范围内分中定点。在测设距离的同时，可以钉出直线上的中线桩(千米桩、百米桩、加桩)和曲线主点。

此方法适用于纸上定线的实地放线时，导线与设计线距离太远或不太通视；施工测量时的恢复定线。拨角放线法在放样工作中可循序渐进，较其他方法放样导线工作量小，效率高，并且点间的距离和方向均采用实测值，放样中线的精度不受初测值的影响，可减少初测导线的工作量和提高放样中线的质量。通过与初测导线点或国家平面控制点联测能及时发现工作中可能出现的错误，这种方法适用于无初测导线的测区。

12.3.1.3 交会法

交会法是根据交点与地物的关系直接测设交点。先在设计图上量出交点 JD 到相邻地物的距离，然后在实地根据相应的地物和对应的距离，利用距离交会即可定出交点 JD 的实地位置。这种方法适用于交点到相邻地物的距离较近，地势平坦便于量距的测区，放样到实地上的中线相对精度较低。

12.3.1.4 全站仪极坐标法

如图 12-8 所示，A、B 为已知控制点，欲将全站仪安置在 A 点，B 为后视方向放样 P 点，全站仪放样过程参照第 10 章的 10.3.5。

用全站仪放样点位，可事先输入气象元素即现场的温度和气压，仪器会自动进行气象校正。因此，用全站仪放样点位既能保证精度，同时操作十分方便，无需做任何手工计算。

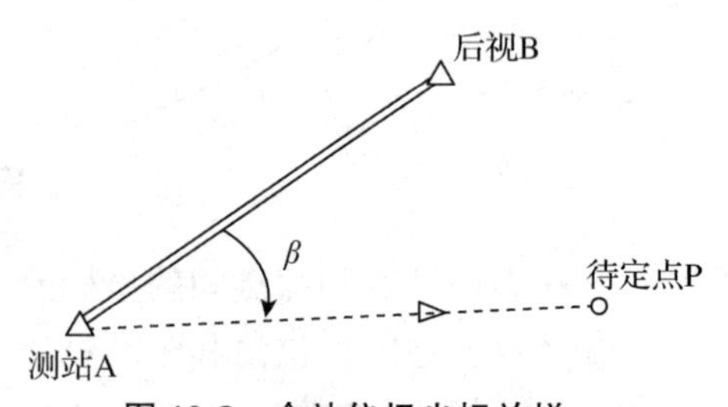

图 12-8 全站仪极坐标放样

全站仪极坐标法放样简单灵活，适用于中线通视差的测区。但放样工作量大，放样到实地上的中线相对精度不高；并且由于用初测导线点直接定测各放样点，比其他放样法要求初测导线点的密度大，测量精度高，最后亦要通过穿线来确定直线段的位置。

12.3.1.5 GNSS 法

该方法的作业效率，较其他方法有了很大的提高。特别是近几年来高精度 GNSS 实时动态定位技术的快速发展，由于它能够实时地提供在任意坐标系中的三维坐标数据，对于道路中线测量利用 GNSS 直接坐标放样已很普遍，具体测量方法见本书第 10 章 10.3.6 GNSS-RTK 放样。

12.3.2 中线桩测设

12.3.2.1 中线桩的设置

用于标定道路中心线位置的桩称为中线桩，简称中桩。中线桩可分为：里程桩、示位桩或控制桩、指示桩或固定桩。

里程，即路线中线上点位沿道路到起点的水平距离，因此，除标定路线平面位置外，还标记从路线起点至该桩的水平距离的中桩，称为里程桩。

里程桩可分为整桩和加桩两种，如图 12-9 所示，每个桩的桩号表示该桩距路线起点的里程。如某加桩距路线起点的距离为 1234.56m，则其桩号记为 K1+234.56，如图中的(a)；反之，如果某桩号为 K3+100，则表示该桩距路线起点的距离为 3100m。整桩是由路线起点开始每隔 10 m、20 m 或 50 m 的整倍数而设置的里程桩。加桩分为地形加桩、地物加桩、曲线加桩，如图中的(b)和(c)桩。

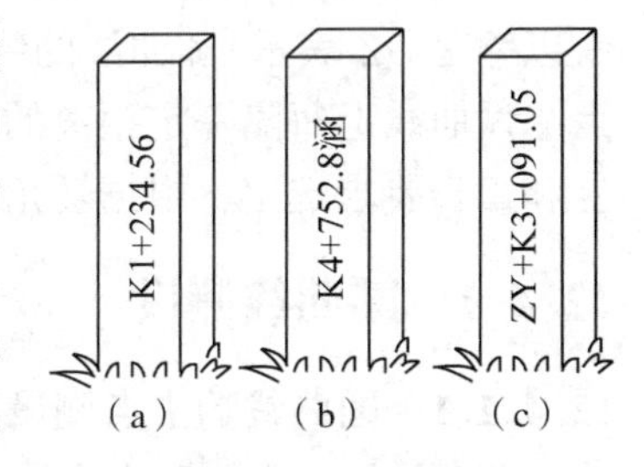

图 12-9 里程桩

用来控制道路的实地位置而设置的特殊中线桩，称为道路的示位桩或控制桩。示位桩根据连接的道路中线的不同形式可分为：交点桩(*JD*)、转点桩(*ZD*)、直圆点(*ZY*)、圆直点(*YZ*)、曲中点(*QZ*)、直缓点(*ZH*)、缓圆点(*HY*)、圆缓点(*YH*)、缓直点(*HZ*)、公切点(*GQ*)、桥梁和隧道等工程的轴线控制桩。

用于指明其他桩位置而设置的辅助桩称为指示桩，常见的有交点指示桩、转点指示桩等。用于保护其他桩而设置的桩称为固定桩。

12.3.2.2 设置中桩的要求

①决定路线中线直线方向的点位，如起点、交点、方向转点、直线段中线、终点等必须设置相应的中桩。

②按规定在线路中线设立间距为 *L*(称为整桩间距)的中线整桩。在平坦地区间距 *L* 可以相对大一些，在地形起伏较大的地区间距 *L* 相对小一些，整桩的注记到米位。中线整桩应根据已定的整桩间距定里程、放样点位、设置里程桩。

③根据路线中线地形特征点位和路线中线特殊点设立附加的里程桩，即设立中线加桩。加桩里程应精确注记到厘米位。中线加桩可以在中线整桩测设基础上根据地形按定点、测量、定里程、设里程桩的顺序进行。

④各种中线里程桩测量设置应符合规范要求。

⑤重要桩位应加固防损，注意加设控制桩。如千米桩、百米桩、方向转点桩、交点桩等重要中线桩应加固防损，必要时应对有关桩位设置指示桩、控制桩。

此外，平行线法和延长线法可用于控制桩的设立。平行线法，即在平行中线并超出路线设计宽度的位置上设立桩位；延长线法，即在交点附近中线延长线上设立桩位。在道路路线施工的过程中(如填挖工程)，可能使中线桩不易寻找或遭到破坏，有指示桩、控制桩便可以利用放样的方法随时恢复丢失的中线桩位。路线沿线的控制点也可用于中线桩的恢复。

12.4 曲线测设

当道路由一个方向转向另一个方向时，必须用曲线来连接。曲线的形式有很多，其中单圆曲线是最基本的平面曲线。单圆曲线简称圆曲线，是连接两相邻直线段之间用的一圆弧，此圆弧两端点的切线只有一个交点。

圆曲线的测设一般分两步进行：第一步，测设曲线上起控制作用的点位，称主点测设，即测设曲线的起点(又称为直圆点，通常以缩写 ZY 表示)、中点(又称为曲中点，通常以缩写 QZ 表示)和曲线的终点(又称为圆直点，通常以缩写 YZ 表示)；第二步，根据主点测设曲线上每隔一定距离的里程桩，称辅点测设或详细测设。圆曲线半径 R 根据地形条件和工程要求选定，根据转角 Δ 和圆曲线半径 R，可以计算出曲线上其他各测设元素。

12.4.1 圆曲线测设

12.4.1.1 圆曲线的主点测设

(1)主点测设元素的计算

如图12-10所示，为测设圆曲线的主点(ZY、QZ、YZ)，应计算出切线长 T、曲线长 L、外距 E 及切曲差 D，这些元素称为主点测设元素。Δ 为路线的偏角，R 为圆曲线半径，它们是圆曲线的基本要素。

圆曲线的主点测设元素与基本要素之间的关系式如下：

$$\left.\begin{aligned}&\text{切线长：}\quad T=R\cdot\tan\left(\frac{\Delta}{2}\right)\\&\text{切曲长：}\quad T=R\cdot\Delta\frac{\pi}{180^\circ}\\&\text{外矢距：}\quad E=R\cdot\left[\sec\left(\frac{\Delta}{2}\right)-1\right]\\&\text{切曲差：}\quad D=2T-L\end{aligned}\right\}\qquad(12\text{-}2)$$

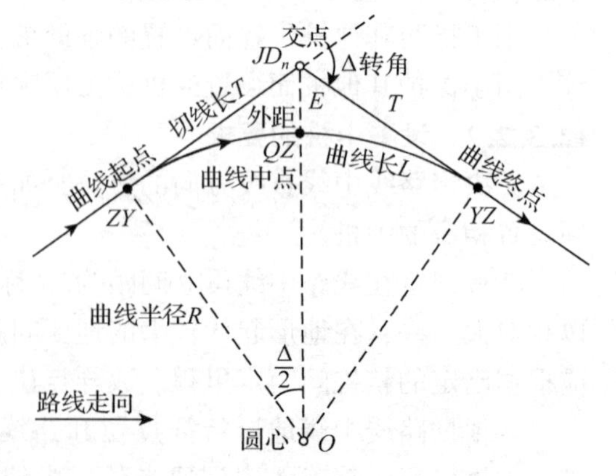

图12-10 圆曲线及其测设元素

(2)主点桩号的计算

交点 JD 的桩号由中线丈量中得到，依据交点的桩号和计算的曲线测设元素，即可计算出各主点的桩号并对其进行检核。由图12-10可知：

ZY 桩号 = JD 桩号 $-T$

QZ 桩号 = ZY 桩号 $+\frac{L}{2}$

YZ 桩号 = QZ 桩号 $+\frac{L}{2}$ = ZY 桩号 $+L$

JD 桩号 = QZ 桩号 $+\frac{D}{2}$(检核)

(3)主点的测设

圆曲线的测设元素和主点里程计算出后，可按下述步骤进行主点测设。

①在 JD 点安置经纬仪(对中、整平)，用盘左瞄准直圆方向，将水平度盘的读数配到 0°00′00″，在此方向量取 T，定出 ZY 点；

②转动照准部到度盘读数为 Δ+180°，量取 T，定出 YZ 点；

③继续转动照准部到度盘读数为 270°+Δ/2，量取 E，定出 QZ 点。

12.4.1.2 圆曲线的详细测设

若地形变化不大、曲线长度小于 40 m 时，设置曲线的三个主点已能满足设计和施工的需要。如果曲线较长，地形变化大，则除了设置三个主点以外，还需要按一定的桩距在曲线上设置整桩和加桩。设置曲线的整桩和加桩的工作，称为详细测设或辅点测设。《公路测量规范》对曲线上细部点的桩距离有明确规定：若 R>60 m 时，桩距离 l_0 为 20 m；30 m<R<60 m 时，桩距 l_0 为 10 m；R<30 m 时，桩距 l_0 为 5 m。

(1)曲线设桩

按桩距 l_0 在曲线上设桩，通常有两种方法。

①整桩号法　将曲线上靠近起点(ZY)的第一个桩(大于 ZY 点里程)的桩号凑整成为 l_0 最小倍数的整桩号，然后按桩距 l_0 连续向曲线终点 YZ 设桩。这样设置的桩的桩号均为整数。

②整桩距法　从曲线起点 ZY 和终点 YZ 开始，分别以桩距 l_0 连续向曲线中点 QZ 设桩。由于这样设置的桩的桩号一般为破碎桩号，因此，在实测中应注意加设百米桩和千米桩。

(2)详细测设的方式

圆曲线里程桩的测设，常用的方法有切线支距法、偏角法、极坐标法等。

①切线支距法　切线支距法(又称直角坐标法)是以曲线的起点 ZY(对于前半曲线)或终点 YZ(对于后半曲线)为坐标原点，如图 12-11 所示，以过曲线的起点 ZY 或终点 YZ 的切线为 x 轴，过原点的半径为 y 轴，按曲线上各点坐标 x、y 设置曲线上各点的位置。这种方法适用于平坦开阔的地区，具有测点误差不累积的优点。

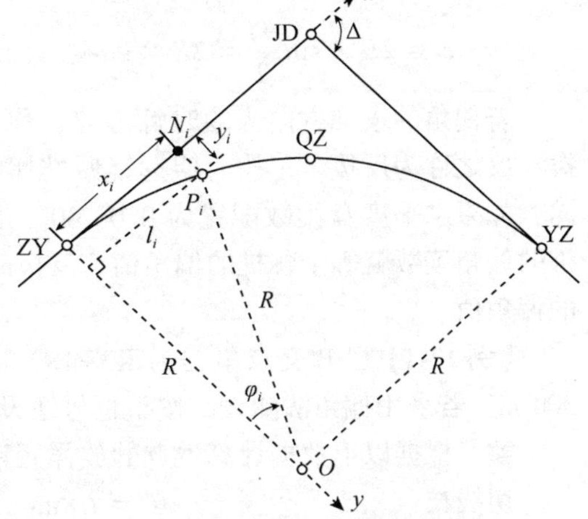

图 12-11　切线支距法测设圆曲线

设 P_i 为曲线上欲测设的点位，该点至 ZY 点的弧长为 l_i，φ_i 为 l_i 所对的圆心角，R 为圆曲线半径，则 P_i 点的坐标按式(12-3)计算：

$$\left.\begin{aligned} x_i &= R \times \sin\varphi_i \\ y_i &= R \times (1 - \cos\varphi_i) = x_i \times \tan\frac{\varphi_i}{2} \end{aligned}\right\} \tag{12-3}$$

式中 $\varphi_i = \dfrac{l_i}{R}(\text{rad}) = \dfrac{l_i}{R} \cdot \dfrac{180°}{\pi}$

曲线坐标可以采用式(12-3)进行计算，也可以从《公路曲线测设用表》中查取。在实地测设之前需要列出测设数据表。

切线支距法详细测设圆曲线，为避免支距过长，一般是由 ZY 点和 YZ 点分别向 QZ 点施测，测设步骤如下：

i. 从 ZY 点(或 YZ 点)用钢尺或皮尺沿切线方向量取 P_i 点的横坐标 x_i，得垂足点 N_i；

ii. 在垂足点 N_i 上，用方向架或经纬仪定出切线的垂直方向，沿垂直方向量出 y_i，即得到待测定点 P_i；

iii. 曲线上各点测设完毕后，应量取相邻各桩之间的距离，并与相应的桩号之差作比较，若较差均在限差之内，则曲线测设合格；否则应查明原因，予以纠正。

②偏角法 偏角法是以曲线起点(ZY)或终点(YZ)至曲线上待测设点 P_i 的弦线与切线之间的弦切角和弦长来确定 P_i 点的位置。

如图12-12所示，依据几何原理，偏角 γ_i 等于相应弧长所对的圆心角 φ_i 的一半，即

$$\gamma_i = \frac{\varphi_i}{2}$$

则

$$\gamma_i = \frac{l_i}{2R}(\text{rad}) \tag{12-4}$$

弦长 c_i 可按式(12-5)计算：

$$c_i = 2R \times \sin\frac{\varphi_i}{2} = 2R \times \sin\gamma_i \tag{12-5}$$

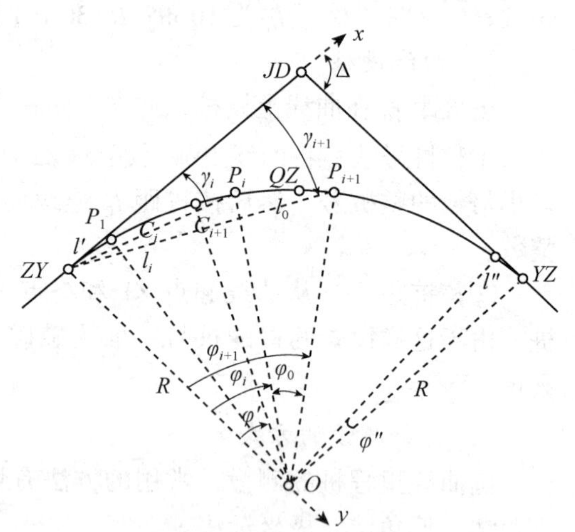

图12-12 偏角法测设圆曲线

若偏角的增加方向为顺时针方向，称为正拨；反之称为反拨。正拨时望远镜照准切线方向，如果水平度盘读数配置为0°00′00″，则各桩的偏角读数就等于各桩的偏角值。反拨时则不同，各桩的偏角读数应等于360°减去各桩的偏角值。

【例12-1】已知交点里程为K3+182.76，右转角 $\Delta = 25°48'10''$，选定圆曲线半径 $R = 300$ m，若采用偏角法测设，按整桩号法设桩，试计算各偏角及弦长。

解：根据以上数据计算主点的放样元素得：

切线长：$T = R \times \tan(\Delta/2) = 68.72(\text{m})$

曲线长：$L = R \times \Delta \times \pi/180° = 135.10(\text{m})$

外矢距： $E = R[\sec(\Delta/2)-1] = 7.77(\text{m})$

切曲差： $D = 2T-L = 2.34(\text{m})$

主点里程：

ZY 桩号 = *JD* 桩号$-T$=K3+114.04

QZ 桩号 = *ZY* 桩号$+L/2$ =K3+181.59

YZ 桩号 = *QZ* 桩号$+L/2$ = *ZY* 桩号$+L$=K3+249.14

JD 桩号 = *QZ* 桩号$+D/2$=K3+182.76(计算无误)

设曲线由 *ZY* 点和 *YZ* 点向 *QZ* 点测设，计算各偏角和弦长，见表 12-2。

表 12-2 偏角法测设圆曲线数据计算表

桩号	各桩至 *ZY* 或 *YZ* 的曲线长度 l_i/m	偏角值 /° ′ ″	水平度盘读数 /° ′ ″	相邻桩间弧长 /m	相邻桩间弦长 /m
ZY K3+114.04	0	0 00 00	0 00 00		
				5.96	5.96
+120	5.96	0 34 09	0 34 09		
				20	20
+140	25.96	2 28 44	2 28 44		
				20	20
+160	45.96	4 23 20	4 23 20		
				20	20
+180	65.96	6 17 55	6 17 55		
				1.59	1.59
QZ K3+181.59	67.55	6 27 02	6 27 02 353 32 58		
				18.41	18.41
+200	49.14	4 41 33	355 18 27		
				20	20
+220	29.14	2 46 58	357 13 02		
				20	20
+240	9.14	0 52 22	359 07 38		
				9.14	9.14
YZ K3+249.14	0	0 00 00	0 00 00		

根据表 12-2 计算的各桩点的偏角和弦长即可进行圆曲线的里程测设，结合上例偏角法的测设步骤如下：

①将经纬仪置于 *ZY* 点上，瞄准交点 *JD* 并将水平度盘配置为 0°00′00″；

②转动照准部使水平度盘读数为桩+120 的偏角读数 0°34′09″，从 *ZY* 点沿此方向量取弦长 5.96 m，定出 K3+120 桩位；

③转动照准部使水平度盘读数为桩+140 的偏角读数 2°28′44″，由桩+120 量取弦长 20 m 与视线方向相交，定出 K3+140 桩位；

④按上述方法逐一定出+160、+180 及 *QZ* 点 K3+181.59 桩位，此时定出的 *QZ* 点应与主点测设时定出的 *QZ* 点重合，如不重合，其闭合差一般不得超过如下规定：

纵向(切线方向)$\pm L/1000$

横向(半径方向)±0.1 m

⑤将仪器移至 *YZ* 点上，瞄准交点 *JD* 并将水平度盘配置为 0°00′00″；

⑥转动照准部使水平度盘读数为桩+240 的偏角读数 359°07′38″，从 *YZ* 点沿此方向量取弦长 9.14 m，定出 K3+240 桩位；

⑦转动照准部使水平度盘读数为桩+220 的偏角读数 357°13′02″，由桩+240 量取弦长 20 m 与视线方向相交，定出 K3+220 桩位；

⑧按上述方法逐一定出+200 及 QZ 点，QZ 点的偏差应满足上述规定。

偏角法是一种测设曲线精度较高的方法，但各点的距离是逐点量出的，当曲线较长时，量距的积累误差随量距次数的增加而增大。因此，这种方法存在着测点误差积累的问题，为减少误差的累积，应从曲线两端向中点或自中点向两端测设曲线。

③极坐标法　用极坐标法测设曲线的测设数据主要是计算圆曲线主点和细部点的坐标，然后根据测站点和主点或细部点之间的坐标，反算出测站至待测点的直线坐标方位角和两点间的平距，依据计算出的方位角和平距进行测设。

圆曲线主点坐标的计算：如图 12-12 所示，若已知 ZY 和 JD 的坐标，则可按坐标反算公式计算出第一条切线(图中的 ZY-JD 方向线)的方位角，再由路线的转角(或右角)推算出第二条切线(图中的 JD-YZ 方向线)和分角线的方位角。

圆曲线细部点坐标计算：由已计算出的第一条切线的方位角和各待测设桩点的偏角，计算出曲线起点 ZY 至各待测定桩点的 P_i 方向线的方位角，再由 ZY 点到各桩点的弦长，计算出各待测点的坐标。

具体放样步骤可参考前述全站仪极坐标放样。

12.4.2 缓和曲线测设

当车辆从直线驶入圆曲线后，将会产生离心力的影响，致使车辆将向曲线外侧倾倒，影响到车辆的行驶安全和舒适。为了减小离心力的影响，曲线路面必须在曲线外侧加高，称为超高。由于离心力的大小在车速一定时是与曲率半径呈反比，即半径越小，离心力越大，超高也越大，但是超高不能在直线段进入曲线段或曲线段进入直线段时突然出现或消失，这样就会使外侧出现台阶，影响车辆的横向震动。为此，必须使超高均匀地增加或减小，以使行车舒适，即在直线与曲线之间插入一段半径由无穷大逐渐减小为圆曲线半径的曲线，这段曲线称为缓和曲线。

缓和曲线主要有以下几点作用：

①曲率逐渐缓和过渡；

②离心加速度逐渐变化减少振荡；

③有利于超高和加宽的过渡；

④视觉条件好。

缓和曲线可采用回旋曲线(亦称辐射螺旋线)、双纽线、三次抛物线等线形。目前我国公路和铁路均采用回旋曲线作为缓和曲线。

12.4.2.1 缓和曲线的长度及其基本要素

回旋曲线是曲率半径随曲线长度的增大呈反比均匀减小的曲线，即曲线上任一点的曲率半径 r 与曲线长度呈反比。公式表示为：

$$r = \frac{c}{l} \tag{12-6}$$

在缓和曲线与圆曲线的吻合点上：

$$R = \frac{c}{l_s} \tag{12-7}$$

因此，

$$c = rl = Rl_s \tag{12-8}$$

式中　R——圆曲线半径；

r——缓和曲线上任意一点的半径；

l_s——缓和曲线全长；

l——缓和曲线上任意一点至起点之间的曲线长度；

c——缓和曲线参数，表示缓和曲线的变化率，与车速有关。

目前我国道路设计中 c 按下式计算

$$c \geqslant 0.035V^3 \tag{12-9}$$

式中　V——行车速度。

将式(12-9)代入(12-8)得

$$l_s \geqslant 0.035\frac{V^3}{R} \tag{12-10}$$

我国交通部颁发的《公路工程技术标准》(JTG B01—2014)中规定：缓和曲线采用回旋曲线，缓和曲线的长度应根据相应等级公路的计算行车速度求算，并应大于表12-3中所列数值。

表12-3　缓和曲线最小长度选定

公路等级	高速公路			一级公路			二级公路		三级公路		四级公路
设计速度/(km·h^{-1})	120	100	80	100	80	60	80	60	40	30	20
缓和曲线最小长度/m	100	85	70	85	70	50	70	50	35	25	20

注：四级公路为超高、加宽缓和段长度。

图12-13是直线与圆曲线之间插入缓和曲线后的示意图。图中虚线表示原来的圆曲线。在插入缓和曲线后，圆曲线向内移动一个 p 值，并使直线缩短了 q 值。

圆曲线内移方法有两种：一种是圆心不动，将曲线平移一个 p 值，亦即使半径减小 p；另一种是将圆心沿角平分线方向内移，而半径不变，使原圆曲线在 ZY 点和 YZ 点内移一个 p 值。在道路测量中常采用前一种方法，其效果与后一种方法相同。

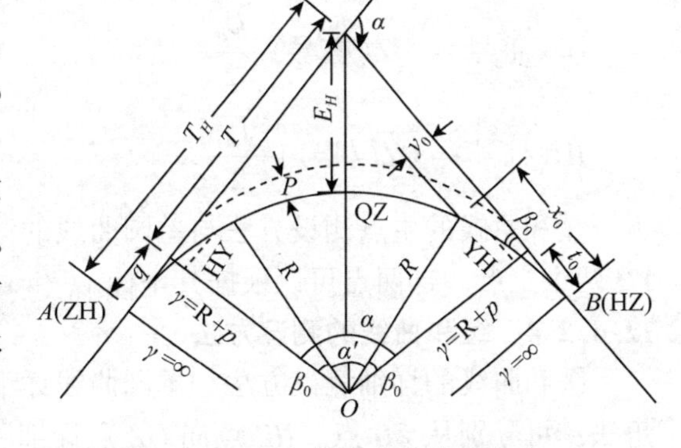

图12-13　插入缓和曲线的圆曲线

缓和曲线的基本要素有以下6项：

p——圆曲线的内移值；

q——圆曲线内移后原切线的增长值或直线段的减小值；

β_0——缓和曲线起点和终点上切线的交角，称为缓和曲线角；

T——缓和曲线起、终点上切线的交点至曲线起点的距离；

x_0、y_0——缓和曲线终点处的切线支距横、纵坐标。

12.4.2.2 缓和曲线元素的计算

由图12-13可得，

切线长度 T_H 的计算公式：

$$T_H = q + T = q + (R + p)\tan\frac{\alpha}{2} = T + t \tag{12-11}$$

曲线长度的计算公式如下：

圆曲线长应为：

$$L_y = \frac{(\alpha - 2\beta_0)\pi R}{180°} \tag{12-12}$$

曲线全长应为：

$$L_H = L_y + 2l_s \tag{12-13}$$

外矢距 E_H 的计算公式：

$$E_H = (R + p)\sec\frac{\alpha}{2} - R = E + e \tag{12-14}$$

切曲差 J_H 的计算公式：

$$J_H = 2T_H - L_H = J + d \tag{12-15}$$

上述各式中的 T、E、J 为原曲线的元素，t、e、d 称为缓和曲线尾加数。

12.4.2.3 缓和曲线主点桩号的推算

ZH(桩号)= JD(桩号)—T_H

HY(桩号)= ZH(桩号)+l_s

YH(桩号)= HY(桩号)+L_Y

HZ(桩号)= YH(桩号)+l_s

QZ(桩号)= HZ(桩号)$-\dfrac{L_H}{2}$

JD(桩号)= QZ(桩号)$+\dfrac{J_H}{2}$

缓和曲线的主点测设方法与单圆曲线的测设方法基本相同，唯一不同点是多了 *HY* 和 *YH* 两个主点。这两点可以根据其坐标 y_0 和 x_0，用切线支距法测设。

12.4.2.4 缓和曲线的测设方法

缓和曲线的详细测设方法和单圆曲线详细测设方法一样，都可以采用切线支距法和偏角法，可分别从 *ZH* 点、*HZ* 点向 *QZ* 点详细测设。其不同之处在于：以 *ZH* 或 *HZ* 为原点，切线为 x 轴，垂直于切线的方向为 y 轴，建立施工坐标系，计算测设参数。检核的时候可以对 *HY*、*QZ*、*YH* 和 *HZ* 点的实际测设桩位和对应的理论桩位进行比较，比较结果应符合《公路勘测规范》(JTG C10—2007)要求。

12.4.3 竖曲线测设

道路的纵向坡度变化给行车安全带来不利影响，为保证安全行驶，道路设计对高等级道路的坡度变化有一定的限制。考虑行车的平稳和视距受限，在道路的纵向坡度变化处设置曲线予以缓和，这种曲线称竖曲线。竖曲线有凸形和凹形两种，如图 12-14 所示。最常用的竖曲线形式有圆曲线和二次抛物线，也有采用缓和曲线的。一般情况下，道路的相邻坡度差很小，设计时选用的竖曲线半径很大，因此，即使采用二次抛物线或其他曲线，所得到的结果也与圆曲线相同，因此，目前我国采用的竖曲线是圆曲线。

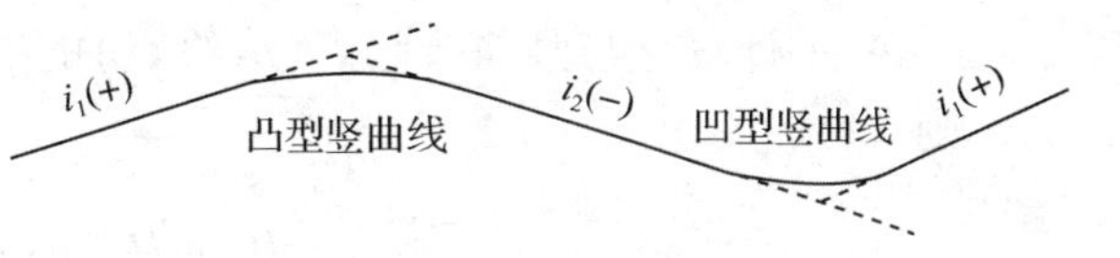

图 12-14 竖曲线

《公路工程技术标准》(JTG B01—2014)规定，竖曲线的最小半径和最小长度应满足表 12-4 的规定。通常应采用大于或等于表中的一般最小值，当受地形条件及其他特殊情况限制时方可采用表中的极限最小值。

表 12-4 公路竖曲线最小半径和最小长度

公路等级		高速公路				一		二		三		四	
计算行车速度/($km \cdot h^{-1}$)		120	100	80	60	100	60	80	40	60	30	40	20
凸形竖曲线半径/m	极限最小值	11000	6500	3000	1400	6500	1400	3000	450	1400	250	450	100
	一般最小值	17000	10000	4500	2000	10000	2000	4500	700	2000	400	700	200
凹形竖曲线半径/m	极限最小值	4000	3000	2000	1000	3000	1000	2000	450	1000	250	450	100
	一般最小值	6000	4500	3000	1500	4500	1500	3000	700	1500	400	700	200
竖曲线最小长度/m		100	85	70	50	85	50	70	70	50	25	35	20

如图 12-15 所示，两相邻纵坡坡度分别为 i_1、i_2，竖曲线半径为 R，则测设元素为：

①曲线长 $L=\Delta\times R$，由于竖曲线的转角 Δ 很小，可认为 $\Delta=i_2-i_1$，则

$$L=R\times(i_2-i_1) \tag{12-16}$$

②切线长

$$T=R\times\tan\frac{\Delta}{2} \tag{12-17}$$

因为 Δ 很小，则有 $T=R\times\frac{\Delta}{2}=\frac{1}{2}R\times(i_2-i_1)=\frac{L}{2}$

③如图 12-15 所示，因为 Δ 很小，可以认为 $E=DF$，$AF=T$。

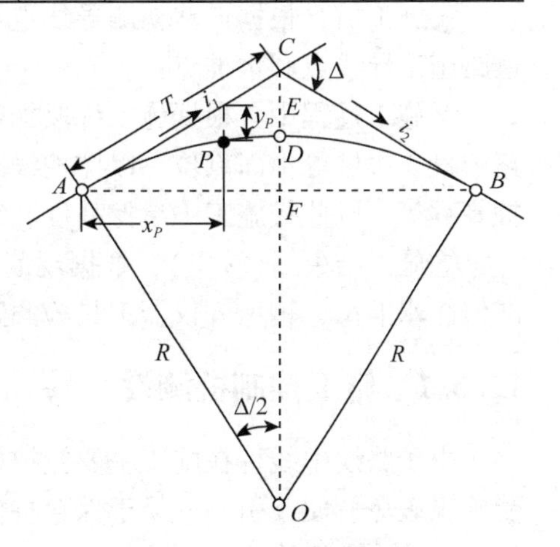

图 12-15 竖曲线测设元素

根据△ACO 与△ACF 相似，则有 $R:T=T:2E$，所以

$$E=\frac{T^2}{2R} \tag{12-18}$$

同理可得：

$$y=\frac{x^2}{2R} \tag{12-19}$$

式中 y——计算点纵距；

x——计算点与竖曲线起点(或终点)的桩号差。

则

$$H_p = H_A \pm (i_1 x - \frac{x^2}{2R}) \tag{12-20}$$

式中 H_p——为设计标高(m);

"±"——当为凸形竖曲线时取"+",当为凹形竖曲线时取"-"。

竖曲线起点、终点的测设方法与圆曲线相同,而竖曲线上辅点的测设,实质上是在曲线范围内的里程桩上测出竖曲线的高程。因此,在实际工作中,测设竖曲线一般与测设路面高程桩一起进行。

12.5 道路施工测量

道路的施工测量主要为配合道路的施工进行,其目的就是要将线路设计图纸中各项元素准确无误地测设于实地,按照规定要求指导施工,为道路的修筑、改建提供测绘保障,以期取得高效、优质、安全的经济效益和社会效益。

道路施工测量的任务就是用导线测量方法加密线路平面控制施工导线点,用坐标放样方法来控制道路的线形外观,用水准测量加密线路施工高程控制水准点,用水准测量(放样)方法来控制线路的纵向坡度和横向路拱坡度。

根据道路工程施工程序及进度,道路工程施工测量的工作包括以下内容:

①施工前,根据道路初测导线点和水准点,在施工标段现场,结合线路实际情况加密道路施工导线点和水准点;

②施工过程中,根据施工标段加密的施工导线点和水准点,用坐标放样等方法标定线路中桩、边桩等平面点位,以监控线路线形;采用水准测量(放样)方法标定线路中桩、边桩高程等,以监控施工中填挖高度和线路纵向高低以及横向坡度;

③施工结束后(竣工),根据规范质量标准和道路设计的要求,用经纬仪、全站仪、水准仪、水准尺、钢尺等仪器工具检测路基路面各部分的几何尺寸。

12.5.1 施工控制桩测设

由于路线中线桩在施工中要被挖掉或堆埋,为了在施工中控制中线位置,需要在不易受施工破坏、便于引测、易于保存桩位的地方测设施工控制桩,具体方法如下。

12.5.1.1 平行线法

在设计的路基宽度以外,测设两排平行于中线的施工控制桩,如图 12-16 所示。控制桩的间距一般取 10~20 m。

12.5.1.2 延长线法

在路线转折处的中线延长线上以及曲线中点 QZ 至交点 JD 的延长线上测设施工控制桩,如图 12-17 所示。量出控制桩至交点的距离并记录。

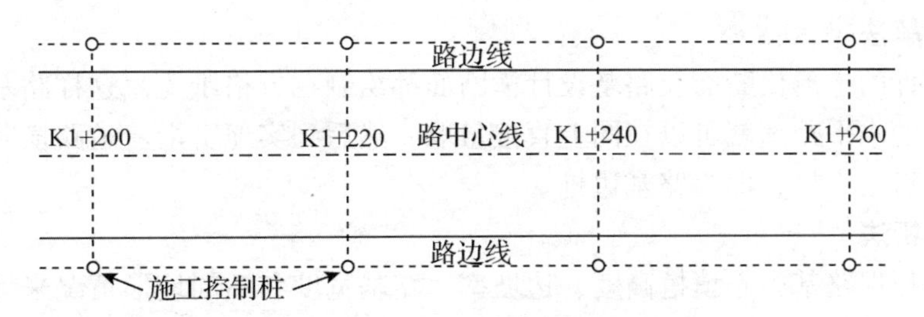

图 12-16 平行线法测设施工控制桩

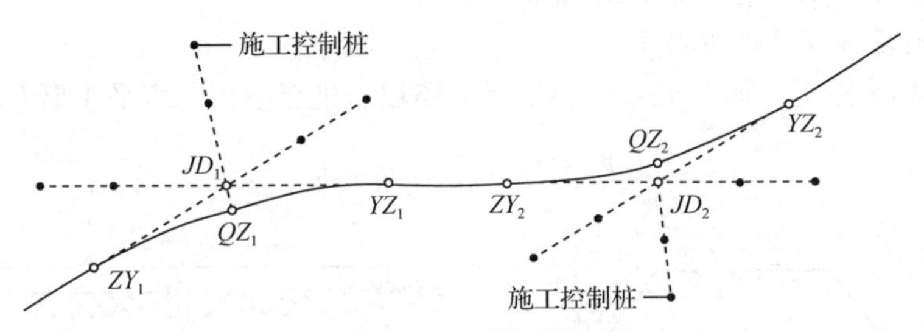

图 12-17 延长线法测设施工控制桩

12.5.2 中桩的检查与恢复

12.5.2.1 恢复交点桩

如个别交点桩丢失，可利用前后已知导线点恢复。如果丢失若干个连续交点桩，则必须根据定测资料，从已经找到的交点桩开始，逐个进行恢复，直到完成为止。由于在角度和边长的测量中存在误差，最后一个测设出来的交点桩可能与它原来位置不符，产生闭合差。这时应使用调整导线闭合差的办法进行调整。调整完毕后，在恢复的各交点上测量导线的转折角和边长，视其是否和定测数据一致。如果差别过大，则需重新调整交点的桩位，一般要反复调整多次，才能符合要求。

12.5.2.2 恢复转点桩

转点桩的恢复一般和交点桩恢复同时进行。由于交点桩需要进行多次调整，转点桩的位置不可能一次确定下来。

12.5.2.3 恢复中桩

交点桩和转点桩恢复后，要先用钢尺丈量来恢复直线段上的中桩，如 50 m 桩、100 m 桩和 1000 m 桩以及重要的控制桩。然后根据定测资料恢复曲线段上的中桩。如果交点桩恢复后，其偏角有较大变化，则需重新选择曲线半径，计算曲线元素，设置新的中桩。

12.5.3 路基的测设

路基施工前，要将设计路基的边坡与原地面相交的点测设出来。该点对于设计路堤为坡脚点，对于设计路堑为坡顶点。路基边桩的位置按填土高度或挖土深度、边坡设计及横断面地形情况而定。边桩测设的中心问题是确定中桩至边桩的距离。常用测设方法有图解法和解析法两种。

12.5.3.1　图解法

将道路设计的地形横断面及路基设计横断面都绘制在方格纸上，这样路基的坡脚点或坡顶点到中桩的水平距离就可以在图上直接量取。然后到实地上沿着道路横断面方向测设所量距离，并钉上木桩，即为路基边桩。

12.5.3.2　解析法

解析法是根据路基中心填挖高度、边坡率、路基宽度和不同地形情况来计算边桩离路基中心的距离 l，然后在实地上沿横断面方向量出相应的距离将边桩标定出来。在平坦地区和山区的计算和测设方法不同，介绍如下。

(1)平坦地段路基边桩的测设

填方路基称为路堤，如图 12-18(a)所示，路堤边桩至中桩的水平距离 l 为：

$$l_{左} = l_{右} = \frac{B}{2} + m \times h \tag{12-21}$$

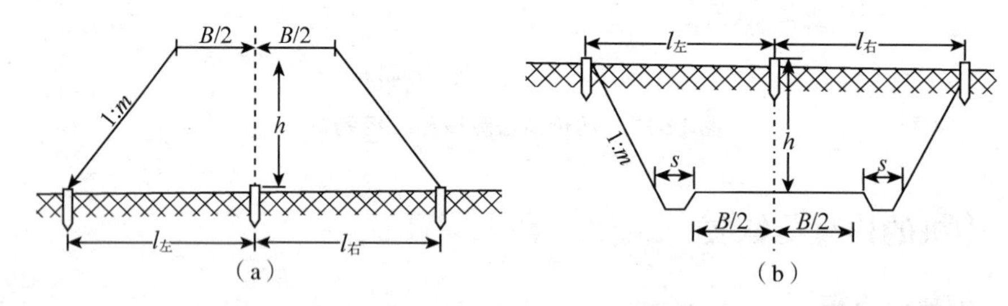

图 12-18　平坦地段路基边桩的测设

挖方路基称为路堑，如图 12-18(b)所示，路堑边桩至中桩的水平距离为：

$$l_{左} = l_{右} = \frac{B}{2} + s + m \times h \tag{12-22}$$

式中　B——路基设计宽度；

$1:m$——路基边坡坡度；

h——填土高度或者挖土深度；

s——路堑边沟顶宽。

以上是断面位于直线段时求算 l 值的方法。若断面位于弯道上有加宽时，按上述方法求得 l 值后，还应在加宽一侧的 l 值加上加宽值。根据计算的距离，从中桩沿横断面方法量距，即可完成路基边桩测设。

(2)山坡地段路基边桩的测设

山坡地段边桩至中桩的距离在路基宽、边坡为定值时，它是随地面坡度而变化的，如图 12-19(a)所示，路堤边桩至中桩的水平距离为：

$$\left.\begin{aligned} &上侧：\quad D_{上} = \frac{B}{2} + m \times (H - h_{上}) \\ &下侧：\quad D_{下} = \frac{B}{2} + m \times (H + h_{下}) \end{aligned}\right\} \tag{12-23}$$

如图 12-19(b)所示，路堑边桩至中桩的水平距离为：

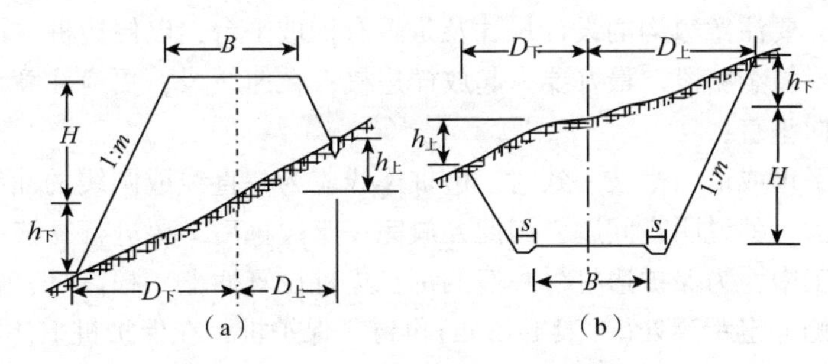

图 12-19 山坡地段路基边桩的测设

$$
\left.\begin{aligned}
\text{上侧：} \quad & D_{上} = \frac{B}{2} + s + m(H + h_{上}) \\
\text{下侧：} \quad & D\text{下} = \frac{B}{2} + s + m(H - h_{下})
\end{aligned}\right\} \qquad (12\text{-}24)
$$

式中 $h_{上}$、$h_{下}$——分别为上下侧坡顶或坡脚至中桩的高差，是随坡度变化而变化，在边桩未定出之前是未知数，因而在实际中可选用花杆法和逐步趋近法定出边桩；

B，s，m 字母意义同前。

①花杆标尺法　由式(12-24)可知，当设计断面确定后，$\frac{B}{2}+s+m\times H$ 是定值。

由 $D=\frac{B}{2}+s+m(H\pm h)$ 得知，若用抬杆法从中桩沿横断面方向两侧在变坡点处逐点丈量距离 D_i 和测量的高差 h_i(i 为上或下)，以此代入下式

$$
\sum_{i=1}^{n} D_i = \frac{B}{2} + s + m \times H \pm m \sum_{i=1}^{n} h_i \qquad (12\text{-}25)
$$

成立时(即 $\sum_{i=1}^{n} D_i \mp m \sum_{i=1}^{n} h_i = \frac{B}{2} + s + m \times H$) 最后定出的点即为边桩位置。式中的±根据平坦地段的路堤或路堑至中桩的距离公式确定。

②逐步趋近法　先根据地面的实际情况，并参考断面图中桩至边桩的距离，估计边桩的位置。然后测量中桩与估计点的高差，并以此作为 $h_{上}$(或 $h_{下}$)代入式(12-24)，求得 $D_{上}$(或 $D_{下}$)，若求得的距离与实地丈量距离相等，则该估计边桩位置即为所求，否则应重新选定边桩位置，直至满足条件。具体步骤如下：

i. 假定一个 D 值，或从横断面上量取 D 的概值，设为 D'；

ii. 在实地测设 D'，并实测其高差得 h'；

iii. 将 h' 代入式(12-24)中，求得 D''；

iv. 如果 $D''=D'$，则说明假定的 D' 是正确的，如果 $D''>D'$；说明假定的 D' 太短，反之则过长；此时应重新假定 D 值，并重复上述测设和计算步骤，直到 D 和 h 值满足上述公式为止。

边桩测设注意事项：

第一，在计算出测设边桩距离时，要注意路基设计的尺寸和要求，如路基是否有加

宽；对挖方地段，要注意边沟的设计尺寸及是否有护坡平台，以便边桩放样时加以考虑；

第二，在地形复杂路段，最好要一起放样边桩；在曲线段，更应注意使横断面方向与路中线的切线方向垂直；

第三，地面平坦或地面横坡一致时，边桩连线应为一直线或圆缓的曲线，如有个别边桩凸出来或凹进去，就说明有问题，因此，放完一定边桩后，要进行复核；

第四，在施工中，为保护边桩，一般的都在边桩位置插上一根高杆，在杆上标记填高位置，在高杆外侧一定距离处(一般1~2 m)再钉一保护桩，在保护桩上注明里程桩号和填挖高度。

(3)路基边坡的测设

道路的边桩标定出来后，为了保证填挖的边坡达到设计的要求，还要在实地标定出道路的设计边坡以便施工。路基边坡的测设目的是控制边坡施工按设计坡度进行。在道路施工中，路基边坡的测设常采用绳索竹竿法和边坡样板法。

①绳索竹竿法　在中线上每隔一定距离沿横断面方向竖起竹竿，拉上绳索，按设计坡度把路基测设出来，如图12-20所示。用绳索竹竿法测设路堤既简单又直观，方便施工，但该法只适用于人工施工，对机械化施工是不适合的。

②边坡样板法　边坡样板法就是首先按照路基边坡坡度做好边坡样板，施工时比照样板进行测设，样板法可分活动式和固定式两种。

固定式常用于路堑的测设，设置在路基边桩外侧的地面上。样板按设计坡度制作，以控制路堑边坡的施工。图12-21表示设置固定式样板的地点和控制边坡坡度的方法。

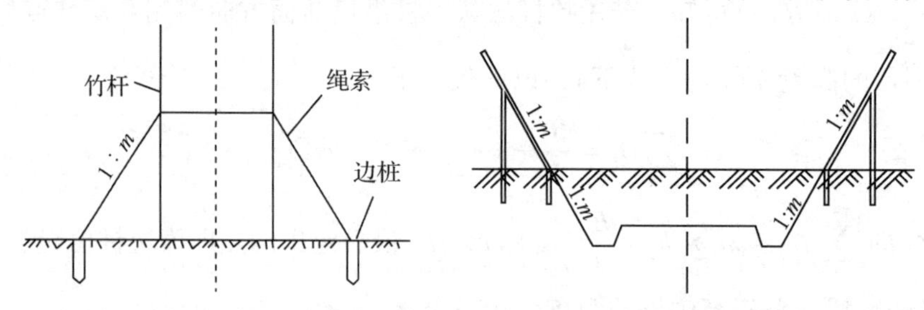

图12-20　绳索竹竿法测设边坡　　图12-21　用固定边坡板测设边坡

活动式样板称活动边坡尺，它既可用于路堤，又可用于路堑的测设。活动坡度尺样式如图12-22(a)所示。也可用一直尺上装有带坡度的水准管代替，如图12-22(b)所示。在施工过程中，可随时用坡度尺或手水准来检查路基边坡是否合乎设计要求。

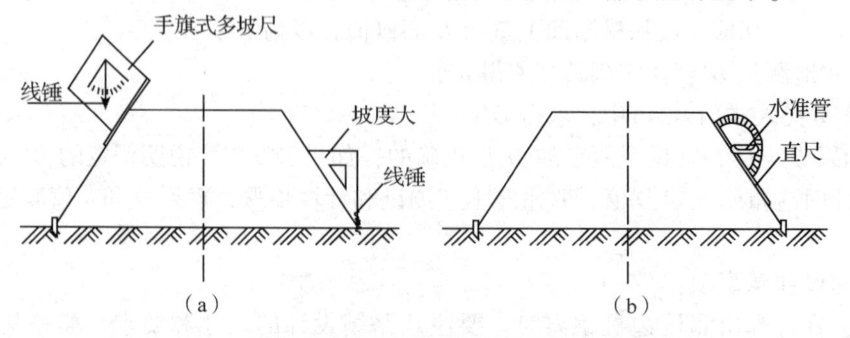

图12-22　用活动边坡尺测设边坡

(4)路面测设

在路面底基层(或垫层)施工前，首先应进行路床测设，包括：中线恢复测设、中平测量及路床横坡测设。各机构层(除面层外)横坡按直线形式测设。路拱(面层顶面横坡)须根据具体类型(有抛物线形、屋顶线形和折线形3种)进行计算和放样。路面测设是为开挖路槽和铺筑路面提供测量保障。

12.5.4　竣工测量

路基土石方工程完成后，应进行全线的竣工测量，其目的是检查施工是否符合设计要求。它的内容包括中线测量、中平测量及横断面测量。路面完工后，应监测路面高度和宽度等。另外，还应对导线点、水准点、曲线交点及长直线转点等进行加固，并重新编制各种固定点表。

思考题与习题

1. 道路测量技术主要包括哪些内容？
2. 新建道路的初测主要工作内容包括哪些？
3. 什么是圆曲线？圆曲线的测设包括哪些内容？
4. 为什么要设置缓和曲线？缓和曲线作用是什么？缓和曲线的长度是根据什么确定的？
5. 如何进行道路竖曲线的测设？
6. 道路工程施工测量的工作包括哪些内容？

第13章　建筑物变形监测和竣工图编绘

为了利用自然资源为人民造福，近年来，我国兴建了大量的水工建筑物、工业与交通建筑物、高大建筑物以及为开发地下资源而进行的工程设施，安装了许多精密机械、导轨以及科学试验设备等。由于各种因素的影响，在这些工程建筑物及其设备的建造和运营过程中，都会产生变形。变形是自然界普遍存在的现象，是物体受外力作用而产生的形状、大小及位置在时间域或空间域发生的改变。这种变形在一定限度之内，应认为是正常的现象，但如果超过了规定的限度，就会影响建筑物的正常使用，严重时还会危及建筑物的安全甚至可能引发灾害。因此，在工程建筑物的施工和运营期间，必须对它们进行监视观测，即变形监测。

变形监测是利用专用的仪器和方法对被监测的对象或物体(简称变形体)进行持续观测、变形形态分析和变形发展态势预测等。因此，为了保障监测数据的连续性和可靠性，通常在整个变形监测期间最好采用“三固定”原则，即固定监测仪器和监测人员、固定监测路线和测站、固定监测周期和相应的时段。工程建筑物的变形监测，在我国还是一门比较年轻的科学，它是随着我国建设事业的发展而兴起的。

13.1　概述

13.1.1　变形监测的目的和意义

人类社会的进步和国民经济的发展，加快了工程建设的进程，并对现代工程建筑物的规模、造型、难度提出了更高的要求。由于大型建筑物在国民经济中的重要性，其安全问题受到普遍的关注，工程建(构)筑物都允许有一定的变形而不影响其正常使用和导致灾害，如果变形超出了规定的限度，就会影响到建筑物的正常使用，严重时还会危及建筑物的安全，给社会和人民生活带来巨大的损失。因此，对建筑物进行变形监测的主要目的包括：①分析和评价建筑物的安全状态；②验证参数设计；③反馈设计施工质量；④研究正常的变形规律和预报变形的方法等。

变形监测的意义重点表现在两方面：首先是实用上的意义，主要是掌握各种建筑物和地质构造的稳定性，为安全性诊断提供必要的信息，以便及时发现问题并采取措施；其次是科学上的意义，包括更好地理解变形的机理，验证有关工程设计的理论和地壳运动的假说，进行反馈设计及建立有效的变形预报模型等。

13.1.2 变形监测的内容

变形监测的任务是确定在各种荷载和外力作用下，变形体的形状、大小及位置变化的空间状态和时间特征。在工程测量中，最具代表性的变形体有大坝、桥梁、高层建筑物、边坡、隧道和地铁等。变形监测的内容，应根据变形体的性质和地基情况决定。要求有明确的针对性，既要有重点，又要作全面考虑，以便能正确地反映出变形体的变化情况达到监测变形体的安全，了解其变形规律的目的。按照变形性质进行分类，变形监测的内容一般可归纳为：水平位置观测、沉降观测、倾斜观测、裂缝观测、挠度监测、日照变形观测、风振变形观测和动态变形观测等。

按照变形监测方式和方法进行分类，又可以把变形监测的内容分为现场巡视、环境量监测、位移监测、渗流监测、应力应变监测、周边监测等几个方面。

13.1.3 变形监测的特点

变形监测与常规的测量工作相比较，它们既有相同点，又有各自不同的特点和要求。

(1)周期性重复性观测

变形观测的主要任务是周期性地对观测点进行重复观测，以求得其在观测周期内的变化量。周期性是指观测的时间间隔是固定的，不能随意。重复性是指观测的条件、方法和要求等基本相同。

(2)精度要求高

在通常情况下，为了准确地了解变形体的变形特征和变形过程，需要精确地测量变形体特征点的空间位置，因此，变形监测的精度要求一般比常规工程测量的精度要求高。

(3)多种观测技术的综合应用

随着科学技术的发展和进步，变形监测技术也在不断丰富和提高。相对而言，变形监测的技术和方法较常规大地测量的技术方法更为丰富。目前，在变形监测工作中，常用的测量技术包括：①常规大地测量方法；②专门的测量方法；③自动化监测方法；④摄影测量方法；⑤GNSS 等新技术的方法。另外，应用于变形监测的新技术还有 INSAR 技术、GBINSAR 技术、CT 技术、光纤技术、测量机器人技术等，这些高新技术的成功应用，将大大提高变形监测的整体水平。

(4)监测网着重于研究点位的变化

变形监测工作主要关心的是测点的点位变化情况，而对测点的绝对位置并不过分关注，因此，在变形监测中，常采用独立的坐标系统。虽然坐标系统可以根据工程需要灵活建立，但坐标系一经建立一般不允许更改，否则，监测资料的正确性和完整性就得不到保证。另外，对于某些建筑物，其监测的位移量要求在某个特定的方向上，此时若采用国家坐标系统或地方坐标系统，将难以满足这样的要求，因此，只能建立独立的工程坐标系统。

13.1.4 变形监测的方法

建筑物变形观测的方法，要根据建筑物的性质、使用情况、观测精度、周围的环境以及对观测的要求来选定。

(1)垂直位移观测

多采用精密水准测量、液体静力水准测量、微水准测量的方法进行观测。

(2)水平位移观测

①对于直线型建筑物，如直线型混凝土坝和土坝，常采用基准线法观测。②对于混凝土坝下游面上的观测点和拱坝顶部观测点，常采用前方交会法。③对于曲线型建筑物，如拱坝，可在廊道内布设观测点，采用导线测量的方法。

(3)混凝土坝挠度观测

一般都是通过竖井以不锈钢丝悬挂的重锤线(通常称为正垂线)，在一定的高程面上设置观测点，用坐标仪观测钢丝的位置，从而算得坝体的挠曲程度。坝体和基础的倾斜或者转动，可在横向廊道内用测斜仪观测，或采用液体静力水准测量，也可以用精密水准测量的方法，测定高差后再计算其转动角。

(4)裂缝(或伸缩缝)观测

使用测缝计或根据其他的观测结果进行计算。对于工业与民用建筑物、地表变形观测，也可采用地面摄影测量的方法测定其变形。

13.1.5 变形监测点的分类和要求

变形监测的测量点，一般分为基准点、工作点和变形观测点3类。

13.1.5.1 基准点

基准点是变形监测系统的基本控制点，是测定工作点和变形点的依据。基准点通常埋设在稳固的基岩上或变形区域以外，尽可能长期保存，稳定不动。每个工程一般应建立3个基准点，以便相互校核，确保坐标系统的一致。当确认基准点稳定可靠时，也可少于3个。

变形观测中设置的基准点应进行定期观测，将观测结果进行统计分析，以判断基准点本身的稳定情况。水平位移监测的基准点的稳定性检核通常采用三角测量法进行。随着电磁波测距仪精度的提高，变形观测中也可采用三维三边测量来检核基准点的稳定性。沉降监测基准点的稳定性一般采用精密水准测量的方法检核。

13.1.5.2 工作点

工作点又称工作基点，它是基准点与变形观测点之间起联系作用的点。工作点埋设在被监测对象附近，要求在观测期间保持点位稳定，其点位由基准点定期检测。

工作基点位置与邻近建筑物的距离不得小于建筑物基础深度的1.5~2.0倍。工作基点与联系点也可设置在稳定的永久性建筑物墙体或基础上。工作基点的标石，可根据实际情况和工程的规模，参照基准点的要求建立。

13.1.5.3 变形观测点

变形观测点是直接埋设在变形体上的能反映建筑物变形特征的测量点，又称观测点，一般埋设在建筑物内部，并测定它们的变化来判断建筑物的沉陷与位移。对通视条件较好或观测项目较少的工程，可不设立工作点，在基准点上直接测定变形观测点。

变形观测点标石埋设后，应在其稳定后方可开始观测。根据观测要求与测区的地质条件确定，稳定期一般不宜少于15天。

13.2 沉降监测

沉降监测就是采用合理的仪器和方法测量变形体在垂直方向上高程的变化量，是建筑物变形监测中一项重要的监测内容。建筑物沉降监测首先需要布置监测点。监测点的布置应考虑设计需要和实际情况，要能较全面地反映建筑物地基和基础的变形特征。

沉降监测的原理是定期地测量观测点相对于稳定的水准点的高差以计算观测点的高程，并将不同时间所得同一观测点的高程加以比较，从而得出观测点在该时间段内的沉降量：

$$\Delta H = H_i^{(j+1)} - H_i^j \tag{13-1}$$

式中 i——观测点点号；

j——表示观测期数。

定期、准确地对监测点进行沉降监测，可以计算监测点的沉降量、沉降差、平均沉降量(沉降速率)，进行监测点单点的沉降分析和预报。通过相关监测点的沉降差可以进一步计算基础的局部相对倾斜值、挠度和建筑物主体的倾斜值，进行建筑物基础局部或整体稳定性状况分析和判断。

沉降监测一般在基础施工时开始，并定期监测到施工结束或结束后一段时间，有可能要长期监测。为保证监测成果的质量，应根据建筑物特点和监测精度要求配备监测仪器，采用合理的监测方法。常用的方法有：精密水准测量、精密三角高程测量和液体静力水准测量等。

13.2.1 精密水准测量

精密水准测量精度高，方法简便，是沉降监测中常用的方法。采用精密水准测量方法进行沉降监测时，多测量工作基点与沉降观测点之间的高差。因此，一般从工作基点开始经过若干监测点，形成一个或多个闭合或附合路线为佳，特别困难的监测点可以采用支水准路线往返测量。沉降监测所采用的精密水准测量一般是按一、二等水准测量等级实施的，水准测量的技术要求见表13-1、表13-2和表13-3，具体施测仪器和方法可参考本书第2章。

表13-1 仪器精度要求和观测方法

变形测量等级	仪器型号	水准尺	观测方法	仪器 i 角要求
特级	DSZ_{05} 或 DS_{05}	铟瓦合金标尺	光学测微法	≤10″
一级	DSZ_{05} 或 DS_{05}	铟瓦合金标尺	光学测微法	≤15″
二级	DS_{05} 或 DS_1	铟瓦合金标尺	光学测微法	≤15″
三级	DS_1	铟瓦合金标尺	光学测微法	≤20″
	DS_3	木质标尺	中丝读数法	

注：光学测微法和中丝读数法的每测站观测顺序和方法，应按现行国家水准测量规范的有关规定执行。

表 13-2 水准观测的技术指标

等级	视线长度/m	前后视距差/m	前后视距累积差/m	视线高度/m
特等	≤10	≤0.3	≤0.5	≥0.5
一等	≤30	≤0.7	≤1.0	≥0.3
二等	≤50	≤2.0	≤3.0	≥0.2
三等	≤75	≤5.0	≤8.0	三丝能读数

表 13-3 水准观测的限差要求(单位：mm)

等级		基辅分划(黑红面)读数之差	基辅分划(黑红面)所测高差之差	往返较差及附合或环线闭合差	单程双测站所测高差较差	检测已测测段高差之差
特等		0.15	0.2	$\leqslant 0.1\sqrt{n}$	$\leqslant 0.07\sqrt{n}$	$\leqslant 0.15\sqrt{n}$
一等		0.3	0.5	$\leqslant 0.3\sqrt{n}$	$\leqslant 0.2\sqrt{n}$	$\leqslant 0.45\sqrt{n}$
二等		0.5	0.7	$\leqslant 1.0\sqrt{n}$	$\leqslant 0.7\sqrt{n}$	$\leqslant 1.5\sqrt{n}$
三等	光学测微法	1.0	1.5	$\leqslant 3.0\sqrt{n}$	$\leqslant 2.0\sqrt{n}$	$\leqslant 4.5\sqrt{n}$
	中丝读数法	2.0	3.0			

注：n 为测站数。

13.2.2 精密三角高程测量

随着精密电子仪器和高精度全站仪的发展，电磁波测距三角高程测量在工程中的应用愈加广泛，在某些工程项目中，由于水准测量实施比较困难，通常采用精密三角高程测量进行沉降监测。

三角高程测量法是指借助全站仪或相关设备，按几何三角原理，获取测站与监测点间的高差。三角高程测量的优点是可以测定在不同高度下人难以到达的沉降点，像高层建筑物、高塔、高坝，以及通过障碍物进行观测的情况。三角高程测量必须知道测站至测点的高精度距离及高精度垂直角值，但受设备及环境条件限制，目前这些测量精度指标难以满足。因此，三角高程测量精度比几何水准和静力水准测量的精度低，这样就不可能在任何情况下都能满足沉降测量的精度要求。

精密三角高程测量的仪器一般是测角精度 2″以上，测距精度$\pm(2+2\times10^{-6}\cdot D)$mm 以上的全站仪。在测量高程开始之前，应对仪器进行检验。另外，测量过程最好选在阴天和温度梯度变化小的时间段，以提高观测精度。

13.2.3 静力水准测量

静力水准测量目前有连通管式静力水准和压力式静力水准两种装置，其原理如图 13-1 所示。

目前在用的静力水准测量系统多为连通管式静力水准，其利用相连容器中静止液面在重力作用下保持同一水平这一特征来测量各监测点间的高差。各监测点间的液体通过管路连通，俗称连通管法，其特点是各个容器中的液体是连通的，存在液体流动和交换。压力式静力水准系统是近年才出现的，其容器间的液体被金属膜片分断，不存在液体间的相互

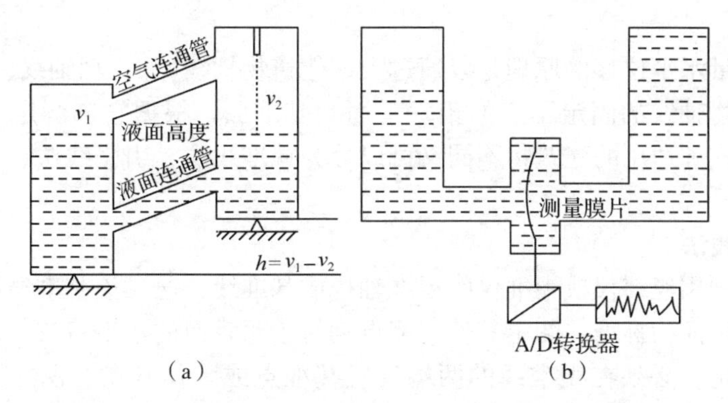

图 13-1 连通管式与压力式静力水准测量系统原理图

(a)普通连通管式静力水准系统 (b)压力式静力水准系统

交换，通过压力传感器测量金属膜片压力差的变化可计算监测点间的高差。

静力水准测量具有结构简单、精度高、稳定性好、无须通视、在危险之处仍可测量等特点，易于实现自动化沉降测量；缺点是仪器须固定，操作不灵活，作业效率低。静力水准测量系统一般固定安装在监测点上，在轨道交通、大坝、大型建筑底板等建筑结构的差异沉降观测中有较广泛的应用。在大型设备安装的沉降观测中，也可使用。

13.3 水平位移观测

建筑物的水平位移是指建筑物的整体平面移动。产生水平移动的原因主要是建筑物及其基础受到水平应力的影响(如地基处于滑坡地带等)。建筑物水平位移观测包括位于特殊性地区的建筑物地基基础水平位移观测、受高层建筑基础施工影响的建筑物及工程设施水平位移观测以及挡土墙、大面积堆载等工程中所需的地基土深层侧向位移观测等，应测定在规定平面位置上随时间变化的位移量和位移速度。设建筑物某点在第 n 次观测周期所测得相应坐标为 X_n、Y_n，该点的原始坐标为 X_0、Y_0，则该点的水平位移 δ 为：

$$\left.\begin{aligned}\delta_x &= X_n - X_0\\ \delta_y &= Y_n - Y_0\end{aligned}\right\} \tag{13-2}$$

某一时间段 t 内变形值的变化用平均变形速率来表示。例如，在第 n 和 $n-1$ 次观测周期相隔时间内，观测点的平均变形速率 $v_{均}$ 为：

$$v_{均} = \frac{\delta_n - \delta_{n-1}}{t} \tag{13-3}$$

若 t 时间段以月份或年份数表示时，则 $v_{均}$ 为月平均变化速率或年平均变化速率。

水平位移监测一般采用基准线法、交会法、极坐标法和精密导线测量法等。根据施工监测的时效性要求，考虑建筑物的各种影响，宜采用简易省时、精度可靠的监测方法。工作中一般使用全站仪，主要采用极坐标法施测，个别工作点也可采用基准线法。

13.3.1 基准线法

对于直线形建筑物的位移观测，采用基准线法具有速度快、精度高、计算简便等优点。

基准线法测量水平位移的原理是以通过大型建筑物轴线(如大坝轴线、桥梁主轴线等)或者平行于建筑物轴线的固定不变的铅垂平面为基准面，根据它来测定建筑物的水平位移。根据施测方式和适用的建筑物不同又可以分为视准线法、引张线法、激光准直法和垂线法等。

13.3.1.1　视准线法

视准线法是利用经纬仪或视准仪的视准轴构成基准线，通过该基准线的铅垂面作为基准面，并以此铅垂面为标准，测定其他观测点相对于铅垂面的水平位移量的一种方法。为保证基准线的稳定，必须在视准线的两端设置基准点或工作基点。视准线法所用设备普通，操作简便，费用少，是一种应用较广的观测方法。但是，该方法同样受多种因素的影响，如照准精度、大气折光等，操作不当时，误差不容易控制，精度会受到明显的影响。

用视准线法测量水平位移，关键在于提供一条方向线，故所用仪器首先应考虑望远镜放大率和旋转轴的精度。在实际工作中，一般采用 1″级型经纬仪或视准仪进行观测。

这种方法适用于混凝土建筑物顶部横向水平位移和土石建筑物横向水平位移的观测。视准线法要求在水工建筑物上及其附近分别布置位移标点(测点)、工作基点和校核基点。可采用经纬仪或视准线仪进行观测，观测方法有活动觇标法和小角度法 2 种。

13.3.1.2　引张线法

利用张紧在两工作基点之间的不锈钢丝作为基准线，测量沿线测点和钢丝之间的相对位移，以确定该点的水平位移。这种方法适用于直线形的混凝土坝，一般设置在水平纵向廊道内。

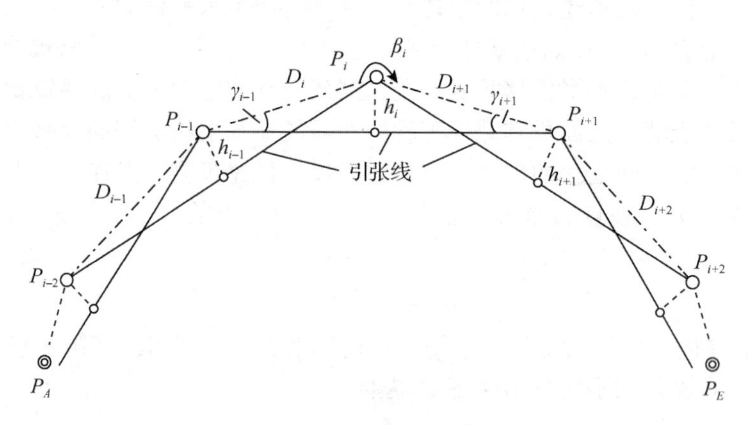

图 13-2　引张线测量

其观测方法有 2 种：一是用肉眼或光学仪器对准测线钢丝后，由测点上安装的标尺读数，经过计算求得该点的水平位移；另一种方法是在测点上安装遥测引张线仪，在观测室利用接收仪表或自动检测装置进行遥测记录，然后求得水平位移。

13.3.1.3　激光准直法

激光准直法是利用激光束代替通过光学测量仪器的视线进行照准的准直方法。这种方法适用于直线形混凝土坝。根据观测装置不同分为激光准直仪、波带板激光准直系统和真空管道激光准直系统 3 种。其中，前两种的观测精度较视准线略有提高，但仍然不能消除大气折光影响，后一种方法消除了大气折光影响，使观测准确度更高，而且可同时测定测点的垂直位移，但是造价高，维护困难。

13.3.1.4 垂线法

以坝体或坝基的铅垂线为基准线，运用坐标仪测定沿垂线坝体不同高程的点位和铅垂线之间的相对位移。由垂线上不同高程测点的水平位移观测资料可以绘制坝体铅垂线的挠度曲线。这种方法又称为挠度观测。适用于各种类型的混凝土坝，观测准确度高，便于实现集中遥测和自动化，是大坝安全自动监控的主要项目，少数高土石坝也利用垂线法观测坝基水平位移。根据垂线的固定方式，可分为正垂线和倒垂线。

(1)正垂线

垂线上端固定在坝体上，下端吊重锤，使垂线保持铅直位置。

(2)倒垂线

垂线的下端锚固在深层基岩的稳定位置上，垂线上端与浮筒相连，利用浮筒承受的浮力使垂线保持在铅直位置上。

13.3.2 交会法

交会法是利用2个或3个已知坐标的工作基点，测定位移点的坐标变化，从而确定其变形情况的一种测量方法。该方法具有观测方便、测量费用低、不需要特殊仪器等优点，特别适用于人难以到达的变形体的监测工作，如滑坡体、悬崖、坝坡、塔顶、烟囱等。该方法的缺点主要是测量的精度和可靠性较低，高精度的变形监测一般不采用此方法。该方法主要包括测角交会、测边交会和边角交会3种方法。

在进行交会法观测时，首先应设置工作基点。工作基点应尽量选在地质条件良好的基岩上，并尽可能离开承压区，且不受人为的碰撞或振动。工作基点应定期与基准点联测，校核其是否发生变动。工作基点上应设强制对中装置，以减小仪器对中误差的影响。

工作基点到位移监测点的边长不能相差太大，应大致相等，且与监测点大致同高，以免视线倾角过大而影响测量的精度。为减小大气折光的影响，交会边的视线应离地面或障碍物1~2 m以上，并应尽量避免视线贴近水面。在利用边长交会法时，还应避免周围强磁场的干扰影响。交会角一般采用0.5″或1″级测角仪器测回法或方向观测法观测，距离测量一般采用标称精度为$\pm(1+1\times10^{-6}\cdot D)$mm的测距仪进行测量。

13.3.3 精密导线测量法

对于非直线型建筑物，如重力拱坝、曲线形桥梁以及一些特殊建筑物的位移观测宜采用精密导线测量法。精密导线法是监测曲线形建筑物水平位移的重要方法。按照其观测原理的不同，又可分为精密边角导线法和精密弦矢导线法。边角导线法是根据导线边长变化和导线的转折角观测值来计算监测点的变形量；弦矢导线法则是根据导线边长变化和矢距变化的观测值来求得监测点的实际变形量。用于变形监测的精密导线因布设环境限制，通常两个端点之间不通视，无法进行方位角联测，故一般需设计倒垂线控制和校核端点的位移。

边角导线法的转折角测量通常采用高精度全站仪或者高精度经纬仪观测，而边长采用特制钢钢尺进行丈量，也可利用高精度的光电测距仪进行测距。观测前，应按规范的有关规定检测仪器。在洞室和廊道中观测时，应封闭通风口以保持空气平稳，观测的照明设备应采用冷光照明(或手电筒)，以减少折光误差。观测时，需分别观测导线点标志的左右角各一个测回，并独立进行两次观测，取两次读数中值为该方向观测值。边角导线的导线长一般不大于320 m，边数不多于20条，同时要求相邻两导线边的长度不宜相差过大。

弦矢导线法是根据重复进行多次导线边长变化值和矢距变化值的观测来求得变形体的实际变形量。弦矢导线法矢距测量系统是以弦线在矢距尺上的投影为基准，用测微仪测量出零点差和变化值。首测矢距时需测定两组数值：读取弦线在矢距铟瓦尺上的垂直投影读数，以及微型标志中点(即导线点)与矢距尺零点之差值。复测矢距时仅需读取弦线在矢距铟瓦尺上的垂直投影读数。

弦矢导线的全长不宜大于400 m，边数不宜大于25条。若矢距量测精度不能保证转折角的中误差小于1时，导线长应适当缩短，边数应适当减少。若矢距量测精度较高，系长也可适当放长。因为此法的关键是提高三角形(矢高)的观测精度，一般需采用铟钢尺、读数显微镜和调平装置等设备。

13.4 倾斜、裂缝与挠度观测

13.4.1 倾斜观测

建筑物产生倾斜的原因主要有：地基承载力不均匀；建筑物体型复杂(有部分高重、部分低轻)，形成不同荷载；施工未达到设计要求，承载力不够；受外力作用结果，如风荷、地下水抽取、地震等。一般用水准仪、经纬仪或其他专用仪器来测量建筑物的倾斜度。

建筑物主体倾斜观测，应测定建筑物顶部相对于底部或各层间上层相对于下层的水平位移与高差，分别计算整体或分层的倾斜度、倾斜方向以及倾斜速率。对具有刚性建筑物的整体倾斜，亦可通过测量顶面或基础的相对沉降间接测定。

13.4.1.1 倾斜观测点的布设

(1)主体倾斜观测点位的布置

①观测点应沿对应测站点的某主体竖直线，对整体倾斜按顶部、底部，对分层倾斜按分层部位、底部上下对应布设；

②当从建筑物外部观测时，测站点或工作基点的点位应选在与照准目标中心连线呈接近正交或呈等分角的方向线上，距照准目标1.5~2.0倍目标高度的固定位置处；当利用建筑物内竖向通道观测时，可将通道底部中心点作为测站点；

③按纵横轴线或前方交会布设的测站点，每点应选设1~2个定向点；基线端点的选设应顾及其测距或丈量的要求。

(2)主体倾斜观测点位的标志设置

①建筑物顶部和墙体上的观测点标志，可采用埋入式照准标志形式；有特殊要求时，应专门设计；

②不便埋设标志的塔形、圆形建筑物以及竖直构件，可以照准视线所切同高边缘认定

的位置或用高度角控制的位置作为观测点位；

③位于地面的测站点和定向点，可根据不同的观测要求，采用带有强制对中设备的观测墩或混凝土标石；

④对于一次性倾斜观测项目，观测点标志可采用标记形式或直接利用符合位置与照准要求的建筑物特征部位；测站点可采用小标石或临时性标志。

13.4.1.2 倾斜观测的方法

根据观测内容的不同，倾斜观测的方法见表 13-4。

表 13-4 倾斜观测的方法

序号	倾斜观测内容	观测方法选取
1	测量建筑物基础相对沉降	①几何水准测量 ②液体静力水准测量(大坝)
2	测量建筑物顶点相对于底点的水平位移	①前方交会法 ②投点法 ③吊垂球法 ④激光铅直仪观测法
3	直接测量建筑物的倾斜度	气泡倾斜仪

13.4.2 裂缝观测

裂缝观测应测定建筑物上的裂缝分布位置，裂缝的走向、长度、宽度及其变化程度。观测的裂缝数量视需要而定，主要的或变化大的裂缝应进行观测。

13.4.2.1 裂缝观测点的布设

对需要观测的裂缝应统一进行编号。每条裂缝至少应布设两组观测标志：一组在裂缝最宽处，另一组在裂缝末端。每组标志由裂缝两侧各一个标志组成。

裂缝观测标志，应具有可供量测的明晰断面或中心，如图 13-3 所示。观测期较长时，可采用镶嵌或埋入墙面的金属标志、金属杆标志或楔形板标志；观测期较短或要求不高时可采用油漆平行线标志或用建筑胶粘贴的金属片标志。要求较高、需要测出裂缝纵横向变化值时，可采用坐标方格网板标志。使用专用仪器设备观测的标志，可按具体要求另行设计。

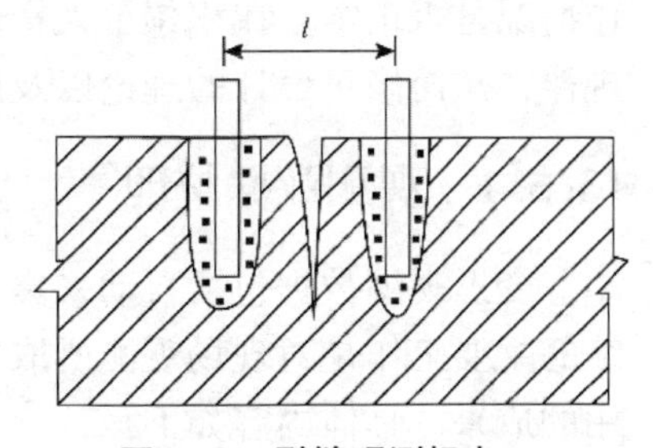

图 13-3 裂缝观测标志

13.4.2.2 裂缝观测方法

对于数量不多，易于量测的裂缝，可视标志形式不同，用比例尺、小钢尺或游标卡尺等工具定期量出标志间距离求得裂缝变位值，或用方格网板定期读取“坐标差”计算裂缝变化值；对于较大面积且不便于人工量测的众多裂缝宜采用近景摄影测量方法；当需连续监测裂缝变化时，还可采用测缝计或传感器自动测记方法观测。

裂缝观测中，裂缝宽度数据应量取至 0.1 mm，每次观测应绘出裂缝的位置、形态和尺寸，注明日期，附必要的照片资料。

13.4.3 挠度观测

挠度观测包括建筑物基础和建筑物主体以及独立构筑物(如独立墙、柱等)的挠度观测，应按一定周期分别测定其挠度值及挠曲程度。建筑物基础挠度观测，可与建筑物沉降观测同时进行。观测点应沿基础的轴线或边线布设，每一基础不得少于3点。标志设置、观测方法与沉降观测相同。

建筑物主体挠度观测，除观测点应按建筑物结构类型在各不同高度或各层处沿一定垂直方向布设外，其标志设置、观测方法按倾斜观测的有关规定执行。挠度值由建筑物上不同高度点相对于底点的水平位移值确定。挠度观测的周期应根据荷载情况并考虑设计、施工要求确定。建筑物基础挠度观测，其观测的精度可按沉降观测的有关规定确定。

13.5 监测数据的整理与分析

欲使变形观测起到监视建筑物安全运营、指导工程安全使用和充分发挥工程效益的作用，除了进行现场观测取得第一手资料外，还必须进行观测资料的整编和分析，即对变形监测资料作出正确的分析处理。

观测资料整编和分析主要包括两个方面的内容：资料整编和资料分析。对监测资料进行汇集、审核、整理、编排，使之集中化、系统化、规格化和图表化，并刊印成册，称为监测资料的整编。其目的是便于应用分析，向需用单位提供资料和归档保存。监测资料整编，通常是在平时对资料已有计算、校核甚至分析的基础上，按规定及时对整编年份内的所有监测资料进行整编。

观测资料的分析就是分析归纳建筑物变形过程、变形规律、变形幅度，分析变形的原因、变形值与引起变形因素之间的关系，找出它们之间的函数关系；进而判断建筑物的工作情况是否正常。在积累了大量观测数据后，又可以进一步找出建筑物变形的内在原因和规律，从而修正设计的理论以及所采用的经验系数。

13.5.1 观测数据整理

变形观测数据包括自动采集或人工采集的各种原始观测数据。对原始观测数据进行整编的主要工作是对现场观测所取得的资料加以整理、编制成图表和说明，使它成为便于使用的成果。具体内容如下：

①适时检查各观测项目原始观测数据和巡视检查记录的正确性、准确性和完整性，如有漏测、误读(记)或异常，应及时补(复)测、确认或更正；

②及时进行各观测物理量的计(换)算，填写数据记录表格；

③随时点绘观测物理量过程线图，考察和判断测值的变化趋势，如有异常，应及时分析原因，并备忘文字说明，原因不详或影响工程安全时，应及时上报主管部门；

④随时整理巡视检查记录(含摄像资料)，补充或修正有关监测系统及观测设施的变动或检验、校(引)测情况，以及各种考证图、表等，确保资料的衔接与连续性。

13.5.2 监测资料的检验

资料分析工作必须以准确可靠的监测资料为基础，在计算分析之前，必须对实测资料进行校核检验，对监测系统和原始资料进行考证。这样才能得到正确的分析成果，发挥监测资料应有的作用。

监测资料检核的方法很多，要依据实际观测情况而定。一般来说，任一观测元素(如高差、方向值、偏离值、倾斜值等)在野外观测中均具有本身的观测检核方法，如限差所规定的水准测量线路的闭合差、两次读数之差等，这部分内容可参考有关的规范要求。进一步的检核是在室内所进行的工作，具体有：

①可通过不同方法的验算、不同人员的重复计算来消除监测资料中可能带来的错误，校核各项原始记录，检查各次变形值的计算是否有误；

②可采用统计方法进行粗差检验，对原始资料进行统计分析；

③根据监测点的内在物理意义分析原始实测值的可靠性，主要用于工程建筑物变形的原始实测值，一般进行一致性和相关性分析。

13.5.3 变形分析

根据建筑物变形过程，监测数据的分析分为以下几个过程。

13.5.3.1 施工期资料分析

计算分析建筑物在施工期取得的观测资料，可为施工决策提供必要的依据。例如，为了安全施工，水中填土坝的填土速率控制和混凝土坝浇筑时的混凝土温度控制等，都需要有关观测成果作依据。施工期资料分析也为施工质量的评估和工程运营的可能性提出论证。

13.5.3.2 运营初期资料分析

从工程开始运营起，各项观测都需加强，并应及时计算分析观测资料，以查明建筑物承受实际荷载作用时的工作状态，保证建筑物的安全。观测资料的分析成果，除作为运营初期安全控制的依据外，还为工程验收及长期运营提供重要资料。

13.5.3.3 运营期资料分析

应定期进行资料分析(如大坝等水工建筑物每5年一次)，分析成果作为长期安全运行的科学依据，用以判断建筑物性态是否正常，评估其安全程度，制订维修加固方案，更新改造安全监测系统。运营期资料分析是定期进行建筑物安全鉴定的必要资料。

此外，在有特殊需要或遇见突发事件时，还需要进行不定期分析。如遭遇洪水、地震后，建筑物发生了异常变化，甚至局部遭受破坏，就要进行不定期分析，据以判断建筑物的安全程度，并为制订修复加固方案提供科学依据。

变形分析主要包括两方面内容：①对建筑物变形进行几何分析，即对建筑物的空间变化给出几何描述；②对建筑物变形进行物理解释。几何分析的成果是建筑物运营状态正确性判断的基础。常用的分析方法有作图分析、统计分析、对比分析和建模分析。

(1)作图分析

通过绘制各观测物理量的过程线及特征原因量下的效应量过程线图，考察效应量随时间的变化规律和趋势，通常是将观测资料按时间顺序绘制成过程线。

(2)统计分析

对各观测物理量历年的最大和最小值(含出现时间)、变幅、周期、年平均值及年变化率等进行统计、分析，以考察各观测量之间在数量变化方面是否具有一致性、合理性，以及它们的重现性和稳定性等。这种方法具有定量的概念，使分析成果更具实用性。

(3)对比分析

比较各次巡视检查资料，定性考察建筑物外观异常现象的部位、变化规律和发展趋势；比较同类效应量观测值的变化规律或发展趋势，是否具有一致性和合理性；将监测成果与理论计算或模型试验成果相比较，观察其规律和趋势是否有一致性、合理性；并与工程的某些技术警戒值相比较，以判断工程的工作状态是否异常。

(4)建模分析

用系统识别方法处理观测资料，建立数学模型，用以分离影响因素，研究观测物理量的变化规律，进行实测值预报和实现安全控制。常用数学模型有3种：①统计模型，主要以逐步回归计算方法处理实测资料建立的模型；②确定性模型，主要以有限元计算和最小二乘法处理实测资料建立的模型；③混合模型，一部分观测物理量(如温度)用统计模型，一部分观测物理量(如变形)用确定性模型。这种方法能够定量分析，是长期观测资料进行系统分析的主要方法。

13.5.4 变形观测成果整理

整个项目变形监测完成后，整编的资料应包含如下内容：封面、目录、整编说明、工程概况、考证资料、巡视检查资料、观测资料、分析成果和封底等。

封面内容应包括：工程名称、整编时段、卷册名称与编号、整编单位、刊印日期等。

整编说明应包括：本时段内的工程变化和运行概况，巡视检查和观测工作概况，资料的可信程度，观测设备的维修、检验、校测及更新改造情况，监测中发现的问题及其分析、处理情况(含有关报告、文件的引述)，对工程管理运行的建议，以及整编工作的组织、人员等。

观测资料的内容和编排顺序，一般可根据本工程的实有观测项目编印，每一项目中，统计表在前，整编图在后。

资料分析成果，主要是整编单位对本时段内各观测资料进行的常规性简单分析结果，包括分析内容和方法，得出的图、表和简要结论及建议。

委托其他单位所作的专门研究和分析、论证，仅简要引用其中已被采纳的、与工程安全监测和运行管理有关的内容及建议，并注明出处备查。另外，每一工程项目的变形测量任务完成后，应提交下列综合成果资料：

①施测方案与技术设计书；

②控制点与观测点平面布置图；

③标石、标志规格及埋设图；

④仪器检验与校正资料；

⑤观测记录(手簿)；

⑥平差计算、成果质量评定资料及测量成果表;
⑦变形过程和变形分布图表;
⑧变形分析成果资料;
⑨技术报告。

13.6 竣工总平面图编绘

竣工总平面图是工程竣工后按实际和工程需要所绘制的图，与一般的地形图不同，与建筑总平面图、施工总平面图也不完全相同，它能真实反映工程设计与施工的情况。与施工总平面图比较，增加了在工程施工阶段各项变更的工程内容。竣工总平面图是以竣工测量为主，以设计和施工资料为辅进行编绘。编绘竣工总平面图的目的是为了满足管理上的需要，便于设计、施工和生产管理人员掌握工程的地形情况和所有建(构)筑物的平面位置和高程等的关系。

13.6.1 编绘竣工总平面图的一般规定

①竣工总平面图是指在施工后，施工区域内地上、地下建筑物及构筑物的位置和标高等的编绘与实测图纸;

②对于地下管道及隐蔽工程，回填前应实测其位置及标高，作出记录，并绘制草图;

③竣工总平面图的比例尺宜为 1∶500；其坐标系统、图幅大小、注记、图例符号及线条，应与原设计图一致，原设计图没有的图例符号，可使用新的图例符号，并应符合现行总平面图设计的有关规定;

④竣工总平面图应根据现有资料，及时编绘，重新编绘时，应详细实地检核，对不符之处，应实测其位置、标高及尺寸，按实测资料绘制;

⑤竣工总平面图编绘完后，应经原设计及施工单位技术负责人的审核和会签。

13.6.2 竣工测量

在每一个单项工程完成后，必须由施工单位进行竣工测量，提交工程的竣工测量成果。其内容包括以下各方面。

(1)工业厂房及一般建筑物

包括房角坐标，各种管线进出口的位置和高程，附房屋编号、结构层数、面积和竣工时间等资料。

(2)铁路和公路

包括起止点、转折点、交叉点的坐标，曲线元素，桥涵等构筑物的位置和高程。

(3)地下管网

包括窨井、转折点的坐标，井盖、井底、沟槽和管顶等的高程；并附注管道及窨井的编号、名称、管径、管材、间距、坡度和流向等。

(4)架空管网

包括转折点、结点、交叉点的坐标，支架间距，基础面高程等。

(5)特种构筑物

包括沉淀池、烟囱、煤气罐等及其附属建筑物的外形和四角坐标，圆形构筑物的中心坐标，基础面标高，烟囱高度和沉淀池深度等。

(6)其他

竣工测量完成后，应提交完整的资料，包括工程的名称、施工依据、施工结果等作为编绘竣工总平面图的依据。

13.6.3 竣工总平面图编绘

竣工总平面图上一般包括施工控制点、建筑方格网点、厂房、辅助设施、生活福利设施、架空与地下管线、铁路等建筑物或构筑物的坐标和高程，以及厂区内空地和未建区的地形。因此，竣工总平面图的编绘，一般收集的资料包括：①总平面布置图；②施工设计图；③设计变更文件；④施工检测记录；⑤竣工测量资料；⑥其他相关资料。编绘前，应对所收集的资料进行实地对照检核。不符之处，应实测其位置、高程及尺寸，实测的竣工总图，宜采用全站仪测图及数字编辑成图的方法。成图软件和绘图仪的选用，应分别满足规范要求。有关建(构)筑物的符号一般与设计图例相同，有关地形的图例应使用国家地形图图式符号。

已编绘的竣工总平面图上，要有工程负责人和编图者的签字，并附有以下资料：①测量控制点布置图、坐标及高程成果表；②每项工程施工期间测量外业资料，并装订成册；③对施工期间进行的测量工作和各个建筑物沉降与变形观测的说明书。最后，把竣工总平面图及附表移交使用单位。

思考题与习题

1. 变形监测的目的是什么？主要包括哪些内容？
2. 变形监测点分哪几类？选设时各有什么要求？
3. 变形监测的方法主要有哪些？
4. 变形监测资料整编与分析主要包括哪些内容？
5. 竣工总平面图应包括的内容是什么？

参考文献

梁盛智，2018. 测量学[M]. 4版. 重庆：重庆大学出版社.

高井祥，2015. 数字测图原理与方法[M]. 3版. 徐州：中国矿业大学出版社.

马玉晓，2015. 测量学[M]. 北京：科学技术文献出版社.

覃辉，2011. 土木工程测量[M]. 重庆：重庆大学出版社.

于淑红，寸江峰，2018. 建筑工程测量[M]. 上海：同济大学出版社.

胡伍生，2016. 土木工程测量学[M]. 2版. 南京：东南大学出版社.

罗志清，2015. 测量学[M]. 3版. 昆明：云南大学出版社.

武汉大学测绘学院测量平差学科组，2014. 误差理论与测量平差基础[M]. 3版. 武汉：武汉大学出版社.

武汉大学测绘学院测量平差学科组，2015. 误差理论与测量平差基础习题集[M]. 2版. 武汉：武汉大学出版社.

华南理工大学测量教研室，2002. 建筑工程测量学[M]. 3版. 广州：华南理工大学出版社.

南京工业大学测绘工程教研室，2006. 测量学[M]. 北京：国防工业出版社.

卞正富，2002. 测量学[M]. 北京：中国农业出版社.

刘福臻，2016. 数字化测图教程[M]. 2版. 成都：西南交通大学出版社.

陈龙飞，金其坤. 1990. 工程测量[M]. 上海：同济大学出版社.

王晓光，陈晓辉，2018. 测量学[M. 北京：北京理工大学出版社.

王铁生，袁天奇，2010. 测绘学基础[M]. 郑州：黄河水利出版社.

宁津生，陈俊勇，等，2004. 测绘学概论[M]. 3版. 武汉：武汉大学出版社.

姜晨光，2016. 高等测量学[M]. 2版. 北京：化学工业出版社.

张正禄，2005. 工程测量学[M]. 2版. 武汉：武汉大学出版社.

张根寿，2005. 现代地貌学[M]. 北京：科学出版社.

张远智，2005. 园林工程测量[M]. 北京：中国建材工业出版社.

孔祥元，郭继明，2015. 控制测量学[M]. 武汉：武汉大学出版社.

程效军，鲍峰，等，2016. 测量学[M]. 上海：同济大学出版社.

赵建三，贺跃光，等，2018. 测量学[M]. 北京：中国电力出版社.

李征航，黄劲松，2016. GPS测量与数据处理[M]. 武汉：武汉大学出版社.

李长春，何荣，2014. 数字测图原理与方法[M]. 北京：煤炭工业出版社.

李秀江，2007. 测量学[M]. 2版. 北京：中国林业出版社.

李朝奎，李爱国，2009. 工程测量学[M]. 长沙：中南大学出版社.

董大南，陈俊平，等，2018. GNSS 高精度定位原理[M]. 北京：科学出版社.

周亦唐，2016. 道路勘测设计[M]. 5 版. 重庆：重庆大学出版社.

周秋生，郭明建，2004. 土木工程测量[M]. 北京：高等教育出版社.

韩玉民，李利等，2014. 土木工程测量[M]. 武汉：武汉大学出版社.

严莘稼，李晓莉，等，2007. 建筑测量学教程[M]. 2 版. 北京：测绘出版社.

程鹏飞，成英燕，2018. 基于 GNSS 的 CGCS2000 数据处理技术综述[J]. 武汉大学学报(信息科学版)，43(12)：2071-2078.

赵吉先，聂运菊，2008. 测绘仪器发展的回顾与展望[J]. 测绘通报(2)：70-71.

中华人民共和国住房和城乡建设部，2017. 国家基本比例尺地图图式第 1 部分：1∶500 1∶1000 1∶2000 地形图图式：GB/T 20257.1—2017[S]. 北京：中国标准出版社.

中华人民共和国住房和城乡建设部，2007. 工程测量规范：GB 50026—2007[S]. 北京：中国计划出版社.

中华人民共和国国家质量监督检验检疫总局，中国标准化管理委员会，1992. 国家三、四等水准测量规范：GB/T 12898—2009[S]. 北京：中国标准出版社.

中华人民共和国国家质量监督检验检疫总局，中国标准化管理委员会，2009. 全球定位系统(GPS)测量规范：GB/T 18314—2009[S]. 北京：中国标准出版社.

中华人民共和国住房和城乡建设部，2010. 卫星定位城市测量技术规范：CJJ/T 73—2019[S]. 北京：中国建筑工业出版社.

中华人民共和国交通运输部，2014. 公路工程技术标准：JTG B01—2014[S]. 北京：人民交通出版社.